高等学校土木工程专业"十四五"系列教材

建筑钢结构设计（第二版）

崔　佳　程　睿　主编

中国建筑工业出版社

图书在版编目（CIP）数据

建筑钢结构设计 / 崔佳，程睿主编. — 2 版. — 北京：中国建筑工业出版社，2021.6（2024.2重印）
高等学校土木工程专业"十四五"系列教材
ISBN 978-7-112-25971-7

Ⅰ．①建… Ⅱ．①崔… ②程… Ⅲ．①建筑结构—钢结构—结构设计—高等学校—教材 Ⅳ．①TU391.04

中国版本图书馆 CIP 数据核字（2021）第 044243 号

本书是在第一版基础上，按新版《钢结构设计标准》GB 50017—2017 以及最近实施的相关标准、规范修订而成。本书系统介绍了建筑钢结构设计的基本理论知识、设计方法、结构体系及构造特点。全书共分 4 章，主要内容包括：第 1 章多层与高层房屋钢结构；第 2 章单层工业厂房钢结构；第 3 章轻型门式刚架结构；第 4 章大跨及空间钢结构。

本书既可作为高等学校土木工程专业教材，也可供从事钢结构设计及施工的工程技术人员参考。

为更好地支持本课程教学，我社向选用本教材的任课教师提供课件，有需要者可与出版社联系，索取方式如下：建工书院 http://edu.cabplink.com，邮箱 jckj@cabp.com.cn，电话 010-58337285。

* * * * * *

责任编辑：吉万旺　王　跃
责任校对：赵　菲

高等学校土木工程专业"十四五"系列教材
建筑钢结构设计（第二版）
崔　佳　程　睿　主编

中国建筑工业出版社出版、发行（北京海淀三里河路 9 号）
各地新华书店、建筑书店经销
北京红光制版公司制版
建工社（河北）印刷有限公司印刷
*
开本：787 毫米×1092 毫米　1/16　印张：24　字数：578 千字
2021 年 6 月第二版　　2024 年 2 月第九次印刷
定价：**59.00** 元（赠教师课件）
ISBN 978-7-112-25971-7
（36512）

第 二 版 前 言

"建筑钢结构设计"是高等学校土木工程专业一门重要的专业课程，是在钢结构基本原理课程的基础上，进一步学习钢结构设计方法的课程。其具有基础理论与工程应用的双重特点，是专业基础课与工程实践之间的纽带课程。本书依据高等学校土木工程学科专业指导委员会编制的《高等学校土木工程本科指导性专业规范》要求，结合作者多年的教学工作经验编写而成。

本次修编，依据《高等学校土木工程本科指导性专业规范》推荐的专业知识单元，重新编排章节内容，并按新版《钢结构设计标准》GB 50017—2017 以及新近实施的相关标准、规范进行修订，及时将学科和行业发展的最新知识反映在本书中。

全书共分 4 章。第 1 章介绍了多层与高层房屋钢结构的体系、结构布置和受力分析方法，重点讲解了构件、节点以及楼盖结构的设计方法。第 2 章介绍了单层工业厂房钢结构的结构形式和布置，重点讲解了屋盖结构的形式及设计、吊车梁的计算特点及设计方法以及钢平台结构的设计。第 3 章对应用较广的轻型门式刚架结构进行了介绍，全面介绍了其结构体系、构件和节点设计以及围护结构的设计要点。第 4 章为大跨及空间钢结构，按钢管桁架结构、网架结构、网壳结构以及张力结构四种体系对大跨度结构的体系和设计特点进行了介绍。

本书由崔佳、程睿主编。参加本书编写的有：程睿（第 1 章），熊刚、周淑容、金声（第 2 章），郭莹、石宇、何子奇、陈永庆（第 3 章），聂诗东（第 4 章），李鹏程（附录）。

对书中可能存在的错误、疏漏和不当之处，敬请读者提出宝贵意见。

第 一 版 前 言

按照高等学校土木工程专业指导委员会的意见，原土木工程专业钢结构课程已被拆分为"钢结构基本原理"和"建筑钢结构设计"两门课，为了适应培养方案的变化，在过去已有钢结构教材的基础上编写了本书。

"建筑钢结构设计"是土木工程专业的主要专业课之一，是研究建筑钢结构基本工作性能的一门工程技术型课程。本课程是建筑工程专业方向的必修课，课程教学的目的，是使学生系统地学习建筑钢结构设计的基本理论知识、设计方法、结构体系及构造特点。

本书主要依据高等学校土木工程专业指导委员会编制的《高等学校土木工程专业本科教育培养目标和培养方案及课程教学大纲》，同时结合作者多年从事钢结构教学工作的经验编写而成。

本书共分6章。第1章绪论，阐述了建筑钢结构的设计方法，着重讲解了用于钢结构设计的概率极限状态设计方法和疲劳强度设计采用的容许应力设计法，本章还介绍了荷载作用效应、材料选用及设计指标。第2章主要讲解多层钢框架的结构体系、受力分析方法及框架柱计算长度的确定，同时讨论了梁柱构件的截面设计、连接节点设计以及柱脚设计等。第3章介绍了单层厂房钢结构的结构体系、屋盖结构、支撑布置，还重点讨论了吊车梁的计算特点及设计方法。第4章是针对目前在我国应用较多的门式刚架结构编写的内容，重点是对门式刚架结构体系以及梁柱构件、檩条等基本构件受力特点及计算方法的介绍。第5章介绍了平面及空间承重的大跨度钢结构的结构体系，如大跨度桁架结构、框架结构、拱结构等，重点讨论了平板网架结构的工作性能及计算方法。大跨度结构中的网壳结构、悬索结构和膜结构等也有简单的介绍，目的是开阔学生的眼界。第6章是高层钢结构，重点讨论了高层建筑钢结构的结构体系以及结构和构件的抗震设计思路。第5、6章在学时允许时可作为授课内容，也可以作为学生毕业设计时的参考。

本书既可作为土木工程专业大学本科的教材，也可供有关工程技术人员参考。

参加本书编写的有崔佳（第1、2、5、6章）、龙莉萍（第3章）、郭莹（第4章）。全书由崔佳主编，龙莉萍副主编，负责本书大纲的制定、全书内容的统一、审校、修改和定稿。

对书中的一些疏漏和不当之处，还望读者批评指正。

目　　录

1 多层与高层房屋钢结构

多层和高层建筑的划分并没有严格的界限，通常，从房屋建筑的荷载特点及其力学行为来看，大致以 12 层或高度 40m 为界。多层与高层房屋钢结构应用范围广泛，可用于办公楼、商业楼、住宅和公共建筑等。

1.1 多层及高层房屋钢结构的结构体系

由结构的功能要求可知，多、高层房屋钢结构的结构体系应区分抗重力结构体系和抗侧力结构体系。多、高层房屋钢结构通过楼盖体系传递重力，通过抗侧力结构体系抵抗由风或地震引起的水平荷载。

常用的多、高层建筑钢结构结构体系主要有：框架结构体系、框架-支撑结构体系、框架-剪力墙结构体系、框架-核心筒结构体系及筒体结构体系。

1.1.1 框架结构体系

框架结构体系是指沿纵横方向均有框架作为承重和抵抗水平侧力的结构体系。框架结构的主要承重构件为钢梁和钢柱，见图 1-1(a)，框架中的钢梁和钢柱既承受竖向荷载，同时又抵抗水平荷载。

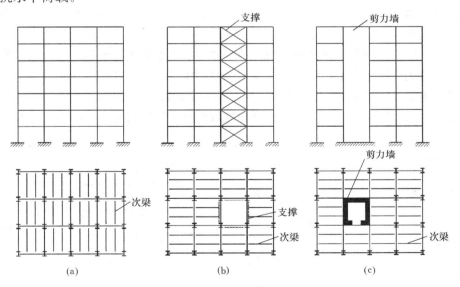

图 1-1　结构体系
(a) 框架结构；(b) 框架-支撑结构；(c) 框架-剪力墙结构

纯钢框架结构体系早在 19 世纪末就已出现，它是多层及高层建筑中最早出现的结构体系。框架结构整体刚度均匀，构造简单，制作安装方便。同时，在大震作用下，结构具有较大的延性和一定的耗能能力（其耗能能力主要是通过梁端塑性铰的非弹性变形来实现）。

框架结构的另一个优点是梁和柱的布置灵活，可以用于需要较大空间的建筑，也可以通过设置轻质隔墙将房间分隔为一些小的开间。但框架结构侧向刚度较差，在水平荷载作用下框架结构的抗侧移能力主要取决于框架柱和梁的抗弯能力，结构侧移较大。当层数较多时，要提高结构的抗侧移刚度只有加大梁和柱的截面。截面过大，就会使框架失去经济合理性，因此建造高度不宜太高。在框架结构体系中，梁柱连接节点一般做成刚性连接以提高结构的抗侧刚度。

1.1.2 框架-支撑结构体系

由于纯框架结构依靠梁柱的抗弯刚度来抵抗水平力，因而不能有效地利用构件的强度，当层数较大时很不经济。为了提高框架结构的抗侧移刚度，可以在局部框架柱之间设置支撑系统，构成框架-支撑结构体系（图1-1b）。在水平力作用下，支撑结构中的支撑构件只承受拉、压轴向力，这种结构形式无论是从强度或变形的角度看，都是十分有效的，与纯框架结构相比，大大提高了结构的抗侧移刚度。此外，在罕遇地震中若支撑系统破坏，尚可通过内力重分布由框架承担水平力，即所谓两道抗震设防。

通常，支撑结构的形式分为中心支撑和偏心支撑。在每个节点处，各构件的轴线交汇于一点，称为中心支撑（图1-2a）。中心支撑框架虽然具有良好的强度和刚度，但由于支撑的受压屈曲使得结构的能量耗散性能较差。为了满足抗震对结构的刚度、强度和耗能的要求，可将支撑一端偏离梁柱节点而直接连在梁上，则支撑与柱之间的一段梁形成消能梁段，从而形成偏心支撑框架的形式（图1-2b）。偏心支撑框架结构较好地结合了纯框架和中心支撑框架两者的长处，在中、小震作用下，构件均处于弹性工作状态，支撑提供主要的抗侧力刚度，其工作性能与中心支撑框架相似；在大震作用下，保证支撑不发生受压屈曲，而让消能梁段屈服耗能，这时偏心支撑框架的工作性能与纯框架相似，具有稳定的弹塑性滞回性能和优良的耗能性能。

当竖向支撑桁架设置在建筑中部时，外围柱一般不参与抵抗水平力。同时，若竖向支撑的高宽比过大，在水平力作用下，支撑顶部将产生很大的水平变位。此时可在建筑的顶层设置伸臂桁架（帽桁架），必要时还可在中间某层设置腰桁架（图1-3）。帽桁架和腰桁架使外围柱与核心抗剪结构共同工作，可有效减小结构的侧向变位，刚度也有很大提高。

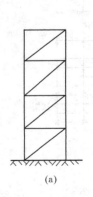
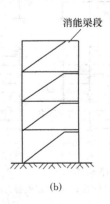

图1-2　框架-支撑结构体系中钢支撑的类型
（a）中心支撑；（b）偏心支撑

图1-3　设置伸臂桁架的框架-支撑结构

1.1.3 框架-剪力墙体系

为了提高框架结构的抗侧移刚度，除了设置支撑结构以外，还可以将建筑中的电梯、楼梯间等设计成剪力墙，这样就组成了框架-剪力墙结构（图1-1c）。在框架-剪力墙结构中，风或地震引起的水平力主要由剪力墙承受，而竖向荷载主要由钢框架承受。

剪力墙按其材料和结构的形式可分为钢筋混凝土剪力墙、钢筋混凝土带缝剪力墙和钢板剪力墙等。框架-钢筋混凝土剪力墙结构体系充分综合利用了钢结构强度高、延性好、施工速度快和混凝土结构刚度大、成本低、防火性能好的优点，是一种较好的多、高层建筑结构形式。但钢筋混凝土剪力墙刚度较大，地震时易发生应力集中，导致墙体产生斜向大裂缝而脆性破坏。为避免这种现象，可采用带缝剪力墙，即在钢筋混凝土墙体中按一定间距设置竖缝（图1-4）。这样墙体成了许多并列的壁柱，在风荷载和小震下处于

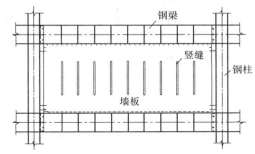

图1-4　带竖缝剪力墙板

弹性阶段，可确保结构的使用功能完好。在强震时进入塑性状态，能吸收大量地震能量，而各壁柱继续保持其承载能力，以防止建筑物倒塌。

1.1.4 框架-核心筒体系

若将框架-支撑结构体系的支撑结构或框架-剪力墙结构体系中的剪力墙结构做成封闭的核心筒体，与建筑电梯井功能配合，设置于建筑平面的中心部位，而在核心筒外侧周边布置外框架，就形成了框架-核心筒体系。

这种结构形式在我国高层建筑钢结构中被大量采用，中心筒体既可采用钢结构，亦可采用钢筋混凝土结构，核心筒体承担全部或大部分水平力及扭转力。楼面多采用钢梁、压型钢板与现浇混凝土组成的组合结构，与内外筒均有较好的连接，水平荷载通过刚性楼面传递到核心筒。对于钢框架-混凝土核心筒这种混合结构，除了造价较低这一优点外，虽也有双重抗侧力体系，但由于钢框架与混凝土核心筒的侧向刚度差异很大，抗震性能并不良好，在几次大的地震中，采用这种体系的房屋均出现了较为严重的破坏，国外对这种结构体系在高烈度区的采用已十分谨慎。因此，在设计时应特别注意采取提高结构延性和抗震性能的措施。

1.1.5 筒体结构体系

筒体结构是超高层建筑中受力性能较好的结构体系，其主要分为框筒结构、筒中筒结构和束筒结构体系。框筒结构是由密柱深梁构成的外筒与内部的框架所组成的结构体系（图1-5），外筒承担全部水平荷载，内部框架仅承受竖向荷载。整个结构的柱网可以按照建筑平面使用功能要求随意布置，不要求规则、正交，柱距也可以随意加大，从而提供了较大的灵活空间。在水平力作用下，由于框筒梁的剪切变形，使得翼缘框架柱的轴力分布不均匀，腹板框架柱的轴力也不符合平截面假定，出现剪力滞后的现象。剪力滞后会降低框筒结构的筒体性能，降低结构的抗侧刚度。改善框筒结构工作性能的最有效措施就是加大各层深梁的截面惯性矩和线刚度，降低剪切变形带来的剪力滞后效应。

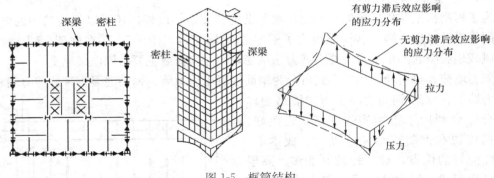

图 1-5　框筒结构

改善剪力滞后效应的另一种方法是将大框筒结构分割成多个小框筒，构成束筒结构（图 1-6），由于小框筒翼缘的宽度减小，剪力滞后效应大大降低，使得结构的整体工作性能得到提高。

筒中筒结构是由外框筒和内框筒组成的共同工作的空间结构体系（图 1-7）。相较于框筒结构，由于设置了内筒，建筑下部楼层的层间侧移显著减小；此外，也可设置伸臂桁架加强两个筒体间的连接，弥补外筒剪力滞后效应的不利影响，使外筒柱发挥更大的作用。

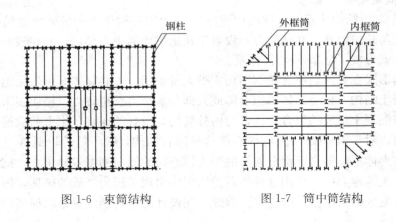

图 1-6　束筒结构　　　　　图 1-7　筒中筒结构

1.2　多层及高层房屋钢结构的结构布置和抗震等级

1.2.1　结构平面布置

1.2.1.1　平面不规则

建筑平面宜简单规则、对称，开间和进深宜统一，有利于结构的抗风和抗震，避免出现表 1-1 中的三种平面不规则情况。为了减小结构扭转导致的结构效率的降低，应使结构各层的抗侧力刚度中心与质量中心尽量重合，同时各层接近于同一竖直线上。当不能避免出现平面不规则时，其结构设计需符合特殊要求，并对薄弱部位采取有效的抗震构造措施。

平面不规则的主要类型	表 1-1
不规则类型	定　义
扭转不规则	在规定的水平力作用下，楼层的最大弹性水平位移（或层间位移），大于该楼层两端弹性水平位移（或层间位移）平均值的 1.2 倍
凹凸不规则	平面凹进的尺寸，大于相应投影方向总尺寸的 30%
楼板局部不连续	楼板的尺寸和平面刚度急剧变化，例如，有效楼板宽度小于该层楼板典型宽度的 50%，或开洞面积大于该层楼面面积的 30%，或较大的楼层错层

1.2.1.2 柱网布置

柱网布置应根据建筑物的平面形状、使用功能和结构体系而定。多、高层房屋的柱网布置有以下三种形式。

（1）方形柱网：在两个互相垂直的主轴方向采用相同的柱距，多用于层数较少、楼层面积较大的楼房。如图 1-8(a) 所示，美国休斯敦印第安纳广场大厦即为方形柱网布置。

（2）矩形柱网：纵、横向两个主轴方向采用不用的柱距，可扩大建筑内部的使用空间。北京长富宫中心大厦即采用了矩形柱网的布置形式（图 1-8b）。

（3）周边密柱：当结构采用内部核心筒、外部密柱的结构形式时，这种柱网即为周边密柱柱网。图 1-8(c) 所示为荷兰鹿特丹的 Roai 大厦结构布置，内部采用核心筒，周边则采用密集柱网。

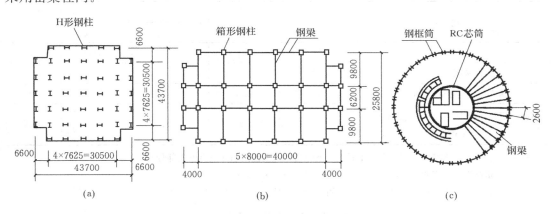

图 1-8　柱网布置
（a）方形柱网；（b）矩形柱网；（c）周边密柱

框架结构的柱网布置应尽量规则，当柱采用 H 型钢截面且建筑平面为矩形时，由于建筑的横向受风面积大，且刚度也低于纵向，一般应将钢柱的强轴方向垂直于横向框架（即建筑平面的短向）放置，见图 1-1。次梁则既可以平行于横向框架（图 1-1a），也可以平行于纵向框架（图 1-1b）布置。就承受竖向荷载而言，前者相当于将纵向框架作为主要承重框架，而横向框架为次要承重框架；后一种布置方法则是将横向框架作为主要承重框架，纵向框架为次要承重框架。

1.2.2　结构竖向布置

1.2.2.1　竖向不规则

多、高层建筑竖向形体宜规则，结构的侧向刚度沿高度宜均匀变化，应避免抗侧力结构的侧向刚度和承载力突变，以减小地震作用的不利影响。表1-2所列为竖向不规则的三种类型，在进行结构设计时，应尽量避免出现这种情况。当不能避免时，其结构设计需符合特殊要求，并对薄弱部位采取有效的抗震构造措施。

竖向不规则的主要类型　　　　　　　　　　　　　　表1-2

不规则类型	定　义
侧向刚度不规则	该层的侧向刚度小于相邻上一层的70%，或小于其上相邻三个楼层侧向刚度平均值的80%；除顶层或出屋面小建筑外，局部收进的水平向尺寸大于相邻下一层的25%
竖向抗侧力构件不连续	竖向抗侧力构件（柱、支撑、剪力墙）的内力由水平转换构件（梁、桁架等）向下传递
楼层承载力突变	抗侧力结构的层间受剪承载力小于相邻上一楼层的80%

1.2.2.2　最大高度和最大高宽比

按照经济合理的原则，各种结构体系的钢结构房屋适用的最大高度列于表1-3中，当房屋高度超过最大适用高度时，设计应有可靠依据并采取进一步的有效措施。由于多、高层房屋的横向刚度、风振加速度与房屋的高宽比有关，一般高宽比超过8时，结构的效能不佳，因此，对于钢结构高层建筑，其高宽比不宜大于表1-4的限值。

钢结构房屋适用的最大高度（m）　　　　　　　　　表1-3

结构体系	6、7度 (0.10g)	7度 (0.15g)	8度		9度 (0.40g)
			(0.20g)	(0.30g)	
框架	110	90	90	70	50
框架-中心支撑	220	200	180	150	120
框架-偏心支撑、框架-屈曲约束支撑	240	220	200	180	160
筒体（框筒、筒中筒、桁架筒、束筒）、巨型框架	300	280	260	240	180

注：1. 房屋高度指室外地面到主要屋面板板顶的高度（不包括局部突出屋顶部分）；

2. 超过表内高度的房屋，应进行专门研究和论证，采取有效的加强措施；

3. 表内的筒体不包括混凝土筒。当采用混合结构时，应满足相关规范的要求。

钢结构民用房屋适用的最大高宽比　　　　　　　　　表1-4

烈度	6、7	8	9
最大高宽比	6.5	6.0	5.5

注：1. 计算高宽比的高度从室外地面算起；

2. 塔形建筑的底部有大底盘时，高宽比可按大底盘以上计算。

1.2.2.3　其他规定

多、高层建筑敷设地下室不仅起到补偿基础的作用，还有利于增大结构抗侧倾的能力，因此高度超过50m的钢结构房屋应设置地下室。其基础埋置深度，当采用天然地基时不宜小于房屋总高度的1/15；当采用桩基时，桩承台埋深不宜小于房屋总高度的1/20。设置地下室时，框架-支撑结构中竖向连续布置的支撑应延伸至基础，钢框架柱应至少延伸至地下一层，其竖向荷载应直接传至基础。

多、高层建筑一般不宜设置防震缝，因为大量的震害表明，防震缝设置不当会导致高层建筑在地震作用下相互碰撞产生严重的破坏后果。当结构特别不规则而需要设置防震缝时，应通过设缝使结构形成多个较规则的抗侧力单元，且防震缝要留有足够的宽度，其不应小于钢筋混凝土框架结构缝宽的 1.5 倍。

1.2.3 抗震等级

为了更恰当地处理建筑的抗震设防问题，钢结构房屋应根据设防分类、烈度和房屋高度采用不同的抗震等级，并应符合相应的计算和构造措施要求。丙类建筑的抗震等级应按表 1-5 确定。当采用混合结构时，应满足相关规范的要求。

钢结构房屋的抗震等级　　　　　　　　　　　表 1-5

房屋高度	烈　度			
	6	7	8	9
≤50m		四	三	二
>50m	四	三	二	一

注：1. 高度接近或等于高度分界时，应允许结合房屋不规则程度和场地、地基条件确定抗震等级；
　　2. 一般情况，构件的抗震等级应与结构相同；当某个部位各构件的承载力均满足 2 倍地震作用组合下的内力要求时，7～9 度的构件抗震等级应允许按降低一度确定。

1.3　荷载作用及效应组合

1.3.1 竖向荷载

多、高层钢结构的竖向荷载主要是永久荷载（结构自重）、楼面及屋面活荷载、雪荷载和积灰荷载。楼面和屋面活荷载以及雪荷载的标准值及其准永久值系数应按现行《建筑结构荷载规范》GB 50009 的规定取值，对某些未作具体规定的屋面或楼面活荷载，应根据其他有关规定采用。

多层建筑中，一般应考虑活荷载的不利分布。而在高层建筑中，活荷载值与永久荷载值相比不大，因而，在计算时一般对楼面和屋面活荷载可不作最不利布置工况的选择，即按各跨满载简化计算。但当楼面活荷载大于 $4kN/m^2$ 时，宜考虑楼面活荷载的不利布置，也可采用简化方法考虑，即将满跨布置算得的框架梁的跨中弯矩计算值乘以 1.1～1.2 的系数，梁端弯矩值乘以 1.05～1.1 的系数予以提高。

当施工中采用附墙塔、爬塔等对结构有影响的起重机械或其他设备时，在结构设计中应进行施工阶段验算。

1.3.2 风荷载

作用在多、高层建筑任意高度处的风荷载标准值 w_k，应按下式计算：

$$w_k = \beta_z \mu_s \mu_z w_0 \tag{1-1}$$

式中　w_k——基本风压；

　　　μ_z——风荷载高度变化系数；

　　　μ_s——风荷载体型系数；

　　　β_z——高度 z 处的风振系数。

以上各项系数的取值均按现行《建筑结构荷载规范》GB 50009 采用。对于基本周期 T_1 大于 0.25s 的工程结构，以及对于高度大于 30m 且高宽比大于 1.5 的高柔建筑，应考虑风压脉动对结构发生顺风向风振的影响，否则 β_z 取 1。对风荷载比较敏感的高层民用建筑，承载力设计时应按基本风压的 1.1 倍采用。

风振计算应按随机振动理论进行，对于高度大于 30m 且高宽比大于 1.5、可以忽略扭转的高柔建筑，第一振型起到绝对影响，此时可以仅考虑结构的第一振型，并通过风振系数来表达。对于外形和重量沿高度无变化的等截面结构，若只考虑第一振型的影响，结构在 z 高度处的风振系数可按下式计算：

$$\beta_z = 1 + 2gI_{10}B_z\sqrt{1+R^2} \qquad (1-2)$$

式中 g——峰值因子，可取 2.5；

I_{10}——10m 高度名义湍流强度，对应 A、B、C 和 D 类地面粗糙度，可分别取 0.12、0.14、0.23 和 0.39；

R——脉动风荷载的共振分量因子，按现行《建筑结构荷载规范》GB 50009 规定采用；

B_z——脉动风荷载的背景分量因子，按现行《建筑结构荷载规范》GB 50009 规定采用。

由于多、高层建筑钢结构的刚度较小，还容易出现对舒适度不利的横风向振动。一般而言，建筑高度超过 150m 或高宽比大于 5 的高层建筑可出现较为明显的横风向风振效应，并且效应随着建筑高度或建筑高宽比增加而增加。因此，对于横风向风振作用效应明显的高层建筑，设计时宜考虑横风向风振的影响。通常，在建筑选形时，采用合适的建筑形体，如圆形、正多边形等双轴对称的平面形状，有利于减小横风向振动的影响。

当多栋或群集的高层建筑相互之间的距离较近时，由于旋涡的相互干扰，房屋某些部位的局部风压会显著增大，因此宜考虑风力相互干扰的群体效应。一般可将单栋建筑的体型系数 μ_s 乘以相互干扰增大系数，该系数可参考类似条件的试验资料确定。对于比较重要的高层建筑，宜通过风洞试验确定。

1.3.3 地震作用

1.3.3.1 地震作用计算的原则

按三水准设防的抗震设计原则，多、高层建筑钢结构的抗震设计采用两阶段设计方法，即第一阶段设计按多遇地震烈度对应的地震作用效应和其他荷载效应的组合验算结构构件的承载能力和结构的弹性变形；第二阶段设计按罕遇地震烈度对应的地震作用效应验算结构的弹塑性变形，目的是保证结构满足第三水准的抗震设防要求；采用提高一度的抗震构造措施要求，可基本保证第二水准的实现。

第一阶段设计时，地震作用应考虑下列原则：

① 通常情况下，应在结构的两个主轴方向分别计入水平地震作用，各方向的水平地震作用应全部由该方向的抗侧力构件承担；

② 当有斜交抗侧力构件，且相交角度大于 15°时，应分别计算各抗侧力构件方向的水平地震作用；

③ 质量和刚度分布明显不均匀、不对称的结构，应计入双向水平地震作用下的扭转效应；

④ 按 9 度抗震设防的高层建筑钢结构，应计入竖向地震作用；

⑤ 高层建筑钢结构中的大跨度和长悬臂结构，7 度（0.15g）、8 度和 9 度抗震设计时应计入竖向地震作用。

1.3.3.2　地震作用的计算方法

目前地震作用的计算方法主要采用弹性反应谱理论，即用反应谱法得到结构的等效地震作用后，按静力方法计算内力和位移。

（1）地震影响系数

建筑钢结构的设计反应谱，采用图 1-9 的地震影响系数曲线表示。

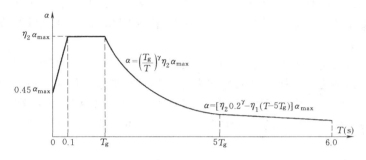

图 1-9　地震影响系数曲线

α—地震影响系数；$\alpha_{\max}$—地震影响系数最大值；η_1—直线下降段的下降斜率调整系数；

η_2—阻尼调整系数；γ—衰减指数；T_g—特征周期；T—结构自振周期

地震影响系数曲线的阻尼调整系数和形状参数应符合下列规定：

下降段衰减指数：
$$\gamma = 0.9 + \frac{0.05 - \zeta}{0.3 + 6\zeta} \qquad (1\text{-}3)$$

下降段斜率调整系数：
$$\eta_1 = 0.02 + \frac{0.05 - \zeta}{4 + 32\zeta}（小于 0 时，取 0） \qquad (1\text{-}4)$$

阻尼调整系数：
$$\eta_2 = 1 + \frac{0.05 - \zeta}{0.08 + 1.6\zeta}（小于 0.55 时，取 0.55） \qquad (1\text{-}5)$$

式中　ζ——阻尼比，对多遇地震下的计算，钢结构阻尼比取值宜符合下列规定：

① 对不超过 12 层的钢结构可采用 0.035，对超过 12 层的钢结构可采用 0.02；

② 在罕遇地震下的分析，阻尼比可采用 0.05。

地震影响系数应根据烈度、场地类别、设计地震分组、结构自振周期以及阻尼比确定。水平地震影响系数最大值 $\alpha_{\max}$ 应按表 1-6 采用；特征周期 T_g 应根据场地类别和设计地震分组按表 1-7 采用，计算 8、9 度罕遇地震作用时，特征周期应增加 0.05s。

<table>
<tr><td colspan="5" align="center">水平地震影响系数最大值　　　　　　　　　　　　　　表 1-6</td></tr>
<tr><td>地震影响</td><td>6 度</td><td>7 度</td><td>8 度</td><td>9 度</td></tr>
<tr><td>多遇地震</td><td>0.04</td><td>0.08（0.12）</td><td>0.16（0.24）</td><td>0.32</td></tr>
<tr><td>罕遇地震</td><td>0.28</td><td>0.50（0.72）</td><td>0.90（1.20）</td><td>1.40</td></tr>
</table>

注：括号内数值分别用于设计基本地震加速度为 0.15g 和 0.30g 的地区。

设计地震分组	场地类别				
	I_0	I_1	II	III	IV
第一组	0.20	0.25	0.35	0.45	0.65
第二组	0.25	0.30	0.40	0.55	0.75
第三组	0.30	0.35	0.45	0.65	0.90

（2）水平地震作用计算

地震作用计算方法有：底部剪力法、振型分解反应谱法和时程分析法。多、高层房屋钢结构进行抗震计算时，应根据不同情况，分别采用不同的地震作用计算方法。

① 底部剪力法

底部剪力法适用于高度不大于 40m、以剪切变形为主且平面和竖向较规则的建筑。底部剪力法的基本思路是：结构底部的总剪力等于其总水平地震作用（可根据建筑物的总重力荷载代表值由反应谱得到），而地震作用沿高度的分布则根据近似的结构侧移假定按比例分配到各楼层。得到各楼层的水平地震作用后，即可按静力方法计算结构的内力，使用较方便。

采用底部剪力法计算水平地震作用时，各楼层可仅按一个自由度计算（图 1-10），与结构的总水平地震作用等效的底部剪力标准值由下式计算：

$$F_{Ek} = \alpha_1 G_{eq} \qquad (1-6)$$

在质量沿高度分布基本均匀、刚度沿高度分布基本均匀或向上均匀减小的结构中，各层水平地震作用标准值按下式比例分配：

$$F_i = \frac{G_i H_i}{\sum\limits_{j=1}^{n} G_j H_j} F_{Ek}(1-\delta_n) \qquad (1-7)$$

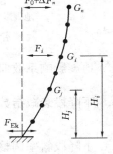

图 1-10 结构水平地震作用计算简图

顶部附加水平地震作用标准值为

$$\Delta F_n = \delta_n F_{Ek} \qquad (1-8)$$

式中　α_1——相应于结构基本自振周期的水平地震影响系数，按图 1-9 确定；

　　G_{eq}——结构等效总重力荷载，单质点应取总重力荷载代表值，多质点可取总重力荷载代表值的 85%；

G_i、G_j——分别为集中于质点 i、j 的重力荷载代表值；抗震计算中重力荷载代表值为结构和构配件自重标准值和各可变荷载组合值之和。各可变荷载的组合值系数按现行《建筑抗震设计规范》GB 50011 的规定取值，一般民用建筑楼面活荷载应取 0.5，书库、档案库建筑应取 0.8；雪荷载取 0.5；

H_i、H_j——分别为质点 i、j 的计算高度；

　　F_i——质点 i 的水平地震作用标准值；

　　δ_n——顶部附加地震作用系数，钢结构房屋可按表 1-8 采用；

　ΔF_n——顶部附加水平地震作用。

T_g (s)	$T_1 > 1.4T_g$ (s)	$T_1 \leqslant 1.4T_g$ (s)
$T_g \leqslant 0.35$	$0.08T_1 + 0.07$	
$0.35 < T_g \leqslant 0.55$	$0.08T_1 + 0.01$	0.0
$T_g > 0.55$	$0.08T_1 - 0.02$	

顶部附加地震作用系数 表 1-8

表中 T_1 为结构的基本自振周期,建筑结构基本自振周期的分析方法主要有矩阵位移法、能量法和经验公式。前两种方法与所取的结构计算简图有关,其计算可由计算机程序完成。后一种方法比较粗略,可以用于初步设计时的估算,对多、高层钢结构,可按经验公式 $T_1 = (0.10 \sim 0.15) n$ 估算,式中 n 为结构总层数(不包括地下部分及屋顶小塔楼)。

采用底部剪力法时,突出屋面的电梯间、水箱等小塔楼的质量、刚度与相邻结构层的质量、刚度相差很大,已不满足采用底部剪力法计算水平地震作用时要求结构质量、刚度沿高度分布均匀的条件。因此,突出屋面的小建筑的地震作用效应宜乘以增大系数 3,此增大部分属于效应增大,不应再往下传递,但与该突出部分相连的构件应计入。

② 振型分解反应谱法

不符合底部剪力法适用条件的其他建筑钢结构,宜采用振型分解反应谱法。

对体型比较规则、简单,可不计扭转影响的结构,振型分解反应谱法仅考虑平动作用下的地震效应组合,沿主轴方向,结构第 j 振型第 i 质点的水平地震作用标准值按下列公式计算:

$$F_{ji} = \alpha_j \gamma_j X_{ji} G_i \quad (i = 1, 2, \cdots\cdots, n \quad j = 1, 2, \cdots\cdots, m) \tag{1-9}$$

$$\gamma_j = \frac{\sum_{i=1}^{n} X_{ji} G_i}{\sum_{i=1}^{n} X_{ji}^2 G_i} \tag{1-10}$$

式中 F_{ji}——j 振型 i 质点的水平地震作用标准值;

  α_j——相应于 j 振型自振周期的地震影响系数;

  γ_j——j 振型的参与系数;

  X_{ji}——j 振型 i 质点的水平相对位移。

根据各振型的水平地震作用标准值 F_{ji},即可按下式计算水平地震作用效应(弯矩、剪力、轴力和变形):

$$S_{Ek} = \sqrt{\sum S_j^2} \tag{1-11}$$

式中 S_{Ek}——水平地震作用标准值的效应;

  S_j——j 振型水平地震作用标准值的效应,可只取前 2~3 个振型,当基本自振周期大于 1.5s 或房屋高宽比大于 5 时,振型个数可适当增加。

对于复杂体型结构或不能按平面结构假定进行计算时,应按空间协同工作或空间结构进行计算,此时应考虑空间振型及其耦联作用。通常,对质量和刚度不对称、不均匀的结构以及高度超过 100m 的高层建筑钢结构,应按现行《建筑抗震设计规范》GB 50011 给出的扭转耦联振型分解法计算结构的地震作用。

11

③ 时程分析法

竖向特别不规则的建筑及高度较大的建筑，宜采用时程分析法进行补充验算。采用时程分析法计算结构的地震反应时，应输入典型的地震波进行计算。在选择地震加速度时程曲线时，应满足地震动三要素即频谱特性、有效峰值和持续时间的要求。

7～9 度抗震设防的高层钢结构建筑，下列情况应采用弹性时程分析法进行多遇地震作用下的补充验算：

a. 甲类高层建筑钢结构；

b. 不满足表 1-1 和表 1-2 规定的特殊不规则钢结构；

c. 表 1-9 所列高度范围的高层建筑钢结构。

采用时程分析的房屋高度范围 表 1-9

烈度、场地类别	房屋高度范围（m）
8 度 I 、 II 类场地和 7 度	＞100
8 度 III 、 IV 类场地	＞80
9 度	＞60

时程分析法在应用时应注意以下问题：

a. 地震波的选用。应按建筑场地类别和设计地震分组选用实际强震记录和人工模拟的加速度时程曲线，其中实际强震记录的数量不应少于总数的 2/3，多组时程曲线的平均地震影响系数曲线应与振型分解反应谱法所采用的地震影响系数曲线在统计意义上相符，其加速度时程的最大值可按表 1-10 采用。

时程分析所用地震加速度时程的最大值（cm/s²） 表 1-10

地震影响	6 度	7 度	8 度	9 度
多遇地震	18	35 （55）	70 （110）	140
设防地震	50	100 （150）	200 （300）	400
罕遇地震	125	220 （310）	400 （510）	620

注：括号内数值分别用于设计基本地震加速度为 0.15g 和 0.30g 的地区。

b. 地震波的条数。每条地震均有其特定的频谱组成，按不同波形计算出的结构地震反应存在较大差别。因此，时程分析时应选用至少 3 条地震波进行计算。

c. 最小底部剪力要求。弹性时程分析时，每条时程曲线计算所得结构底部剪力不应小于振型分解反应谱法计算结果的 65%，多条时程曲线计算所得结构底部剪力的平均值不应小于振型分解反应谱法计算结果的 80%。

d. 地震波的持时和时距。地震波的持续时间不宜过短，不宜小于建筑结构基本自振周期的 5 倍，且不宜小于 15s。

（3）竖向地震作用计算

① 高层建筑钢结构的竖向地震作用

通过对高层建筑的时程分析和竖向反应谱分析，发现有以下规律：

a. 高层建筑的竖向地震内力与竖向构件所受重力之比 λ_v 沿结构的高度由下往上逐渐增大，而不是一个常数。

b. 高层建筑竖向第一振型的地震内力与竖向前 5 个振型按平方和开方组合的地震内力相比较，误差仅在 $5\%\sim15\%$。同时，竖向第一振型不仅其自振周期小于场地特征周期，而且其振型接近于倒三角形。

基于竖向地震作用的上述规律，9 度地区的高层建筑钢结构竖向地震作用可采用类似于水平地震作用的底部剪力法的方法来进行简化计算（图 1-11），其计算公式为

$$F_{\mathrm{Evk}} = \alpha_{\mathrm{vmax}} G_{\mathrm{eq}} \tag{1-12}$$

$$F_{\mathrm{vi}} = \frac{G_i H_i}{\displaystyle\sum_{j=1}^{n} G_j H_j} F_{\mathrm{Evk}} \tag{1-13}$$

式中　F_{Evk}——结构总竖向地震作用标准值；

　　　F_{vi}——质点 i 的竖向地震作用标准值；

　　　α_{vmax}——竖向地震影响系数的最大值，可取水平地震影响系数最大值的 65%；

　　　G_{eq}——结构等效总重力荷载，可取其总重力荷载代表值的 75%。

楼层各构件的竖向地震作用效应可按各构件承受的重力荷载代表值的比例进行分配，并宜乘以增大系数 1.5。

② 高层建筑中其他子结构的竖向地震作用

高层建筑中，大跨度结构、悬挑结构、转换结构、连体结构的连接体的竖向地震作用大小与其所处的位置以及支承结构的刚度都有一定的关系。当上述结构的跨度和悬挑长度满足下列要求时，其竖向地震作用标准值不宜小于结构或构件承受的重力荷载代表值与表 1-11 规定的竖向地震作用系数的乘积。

a. 楼盖结构跨度不大于 24m；

b. 转换结构和连体结构跨度不大于 12m；

c. 悬挑长度不大于 5m。

当大跨度和悬挑长度不满足要求时，宜采用时程分析法或振型分解反应谱法进行计算。

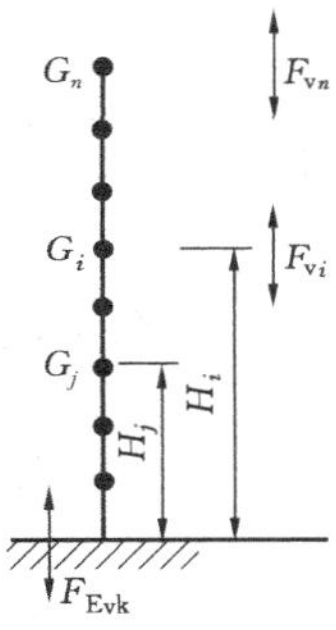

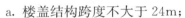

图 1-11　结构竖向地震作用计算简图

竖向地震作用系数　　　　　　　　　　　　　　表 1-11

设防烈度	7 度	8 度		9 度
设计基本地震加速度	$0.15g$	$0.20g$	$0.30g$	$0.40g$
竖向地震作用系数	0.08	0.10	0.15	0.20

注：g 为重力加速度。

1.3.4　荷载作用效应组合及设计表达式

在进行多、高层房屋钢结构设计时，由多种荷载作用引起的内力及位移要进行荷载作用效应组合。荷载作用效应组合分别按承载能力极限状态和正常使用极限状态进行，并取各自的最不利组合进行结构构件设计。

1.3.4.1　承载能力极限状态

（1）非抗震设计

多、高层钢结构在进行非抗震设计时，应按下列荷载（作用）的基本组合表达式进行

设计：

$$\gamma_0 S_d = R_d \tag{1-14}$$

式中 γ_0——结构重要性系数，按表 1-12 采用；

S_d——荷载（作用）组合的效应设计值；

R_d——结构或结构构件的抗力设计值。

结构重要性系数　　　　　　　　　　表 1-12

结构重要性系数	对持久设计状况和短暂设计状况			对偶然设计状况和地震设计状况
	安全等级			
	一级	二级	三级	
γ_0	1.1	1.0	0.9	1.0

对持久设计状况和短暂设计状况，当作用与作用效应按线性关系考虑时，荷载（作用）基本组合的效应设计值按下式最不利值确定：

$$S_d = \sum_{i \geqslant 1} \gamma_{G_i} S_{G_{ik}} + \gamma_{Q_1} \gamma_{L_1} S_{Q_{1k}} + \sum_{j>1} \gamma_{Q_j} \psi_{cj} \gamma_{L_j} S_{Q_{jk}} \tag{1-15}$$

式中 $S_{G_{ik}}$、$S_{Q_{1k}}$、$S_{Q_{jk}}$——分别为第 i 个永久作用标准值效应、第 1 个可变作用标准值效应和第 j 个可变作用标准值效应；

γ_{G_i}、γ_{Q_1}、γ_{Q_j}——分别为第 i 个永久作用的分项系数、第 1 个可变作用的分项系数和第 j 个可变作用的分项系数，其取值按表 1-13 采用；

γ_{L_1}、γ_{L_j}——分别为第 1 个和第 j 个考虑结构设计使用年限的荷载调整系数，设计使用年限为 50 年时取 1.0，设计使用年限为 100 年时取 1.1。

建筑结构的作用分项系数　　　　　　　　表 1-13

作用分项系数	当作用效应对承载力不利时	当作用效应对承载力有利时
γ_G	1.3	$\leqslant 1.0$
γ_Q	1.5	0

通常，在进行多、高层房屋钢结构设计时，需要进行表 1-14 所示的作用效应组合。组合时，屋面活荷载不与雪荷载同时考虑。当多层工业房屋有吊车和屋面积灰时，尚应考虑吊车荷载和积灰荷载参与组合。设计时，积灰荷载应与屋面活荷载或雪荷载同时考虑。

多、高层钢结构设计时常采用的作用效应组合　　　　　　表 1-14

序号	永久荷载 G_k	楼面活荷载 Q_{fk}	屋面活荷载 Q_{rk}	雪荷载 Q_{sk}	风荷载 Q_{wk}
1	$1.3G_k$	$1.5Q_{fk}$	$1.5\max(Q_{rk}, Q_{sk})$		
2	$1.3G_k$	$1.5Q_{fk}$	$1.5\max(Q_{rk}, Q_{sk})$		$1.5 \times 0.6Q_{wk}$
3	$1.3G_k$	$1.5 \times 0.7^* Q_{fk}$	$1.5 \times 0.7^* \max(Q_{rk}, Q_{sk})$		$1.5Q_{wk}$
4	$1.3G_k$				$1.5Q_{wk}$

注："*"标注值为楼面活荷载的组合值系数，对书库、档案库、贮藏室、密集柜书库、通风机房和电梯机房取 0.9。

（2）抗震设计

多、高层钢结构的抗震设计，应采用两阶段设计法。第一阶段为多遇地震作用下的弹性分析，验算构件的承载力和结构的侧移变形；第二阶段为罕遇地震作用下的弹塑性变形验算。

① 在多遇地震设计状况下，应采用地震作用效应和其他荷载效应的基本组合，并按下式进行设计：

$$S_d = R_d / \gamma_{RE} \qquad (1\text{-}16)$$

式中 γ_{RE}——承载力抗震调整系数，按表 1-15 采用。

承载力抗震调整系数 表 1-15

结构构件	受力状态	γ_{RE}
柱、梁、支撑、节点板件、螺栓、焊缝	强度	0.75
柱、支撑	稳定	0.80

注：当仅计算竖向地震作用时，各类结构构件承载力调整系数均采用 1.0。

当作用与作用效应按线性关系考虑时，荷载（作用）基本组合的效应设计值按下式计算：

$$S_d = \gamma_G S_{GE} + \gamma_{Eh} S_{Ehk} + \gamma_{Ev} S_{Evk} + \gamma_w \psi_w S_{wk} \qquad (1\text{-}17)$$

式中 γ_G——重力荷载分项系数；

γ_{Eh}、γ_{Ev}——分别为水平和竖向地震作用分项系数；

γ_w——风荷载分项系数；

S_{GE}——重力荷载代表值的效应；

S_{Ehk}、S_{Evk}——分别为水平和竖向地震作用标准值的效应；

S_{wk}——风荷载标准值的效应；

ψ_w——风荷载组合值系数，一般结构取 0.0，高层结构取 0.2。

多、高层房屋钢结构通常采用的作用效应组合及相应的荷载和作用分项系数见表 1-16，当重力荷载效应对结构的承载力有利时，表中 γ_G 不应大于 1.0。

抗震设计时荷载和地震作用基本组合的分项系数 表 1-16

参与组合的荷载和作用	γ_G	γ_{Eh}	γ_{Ev}	γ_w	说明
重力荷载及水平地震作用	1.2	1.3	—	—	抗震设计的多、高层建筑均应考虑
重力荷载及竖向地震作用	1.2	—	1.3	—	9 度抗震设计时考虑；水平长悬臂和大跨度结构 7 度（0.15g）、8 度、9 度抗震设计时考虑
重力荷载、水平地震作用及竖向地震作用	1.2	1.3	0.5	—	9 度抗震设计时考虑；水平长悬臂和大跨度结构 7 度（0.15g）、8 度、9 度抗震设计时考虑
重力荷载、水平地震作用及风荷载	1.2	1.3	—	1.4	60m 以上高层建筑考虑
重力荷载、水平地震作用、竖向地震作用及风荷载	1.2	1.3	0.5	1.4	60m 以上高层建筑，9 度抗震设计时考虑；水平长悬臂和大跨度结构 7 度（0.15g）、8 度、9 度抗震设计时考虑
	1.2	0.5	1.3	1.4	水平长悬臂和大跨度结构 7 度（0.15g）、8 度、9 度抗震设计时考虑

② 在罕遇地震作用下多、高层钢结构弹塑性变形计算时，可不计入风荷载的效应。当采用时程分析法进行验算时，荷载和作用分项系数都取 1.0。由于结构处于弹塑性阶段，叠加原理不再适用，故应先将荷载和作用都施加到结构模型上再进行分析。

1.3.4.2　正常使用极限状态

（1）对非抗震设计，结构或结构构件按正常使用极限状态设计时，应符合下式规定：

$$S_d \leqslant C \tag{1-18}$$

式中　S_d——荷载（作用）组合的效应设计值；

　　　C——设计对变形、裂缝等规定的相应限值。

当作用和作用效应按线性关系考虑时，多、高层房屋钢结构的正常使用极限状态设计应采用标准组合：

$$S_d = \sum_{i \geqslant 1} S_{G_{ik}} + S_{Q_{1k}} + \sum_{j > 1} \psi_{cj} S_{Q_{jk}} \tag{1-19}$$

（2）对抗震设计，应按下式进行多遇地震作用下结构的抗震变形验算：

$$\Delta u_e \leqslant [\Delta u_e] \tag{1-20}$$

式中　Δu_e——多遇地震作用标准值产生的弹性变形；

　　　$[\Delta u_e]$——多遇地震作用下结构的弹性变形限值。

1.4　结构内力分析及位移限值

1.4.1　结构的计算模型

多、高层建筑钢结构的计算模型应视具体结构形式和计算内容确定。一般情况下，多、高层建筑结构处于空间受力状态，即水平荷载可能以任意方向作用在结构上，因此结构的分析应尽量采用空间结构模型。当结构布置规则、质量及刚度沿高度分布均匀，但需要计及扭转效应时，可采用平面抗侧力结构的空间协同计算模型。当结构平面或立面不规则、体型复杂、无法划分成平面抗侧力单元或为筒体结构时，应采用空间结构计算模型。目前，用有限元方法编制的、能够用于钢结构受力分析的专业设计软件很多，可以用于空间模型的内力及变形分析。

当框架结构平面布置比较规则时，由于纵、横向框架的刚度及荷载分布都比较均匀，不计扭转效应时，也可以近似采用平面模型进行内力及位移分析，其计算模型的简化作了两点假定：

① 整个框架结构可以划分成若干个平面框架，单榀框架除承受所负担的竖向荷载外，还可以抵抗自身平面内的水平荷载，但在平面外的刚度很小，可以忽略。

② 各平面框架之间通过楼板连接，楼板在自身平面内的刚度可视为无穷大，因此各平面框架在每一楼层处有相同的侧移。

1.4.2　结构分析的一般原则

① 多、高层建筑钢结构的内力与位移一般采用弹性方法计算。对有抗震设防要求的结构，除进行多遇地震作用下的弹性效应计算外，还应考虑在罕遇地震作用下结构可能进入弹塑性状态，对结构采用弹塑性方法进行分析。

② 多、高层建筑钢结构通常采用现浇组合楼盖，其在自身平面内的刚度是相当大的，

一般可假定楼面在自身平面内为绝对刚性。但在设计中应采取保证楼面整体刚度的构造措施，如加设楼板与钢梁之间的抗剪件、非刚性楼面加整浇层等。对整体性较差、楼面有大开孔、有较长外伸段或相邻层刚度有突变的楼面，当不能保证楼面的整体刚度时，宜采用楼板平面内的实际刚度进行分析，以考虑楼盖的面内变形的影响，或对刚性楼面假定计算所得结果进行调整。

③ 由于楼板与钢梁连接在一起，当进行多、高层建筑钢结构的弹性分析时，宜考虑现浇钢筋混凝土楼板或压型钢板组合楼板与钢梁的共同工作，此时应保证楼板与钢梁间有可靠连接。当进行弹塑性分析时，楼板可能严重开裂，因此不宜考虑楼板与钢梁的共同工作。

在进行结构弹性分析时，考虑到楼板对钢梁刚度的增大作用，组合楼盖中梁的惯性矩可取为：当两侧有楼板时 $1.5I_b$，当仅一侧有楼板时 $1.2I_b$，I_b 为钢梁的惯性矩。

④ 高层建筑钢结构梁柱构件的跨高比较小，在计算结构的内力和位移时，除考虑梁、柱的弯曲变形和柱的轴向变形外，尚应考虑梁、柱的剪切变形。由于梁的轴力很小，一般不考虑梁的轴向变形，但当梁同时作为伸臂桁架的弦杆时，应计入轴力的影响。

⑤ 钢框架-剪力墙体系中，现浇竖向连续钢筋混凝土剪力墙的计算应计入墙的弯曲变形、剪切变形和轴向变形。

当钢筋混凝土剪力墙具有比较规则的开孔时，可按带刚域的框架计算；当具有复杂开孔时，宜采用平面有限元法计算。

⑥ 柱间支撑两端宜按铰接连接计算，当实际构造为刚接时，也可按刚接计算。其端部连接的刚度通过支撑构件的计算长度加以考虑。若采用偏心支撑，由于消能梁段在大震时将首先屈服，计算时应取为单独单元。

1.4.3 结构的重力二阶效应

在对结构进行内力分析时，假定结构在弹性阶段工作，因此可以采用弹性分析法。结构的弹性分析有一阶分析方法和二阶分析方法之分。所谓一阶分析方法，是指荷载和内力的平衡关系是建立在结构变形前的杆件轴线上；而二阶分析方法则是按变形后的结构轴线建立力的平衡关系。现以图 1-12 的悬臂柱为例，说明两种分析方法的区别。

图 1-12 所示为一悬臂柱，在自由端作用有一竖向集中力 P 和水平荷载 H。

① 若采用一阶弹性分析，则其计算简图如图 1-12(a) 所示，根据力的平衡关系，固定端的最大弯矩为

$$M = Hh \qquad (1-21)$$

② 若采用二阶弹性分析，应按变形后的柱轴线建立力的平衡关系，计算简图将如图 1-12(b) 所示。设悬臂柱自由端的最大位移为 Δ，此时固定端的最大弯矩为

$$M = Hh + P\Delta \qquad (1-22)$$

显然，采用二阶弹性分析考虑柱的侧向变形后，得到的柱固端弯矩较一阶分析增大了 $P\Delta$，这种效应即结构的重力二阶效应，又称为 P-Δ 效应。

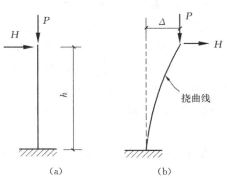

图 1-12　悬臂柱分析方法的比较
(a) 一阶分析；(b) 二阶分析

当结构刚度较大、侧向位移较小时，由于二阶效应不明显，结构内力可采用一阶弹性分析得到；反之，则宜采用二阶弹性分析或直接分析。具体分析时应根据二阶效应系数 θ_i^{II} 选用适当的分析方法。当 $\theta_i^{\text{II}} \leqslant 0.1$ 时，可采用一阶弹性分析；当 $0.1 < \theta_i^{\text{II}} \leqslant 0.25$ 时，宜采用二阶弹性分析或直接分析；当 $\theta_i^{\text{II}} > 0.25$ 时，二阶效应影响显著，设计时需要更高级的分析，不能把握时，应增大结构的侧移刚度。

钢结构根据抗侧力构件在水平力作用下的变形形态，可分为剪切型（框架结构）、弯曲型（如高跨比为 6 以上的支撑架）和弯剪型。二阶效应系数 θ_i^{II} 应根据不同的变形形态，按下式计算：

① 规则框架结构（剪切型结构）：

$$\theta_i^{\text{II}} = \frac{\sum N_i \cdot \Delta u_i}{\sum H_{ki} \cdot h_i} \tag{1-23}$$

式中　$\sum N_i$——所计算 i 楼层各柱轴心压力设计值之和；

　　　$\sum H_{ki}$——产生层间侧移 Δu_i 的所计算楼层及以上各层的水平力标准值之和；

　　　h_i——所计算 i 楼层的层高；

　　　Δu_i——$\sum H_{ki}$ 作用下按一阶弹性分析求得的所计算楼层的层间侧移。

② 一般结构（弯曲型和弯剪型结构）：

$$\theta_i^{\text{II}} = \frac{1}{\eta_{\text{cr}}} \tag{1-24}$$

式中　η_{cr}——整体结构最低阶弹性临界荷载与荷载设计值的比值。

通常，对于高层结构，特别是超高层或高宽比较大的钢结构，重力二阶效应较为明显。在设计时，可以采用以下方法来考虑二阶效应的影响：

① 框架柱的计算长度法。设计时，内力采用线弹性分析，具体见 1.5.2 节。

② 放大系数法。对水平力产生的线性分析内力以及结构和荷载不对称产生的侧移对应的线性分析内力乘以一个放大系数来考虑二阶效应的影响。对于无支撑框架结构，考虑二阶效应的杆端弯矩可采用 1.4.5 节的方法进行计算。

③ 直接分析法。直接分析设计法是一种全过程二阶非线性弹塑性分析设计方法，可以全面考虑结构和构件的初始缺陷、几何非线性、材料非线性等对结构和构件内力的影响。直接分析法不仅能考虑结构的 $P\text{-}\Delta$ 效应，还能考虑构件层次的二阶效应（$P\text{-}\delta$ 效应）的影响。

1.4.4　结构的整体稳定

结构整体稳定性是多、高层钢结构设计的基本要求。多、高层钢结构的稳定设计主要控制在风荷载或水平地震作用下，重力荷载产生的二阶效应不致过大，以免引起结构的失稳、倒塌。通常，除了采取限制层间位移的方法来控制 $P\text{-}\Delta$ 效应以外，还应对结构刚度与重力荷载的比值（刚重比）进行限制，以控制 $P\text{-}\Delta$ 效应对结构产生的影响。

通常，高层建筑钢结构的重力二阶效应控制在 20% 以内，此时结构的稳定具有适宜的安全储备。

对于钢框架结构，其二阶效应系数按式（1-23）计算，即

$$\theta_i^{\text{II}} = \frac{\sum N_i \cdot \Delta u_i}{\sum H_{ki} \cdot h_i}$$

对上式进行变换，得

$$\theta_i^{\mathrm{II}} = \frac{\sum N_i \cdot \Delta u_i}{\sum H_{\mathrm{k}i} \cdot h_i} = \frac{\sum N_i}{\frac{\sum H_{\mathrm{k}i}}{\Delta u_i} \cdot h_i} = \frac{\sum N_i}{D_i \cdot h_i} = \frac{1}{\frac{D_i}{\sum N_i} \cdot h_i}$$

由 $\theta_i^{\mathrm{II}} \leqslant 20\%$ 可得

$$D_i \geqslant 5 \sum N_i / h_i \tag{1-25}$$

上式即为钢框架结构整体稳定性应满足的刚重比要求。

对于钢框架-支撑结构和筒体结构，整体稳定性应符合下式规定：

$$EJ_{\mathrm{d}} \geqslant 0.7 H^2 \sum N_i \tag{1-26}$$

式中 D_i——第 i 层楼的抗侧刚度，可取该层剪力与层间位移的比值；

h_i——第 i 层楼层高；

$\sum N_i$——所计算 i 层楼的重力荷载设计值之和；

H——房屋高度；

EJ_{d}——结构一个主轴方向的弹性等效侧向刚度，可按倒三角形分布荷载作用下结构顶点位移相等的原则，将结构的侧向刚度折算为竖向悬臂受弯构件的等效侧向刚度。

1.4.5 多、高层房屋结构的近似分析方法

1.4.5.1 框架的一阶弹性分析

框架的一阶弹性分析常采用图 1-13 的计算模型，整个计算过程分两步走。第一步，分析框架在竖向荷载作用下各杆的杆端弯矩 $M_{1\mathrm{b}}$（图 1-13b）；第二步，计算水平荷载作用下各杆的杆端弯矩 $M_{1\mathrm{s}}$（图 1-13c）。最后，将按图 1-13（b）与图 1-13（c）求得的解叠加，即可得到框架一阶分析的杆端弯矩：

$$M_1 = M_{1\mathrm{b}} + M_{1\mathrm{s}} \tag{1-27}$$

式中 $M_{1\mathrm{b}}$——结构在竖向荷载作用下（图 1-13b）的一阶弹性弯矩；

$M_{1\mathrm{s}}$——结构在水平荷载作用下（图 1-13b）的一阶弹性弯矩。

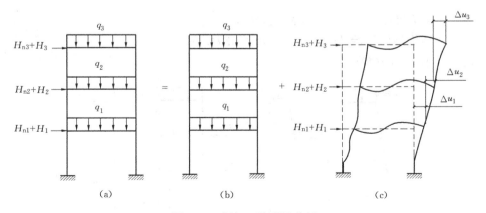

图 1-13 框架一阶弹性分析

(a) 框架计算模型；(b) 竖向荷载作用下的计算模型；(c) 水平荷载作用下的计算模型

1.4.5.2 框架的二阶 $P\text{-}\Delta$ 弹性分析近似法

对于规则的平面框架，二阶 $P\text{-}\Delta$ 弹性分析仍可采用与一阶分析类似的方法，只是对第二步计算求得的有侧移弯矩项 $M_{1\mathrm{s}}$ 乘以增大系数 α_{2i}。即当采用二阶 $P\text{-}\Delta$ 弹性分析时，

各杆件杆端的弯矩 M_2 可用下列近似公式计算：

$$M_2 = M_{1b} + \alpha_{2i} M_{1s} \tag{1-28}$$

式中　α_{2i}——考虑二阶效应第 i 层杆件的侧移弯矩增大系数，按下式计算：

$$\alpha_{2i} = \frac{1}{1 - \dfrac{\sum N \cdot \Delta u}{\sum H \cdot h}} \tag{1-29}$$

公式（1-28）为二阶弯矩的近似计算公式，当计算得到的侧移弯矩增大系数 $\alpha_{2i} \leqslant$ 1.33 时，该近似方法精确度较高；但当计算的 $\alpha_{2i} > 1.33$ 时，误差较大，应增加框架结构的侧向刚度。

1.4.5.3　二阶分析时的初始缺陷

结构的初始缺陷包含结构整体的初始几何缺陷和构件的初始几何缺陷及残余应力。结构的初始几何缺陷包括节点位置的安装偏差、杆件的初弯曲、杆件对节点的偏心等。一般，缺陷的最大值可根据施工验收规范所规定的最大允许安装偏差取值，初始几何缺陷按最低阶屈曲模态分布，但由于不同的结构形式对缺陷的敏感程度不同，因此可根据各自结构体系的特点规定相应的缺陷值。对于钢结构建筑，结构的初始缺陷可按以下方式考虑：

（1）结构的整体初始缺陷

结构整体初始几何缺陷模式可按最低阶整体屈曲模态采用。对于框架及支撑结构，其整体初始几何缺陷对结构的影响可按下列方法之一来考虑：

① 在进行二阶弹性分析的过程中，通常结构构件被假定为无初始缺陷的理想状态，所以，为了求得真实的结构内力，还需要考虑结构中各种初始缺陷的影响。框架结构的初始几何缺陷值不仅跟结构层间高度有关，而且也与结构层数的多少有关，其结构整体初始几何缺陷代表值可按式（1-30）确定（图 1-14a）：

$$\Delta_i = \frac{H_n h_i}{G_i} = \frac{h_i}{250} \sqrt{0.2 + \frac{1}{n_s}} \quad \left(\frac{2}{3} \leqslant \sqrt{0.2 + \frac{1}{n_s}} \leqslant 1.0 \right) \tag{1-30}$$

式中　Δ_i——第 i 层楼的初始几何缺陷代表值；

　　　Δ_0——结构整体初始几何缺陷代表值的最大值；

　　　h_i——第 i 层的层高。

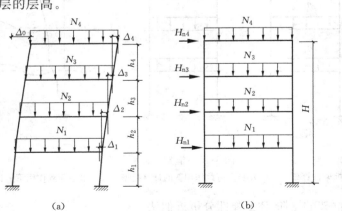

(a)　　　　　　　　　　　(b)

图 1-14　框架结构整体初始几何缺陷代表值及等效水平力

（a）框架整体初始几何缺陷代表值；（b）框架结构等效水平力

在进行分析时，框架及支撑结构整体初始几何缺陷代表值的最大值 Δ_0 可取为 $H/250$，H 为结构总高度。

② 结构中各种初始缺陷也可以综合起来用一个附加在框架各层柱顶的假想水平力统一体现（图 1-14b）。假想水平力 H_{ni} 可由下式计算：

$$H_{ni} = \frac{G_i}{250}\sqrt{0.2 + \frac{1}{n_s}}\quad\left(\frac{2}{3}\leqslant\sqrt{0.2+\frac{1}{n_s}}\leqslant 1.0\right)\tag{1-31}$$

式中 G_i——第 i 层楼的总重力荷载设计值；

n_s——框架总层数。

需要注意的是，采用假想水平力法时，应施加在最不利的方向上（图 1-15），即假想力不能起到抵消外荷载（作用）的效果。

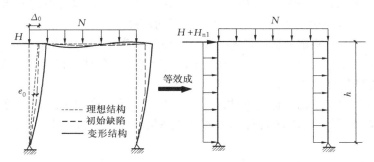

图 1-15 框架一阶弹性分析

H_{n1}——假想水平力；e_0——构件中点处的初始变形值

（2）构件的初始缺陷

当采用更加精确的二阶弹性分析（同时考虑 P-Δ 和 P-δ 效应）时，还应考虑构件的初始缺陷的影响。构件的初始缺陷代表值可按式（1-32）计算确定，该缺陷值包括了残余应力的影响（图 1-16a）。构件的初始缺陷也可采用假想均布荷载进行等效简化计算，假想均布荷载可按式（1-33）确定（图 1-16b）。

$$\delta_0 = e_0\sin\frac{\pi x}{l}\tag{1-32}$$

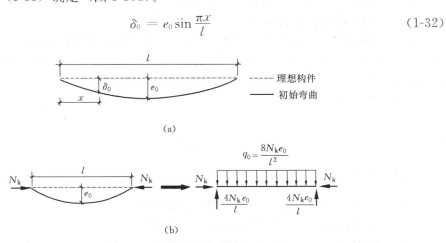

图 1-16 构件的初始缺陷

（a）等效几何缺陷；（b）假想均布荷载

$$q_0 = \frac{8N_k e_0}{l^2} \tag{1-33}$$

式中 δ_0——离构件端部 x 处的初始变形值；

e_0——构件中点处的初始变形值；

x——离构件端部的距离；

l——构件的总长度；

q_0——等效分布荷载；

N_k——构件承受的轴力标准值。

1.4.5.4 考虑初始缺陷的二阶 $P\text{-}\Delta$ 弹性分析的近似法

当采用二阶弹性分析设计方法考虑初始几何缺陷对结构和构件内力产生影响时，在计算分析过程中，可以直接建立带有初始几何缺陷的结构模型，也可以把初始几何缺陷的影响用等效水平荷载（假想水平力）来代替。即下列两种方法选其一：

（1）将式（1-31）确定的假想水平力 H_{ni} 附加到框架每层的柱顶，即在水平荷载作用下的计算模型上加上假想水平力 H_{ni}（图 1-13c）后再求解各杆的杆端弯矩 M_{1s}，然后再按公式（1-28）得到杆件的内力；

（2）按式（1-30）考虑结构的整体缺陷，即在水平荷载作用下的计算模型上附加结构几何缺陷代表值 Δ_i 后，再求解各杆的杆端弯矩 M_{1s}，然后再按公式（1-28）得到杆件的内力。

1.4.5.5 结构的内力计算及调整

（1）框架结构的内力计算

① 竖向荷载作用下的计算：由于竖向荷载作用下侧移很小，可采用分层法近似计算构件的内力。

② 水平荷载作用下的计算：框架有侧移，可利用柱的抗侧刚度求出柱的剪力分配，并确定柱反弯点的位置，用 D 值法进行框架的内力计算。

（2）框架-支撑结构的内力计算

① 竖向荷载作用下的计算：可近似忽略支撑对竖向荷载作用下框架内力的影响，采用与框架结构相同的分层法近似计算构件的内力。

② 水平荷载作用下的计算：整个框架-支撑结构在水平荷载作用下，任一楼层的水平剪力 V_i 由剪力方向的各榀框架及楼层在该方向的所有支撑共同承担，并按楼层侧移刚度进行分配，即

框架分担的剪力：

$$V_{fi} = \frac{K_{fi} V_i}{\sum K_{fi} + \sum K_{bi}} \tag{1-34}$$

支撑分担的剪力：

$$V_{bi} = \frac{K_{bi} V_i}{\sum K_{fi} + \sum K_{bi}} \tag{1-35}$$

式中 K_{fi}——剪力方向第 i 榀框架的楼层侧移刚度；

K_{bi}——剪力方向第 i 个支撑的楼层侧移刚度。

确定了框架-支撑结构中某榀框架分担的楼层剪力后，即可按框架结构的近似计算方法计算构件的内力。

（3）地震作用下的结构内力调整

① 剪重比调整

为保证结构的基本安全性，抗震验算时，结构任意楼层的水平地震剪力应符合下式的要求：

$$V_{Eki} = \lambda \sum_{j=i}^{n} G_j \tag{1-36}$$

式中　V_{Eki}——第 i 层对应于水平地震作用标准值的楼层剪力；

　　　λ——剪力系数，不应小于表 1-17 规定的楼层最小地震剪力系数值，对竖向不规则结构的薄弱层，尚应乘以 1.15 的增大系数；

　　　G_j——第 j 层的重力荷载代表值。

当不满足上式要求时，结构水平地震总剪力和各楼层的水平地震剪力均需要进行相应的调整，或改变结构的刚度使之达到规定的要求。

楼层最小地震剪力系数值　　　　　　　　　　表 1-17

类　别	6 度	7 度	8 度	9 度
扭转效应明显或基本周期 小于 3.5s 的结构	0.008	0.016(0.024)	0.032(0.048)	0.064
基本周期大于 5.0s 的结构	0.006	0.012(0.018)	0.024(0.036)	0.048

注：1. 基本周期介于 3.5s 和 5s 之间的结构，按插入法取值；

　　2. 括号内数值分别用于设计基本地震加速度为 $0.15g$ 和 $0.30g$ 的地区。

② 框架内力的调整

对于钢框架-支撑结构及钢框架-混凝土剪力墙结构，钢支撑或混凝土剪力墙的刚度大，可能承载整体结构绝大部分地震作用力，但普通钢支撑或混凝土剪力墙的延性较差，为发挥钢框架延性好的作用，承担其第二道结构抗震防线的责任，要求钢框架的抗震承载力不能太小。因此，钢框架-支撑结构的框架部分按刚度分配计算得到的地震剪力应乘以调整系数，达到不小于结构总地震剪力的 25% 和框架部分计算最大层剪力 1.8 倍二者的较小值。

③ 结构薄弱层的内力调整

通常，对于竖向不规则建筑，刚度变化符合侧向刚度不规则的楼层称为软弱层，承载力变化符合楼层承载力突变的楼层称为薄弱层。为了方便，把软弱层、薄弱层以及竖向抗侧力构件不连续的楼层统称为结构薄弱层。

对于平面规则而竖向不规则的多层和高层钢结构，结构薄弱层对应于地震作用标准值的剪力应乘以不小于 1.15 的增大系数。

1.4.6　结构变形验算要求

1.4.6.1　风荷载作用下结构的位移限值

多、高层建筑钢结构不考虑地震作用时，结构在风荷载作用下，其侧移变形应满足下列要求：

（1）按弹性方法计算的最大层间位移角不宜大于表 1-18 的限值。

（2）结构顶点平面端部侧移不得超过顶点质心侧移的 1.2 倍。

弹性层间位移角限值 表 1-18

结构类型	钢结构	钢框架-剪力墙（核心筒）结构	
		$H \leqslant 150\text{m}$	$H \geqslant 250\text{m}$
层间位移角限值	1/250	1/800	1/500

注：房屋高度 H 介于 150～250m 之间时，层间位移角限值可采用线性插值。

1.4.6.2　地震作用下结构的位移限值

（1）多遇地震作用下的位移限值

各类多层和高层建筑钢结构均需进行多遇地震作用下的弹性变形验算，以实现第一水准下的设防要求，即"小震不坏"的抗震要求。结构在多遇地震作用下，其侧移变形同样应满足表 1-18 的限值要求，且结构顶点平面端部侧移不得超过顶点质心侧移的 1.3 倍。

（2）罕遇地震作用下的位移限值

震害表明，结构如果存在薄弱层，在强烈地震作用下，结构薄弱部位将产生较大的弹塑性变形，会引起结构严重破坏甚至倒塌，因此要求进行抗震变形验算。对于多、高层建筑钢结构，罕遇地震作用下的弹塑性层间位移角限值不应大于表 1-19 的限值。

弹塑性层间位移角限值 表 1-19

结构类型	钢结构	钢框架-剪力墙（核心筒）结构
层间位移角限值	1/50	1/100

考虑到弹塑性变形计算的复杂性，对不同的建筑结构提出了不同的要求。通常，多、高层建筑钢结构在罕遇地震作用下的薄弱层弹塑性变形验算，应符合以下规定：

① 下列结构应进行弹塑性变形验算：

a. 甲类建筑和 9 度抗震设防的乙类建筑；

b. 采用隔震和消能减震设计的建筑结构；

c. 房屋高度大于 150m 的结构。

② 下列结构宜进行弹塑性变形验算：

a. 7 度Ⅲ、Ⅳ类场地和 8 度时乙类建筑；

b. 表 1-9 所列高度范围且为竖向不规则类型的高层建筑钢结构；

c. 高度不大于 150m 的其他高层钢结构。

1.4.7　结构舒适度验算要求

1.4.7.1　风荷载作用下结构的舒适度

在强风作用下，结构会产生风振现象，某些情况下会对人体的感觉产生很大的影响，使人感觉不舒适甚至无法忍受。人体感觉器官不能察觉位置的绝对位移和速度，但对相对变化的加速度比较敏感，为了保证多层和高层建筑在风荷载作用下有一个良好的工作和居住环境，需要对顺风向和横风向的最大加速度加以限制。

一般结构顶点加速度最大，因此可以只对结构顶点的最大加速度进行验算。在现行《建筑结构荷载规范》GB 50009 规定的 10 年一遇的风荷载标准值作用下，结构顶点的顺风向和横风向振动最大加速度计算值不应大于表 1-20 的限值。

结构顶点的风振加速度限值	表 1-20
使用功能	a_{lim}
住宅、公寓	0.20m/s^2
办公、旅馆	0.28m/s^2

结构顶点的顺风向和横风向振动最大加速度，可按《建筑结构荷载规范》GB 50009 的规定计算，也可通过风洞试验结果判断确定。计算时，钢结构阻尼比宜取 $0.01\sim 0.015$，对有填充墙的钢结构房屋可取 0.02。

1.4.7.2 楼盖结构的舒适度

楼盖结构的动力性能也与居住舒适度有关。通常，楼盖结构竖向频率不宜小于 3Hz，竖向振动加速度峰值不应大于表 1-21 的限值，以保证结构具有适宜的舒适度，避免跳跃时引起周围人群的不舒适。一般情况下，当住宅、办公、商业建筑楼盖结构的竖向频率小于 3Hz 时，需验算其竖向振动加速度。楼盖结构一般为钢筋混凝土结构，其竖向振动加速度可按现行《高层建筑混凝土结构技术规程》JGJ 3 的有关规定计算。

楼盖竖向振动加速度限值		表 1-21
人员活动环境	峰值加速度限值（m/s²）	
	竖向自振频率不大于 2Hz	竖向自振频率不小于 4Hz
住宅、办公	0.07	0.05
商场及室内连廊	0.22	0.15

注：楼盖结构竖向频率介于 2~4Hz 之间时，峰值加速度限值可采用线性插值选取。

1.5 钢构件设计

1.5.1 梁

多、高层钢结构的梁通常可以按两种情况进行设计，一种是按纯钢梁进行设计，另一种是考虑钢梁与楼板的协同工作而按组合梁进行设计。本节主要介绍钢梁的设计要点，组合梁的设计将在 1.7.2 节中进行介绍。

1.5.1.1 初选截面

钢梁常采用的截面形式有：热轧 H 型钢、焊接 H 形截面和焊接箱形截面等，如图 1-17 所示。一般情况下，框架中主梁和次梁均为单向受弯构件，宜采用热轧窄翼缘 H

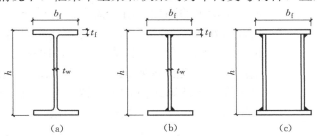

图 1-17 钢梁的常用截面形式

（a）热轧 H 型钢；（b）焊接 H 形截面；（c）焊接箱形截面

型钢（HN）或焊接 H 形截面。设计时，焊接 H 形截面梁的高度 h 与翼缘宽度 b_f 通常要满足 $h/b_f \geqslant 2$，而翼缘的厚度 t_f 应大于腹板厚度 t_w，通常要满足 $t_f/t_w \geqslant 1.5$。跨度较大的梁、承受扭矩的梁，或由于梁高的限制必须通过加大梁的翼缘宽度来满足梁的刚度或承载力时，可采用焊接箱形截面。

（1）型钢梁截面尺寸选择

初选型钢梁截面尺寸时，通常先按抗弯强度（当梁的整体稳定有保证时）或整体稳定（当需要计算整体稳定时）求出需要的截面模量：

$$W_{nx} = \frac{M_x}{\gamma_x f} \quad 或 \quad W_x = \frac{M_x}{\varphi_b f}$$

式中的整体稳定系数 φ_b 可估计假定，由所需截面模量可直接选择合适的型钢，然后再进行后续的截面验算并进行调整。

为简化设计，通常也可按 $h = (1/20 \sim 1/15)\, l$（l 为钢梁跨度）估算梁截面高度 h，再选择合适的型钢截面。

（2）焊接 H 形梁截面尺寸选择

① 梁的截面高度

确定梁的截面高度应考虑建筑高度、刚度条件和经济条件。

a. 最大梁高 h_{max}

建筑高度是指梁底到楼面之间的高度，它往往由生产工艺和使用要求决定。给定了建筑高度也就决定了梁的最大高度 h_{max}，有时还限制了梁与梁之间的连接形式。

b. 最小高度 h_{min}

刚度条件决定了梁的最小高度 h_{min}，刚度条件是要求梁在全部荷载标准值作用下的挠度 v 不大于容许挠度 $[v_T]$。现以 $M_k h/(2I_x) = \sigma_k$ 代入梁的挠度近似计算公式得

$$\frac{v}{l} \approx \frac{M_k l}{10 E I_x} = \frac{\sigma_k l}{5 E h} \leqslant \frac{[v_T]}{l}$$

式中 σ_k 为全部荷载标准值产生的最大弯曲正应力。若此梁的抗弯强度基本用足，可令 $\sigma_k = f/1.4$，1.4 为平均荷载分项系数。由此得出梁最小高跨比的计算式

$$\frac{h_{min}}{l} = \frac{\sigma_k l}{5E[v_T]} = \frac{f}{5 \times 1.4 \times 2.06 \times 10^5} \frac{l}{[v_T]} = \frac{f}{1.44 \times 10^6} \frac{l}{[v_T]} \tag{1-37}$$

c. 经济高度 h_s

从用料最省的角度出发，可以定出梁的经济高度 h_s。梁的经济高度，其确切含义是在满足一切条件（强度、刚度、整体稳定和局部稳定）下梁用钢量最少的高度。由于需要满足的条件较多，应按照优化设计的方法用计算机求解，比较复杂。对于框架梁而言，由于主梁的侧向有次梁和楼板支承，次梁的侧向也有楼板支承，整体稳定一般能够保证，所以梁的截面一般由抗弯强度控制。以下推导的计算式便是满足抗弯强度且用钢量最少的梁经济高度的近似计算式。由图 1-18 的截面，其强轴的惯性矩为

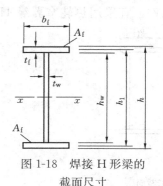

图 1-18 焊接 H 形梁的
截面尺寸

$$I_x = \frac{1}{12} t_w h_w^3 + 2 A_f \left(\frac{h_1}{2}\right)^2 = W_x \frac{h}{2}$$

由此得每个翼缘的面积

$$A_f = W_x \frac{h}{h_1^2} - \frac{1}{6} t_w \frac{h_w^3}{h_1^2}$$

近似取 $h \approx h_1 \approx h_w$，则翼缘面积为

$$A_f = \frac{W_x}{h_w} - \frac{1}{6} t_w h_w \tag{1-38}$$

梁截面的总面积为两个翼缘面积（$2A_f$）与腹板面积（$h_w t_w$）之和，腹板加劲肋的用钢量约为腹板用钢量的 20%，故将腹板面积乘以构造系数 1.2，由此得

$$A = 2A_f + 1.2 t_w h_w = 2 \frac{W_x}{h_w} + 0.867 t_w h_w$$

腹板厚度与其高度有关，根据经验可取 $t_w = \sqrt{h_w}/3.5$（h_w 和 t_w 的单位均为"mm"），代入上式得

$$A = 2 \frac{W_x}{h_w} + 0.248 h_w^{3/2}$$

总截面积最小的条件为

$$\frac{\mathrm{d}A}{\mathrm{d}h_w} = -2 \frac{W_x}{h_w^2} + 0.372 h_w^{1/2} = 0$$

由此得用钢量最少时梁的经济高度为

$$h_s \approx h_w = (5.376 W_x)^{0.4} = 2 W_x^{0.4} \tag{1-39}$$

式中，W_x 的单位为"mm³"，h_s（h_w）的单位为"mm"。W_x 可按下式求出：

$$W_x = \frac{M_x}{\alpha f} \tag{1-40}$$

上式中，α 为系数，对一般单向弯曲 H 型钢梁，当最大弯矩处无孔眼时，α 可取 1.05；有孔眼时 α 取 $0.85 \sim 0.9$。

实际采用的梁高，应大于由刚度条件确定的最小高度 h_{min}，而大约等于或略小于经济高度 h_s。此外，梁的高度不能影响建筑物使用要求所需的净空尺寸，即不能大于建筑物的最大允许梁高 h_{max}。

② 腹板厚度

腹板厚度应满足抗剪强度的要求。初选截面时，可近似地假定最大剪应力为腹板平均剪应力的 1.2 倍，腹板的抗剪强度计算公式简化为

$$\tau_{max} \approx 1.2 \frac{V_{max}}{h_w t_w} \leqslant f_v$$

于是

$$t_w \geqslant 1.2 \frac{V_{max}}{h_w f_v} \tag{1-41}$$

由式（1-41）确定的 t_w 值往往偏小。为了考虑局部稳定和构造等因素，腹板厚度往往用以下经验公式进行估算：

$$t_w = \sqrt{h_w}/3.5 \tag{1-42}$$

式（1-42）中，t_w 和 h_w 的单位均为"mm"。实际采用的腹板厚度应考虑钢板的现有规格，一般为 2mm 的倍数。对考虑腹板屈曲后强度的梁，腹板厚度的取值可比式（1-41）的计算值略小，但不得小于 6mm，也不宜使高厚比超过 250。

③ 翼缘尺寸

已知腹板尺寸，由式（1-38）即可求得需要的翼缘截面积 A_f。

翼缘板的宽度通常为 $b_f=(1/5\sim1/3)h$，厚度 $t_f=A_f/b_f$。翼缘板常采用单层板，当厚度过大时也可采用双层板。

确定翼缘板的尺寸时，应注意满足局部稳定要求，使受压翼缘的外伸宽度 b 与其厚度 t_f 之比 $b/t_f\leqslant15\varepsilon_k$（截面宽厚比等级按 S4 级考虑时，即取 $\gamma_x=1.0$）或 $b/t_f\leqslant13\varepsilon_k$（截面宽厚比等级按 S3 级考虑时，即取 $\gamma_x=1.05$）。如果进行抗震性能化设计，则应满足《钢结构设计标准》GB 50017—2017 的相应要求。

选择翼缘尺寸时，同样应符合钢板规格，宽度取 10mm 的倍数，厚度取 2mm 的倍数。

1.5.1.2 梁的截面验算

梁的截面验算包括强度、刚度、整体稳定和局部稳定几个方面。其中，梁腹板的局部稳定通常是通过限制高厚比和配置加劲肋的方法来保证的。

① 梁的强度

在主平面内受弯的钢梁，应分别验算其抗弯强度和抗剪强度，必要时还需验算局部承压强度和复杂应力下的折算应力。强度验算按表 1-22 所列公式计算。

梁的强度计算公式　　　　　　　　　　　　　　　表 1-22

验算内容	公式	备注
抗弯强度	$\dfrac{M_x}{\gamma_x W_{nx}}\leqslant f$	
抗剪强度	$\dfrac{VS_x}{I_x t_w}\leqslant f_v$	
	$\dfrac{V}{A_{wn}}\leqslant f_v$	考虑梁端部截面的削弱作用，对其抗剪强度进行补充验算
折算应力	$\sqrt{\sigma^2+\sigma_c^2-\sigma\sigma_c+3\tau^2}\leqslant\beta_1 f$	梁与柱刚接时，梁端部截面通常有较大的弯矩和剪力，应验算梁腹板计算高度边缘的折算应力

表中　M_x——梁对 x 轴的弯矩设计值；

　　　W_{nx}——对 x 轴的净截面模量；

　　　γ_x——截面塑性发展系数；

　　　V——计算截面沿腹板平面的剪力设计值；

　　　S_x——计算剪应力处以上毛截面对中和轴的面积矩；

　　　I_x——毛截面惯性矩；

　　　t_w——腹板厚度；

　　　A_{wn}——扣除焊接孔和螺栓孔的腹板受剪面积；

　　　f、f_v——钢材的抗弯、抗剪强度设计值，抗震设计时应除以抗震调整系数 γ_{RE}；

　　σ、τ、σ_c——腹板计算高度边缘同一点上同时产生的正应力、剪应力和局部压应力；

　　　β_1——强度设计值增大系数。

大多数情况下，框架结构的梁上都铺设有楼板，很少直接作用有集中荷载，因此通常不需要进行局部承压强度的验算。

当结构中设置有托柱梁时，在多遇地震作用下托柱梁的内力应乘以不小于 1.5 的增大系数，以此考虑地震倾覆力矩对传力不连续部位的增值效应，从而保证转换构件的设计安全度并具有良好的抗震性能。

② 梁的整体稳定

a. 梁的整体稳定计算

通常情况下，多、高层钢结构的楼盖多采用钢筋混凝土楼板或压型钢板组合楼板，楼板自身平面内的刚度很大，且可以与钢梁上翼缘牢固连接，因此多数情况下不需要验算钢梁的整体稳定。

当无法满足刚性铺板且与梁牢固连接的要求时，梁的整体稳定应按下式计算：

$$\frac{M_x}{\varphi_b W_x f} \leqslant 1.0 \tag{1-43}$$

式中　W_x——按受压最大纤维确定的梁毛截面模量；

　　　φ_b——梁的整体稳定系数；

　　　f——钢材的抗弯强度设计值，抗震设计时应除以抗震调整系数 γ_{RE}。

当简支梁仅腹板与相邻构件相连时，钢梁腹板容易变形，抗扭刚度小，并不能保证梁端面不发生扭转，因此在梁的稳定性计算时，计算长度应放大，可取侧向支承点距离的1.2倍。《高层民用建筑钢结构技术规程》JGJ 99通过将梁的整体稳定系数 φ_b（或 φ_b'）乘以降低系数0.85来考虑这个问题。

b. 梁在负弯矩区的稳定计算

在负弯矩区，框架梁下翼缘受压，上翼缘受拉，由于上翼缘有楼板对其提供侧向支撑和扭转约束，其基本上没有侧向变形，而下翼缘在负弯矩作用下则可能发生侧向失稳，失稳时截面形状不再保持不变，是一种畸变屈曲。

当支座承担负弯矩且梁顶有混凝土楼板时，框架梁下翼缘的稳定性应按下列公式计算：

$$\frac{M_x}{\varphi_d W_{1x} f} \leqslant 1.0 \tag{1-44}$$

$$\lambda_e = \pi \lambda_{n,b} \sqrt{\frac{E}{f_y}} \tag{1-45}$$

$$\lambda_{n,b} = \sqrt{\frac{f_y}{\sigma_{cr}}} \tag{1-46}$$

$$\sigma_{cr} = \frac{3.46 b_1 t_1^3 + h_w t_w^3 (7.27\gamma + 3.3)\varphi_1}{h_w^2 (12 b_1 t_1 + 1.78 h_w t_w)} E \tag{1-47}$$

$$\gamma = \frac{b_1}{t_w} \sqrt{\frac{b_1 t_1}{h_w t_w}} \tag{1-48}$$

$$\varphi_1 = \frac{1}{2} \left(\frac{5.436 \gamma h_w^2}{l^2} + \frac{l^2}{5.436 \gamma h_w^2} \right) \tag{1-49}$$

式中　b_1——受压翼缘的宽度；

　　　t_1——受压翼缘的厚度；

　　W_{1x}——弯矩作用平面内对受压最大纤维的毛截面模量；

　　　φ_d——稳定系数，根据换算长细比 λ_e 按 b 类截面取轴压构件的稳定系数；

　　$\lambda_{n,b}$——正则化长细比；

σ_{cr}——畸变屈曲临界应力；

l——当框架主梁支承次梁且次梁高度不小于主梁高度一半时，取次梁到框架柱的净距；除此情况外，取梁净距的一半。

当正则化长细比 $\lambda_{n,b} \leqslant 0.45$ 时，弹塑性畸变屈曲应力基本已达到钢材的屈服强度，可不计算框架梁下翼缘的稳定性。

验算框架梁负弯矩区的稳定性，重要的是求出其畸变屈曲的临界应力。将下翼缘作为压杆，腹板作为对下翼缘提供侧向弹性支撑的部件，上翼缘因为和楼板连成整体而看成固定，则可求出纯弯简支梁下翼缘发生畸变屈曲的临界应力。考虑到支座条件接近嵌固，弯矩快速下降变成正弯矩等有利因素，以及实际结构腹板高厚比的限值，腹板对翼缘能够提供强大的侧向约束，因此框架梁负弯矩区的畸变屈曲并不是一个需要特别加以精确计算的问题。为方便设计，提出了很简单的畸变屈曲的临界应力公式（1-47）。

当梁的负弯矩区稳定性不能满足要求时，在侧向未受约束的受压翼缘区段内，应设置隔撑（参见 1.5.3.3 节）或沿梁长设间距不大于 2 倍梁高与梁等宽的横向加劲肋。横向加劲肋能够为下翼缘提供更加刚强的约束，并带动楼板对框架梁提供扭转约束。设置加劲肋后，刚度很大，一般不再需要计算负弯矩区的整体稳定和畸变屈曲。

c. 长细比要求

对罕遇地震下框架梁可能出现塑性铰的部位（如梁端、集中荷载作用点），应有侧向支撑点。由于地震力方向变化，塑性铰弯矩的方向也变化，故应在梁上、下翼缘均设支撑。

对于形成塑性铰的梁，为了避免达到塑性弯矩之前发生弯扭失稳，应对侧向长细比加以限制。对于按三级及以上抗震等级设计的多层和高层建筑钢结构，在受压翼缘侧向支承点间的梁的侧向长细比（在弯矩作用平面外的长细比），应符合现行《钢结构设计标准》GB 50017 关于塑性设计时的长细比要求。

③ 梁板件的宽厚比

框架梁的板件宽厚比应随截面塑性变形发展的程度而满足不同的要求。在非抗震设计时，框架梁翼缘和腹板的局部稳定应符合《钢结构设计标准》GB 50017 的相关规定。但对于抗震设计的钢结构建筑，对框架梁中可能出现塑性铰的区段，在形成塑性铰后需要实现较大的转动能力，因此宽厚比要求就更为严格。《建筑抗震设计规范》GB 50011 规定，框架梁板件宽厚比的限值应符合表 1-23 的规定。

框架梁板件宽厚比限值　　　　　　　　　　　　表 1-23

板件名称	抗震等级			
	一级	二级	三级	四级
工字形截面和箱形截面翼缘外伸部分	$9\varepsilon_k$	$9\varepsilon_k$	$10\varepsilon_k$	$11\varepsilon_k$
箱形截面翼缘在两腹板之间的部分	$30\varepsilon_k$	$30\varepsilon_k$	$32\varepsilon_k$	$36\varepsilon_k$
工字形截面和箱形截面腹板	$(72-120\rho)\varepsilon_k$ $\leqslant 60\varepsilon_k$	$(72-100\rho)\varepsilon_k$ $\leqslant 65\varepsilon_k$	$(80-110\rho)\varepsilon_k$ $\leqslant 70\varepsilon_k$	$(85-120\rho)\varepsilon_k$ $\leqslant 75\varepsilon_k$

注：1. $\rho = N/(Af)$，N 为梁的轴向力，A 为梁的截面面积，f 为梁的钢材强度设计值；

2. $\varepsilon_k = \sqrt{235/f_y}$。

按《钢结构设计标准》GB 50017 的分类，宽厚比等级为 S1 级和 S2 级的截面可以达到全截面塑性而形成塑性铰，这两种等级的截面往往用于抗震性能化设计的建筑中。在进行抗震性能化设计时，其宽厚比限值应按《钢结构设计标准》GB 50017 的规定执行。

1.5.1.3 焊接组合梁翼缘与腹板连接焊缝的计算

当梁弯曲时，由于相邻截面中作用在翼缘截面的弯曲应力有差值，翼缘与腹板间将产生水平剪应力（图 1-19）。沿梁单位长度的水平剪力 v_1 为

$$v_1 = \tau_1 t_w = \frac{VS_1}{I_x t_w} \cdot t_w = \frac{VS_1}{I_x}$$

式中 τ_1——腹板与翼缘交界处的水平剪应力，根据剪应力互等定理，与竖向剪应力相
　　　　　　等，即 $\tau_1 = VS_1/(I_w t_w)$；

　　　　S_1——翼缘截面对梁中和轴的面积矩。

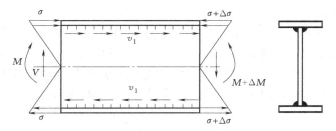

图 1-19 翼缘与腹板连接焊缝的水平剪应力

当翼缘板与腹板用角焊缝连接时，角焊缝有效截面上承受的剪应力 τ_1 不应超过角焊缝强度设计值 f_f^w，即

$$\tau_1 = \frac{v_1}{2 \times 0.7h_f} = \frac{VS_1}{1.4h_f I_x} \leqslant f_f^w$$

需要的焊脚尺寸 h_f 为

$$h_f \geqslant \frac{VS_1}{1.4 I_x f_f^w} \tag{1-50}$$

当梁的翼缘上受有固定集中荷载而未设置支承加劲肋时，上翼缘与腹板之间的连接焊缝除承受沿焊缝长度方向的剪应力 τ_1 外，还承受垂直于焊缝长度方向的局部压应力

$$\sigma_f = \frac{F}{2 \times h_e l_z} = \frac{F}{1.4h_f l_z}$$

因此，受有局部压应力的翼缘与腹板之间的连接焊缝应按下式计算强度：

$$\frac{1}{1.4h_f} \sqrt{\left(\frac{F}{\beta_f l_z}\right)^2 + \left(\frac{VS_1}{I_x}\right)^2} \leqslant f_f^w$$

从而

$$h_f \geqslant \frac{1}{1.4 f_f^w} \sqrt{\left(\frac{F}{\beta_f l_z}\right)^2 + \left(\frac{VS_1}{I_x}\right)^2} \tag{1-51}$$

式中 F——集中荷载设计值；

　　　　l_z——集中荷载在腹板计算高度边缘的假定分布长度；

　　　　β_f——正面角焊缝强度增大系数。

1.5.2 框架柱

多、高层建筑钢结构中的框架柱通常采用 H 形、箱形、十字形及圆形等截面形式，其中 H 形和箱形截面柱与梁的连接较简单，受力性能与经济效果也较好，箱形柱还容易实现两个主轴方向的等稳定性，因而是应用最广的柱截面形式。此外，在箱形或圆形钢管中还可以浇筑混凝土形成钢管混凝土组合柱，可大大提高柱的承载能力且避免管壁局部失稳，也是高层建筑中一种常用的截面形式。本节将主要介绍多层和高层钢结构中钢柱的设计要点。

1.5.2.1 框架柱的计算长度

框架中的钢柱主要承受轴力、弯矩和剪力，按其受力性能来讲属于压弯构件，因此，除了计算强度、刚度以外，其承载能力主要受整体稳定控制。《钢结构设计标准》GB 50017 对框架柱整体稳定的计算采用计算长度法，即将本应是求解框架柱整体稳定临界力的问题转化为求解柱的计算长度，以简化计算。

（1）计算长度的定义

两端铰接的理想轴心受压柱在弹性阶段失稳时，其临界力可用欧拉临界力表达。在实际结构中，压杆端部不一定都是理想的铰支，为了设计应用上的方便，可以把任意支承情况下压杆的欧拉临界力 N_{cr} 等效换算为两端铰接轴心受压构件屈曲荷载的形式。其方法是把两端任意支承的受压构件用等效长度为 l_0 的两端铰接构件来代替，此时构件的临界力为

$$N_{cr} = \frac{\pi^2 EI}{l_0^2} = \frac{\pi^2 EI}{(\mu l)^2} \tag{1-52}$$

式中　l_0——计算长度，$l_0 = \mu l$；

　　　μ——计算长度系数。

对于端部约束条件比较理想化（如铰接、固定、自由等）的单根压弯构件，其计算长度可根据构件端部的约束条件按弹性稳定理论确定。表 1-24 列出了几种理想端部条件下压杆计算长度系数 μ 的取值，对于无转动的端部条件，实际工程中往往很难完全实现，所以 μ 的设计取值有所增加。从各约束条件下杆件屈曲时的变形曲线来看，l_0 的实质为杆件失稳时弯矩为零的点（即曲率为零的反弯点）之间的距离，即相当于相邻两反弯点处切出的脱离体的长度，此脱离体的变形曲线也类似一长度为 l_0 的两端铰接轴心受力柱屈曲失稳时的正弦曲线。

表 1-24 仅是简单支承情况下压杆的计算长度系数，由于框架柱是框架结构中的一个单元，失稳时不可避免地会受到与其两端相连的其他构件（如横梁或基础）的约束，同时还受到相邻构件刚度及受力的影响。因此，计算其整体稳定承载力必须对框架结构进行整体分析。

（2）等截面框架柱在框架平面内的计算长度

框架的可能失稳形式有两种，一种是有较强支撑的框架，其失稳形式一般为对称失稳（图 1-20a），亦称为无侧移失稳。另一种是无支撑的纯框架，其失稳形式为反对称失稳（图 1-20b），亦称为有侧移失稳。当框架以有侧移的形式丧失整体稳定时，其临界力比无侧移失稳形式的框架低得多。因此，除非采用框架-支撑（或框架-剪力墙）结构体系，且支撑的抗侧刚度足够大，使得框架能够以无侧移的模式失稳，框架的承载能力一般以有侧移失稳时的临界力确定。

项次	1	2	3	4	5	6
支承条件	两端铰接	两端固定	上端铰接，下端固定	上端平移但不转动，下端固定	上端自由，下端固定	上端平移但不转动，下端铰接
变形曲线 $l_0 = \mu l$						
应用实例						
理论 μ 值	1.0	0.5	0.7	1.0	2.0	2.0
设计 μ 值	1.0	0.65	0.8	1.2	2.1	2.0

确定框架柱的计算长度通常根据弹性稳定理论，并作了如下近似假定：

① 材料是完全弹性的。

② 框架只承受作用于节点的竖向荷载，忽略横梁荷载和水平荷载产生梁端弯矩的影响。分析比较表明，在弹性工作范围，此种假定带来的误差不大，可以满足设计工作的要求。但需注意，此假定只能用于确定计算长度，在计算柱的截面尺寸时必须同时考虑弯矩和轴心力。

③ 所有框架柱同时丧失稳定，即所有框架柱同时达到临界荷载。

④ 当框架柱开始失稳时，相交于同一节点的横梁对柱提供的约束弯矩，按柱的线刚度之比进行分配。

⑤ 无侧移失稳时，横梁两端的转角大小相等、方向相反；有侧移失稳时，横梁两端的转角大小相等且方向相同。

框架无论在哪一类形式下失稳，每一根柱都要受到柱端构件以及远端构件的影响。因多层多跨框架的未知节点位移数较多，需要展开高阶行列式和求解复杂的超越方程，计算工作量大且很困难。故在实用工程设计中，引入了简化杆端约束条件的假定，即将框架简化为图 1-20(c) 和图 1-20(d) 所示的计算单元，只考虑与柱端直接相连构件的约束作用。在确定柱的计算长度时，假设柱开始失稳时相交于上、下两端节点的横梁对于柱提供的约束弯矩，按其与上、下两端节点柱的线刚度之和的比值 K_1 和 K_2 分配给柱。这里，K_1 为相交于柱上端节点的横梁线刚度之和与柱线刚度之和的比值；K_2 为相交于柱下端节点的横梁线刚度之和与柱线刚度之和的比值。以图 1-20(a) 中的 1-2 杆为例：

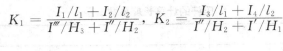

$$K_1 = \frac{I_1/l_1 + I_2/l_2}{I'''/H_3 + I''/H_2}, \quad K_2 = \frac{I_3/l_1 + I_4/l_2}{I''/H_2 + I'/H_1}$$

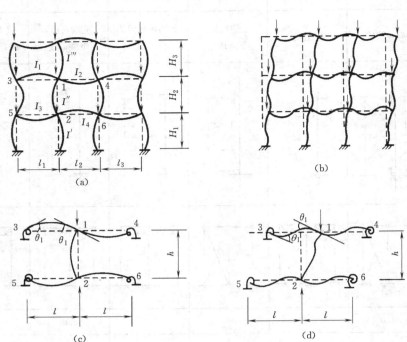

图 1-20　多层框架的失稳形式

（a）无侧移失稳；（b）有侧移失稳；（c）无侧移失稳计算单元；（d）有侧移失稳计算单元

框架柱在框架平面内的计算长度 H_0 可用下式表达：

$$H_0 = \mu H \qquad (1\text{-}53)$$

式中　H——柱的几何长度；

　　　　μ——计算长度系数。

根据上述假定，并为简化计算起见，只考虑直接与所研究的柱相连的横梁约束作用，略去不直接与该柱连接的横梁约束影响，将框架按其侧向支撑情况用位移法进行稳定分析，从而得到框架柱的计算长度系数。框架柱的计算长度系 μ 见附录 9 附表 9-1（无侧移框架）和附表 9-2（有侧移框架）。

在计算 K_1 和 K_2 时，对于无侧移失稳模式，当梁远端为铰接时，应将梁的线刚度乘以 1.5；当梁远端为嵌固时，梁的线刚度应乘以 2。对于有侧移失稳模式，当梁远端为铰接时，应将梁的线刚度乘以 0.5；当梁远端为嵌固时，梁的线刚度应乘以 2/3。当横梁承受较大的轴力时，横梁线刚度还应进行相应的折减，折减系数按附录 9 采用。

μ 值亦可采用下列近似公式计算：

对于无侧移框架：

$$\mu = \sqrt{\frac{(1+0.41K_1)+(1+0.41K_2)}{(1+0.82K_1)+(1+0.82K_2)}} \qquad (1\text{-}54)$$

对于有侧移框架：

$$\mu = \sqrt{\frac{7.5K_1K_2 + 4(K_1 + K_2) + 1.52}{7.5K_1K_2 + K_1 + K_2}} \qquad (1\text{-}55)$$

框架柱的计算长度不仅和结构组成有关，还和荷载作用的情况有关。当有侧移失稳的框架同层各柱 N/I 不相同时，考虑到欠载柱对超载柱的支持作用，延缓了超载柱的失稳，因此，按前述得到的计算长度并不能真实反映框架的稳定承载能力，此时柱的计算长度系数宜按式（1-56）作出修正

$$\mu = \sqrt{\frac{N_{Ei}}{N_i} \cdot \frac{1.2}{K} \sum \frac{N_i}{h_i}} \qquad (1\text{-}56)$$

式中　N_i——第 i 根柱轴心压力设计值；

　　　N_{Ei}——第 i 根柱的欧拉临界力；

　　　h_i——第 i 根柱高度；

　　　K——框架层侧移刚度，即产生层间单位侧移所需的力。

值得注意的是，因为框架有侧移失稳是二阶效应中的竖向荷载效应造成的，当采用二阶弹性分析时，此效应已在内力分析中计入，故此时可取框架柱的计算长度系数 $\mu=1.0$。

（3）强、弱支撑框架的判定

对于有支撑框架，根据抗侧移刚度的大小，又可分为强支撑框架和弱支撑框架。

① 强支撑框架

在框架-支撑结构体系中，当支撑结构的抗侧移刚度足够大，可以使框架结构以无侧移模式（挠度曲线对称）丧失稳定时，为强支撑框架。支撑结构的侧移刚度（产生单位侧倾角的水平力）S_b 满足公式（1-57）的要求时，即为强支撑框架

$$S_b \geqslant 4.4\left[\left(1 + \frac{100}{f_y}\right)\sum N_{bi} - \sum N_{0i}\right] \qquad (1\text{-}57)$$

式中　$\sum N_{bi}$、$\sum N_{0i}$——分别为第 i 层层间所有框架柱用无侧移框架和有侧移框架柱计算
　　　　　　　　　　　　　长度系数算得的轴压杆稳定承载力之和。

强支撑框架按照无侧移失稳的框架柱计算柱子的计算长度系数。

② 弱支撑框架

当支撑结构的层侧移刚度 S_b 不满足式（1-57）的要求时，为弱支撑框架。一般情况下，不推荐采用弱支撑框架，因此在设计时应尽量满足强支撑框架的条件。

（4）附有摇摆柱的框架柱的计算长度

框架柱分为提供抗侧刚度的柱（框架柱）和不提供抗侧刚度的柱（摇摆柱）。摇摆柱指两端均铰接在框架梁上，或一端铰接在框架梁而另一端铰接在基础上的柱，摇摆柱的抗侧刚度为零，因此其依靠框架柱保证稳定性。由于摇摆柱对整体结构的抗侧刚度没有贡献，且处于轴心受力状态，因此，摇摆柱本身的计算长度取为其几何长度，即 $\mu=1.0$。

但是，有摇摆柱时其他柱子的负担加重了，即稳定承载力有所降低。根据计算长度系数法，为了能够反映摇摆柱对其他框架柱稳定承载力的降低作用，需将框架柱的计算长度系数进行放大，此时，无支撑纯框架柱的计算长度系数 μ 值应乘以增大系数 η 予以修正：

$$\eta = \sqrt{1 + \frac{\sum(N_l/h_l)}{\sum(N_f/h_f)}} \qquad (1\text{-}58)$$

式中　$\sum(N_f/h_f)$——各框架柱轴心压力设计值与柱高度比值之和；

　　　$\sum(N_l/h_l)$——各摇摆柱轴心压力设计值与柱高度比值之和。

对于附有摇摆柱的框架，有侧移失稳的框架同层各柱 N/I 不相同时，框架柱的计算长度系数宜按式（1-59）确定

$$\mu = \sqrt{\frac{N_{Ei}}{N_i} \cdot \frac{1.2\sum(N_i/h_i) + \sum(N_{1j}/h_j)}{K}}\qquad(1-59)$$

式中　N_{1j}——第 j 根摇摆柱轴心压力设计值；

　　　h_j——第 j 根摇摆柱的高度。

（5）框架柱在框架平面外的计算长度

空间框架结构在计算框架平面外的计算长度取值方法同平面内，平面框架柱在框架平面外的计算长度取决于侧向支承点间的距离，一般由支撑构件的布置情况确定。支撑体系提供柱在平面外的支承点，这些支承点应能阻止框架柱沿框架平面外的方向（一般为纵向）发生侧移。

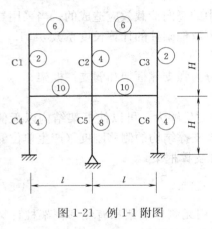

图 1-21　例 1-1 附图

【例 1-1】图 1-21 为一有侧移双层框架，图中圆圈内数字为横梁或柱的线刚度。试求出各柱在框架平面内的计算长度系数 μ 值。

【解】根据附表 9-2，得各柱的计算长度系数如下：

柱 C1、C3：

$K_1 = \dfrac{6}{2} = 3$，$K_2 = \dfrac{10}{2+4} = 1.67$，得 $\mu = 1.16$。

柱 C2：

$K_1 = \dfrac{6+6}{4} = 3$，$K_2 = \dfrac{10+10}{4+8} = 1.67$，得 $\mu = 1.16$。

柱 C4、C6：

$K_1 = \dfrac{10}{2+4} = 1.67$，$K_2 = 10$，得 $\mu = 1.13$。

柱 C5：

$K_1 = \dfrac{10+10}{4+8} = 1.67$，$K_2 = 0$，得 $\mu = 2.22$。

1.5.2.2　轴心受压柱的设计

（1）截面选择

框架柱按其受力状态一般属于压弯构件，但框架结构中的摇摆柱应按实腹式轴心受压柱设计，轴心受压柱一般采用双轴对称截面，以避免弯扭失稳。常用截面形式有 H 型钢、焊接 H 形截面、圆管和方管截面等。

选择轴心受压实腹柱的截面时，应考虑以下几个原则：面积的分布应尽量开展，以增加截面的惯性矩和回转半径，提高柱的整体稳定性和刚度；尽量实现两个主轴方向等稳定性，以达到经济的效果；便于与其他构件进行连接；尽可能构造简单、制造省工、取材方便。

截面设计时，首先按上述原则选定合适的截面形式，再初步选择截面尺寸，具体步骤如下：

① 假定柱的长细比 λ，求出需要的截面积 A。一般假定 $\lambda = 50 \sim 100$，当压力大而计算长度小时取较小值，反之取较大值。根据长细比、截面分类和钢种可查得轴压构件的稳定系数 φ，则需要的截面面积为

$$A = \frac{N}{\varphi f}$$

② 求两个主轴所需要的回转半径

$$i_x = \frac{l_{0x}}{\lambda}, \ i_y = \frac{l_{0y}}{\lambda}$$

③ 由已知截面面积 A，两个主轴的回转半径 i_x、i_y 优先选用轧制型钢，如 H 型钢等。当现有型钢规格不满足所需截面尺寸时，可以采用焊接截面，这时需先初步定出截面的轮廓尺寸，一般是根据回转半径确定所需截面的高度 h 和宽度 b

$$h \approx \frac{i_x}{\alpha_1}, \ b \approx \frac{i_y}{\alpha_2}$$

式中，α_1、α_2 为系数，表示 h、b 和回转半径 i_x、i_y 之间的近似数值关系，常用截面可由附录 13 查得。

④ 由所需要的 A、h、b 等，再考虑构造要求、局部稳定以及钢材规格等，确定截面的初选尺寸。

（2）截面验算

轴心受压柱应进行强度、整体稳定、局都稳定、刚度等的验算。

① 轴压柱的强度

当截面有孔洞削弱时，若孔洞为实孔（孔内有螺栓填充），可仅按毛截面屈服进行验算

$$\sigma = \frac{N}{A} \leqslant f \tag{1-60}$$

式中　N——所计算截面处的压力设计值；

　　　A——构件的毛截面面积；

　　　f——钢材的抗压强度设计值，抗震设计时应除以抗震调整系数 γ_{RE}。

② 轴压柱的整体稳定

通常，轴心受压柱的承载能力大多由其稳定条件决定，截面强度计算一般不起控制作用。轴心受压柱的稳定性计算应符合下式的要求：

$$\frac{N}{\varphi A f} \leqslant 1.0 \tag{1-61}$$

式中　φ——轴心受压构件的稳定系数。

③ 轴压柱的局部稳定

轴心受压柱的局部稳定是以限制其截面板件的宽厚比来保证的，应根据《钢结构设计标准》GB 50017 的相关规定对板件的宽厚比进行验算。

④ 刚度验算

轴心受压实腹柱的长细比应符合《钢结构设计标准》GB 50017 所规定的容许长细比要求。对于有抗震设防要求的多层和高层建筑，轴心受压柱的长细比不宜大于 $120\varepsilon_k$。

1.5.2.3　框架柱的设计

（1）截面形式

框架柱常用截面形式有：热轧 H 型钢、焊接 H 形截面、焊接箱形截面、焊接十字形截面、圆钢管等，如图 1-22 所示。一般情况下，通常采用热轧宽翼缘 HW 型钢或焊接 H 形截面，强轴置于垂直于柱弯矩较大或柱计算长度较大的方向。截面各部分尺寸和比例除了要满足《钢结构设计标准》GB 50017 和《建筑抗震设计规范》GB 50011 中局部稳定要求外，翼缘宽度 b_f 一般取 $0.7h \leqslant b_f \leqslant h$，腹板厚度 t_w 一般取 $0.5t_f \leqslant t_w \leqslant t_f$。

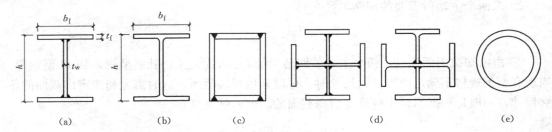

图 1-22　框架柱的常用截面形式

（a）焊接 H 形截面；（b）热轧 H 型钢；（c）焊接箱形截面；
（d）焊接十字形截面；（e）圆钢管

与 H 形截面相比，箱形截面、十字形截面与圆形截面的双向抗弯性能接近，一般在高烈度设防抗震区宜选用上述截面。

框架柱在两个互相垂直的方向均与梁刚接时，可采用箱形截面或 H 形截面。但仅在一个方向与梁刚接时，宜采用 H 形截面，并将腹板置于框架平面内。圆形截面柱更适宜建筑平面为非矩形或梁柱斜交的框架结构。

（2）截面初选

设计时需首先选定截面的形式，再根据构件所承受的轴力 N、弯矩 M 和构件的计算长度（l_{0x} 和 l_{0y}）初步确定截面的尺寸，然后进行强度、整体稳定、局部稳定和刚度的验算。由于压弯构件的验算式中所牵涉的未知量较多，根据估计所初选出来的截面尺寸不一定合适，因而初选的截面尺寸往往需要进行多次调整。

工程设计时，也可采用简化方法初选截面。由于压弯构件的参数较多，可简化按照轴压构件的整体稳定承载力来初选截面尺寸，依据公式（1-62）得到框架柱所需的截面面积大小。为考虑弯矩对承载力的影响，应将轴压力设计值乘以 1.2～1.4 的放大系数再进行计算。最后，依据公式计算得到的截面面积，综合考虑前述截面形式的选择原则、翼缘和腹板宽厚比的要求，初选出框架柱截面的尺寸。

$$A \geqslant \frac{(1.2 \sim 1.4)N}{\varphi f} \tag{1-62}$$

式中　N——所计算的框架柱的最大轴压力设计值，按柱分担的竖向荷载估算，分担荷载的范围见图 1-23；

　　　A——框架柱的毛截面面积；

　　　f——钢材的抗压强度设计值；

　　　φ——轴压构件的稳定系数。

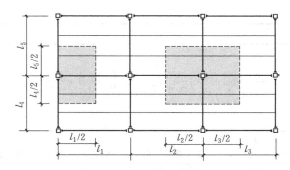

图 1-23　框架柱分担的竖向荷载范围（阴影部分）

（3）截面验算

① 框架柱的强度

框架柱的强度按式（1-63）或式（1-64）进行验算。

非圆管截面：
$$\frac{N}{A_n} \pm \frac{M_x}{\gamma_x W_{nx}} \pm \frac{M_y}{\gamma_y W_{ny}} \leqslant f \tag{1-63}$$

圆管截面：
$$\frac{N}{A_n} + \frac{\sqrt{M_x^2 + M_y^2}}{\gamma_m W_n} \leqslant f \tag{1-64}$$

式中　　N——框架柱的轴心压力设计值；

M_x、M_y——分别为同一截面处绕 x 轴和 y 轴的弯矩（对于 H 形截面，x 轴为强轴）；

A_n——框架柱的净截面面积；

W_{nx}、W_{ny}——对 x 轴和 y 轴的净截面模量；

γ_x、γ_y——截面塑性发展系数；

γ_m——圆形截面塑性发展系数；

f——钢材的强度设计值，抗震设计时应除以抗震调整系数 γ_{RE}。

在进行多遇地震作用下构件的承载力计算时，钢结构转换构件下的钢框架柱，地震作用产生的内力应乘以增大系数 1.5。

② 框架柱的整体稳定

框架柱的整体稳定按表 1-25 所列公式进行计算。

框架柱整体稳定计算公式　　　　　　　　　　　　　　　　**表 1-25**

框架柱类型	公　式	
弯矩作用在对称轴平面内的框架柱	弯矩作用平面内的稳定： $$\frac{N}{\varphi_x A f} + \frac{\beta_{mx} M_x}{\gamma_x W_{1x}\left(1 - 0.8\dfrac{N}{N'_{Ex}}\right) f} \leqslant 1.0$$	单轴对称截面的框架柱，为避免受拉一侧首先屈服，应按下式补充验算： $$\left\lvert \frac{N}{A f} - \frac{\beta_{mx} M_x}{\gamma_x W_{2x}\left(1 - 1.25\dfrac{N}{N'_{Ex}}\right) f} \right\rvert \leqslant 1.0$$
	弯矩作用平面外的稳定： $$\frac{N}{\varphi_y A f} + \eta\frac{\beta_{tx} M_x}{\varphi_b W_{1x} f} \leqslant 1.0$$	

框架柱类型	公　式	
弯矩作用在两个主平面内的框架柱（仅适用于双轴对称 H 形和箱形截面）	$\dfrac{N}{\varphi_x Af} + \dfrac{\beta_{mx} M_x}{\gamma_x W_{1x}\left(1-0.8\dfrac{N}{N'_{Ex}}\right)f} + \eta\dfrac{\beta_{ty} M_y}{\varphi_{by} W_{1y} f} \leqslant 1.0$	$\dfrac{N}{\varphi_y Af} + \eta\dfrac{\beta_{tx} M_x}{\varphi_{bx} W_{1x} f} + \dfrac{\beta_{my} M_y}{\gamma_y W_{1y}\left(1-0.8\dfrac{N}{N'_{Ey}}\right)f} \leqslant 1.0$

表中　N——框架柱的轴向压力设计值；

　　　M_x、M_y——框架柱计算区段范围内对 x 轴（强轴）和 y 轴（弱轴）的最大弯矩设计值；

　　　φ_x、φ_y——对 x 轴和 y 轴的轴心受压构件稳定系数；

　　　φ_{bx}、φ_{by}——均匀弯曲的受弯构件整体稳定系数；

　　　W_{1x}、W_{2x}——分别为受压最大纤维的毛截面模量和受拉侧最外纤维的毛截面模量；

　　　N'_{Ex}——参数，为欧拉临界力除以抗力分项系数 γ_R（不分钢种，取 $\gamma_R=1.1$），$N'_{Ex}=\pi^2 EA/(1.1\lambda_x^2)$；

　　　β_{mx}、β_{tx}——等效弯矩系数；

　　　η——调整系数，箱形截面 $\eta=0.7$，其他截面 $\eta=1.0$。

③ 框架柱板件的宽厚比

框架柱翼缘和腹板的局部稳定问题可以通过限制其宽厚比来得到保证，设计时应符合《钢结构设计标准》GB 50017 的相关规定。对于抗震设计的钢结构建筑，按照强柱弱梁的要求，框架柱一般不会出现塑性铰，但是考虑到材料性能变异，截面尺寸偏差以及一般未计及的竖向地震作用等因素，柱在某些情况下也可能出现塑性铰。因此，柱的板件宽厚比也应考虑按塑性发展来加以限制，不过不需要像框架梁那样严格。《建筑抗震设计规范》GB 50011 按照不同的抗震等级对框架柱的板件宽厚比进行了划分，具体要求见表 1-26。

框架柱板件宽厚比限值　　　　　　　　表 1-26

板 件 名 称	抗震等级			
	一级	二级	三级	四级
工字形截面翼缘外伸部分	$10\varepsilon_k$	$11\varepsilon_k$	$12\varepsilon_k$	$13\varepsilon_k$
工字形截面腹板	$45\varepsilon_k$	$46\varepsilon_k$	$48\varepsilon_k$	$52\varepsilon_k$
箱形截面壁板	$33\varepsilon_k$	$36\varepsilon_k$	$38\varepsilon_k$	$40\varepsilon_k$

注：$\varepsilon_k=\sqrt{235/f_y}$。

圆钢管截面框架柱的径厚比限值可以按照《钢结构设计标准》GB 50017 的规定采用。

④ 框架柱的长细比

框架柱的长细比关系到钢结构的整体稳定。钢结构建筑高度加大时，轴力随之加大，竖向地震对框架柱的影响很大。因此，有抗震设防要求的建筑，框架柱的长细比较非抗震的情况要控制的严格一些。《建筑抗震设计规范》GB 50011 和《高层民用建筑钢结构技术规程》JGJ 99 给出了框架柱的长细比限值（表 1-27），设计时应符合相应的要求。

框架柱长细比限值　　　　　　　　表 1-27

规范	抗震等级			
	一级	二级	三级	四级
《建筑抗震设计规范》GB 50011	$60\varepsilon_k$	$80\varepsilon_k$	$100\varepsilon_k$	$120\varepsilon_k$
《高层民用建筑钢结构技术规程》JGJ 99	$60\varepsilon_k$	$70\varepsilon_k$	$80\varepsilon_k$	$100\varepsilon_k$

注：$\varepsilon_k=\sqrt{235/f_y}$。

（4）强柱弱梁的要求

在地震作用下，强梁弱柱型框架在柱端出现塑性铰，形成楼层屈服机制（图1-24a），不利于消耗地震能量。而强柱弱梁型框架的塑性铰首先出现在梁端，形成梁铰机制（图1-24b），这些塑性铰具有很好的转动能力，产生较大的塑性变形，可消耗更多的地震能量。因此强柱弱梁型框架的抗震性能较强梁弱柱型框架优越。为了实现梁铰机制，任一梁柱节点处应满足柱端塑性受弯承载力大于梁端塑性受弯承载力，即

$$\sum W_{pc}(f_{yc} - N/A_c) \geqslant \eta \sum W_{pb} f_{yb} \tag{1-65}$$

式中　W_{pc}、W_{pb}——分别为计算平面内交汇于节点的柱和梁的截面塑性模量；

$\quad\quad\ f_{yc}$、f_{yb}——分别为柱和梁钢材的屈服强度；

$\quad\quad\quad\quad\ N$——地震组合的柱轴力；

$\quad\quad\quad\quad\ A_c$——框架柱的截面面积；

$\quad\quad\quad\quad\ \eta$——强柱系数，一级取1.15，二级取1.10，三级取1.05，四级取1.0。

当满足下列条件之一时，可不用满足强柱弱梁的要求：
① 柱所在楼层的受剪承载力比相邻上一层的受剪承载力高出25%；
② 柱轴压比不超过0.4；
③ 柱轴力符合 $N_2 \leqslant \varphi A_c f$ 时（N_2 为2倍地震作用下的组合轴力设计值）；
④ 与支撑斜杆相连的节点。

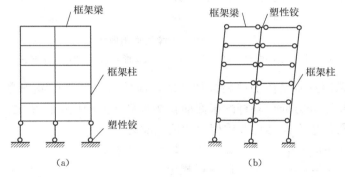

图1-24　屈服机制
（a）强梁弱柱框架；（b）强柱弱梁框架

1.5.2.4　构造要求

当H形实腹柱的腹板高厚比 $h_0/t_w > 80$ 时，为防止腹板在施工和运输过程中发生变形，提高柱的抗扭刚度，应设置横向加劲肋。横向加劲肋的间距不得大于 $3h_0$，其截面尺寸要求为：双侧加劲肋的外伸宽度 b_s 应不小于 $(h_0/30 + 40)$mm，厚度 t_s 应大于外伸宽度的 1/15。

H形和箱形截面构件的腹板，当用纵向加劲肋加强以满足宽厚比限值时，加劲肋宜在腹板两侧成对配置，其一侧外伸宽度不应小于 $10t_w$，厚度不应小于 $0.75t_w$。

1.5.3　支撑

多、高层建筑的抗侧力结构包括各种竖向支撑体系、钢筋混凝土剪力墙以及钢板剪力墙等。本节主要介绍竖向垂直支撑体系的设计。

沿多层与高层建筑高度方向布置的垂直支撑，其工作状态类似于一竖向桁架系统。结

构体系中的立柱即为桁架的弦杆，斜腹杆则需专门设置。竖向支撑可沿建筑的纵向或横向单向布置，也可双向布置。支撑布置的数量及位置应尽量使结构的刚心和重心相一致。

垂直支撑中的支撑斜杆与框架柱的夹角应在 45°左右。当支撑斜杆的轴线通过框架梁与柱中线的交点时为中心支撑（图 1-25），当支撑斜杆的轴线设计为偏离梁与柱轴线的交点时为偏心支撑（图 1-31）。通常，房屋高度不超过 50m 的民用建筑可采用框架-中心支撑的结构；在高烈度地震区，宜采用偏心支撑。

1.5.3.1 中心支撑

（1）中心支撑的类型

中心支撑的形式可以采用十字交叉斜杆（图 1-25a）、单斜杆（图 1-25b）、人字形斜杆（图 1-25c）、V 形斜杆（图 1-25d）和 K 形支撑体系（图 1-25e）。K 形支撑体系在地震荷载作用下可能因受压斜杆失稳或受拉斜杆屈服而引起较大的侧向变形，故不应在抗震设计中采用。

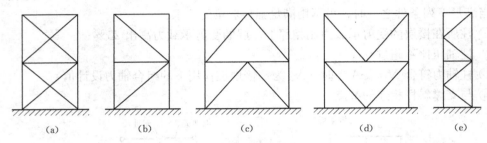

图 1-25　中心支撑的常用形式

(a) 十字交叉式；(b) 单斜杆式；(c) 人字形；(d) V 形；(e) K 形

当中心支撑采用只能受拉的单斜杆体系时，应同时设置不同倾斜方向的两组单斜杆（图 1-26），且每层不同方向单斜杆的截面面积在水平方向的投影面积之差不得大于 10%，以保证在不同地震作用方向具有大致相同的抗侧能力。

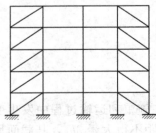

图 1-26　对称布置的
单斜杆支撑

（2）中心支撑的设计

① 一般规定

a. 支撑斜杆宜采用双轴对称截面；

b. 中心支撑的中心线应通过框架梁与柱轴线的交点，当受条件限制无法交汇于梁柱轴线交点时，偏离交点的偏心距不应超过支撑杆件的宽度，并应计入由此产生的附加弯矩。

c. 钢框架-支撑结构的斜杆可按端部铰接杆计算。

② 支撑的承载力

支撑斜杆可设计为只能承受拉力，也可设计为既能受拉又能受压。当按非抗震设计时，杆件截面的设计可参考轴心受力构件的设计方法。但在往复地震作用下，支撑斜杆反复受拉压，在受压屈曲后变形增长很大，转为受拉时变形不能完全拉直，这就造成再次受压时承载力降低，即出现退化现象。长细比越大，退化现象越严重，因此需要在计算支撑斜杆承载力的时候予以考虑。

在多遇地震效应组合作用下，支撑斜杆的受压承载力应满足下式的要求：

$$\frac{N}{\varphi A_{\mathrm{br}}} \leqslant \psi f / \gamma_{\mathrm{RE}} \tag{1-66}$$

$$\psi = \frac{1}{1 + 0.35 \lambda_{\mathrm{n}}} \tag{1-67}$$

$$\lambda_{\mathrm{n}} = \frac{\lambda}{\pi} \sqrt{\frac{f_{\mathrm{y}}}{E}} \tag{1-68}$$

式中　　N——支撑斜杆的轴向力设计值;

　　　　A_{br}——支撑杆件的截面面积;

　　　　φ——轴心受压构件的稳定系数,按支撑的长细比确定;

　　　　ψ——受循环荷载时的强度降低系数;

　　　　λ_{n}——支撑斜杆的正则化长细比;

　　f、f_{y}——分别为支撑钢材强度设计值和屈服强度;

　　　　γ_{RE}——支撑稳定破坏承载力抗震调整系数。

③ 支撑板件的宽厚比

钢框架-中心支撑结构的支撑斜杆属于耗能构件,在大震时进入塑性状态耗能应变很大,但经历的循环次数少,属于低周循环。支撑在这种受力状态下可能发生疲劳断裂。研究表明,支撑杆件的低周疲劳寿命与其板件的宽厚比呈负相关性,宽厚比越小,低周疲劳性能越好。考虑到这种影响规律,中心支撑杆件的板件宽厚比应满足表1-28规定的板件宽厚比最大限值的要求。

中心支撑板件宽厚比限值　　　　　　　　　　　　　　　　表 1-28

板 件 名 称	抗震等级			
	一级	二级	三级	四级
翼缘外伸部分	$8\varepsilon_{\mathrm{k}}$	$9\varepsilon_{\mathrm{k}}$	$10\varepsilon_{\mathrm{k}}$	$13\varepsilon_{\mathrm{k}}$
工字形截面腹板	$25\varepsilon_{\mathrm{k}}$	$26\varepsilon_{\mathrm{k}}$	$27\varepsilon_{\mathrm{k}}$	$33\varepsilon_{\mathrm{k}}$
箱形截面壁板	$18\varepsilon_{\mathrm{k}}$	$20\varepsilon_{\mathrm{k}}$	$25\varepsilon_{\mathrm{k}}$	$30\varepsilon_{\mathrm{k}}$
圆管的径厚比	$38\varepsilon_{\mathrm{k}}^{2}$	$40\varepsilon_{\mathrm{k}}^{2}$	$40\varepsilon_{\mathrm{k}}^{2}$	$42\varepsilon_{\mathrm{k}}^{2}$

注:$\varepsilon_{\mathrm{k}} = \sqrt{235/f_{\mathrm{y}}}$。

④ 支撑的计算长度

支撑的计算长度与其端部相连于框架的构造有关。当支撑腹板位于框架平面内时(图1-57a、b),其平面外计算长度可取轴线长度的0.9倍;当支撑翼缘朝向框架平面外,且采用支托式连接时(图1-57c、d),其平面外计算长度可取轴线长度的0.7倍。

⑤ 支撑的长细比

地震作用下支撑体系的滞回性能,主要取决于其受压行为。支撑长细比较大者,支撑越容易发生失稳,失稳后其滞回曲线发生捏拢效应(图1-27),耗能能力会降低。因而对抗震设防建筑中支撑杆件的长

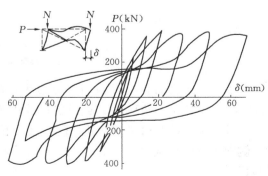

图 1-27　中心支撑滞回曲线

细比，限制应更加严格。另一方面，研究表明，支撑杆件的低周疲劳寿命与其长细比呈正相关性，长细比越大，低周疲劳性能越好。因此，为了防止支撑过早断裂，适当放松对按压杆设计的支撑杆件长细比的控制也是合理的。考虑到上述影响支撑性能的因素，对有抗震设防要求的多层和高层钢结构，中心支撑杆件的长细比应满足下列要求：

a. 按压杆设计时，支撑杆件的长细比不应大于 $120\varepsilon_k$；抗震等级为一级、二级和三级时，中心支撑斜杆不得采用拉杆设计；

b. 抗震等级为四级并采用拉杆设计时，支撑杆件的长细比不应大于 180。

(3) 中心支撑节点的不平衡力

在罕遇地震作用下，人字形和 V 形支撑框架中的成对支撑会交替经历受拉屈服和受压屈曲的循环作用，压杆屈曲后承载力下降，此时两支撑斜杆交点处会产生不平衡的水平和竖向分力，由此可能引起横梁破坏和楼板下陷（人字形支撑，图 1-28a）或隆起（V 形支撑，图 1-28b），并在横梁两端出现塑性铰。此时与支撑相连的梁应按压弯构件进行设计。研究表明，支撑杆在反复的整体屈曲后，其受压承载力将降低到初始稳定临界力的 30%，而相邻的支撑受拉仍能接近屈服承载力。因此，竖向不平衡力应按下式计算（图 1-29）：

$$\Delta N = N_1 \sin\alpha - 0.3 N_2 \sin\beta = A_{br} f_y \sin\alpha - 0.3 \varphi A_{br} f_y \sin\beta \tag{1-69}$$

式中 A_{br}——支撑杆件的截面面积；

      φ——轴心受压构件的稳定系数，按支撑的长细比确定；

      f_y——支撑的钢材屈服强度；

      α、β——支撑斜杆与横梁的夹角。

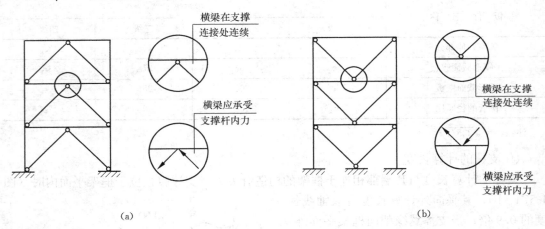

图 1-28   支撑节点不平衡力
(a) 人字形支撑；(b) V 形支撑

考虑不平衡力后，横梁截面可能过大，此时也可采用人字形和 V 形支撑交替设置（即跨层 X 形支撑，图 1-30a）或设置拉链柱（图 1-30b）的方法，减小不平衡力的作用。

此外，在支撑与横梁相交处，横梁上、下翼缘还应设置侧向支承，保证横梁的侧向刚度。侧向支承的承载力应满足式（1-70）的要求。当梁上为组合楼盖时，横梁上翼缘可不必验算。

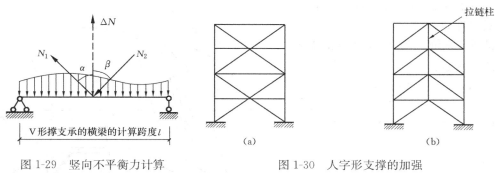

图 1-29 竖向不平衡力计算

图 1-30 人字形支撑的加强

(a) 跨层 X 形支撑；(b) 拉链柱

$$N_{bc} \geqslant 0.02 b_f t_f f_y \qquad (1-70)$$

式中　N_{bc}——侧向支承构件的承载力；

　　　b_f、t_f——分别为横梁翼缘板的宽度和厚度；

　　　f_y——横梁钢材的屈服强度。

1.5.3.2　偏心支撑

（1）偏心支撑的类型

偏心支撑在构造上设计成支撑斜杆的轴线偏离梁和柱轴线的交点，其优点是当水平荷载较小时具有足够的刚度，而在遇到大震严重超载时又具有良好的延性。

图 1-31 为偏心支撑的常用形式。偏心支撑框架中的支撑斜杆，应有一端交在框架梁上，而不是交在梁与柱的交点或相对方向的另一支撑节点上。这样，在支撑与柱之间或支撑与支撑之间形成一消能梁段（即图 1-31 中的 a 段），在大震作用下通过消能梁段的非弹性变形耗能，而支撑不屈曲。消能梁段是偏心支撑框架的"保险丝"，结构在地震往复荷载作用下，滞回曲线饱满（图 1-32），表现出很好的耗能能力。

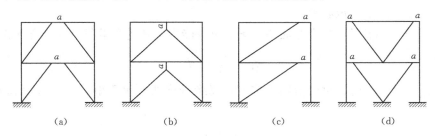

(a)　　　　　　(b)　　　　　　(c)　　　　　　(d)

图 1-31　偏心支撑的常用形式

(a) 门架式；(b) 人字形；(c) 单斜杆式；(d) V 形

抗震等级为一、二级的多层和高层钢结构，宜采用偏心支撑结构。超过 50m 高的钢结构采用偏心支撑框架时，顶层可采用中心支撑。

（2）消能梁段的设计

① 消能梁段的受剪承载力

当消能梁段轴力较小时，即设计值不超过 $0.15Af$ 时，可以忽略轴力的影响，消能梁段的受剪承载力取腹板屈服时的剪力和消能梁段两端形成塑性铰时的剪力两者的较小值。当消能梁段轴力较大时，不能忽略轴力对消能梁段抗震滞回性能的影响，此时要降低消能

45

梁段的受剪承载力，以保证其具有稳定的滞回性能。

消能梁段的受剪承载力应符合下列公式的规定：

当 $N \leqslant 0.15Af$ 时：

$$V \leqslant \phi V_l \qquad (1\text{-}71)$$

$V_l = 0.58A_w f_y$ 或 $V_l = 2M_{lp}/a$，取较小值。

当 $N > 0.15Af$ 时：

$$V \leqslant \phi V_{lc} \qquad (1\text{-}72)$$

$V_{lc} = 0.58A_w f_y \sqrt{1 - \left[N/(Af)\right]^2}$

或 $V_{lc} = 2.4M_{lp}\{1 - \left[N/(Af)\right]/a\}$，

取较小值。

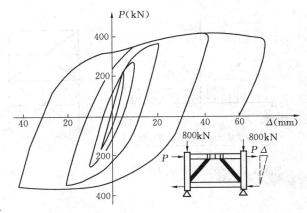

图 1-32　偏心支撑框架滞回曲线

式中　N、V——分别为消能梁段的轴力设计值和剪力设计值；

　　V_l、V_{lc}——分别为消能梁段不计入轴力影响和计入轴力影响的受剪承载力；有地震作用组合时，应除以抗震调整系数 $\gamma_{RE} = 0.75$；

　　M_{lp}——消能梁段的全塑性受弯承载力，$M_{lp} = W_{np}f$，W_{np} 为消能梁段的塑性截面模量；

　　A、A_w——分别为消能梁段的截面面积和腹板截面面积，$A_w = (h - 2t_f)t_w$，h、t_f 和 t_w 分别为消能梁段的截面高度、腹板厚度和翼缘厚度；

　　a——消能梁段的净长；

　　f、f_y——分别为消能梁段钢材的抗压强度设计值和屈服强度；

　　ϕ——系数，取 0.9。

② 消能梁段的受弯承载力

当 $N \leqslant 0.15Af$ 时，按全截面考虑梁的抗弯能力，其受弯承载力应符合下式要求：

$$\frac{M}{W} + \frac{N}{A} \leqslant f \qquad (1\text{-}73)$$

当 $N > 0.15Af$ 时，梁腹板用于抗剪，翼缘抵抗轴力和弯矩，其受弯承载力应符合下式要求：

$$\left(\frac{M}{h} + \frac{N}{2}\right)\frac{1}{b_f t_f} \leqslant f \qquad (1\text{-}74)$$

式中　M、N——消能梁段的弯矩设计值和轴力设计值；

　　W——消能梁段的截面模量；

　　A——消能梁段的截面面积，$A_w = (h - 2t_f)t_w$；

　　h、t_f、t_w——分别为消能梁段的截面高度、腹板厚度和翼缘厚度；

　　f——消能梁段钢材的抗压强度设计值，有地震作用组合时，应除以抗震调整系数 $\gamma_{RE} = 0.75$。

③ 消能梁段的净长

消能梁段分为剪切屈服型和弯曲屈服型。当消能梁段处于受剪和受弯两种屈服类型并存的状态时，对应的消能梁段的长度则为界限净长 a_b。消能梁段净长 a 与其界限净长 a_b 存在如下关系：

$a < a_b$，消能梁段腹板剪力达到塑性受剪承载力 V_l，两端弯矩未达到塑性受弯承载力 M_{lp}，属于剪切屈服型消能梁段；

$a > a_b$，消能梁段腹板剪力未达到塑性受剪承载力 V_l，两端弯矩达到塑性受弯承载力 M_{lp}，属于弯曲屈服型消能梁段；

$a = a_b$，两种屈服类型并存的消能梁段。

剪切屈服型消能梁段短，在地震往复荷载作用下腹板剪切屈服，且腹板发生局部屈曲，形成张力场。而弯曲型消能梁段较长，地震作用下两端受弯屈服形成塑性铰。研究表明，剪切屈服型偏心支撑框架刚度与中心支撑接近，消能能力与框架接近，优于弯曲屈服型，因而消能梁段宜设计成剪切屈服型。

由于支撑斜杆轴力的水平分力成为消能梁段的轴力，当此轴力较大时，这部分轴力将消耗消能梁段的承载力，降低其抗震性能。为削弱这种不利影响，需要减小该梁段的长度，以保证消能梁段具有良好的滞回性能。消能梁段的净长应符合以下规定：

当 $N \leqslant 0.16Af$ 时，其净长 a 不宜大于 $1.6M_{lp}/V_l$；

当 $N > 0.16Af$ 时：

a. $\rho(A_w/A) < 0.3$ 时，$\qquad a \leqslant 1.6M_{lp}/V_l$ $\qquad\qquad$ (1-75)

b. $\rho(A_w/A) \geqslant 0.3$ 时，$\qquad a \leqslant [1.15 - 0.5\rho(A_w/A)]1.6M_{lp}/V_l$ $\qquad$ (1-76)

式中 $\quad a$——消能梁段的净长；

$\qquad \rho$——消能梁段轴力设计值与剪力设计值之比，$\rho = N/V$；

N、V——分别为消能梁段的轴力设计值和剪力设计值。

④ 消能梁段板件宽厚比

为保证消能梁段具有良好的耗能能力，在地震耗能过程中其腹板和翼缘不能发生局部失稳，因此应控制消能梁段板件的宽厚比不应大于表 1-29 规定的限值。

偏心支撑框架梁板件宽厚比限值   表 1-29

板件名称		宽厚比限值
翼缘外伸部分		$8\varepsilon_k$
腹板	当 $N/(Af) \leqslant 0.14$ 时	$90[1 - 1.65 N/(Af)]\varepsilon_k$
	当 $N/(Af) > 0.14$ 时	$33[2.3 - N/(Af)]\varepsilon_k$

注：$\varepsilon_k = \sqrt{235/f_y}$；$N/(Af)$ 为梁轴压比。

⑤ 消能梁段的材料及构造要求

为使消能梁段正常发挥作用，需要从选材和构造上采取有效的抗震措施，以保证其具有良好的延性和耗能能力。

a. 钢材选用

偏心支撑框架主要依靠消能梁段的塑性变形消耗地震能量，因此对消能梁段的塑性变形能力要求较高。钢材的塑性变形能力与其屈服强度成反比，故消能梁段所采用的钢材的屈服强度不能太高，不应大于 $355N/mm^2$，屈强比不应大于 0.8，且屈服强度波动范围不应大于 $100N/mm^2$。

b. 构造措施

由于腹板上贴焊的补强板不能进入弹塑性变形，因此不能在消能梁段的腹板上贴焊补强板。此外，腹板上开洞也会影响其弹塑性变形能力，设计时也不得在消能梁段的腹板上开洞。

为了使在塑性变形过程中消能梁段的腹板不发生局部屈曲，保证其在地震往复荷载作用下有稳定的耗能能力，应在支撑斜杆与梁连接处和消能梁段中间设置加劲肋（图1-33），以加强对消能梁段腹板的约束。加劲肋的设置应符合表1-30的规定。

消能梁段的加劲肋设置

表1-30

加劲肋类型	设置原则	说明
消能梁段与支撑连接处的加劲肋	应在其腹板两侧设置加劲肋	1. 加劲肋应与消能梁段腹板等高； 2. $b_s \geqslant (b_f/2 - t_w)$； $t_s \geqslant \max(0.75\,t_w, 10\text{mm})$
中间加劲肋	当 $a \leqslant 1.6M_{lp}/V_l$ 时，中间加劲肋间距不应大于$(30t_w - h/5)$	1. 加劲肋应与消能梁段腹板等高； 2. 当 $h \leqslant 640\text{mm}$ 时，可单侧设置； 当 $h > 640\text{mm}$ 时，应两侧设置； 3. $b_s \geqslant (b_f/2 - t_w)$； $t_s \geqslant \max(t_w, 10\text{mm})$
	当 $2.6M_{lp}/V_l < a \leqslant 5M_{lp}/V_l$ 时，应在距消能梁段端部 $1.5b_f$ 处设置中间加劲肋，其中间加劲肋间距不应大于$(52t_w - h/5)$	
	当 $1.6M_{lp}/V_l < a \leqslant 2.6M_{lp}/V_l$ 时，中间加劲肋的间距按上述二者间线性插值	
	当 $a > 5M_{lp}/V_l$ 时，可不设中间加劲肋	

注：h 为消能梁段截面高度，b_s 为加劲肋宽度，t_s 为加劲肋厚度。

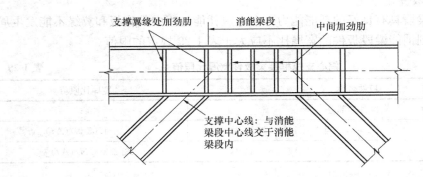

图1-33　消能梁段加劲肋设置

除上述构造措施保证消能梁段正常工作外，消能梁段两端的上、下翼缘还应设置侧向支撑（图1-34），以承受平面外的扭转作用。侧向支撑的轴力设计值应满足下式要求：

$$N_{bc} \geqslant 0.06b_f t_f f_y \tag{1-77}$$

式中　N_{bc}——侧向支撑的轴力设计值；

　　　b_f、t_f——分别为消能梁段翼缘板的宽度和厚度；

　　　f_y——消能梁段钢材的屈服强度。

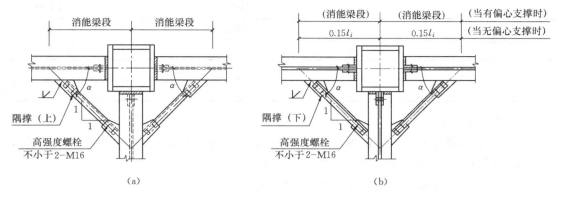

图 1-34 框架梁的侧向支撑（隔撑）
(a) 上翼缘支撑连接；(b) 下翼缘支撑连接

（3）非消能梁段、框架柱和支撑的设计

① 内力调整

为了保证消能梁段屈服耗能，其他构件应保持弹性，支撑不能屈曲，因此需按强支撑、强柱、强非消能梁段进行设计。要达到这个目的，需增大支撑、非消能梁段和框架柱的设计内力。支撑斜杆、框架柱和非消能梁段的内力设计值应根据消能梁段屈服时的内力确定，再根据抗震等级进行调整。

有地震作用组合时，偏心支撑框架中除消能梁段外的构件内力设计值应按下列规定调整：

支撑的轴力设计值：

$$N_{\mathrm{br}} \leqslant \eta_{\mathrm{br}} \frac{V_l}{V} N_{\mathrm{br,com}} \tag{1-78}$$

位于消能梁段同一跨的框架梁的弯矩设计值：

$$M_{\mathrm{b}} \leqslant \eta_{\mathrm{b}} \frac{V_l}{V} M_{\mathrm{b,com}} \tag{1-79}$$

框架柱的弯矩、轴力设计值：

$$M_{\mathrm{c}} \leqslant \eta_{\mathrm{c}} \frac{V_l}{V} M_{\mathrm{c,com}} \tag{1-80}$$

$$N_{\mathrm{c}} \leqslant \eta_{\mathrm{c}} \frac{V_l}{V} N_{\mathrm{c,com}} \tag{1-81}$$

式中　　V_l——消能梁段不计入轴力影响的受剪承载力，取式（1-71）中计算 V_l 的较大值；

$N_{\mathrm{br,com}}$——与消能梁段剪力设计值 V 同一工况下的支撑组合的轴力计算值；

$M_{\mathrm{b,com}}$——与消能梁段剪力设计值 V 同一工况下的位于消能梁段同一跨的框架梁组合的弯矩计算值；

$M_{\mathrm{c,com}}$、$N_{\mathrm{c,com}}$——分别为与消能梁段剪力设计值 V 同一工况下的柱组合弯矩和轴力计算值；

η_{br}——偏心支撑框架支撑内力设计值增大系数，按表 1-31 采用；

η_{b}——消能梁段同一跨的框架梁的内力设计值增大系数，按表 1-31 采用；

η_{c}——框架柱的内力设计值增大系数，按表 1-31 采用。

增大系数	抗震等级			
	一级	二级	三级	四级
η_{br}	$\geqslant 1.4$	$\geqslant 1.3$	$\geqslant 1.2$	$\geqslant 1.0$
η_b、η_c	$\geqslant 1.3$	$\geqslant 1.2$	$\geqslant 1.2$	$\geqslant 1.2$

② 承载力验算

偏心支撑框架梁和框架柱的承载力按《钢结构设计标准》GB 50017 的规定进行验算，有地震作用组合时，要考虑承载力抗震调整系数。

偏心支撑斜杆的轴向承载力按下式进行验算：

$$\frac{N_{br}}{\varphi A_{br}} \leqslant f \tag{1-82}$$

式中 N_{br}——支撑斜杆的轴向力设计值；

        A_{br}——支撑杆件的截面面积；

        φ——轴心受压构件的稳定系数，按支撑的长细比确定；

        f——支撑钢材的强度设计值，有地震作用组合时应除以 γ_{RE}。

③ 构造要求

a. 非消能梁段板件的宽厚比不能大于表 1-29 的限值。

b. 偏心支撑框架的支撑斜杆的长细比不应大于 $120\varepsilon_k$，其板件的宽厚比不应大于《钢结构设计标准》GB 50017 规定的轴心受压构件在弹性设计时的宽厚比限值。

c. 为保持框架梁非消能梁段的稳定，在其上下翼缘处均应设置侧向支撑，支撑的轴力设计值不得小于梁翼缘轴向承载力设计值的 2%，即 $0.02b_f t_f f$。

1.5.3.3   主梁的侧向隅撑

在罕遇地震作用下，框架梁在梁柱刚性连接节点附近的塑性区段可能首先出现塑性铰，在出现塑性铰的截面上、下翼缘均应设置侧向隅撑。当框架梁上翼缘与钢筋混凝土楼板有可靠连接时，可认为楼板对梁上翼缘有充分的侧向支撑作用，此时只需在框架梁的下翼缘设置侧向隅撑。对于偏心支撑框架结构，梁柱节点附近设置在消能梁段一端的侧向支撑即为隅撑，按相应的要求进行设计。

对梁柱刚接节点附近无偏心支撑点的情况（包括设置中心支撑或不设支撑的框架结构以及偏心支撑结构的非消能梁段），在罕遇地震作用下，框架梁的下翼缘可能发生侧向屈曲，为防止其侧向失稳，通常在距离梁段 0.15 倍梁跨的附近设置下翼缘的隅撑（图 1-34）。设计时，侧向隅撑的轴力设计值应将梁的受压翼缘视为轴心压杆，按轴压构件的支撑来进行计算。

1.5.3.4   屈曲约束支撑

屈曲约束支撑是一种特殊的支撑构件，其通过套管的约束防止钢支撑屈曲，确保支撑受压屈服前不失稳，可作为抗震支撑。屈曲约束支撑由核心单元、约束单元以及两者之间的无黏结构造层三部分组成（图 1-35），在内部核心钢支撑表面涂无黏结材料，从而与外包钢筋混凝土或钢管混凝土之间形成滑动界面，在轴心力作用下，核心单元钢支撑与约束单元之间可以自由滑动。支撑在工作时，仅由核心钢支撑受力，当压力作用下钢支撑的横向变形将受到填充料的限制，从而使得核心钢支撑不会发生整体屈曲和局部屈曲，其承载力则不会降低。因此，屈曲约束支撑在拉力和压力作用下能够达到充分的屈服，其具有较好的延性，滞回曲线饱满（图1-36），性能明显优于普通钢支撑。

屈曲约束支撑的设计可参见《高层民用建筑钢结构技术规程》JGJ 99 的有关规定。

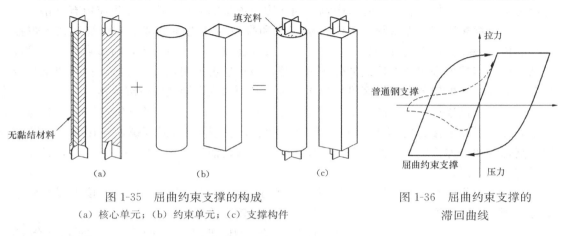

图 1-35　屈曲约束支撑的构成
（a）核心单元；（b）约束单元；（c）支撑构件

图 1-36　屈曲约束支撑的滞回曲线

1.6 节 点 设 计

钢结构的连接节点是保证钢结构安全可靠性的关键部位，对钢结构的受力性能有着重要的影响。因此，节点设计是钢结构设计工作中的重要环节，必须给予足够的重视。节点设计应遵循传力可靠、构造简单和便于安装的原则。

钢框架结构的连接节点主要包括：梁与柱的连接节点、梁与梁的连接节点、柱脚节点、支撑与框架的连接节点以及构件的拼接连接。

1.6.1 梁与柱的连接节点

1.6.1.1 梁柱刚接节点的类型

梁与柱的刚性连接不仅要求连接节点能可靠地传递剪力，而且能有效地传递弯矩。多、高层钢结构中梁与柱的连接一般采用刚性连接，其构造形式有柱贯通式和梁贯通式两种，一般采用柱贯通式。常用的刚性连接形式有：栓焊混合连接、全焊接连接和全栓接连接，如图1-37 所示。

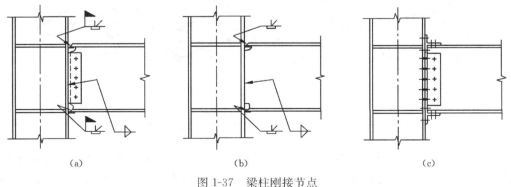

（a）　　　　　　　　　　（b）　　　　　　　　　　（c）

图 1-37　梁柱刚接节点
（a）栓焊混合连接；（b）全焊接连接；（c）全栓接连接

（1）栓焊混合连接节点（图1-37a）：多、高层钢结构中，框架梁翼缘与柱翼缘之间采用全熔透焊缝连接，梁腹板与焊接于柱翼缘上的剪力板采用高强度螺栓连接，通常宜采用摩擦型连接。这种连接方式在多层与高层钢结构中应用最普遍，其可以兼顾焊缝和螺栓连接的优点，在施工上也具有优越性。由于施工时一般先用螺栓定位然后对翼缘施焊，翼缘焊接时会对螺栓预拉力有一定降低影响，因而腹板连接的高强度螺栓数目应留有富裕。

（2）全焊接连接节点（图1-37b）：梁翼缘和腹板与柱之间全部采用焊缝连接。焊接连接的传力最充分，有足够的延性，但焊接连接存在较大的残余应力，对节点的抗震设计不利。焊接连接可采用全熔透或部分熔透焊缝，腹板也可采用角焊缝连接，但对要求与母材等强的连接和框架节点塑性区段的焊接连接，必须采用全熔透的焊缝连接。

（3）全栓连接节点（图1-37c）：梁采用端板或T形连接件以及角钢连接件等与柱通过高强度螺栓连接。角钢连接件一般只用于腹板的连接。高强度螺栓连接宜采用摩擦型。高强度螺栓连接施工方便，但连接尺寸过大，材料消耗较多，因而造价较高，且在大震下容易产生滑移。

另一种工程中常见的连接节点如图1-38所示，梁采用高强度螺栓连于预先焊在柱上的悬臂短梁，这种连接实质上是梁的拼接，其具有较好的抗震性能。

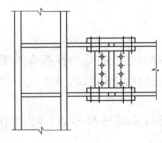

图1-38 梁与带悬臂短梁的柱的连接

1994年发生在美国加州圣费南多谷地的北岭地震（Northridge Earthquake）导致了梁柱栓焊混合连接节点的广泛破坏。节点的破坏主要发生在梁的下翼缘，而且一般是由焊缝根部萌生的脆性破坏裂纹引起的，裂纹由焊缝根部通过柱翼缘和腹板扩展，出现脆性断裂，这对节点承载力的影响很大。发生这种由焊缝撕裂造成的脆性破坏，主要是钢结构梁柱连接节点区域几何形状复杂，应力集中严重，在强烈的地震作用下节点的延性和塑性不足造成的。为了避免强震下的这种脆性破坏，对框架梁柱节点进行了改进，提出了塑性铰外移的节点做法。常见的改进节点包括：骨形节点（图1-39a）和梁端加强型节点（图1-39b、c、d）。

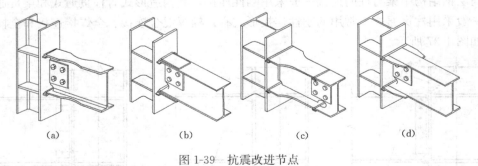

(a)　　　　(b)　　　　(c)　　　　(d)

图1-39 抗震改进节点

(a) 骨形节点；(b) 盖板加强型节点；(c) 扩翼型节点；(d) 侧板加强型节点

骨形节点是通过在距离梁端部一定距离处削弱梁翼缘，从而达到塑性铰从柱面外移至削弱区的目的。梁端加强型节点是在梁端部翼缘加设盖板或过渡板，促使梁端塑性变形在加强区末端的位置出现并扩展，从而使得梁的塑性铰移出柱面，改善了节点的抗震性能。

1.6.1.2 梁柱刚接节点的设计

在多、高层建筑钢结构中，框架梁与柱连接宜采用栓焊混合连接，也可采用全焊接连接，全栓接连接采用较少。梁与柱刚接节点的验算包括以下几个方面的内容：

① 节点连接承载力验算：包括弹性阶段的连接强度和弹塑性阶段的极限承载力验算（强节点）；

② 柱腹板和翼缘的承载力验算：在梁翼缘的压力和拉力作用下，验算柱腹板的受压承载力和柱翼缘板的刚度；

③ 节点域的抗剪承载力验算。

（1）框架梁与柱的连接承载力

框架梁与柱的刚性连接，可以按全截面设计法来进行连接的承载力计算。全截面设计法可以合理地利用梁截面的承载能力，考虑梁腹板除了承担剪力外，还应承担一部分弯矩。

梁翼缘和腹板分担的弯矩根据其刚度比确定，即

翼缘承担的弯矩：
$$M_f = M \frac{I_f}{I} \tag{1-83}$$

腹板承担的弯矩：
$$M_w = M \frac{I_w}{I} \tag{1-84}$$

式中　M——梁端弯矩设计值；

I_f、I_w——分别为梁翼缘和腹板对梁形心的惯性矩；

　　I——梁全截面惯性矩。

① 梁翼缘与柱翼缘的对接焊缝的抗拉强度验算：
$$\sigma = \frac{M_f}{b_f t_f (h - t_f)} \leqslant f_t^w \tag{1-85}$$

当采用二级焊缝并设置引弧（出）板时，可不用验算焊缝的抗拉强度。

② 梁腹板与柱翼缘采用角焊缝连接时（图 1-40a），其承载力按下式验算：
$$\sigma_f = \frac{3M_w}{h_e l_w^2}, \tau_f = \frac{V}{2h_e l_w}$$
$$\sqrt{\left(\frac{\sigma_f}{\beta_f}\right)^2 + \tau_f^2} \leqslant f_f^w \tag{1-86}$$

③ 梁腹板与柱翼缘采用摩擦型高强度螺栓连接时（图 1-40b），其承载力按下式验算：
$$N_v^b = \sqrt{\left(\frac{M_w y_1}{\sum y_i^2}\right)^2 + \left(\frac{V}{n}\right)^2} \leqslant 0.9 [N_v^b] \tag{1-87}$$

式中　V——梁端剪力设计值；

　　h——梁截面高度；

b_f、t_f——分别为梁翼缘的宽度和厚度；

　　h_e——角焊缝的有效厚度；

　　l_w——角焊缝的计算长度；

　　y_1——最外侧螺栓至螺栓群中心的 y 方向距离；

　　y_i——螺栓至螺栓群中心的 y 方向距离；

　　n——梁腹板高强度螺栓的数目；

β_{f}——正面角焊缝强度增大系数；

$f_{\mathrm{t}}^{\mathrm{w}}$、$f_{\mathrm{f}}^{\mathrm{w}}$——分别为对接焊缝的抗拉强度设计值和角焊缝的强度设计值，抗震设计时应除以抗震调整系数 γ_{RE}；

$[N_{\mathrm{v}}^{\mathrm{b}}]$——单颗高强度螺栓摩擦型连接的抗剪承载力设计值，抗震设计时应除以抗震调整系数 γ_{RE}；

0.9——考虑焊接热影响对高强度螺栓预拉力损失的系数。

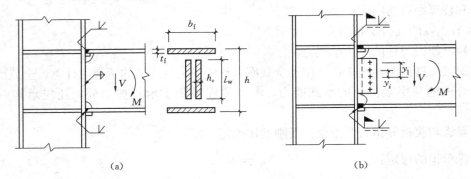

图 1-40　梁柱连接节点
(a) 梁柱全焊接连接节点；(b) 梁柱栓焊混合连接节点

当框架梁翼缘的抗弯承载力大于梁全截面抗弯承载力的 70% 时，可以按梁翼缘和腹板分别承担弯矩和剪力的原则进行简化设计。即当满足 $b_{\mathrm{f}}t_{\mathrm{f}}(h-t_{\mathrm{f}})f_{\mathrm{y}} \geqslant 0.7W_{\mathrm{p}}f_{\mathrm{y}}$ 时（W_{p} 为梁截面的塑性截面模量，f_{y} 为梁的钢材屈服强度），梁翼缘与柱翼缘的对接焊缝的抗拉强度按下式验算：

$$\sigma = \frac{M}{b_{\mathrm{f}}t_{\mathrm{f}}(h-t_{\mathrm{f}})} \leqslant f_{\mathrm{t}}^{\mathrm{w}} \tag{1-88}$$

梁腹板连接承载力验算式为

$$\tau_{\mathrm{f}} = \frac{V}{2h_{\mathrm{e}}l_{\mathrm{w}}} \leqslant f_{\mathrm{f}}^{\mathrm{w}}（采用角焊缝连接）\tag{1-89}$$

$$\frac{V}{n} \leqslant 0.9[N_{\mathrm{v}}^{\mathrm{b}}]（采用高强度螺栓连接）\tag{1-90}$$

（2）梁与柱连接的极限承载力

为使梁柱构件能充分发展塑性而产生塑性铰，构件的连接应有充分的承载力，以保证构件产生充分的塑性变形时节点不至于发生破坏。在框架梁柱连接节点中，连接的极限承载力应高于构件本身的屈服承载力，即

$$M_{\mathrm{u}}^{\mathrm{j}} \geqslant \eta_{\mathrm{j}}W_{\mathrm{E}}f_{\mathrm{y}} \tag{1-91}$$

$$V_{\mathrm{u}}^{\mathrm{j}} \geqslant 1.2\left(\frac{2W_{\mathrm{E}}f_{\mathrm{y}}}{l_{\mathrm{n}}}\right) + V_{\mathrm{Gb}} \tag{1-92}$$

式中　$M_{\mathrm{u}}^{\mathrm{j}}$、$V_{\mathrm{u}}^{\mathrm{j}}$——分别为连接的极限受弯和受剪承载力，可参考《高层民用建筑钢结构技术规程》JGJ 99 的方法进行计算；

W_{E}——构件塑性耗能区截面模量，按表 1-32 取值；

V_{Gb}——梁在重力荷载代表值作用下，按简支梁分析的梁端截面剪力设计值；

l_{n}——梁的净跨；

η_j—— 连接系数，按表1-33取值；

f_y—— 钢材的屈服强度。

构件塑性耗能区截面模量 W_E 表 1-32

截面板件宽厚比等级	S1	S2	S3	S4	S5
构件截面模量	$W_E = W_p$		$W_E = \gamma_x W$	$W_E = W$	有效截面模量

注：W_p 为塑性截面模量；W 为弹性截面模量。有效截面按《钢结构设计标准》GB 50017 的有关规定计算。

连接系数   表 1-33

母材牌号	梁柱连接		支撑连接、构件拼接		柱脚	
	焊接	螺栓连接	焊接	螺栓连接		
Q235	1.40	1.45	1.25	1.30	埋入式	1.2
Q355	1.30	1.35	1.20	1.25	外包式	1.2
Q345GJ	1.25	1.30	1.15	1.20	外露式	1.2

注：1. 屈服强度高于 Q355 的钢材，按 Q355 的规定采用；

    2. 屈服强度高于 Q345GJ 的 GJ 钢材，按 Q345GJ 的规定采用；

    3. 翼缘焊接腹板栓接时，连接系数分别按表中连接形式取用。

连接的极限受弯承载力 M_u^j 和极限受剪承载力 V_u^j 也可按下列简化方法计算：

① 极限受弯承载力 M_u^j

假定 M_u^j 为梁上下翼缘全熔透对接焊缝的极限受弯承载力，可按下式计算：

$$M_u^j = b_f t_f (h - t_f) f_u \tag{1-93}$$

式中 f_u—— 构件母材抗拉强度最小值。

② 极限受剪承载力 V_u^j

假定 V_u^j 为梁腹板连接的极限承载力，可按下列公式计算：

梁腹板与柱翼缘采用角焊缝连接：

$$V_u^j = 0.58 A_f^w f_u \tag{1-94}$$

梁腹板与柱翼缘采用高强度螺栓连接：

$$V_u^j = \min(V_{u1}, V_{u2}, V_{u3}, V_{u4}, V_{u5}) \tag{1-95}$$

$$V_{u1} = n(0.58 n_f A_e^b f_u^b) \tag{1-96}$$

$$V_{u2} = n(d \sum t f_{cu}^b) \tag{1-97}$$

$$V_{u3} = 0.58 A_{n,w} f_u \tag{1-98}$$

$$V_{u4} = 0.58 A_{n,p} f_u \tag{1-99}$$

$$V_{u5} = A_{f,p}^w f_u^f \tag{1-100}$$

式中 A_f^w—— 梁腹板与柱连接的角焊缝的有效受力面积；

     A_e^b—— 螺栓螺纹处的有效截面面积；

     n_f—— 螺栓连接的剪切面数量；

     n—— 高强度螺栓的数量；

     f_u^b—— 螺栓钢材的抗拉强度最小值；

     d—— 螺栓杆直径；

     $\sum t$—— 同一受力方向的钢板厚度之和的较小值；

f_{cu}^b——螺栓连接板件的极限承压强度，取 $1.5f_u$；

$A_{n,w}$——梁腹板净截面面积；

$A_{n,p}$——梁腹板与柱翼缘之间的连接板的净截面面积；

$A_{f,p}^w$——连接板（剪力板）与柱连接的角焊缝的有效受力面积；

f_u^f——角焊缝的抗剪强度。

（3）柱腹板和翼缘的承载力

框架梁翼缘与柱的连接处，由梁端弯矩在梁上、下翼缘中产生的内力作为水平集中力作用在柱上，当柱在梁翼缘对应位置不设加劲肋时，可能出现以下破坏形式：柱腹板在梁翼缘传来的压力作用下屈服或屈曲；柱翼缘在梁翼缘传来的拉力作用下弯曲或焊缝被拉开，如图 1-41 所示。

在梁的受压翼缘处，依据梁受压翼缘与柱腹板在有效宽度 b_e 范围内等强的条件，可以确定柱腹板的最小厚度。因此，为避免柱腹板计算高度边缘处的局部承压破坏，其厚度应满足

$$t_w \geqslant \frac{A_{fb}f_b}{b_e f_c} \tag{1-101}$$

柱腹板受压区的有效宽度为（图 1-42）

$$b_e = t_f + 5h_y \tag{1-102}$$

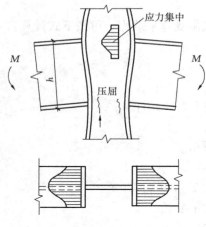

图 1-41　无加劲肋节点破坏形式

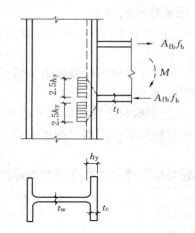

图 1-42　柱腹板受压区有效宽度

除发生局部承压破坏以外，柱腹板还可能在局部压应力作用下发生局部屈曲，根据柱腹板在梁受压翼缘集中力作用下的局部稳定条件，同样可以得到柱腹板的宽厚比限值

$$\frac{h_c}{t_w} \leqslant 30\varepsilon_{k,c} \tag{1-103}$$

在梁的受拉翼缘处，除非柱翼缘的刚度很大，否则柱翼缘容易受拉弯曲，腹板附近应力集中，焊缝很容易破坏。依据等强原则，柱翼缘的厚度应满足下式的条件：

$$t_c \geqslant 0.4\sqrt{A_{ft}f_b/f_c} \tag{1-104}$$

式中　A_{fb}——梁受压翼缘的截面积；

f_b、f_c——分别为梁和柱钢材抗拉、抗压强度设计值；

b_e——在垂直于柱翼缘的集中压力作用下，柱腹板计算高度边缘处压应力的假定分布长度；

h_y——自柱顶面至腹板计算高度上边缘的距离，对轧制型钢截面取柱翼缘边缘至内弧起点间的距离，对焊接截面取柱翼缘厚度；

t_f、t_w、t_c——分别为梁受压翼缘厚度、柱腹板厚度和柱翼缘厚度；

h_c——柱腹板的宽度；

$\varepsilon_{k,c}$——柱的钢号修正系数；

A_{ft}——梁受拉翼缘的截面积。

当柱在梁上、下翼缘处都设有水平加劲肋时，梁端翼缘应力集中现象将得到缓解，应力分布比较均匀，可以按平截面假定计算梁端弯矩。因此，对于多层和高层建筑钢结构的梁柱连接节点，当框架梁与柱刚接时，应在梁翼缘的对应位置设置水平加劲肋（对于 H 形柱）或隔板（对箱形柱）。对抗震设计的结构，水平加劲肋（隔板）厚度不得小于梁翼缘厚度加 2mm，其钢材强度不得低于梁翼缘的钢材强度，其外侧应与梁翼缘外侧对齐（图 1-43a）。为了便于绕焊和避免荷载作用时应力集中，水平加劲肋宽度应从柱边缘后退 10mm（图 1-43b）。

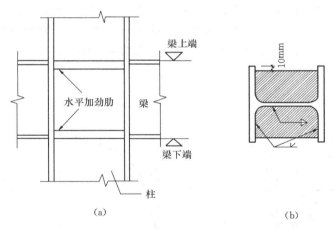

图 1-43　柱水平加劲肋与梁翼缘外侧对齐
（a）水平加劲肋标高；（b）水平加劲肋位置和焊接方法

当柱两侧的梁高不等时，对应两个方向的梁翼缘处均应设置柱的水平加劲肋（图 1-44）。加劲肋间距不应小于 150mm（图 1-44a），且不应小于水平加劲肋的宽度。当不能满足此要求时，应调整梁的端部高度，将截面高度较小的梁腹板高度局部加大（图 1-44b）。当与柱相连的梁在柱的两个互相垂直的方向高度不等时，同样也应分别设置柱的水平加劲肋（图 1-44c）。

（4）节点域的抗剪承载力

在梁柱刚接节点处，由上、下水平加劲肋和柱翼缘所包围的柱腹板区域称为节点域（图 1-45）。在周边弯矩和剪力的作用下，节点域可能首先出现剪切屈服，这对结构的整体性能有较大的影响，在设计中应予以重视。

① 节点域的抗剪强度

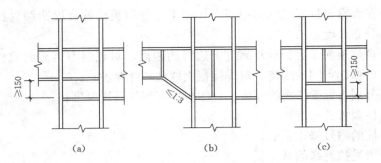

图 1-44　柱两侧梁高不相等时的水平加劲肋

(a) 两侧梁不等高（高差≥150mm）；(b) 两侧梁不等高（高差<150mm）；

(c) 两个互相垂直方向的梁不等高

图 1-46 为节点域的剪应力与剪切变形的关系曲线，节点域的剪应力在达到屈服强度后还可以继续增长。这说明尽管节点域开始屈服，其刚度也并不为零，即使产生很大的塑性变形，也尚不至于过早丧失承载力，其塑性应变可达到屈服剪应变的 30～40 倍。节点域的这种屈服后的强度增长，主要有三个方面的原因：其一，周边的柱翼缘和加劲肋的抗力影响。节点域屈服时，柱翼缘和加劲肋仍处于弹性状态，直到柱翼缘屈服时，整个节点才达到破坏。由于节点域四周的柱翼缘和加劲肋并未屈服，因此对节点域起到了骨架支撑作用。其二，与节点域相连的梁和柱腹板对其存在约束作用。其三，节点域钢材的应变强化效应。

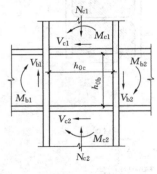

图 1-45　节点域

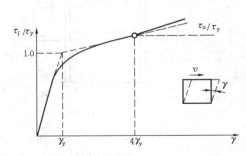

图 1-46　节点域剪应力与剪切变形的关系

节点域的这种超强度在承载力计算中应予以考虑。研究发现，节点域的受剪承载力与其宽厚比紧密相关。当节点域受剪正则化宽厚比不同时，其承载力提高幅度是不相同的。《钢结构设计标准》GB 50017 规定，节点域的抗剪强度 f_{ps} 应依据节点域受剪正则化宽厚比 $\lambda_{n,s}$ 按下列公式取值：

当 $\lambda_{n,s} \leqslant 0.6$ 时：

$$f_{ps} = \frac{4}{3} f_v \tag{1-105}$$

当 $0.6 < \lambda_{n,s} \leqslant 0.8$ 时：

$$f_{ps} = \frac{1}{3}(7 - 5\lambda_{n,s})f_v \tag{1-106}$$

当 $0.8 < \lambda_{n,s} \leqslant 1.2$ 时：

$$f_{ps} = [1 - 0.75(\lambda_{n,s} - 0.8)]f_v \tag{1-107}$$

当轴压比 $N/(Af) > 0.4$ 时，受剪承载力 f_{ps} 应乘以修正系数，当 $\lambda_{n,s} \leqslant 0.8$ 时，修正系数可取为 $\sqrt{1 - [N/(Af)]^2}$。

式中 f_v——钢材的抗剪强度设计值。

② 节点域的受剪正则化宽厚比

当横向加劲肋厚度不小于梁的翼缘板厚度时，节点域的受剪正则化宽厚比 $\lambda_{n,s}$ 不应大于 0.8。$0.8 < \lambda_{n,s} \leqslant 1.2$ 仅用于采用薄柔截面的单层和低层轻型建筑，多层与高层钢结构设计不属于此范畴。

节点域的受剪正则化宽厚比 $\lambda_{n,s}$ 应按下式计算：

当 $h_{0c}/h_{0b} \geqslant 1.0$ 时：

$$\lambda_{n,s} = \frac{h_{0b}/t_p}{37\sqrt{5.34 + 4(h_{0b}/h_{0c})^2}} \frac{1}{\varepsilon_k} \tag{1-108}$$

当 $h_{0c}/h_{0b} < 1.0$ 时：

$$\lambda_{n,s} = \frac{h_{0b}/t_p}{37\sqrt{4 + 5.34(h_{0b}/h_{0c})^2}} \frac{1}{\varepsilon_k} \tag{1-109}$$

式中 h_{0c}、h_{0b}——分别为节点域腹板的宽度和高度；

         t_p——柱腹板节点域的厚度。

③ 节点域的抗剪承载力验算

节点域不能太薄，否则将使框架位移太大，且在小震时剪应力太大，导致抗剪强度不能满足要求。同时，节点域也不能太厚，否则会使节点域不能发挥其耗能作用。因此节点域的抗剪承载力验算应包含以下两项：多遇地震或风荷载作用下的抗剪承载力验算和罕遇地震作用下的屈服承载力验算。

在多遇地震或风荷载作用下，节点域的抗剪承载力应满足下式要求：

$$\frac{M_{b1} + M_{b2}}{V_P} \leqslant f_{ps} \tag{1-110}$$

H 形截面柱： $V_p = h_{b1}h_{c1}t_p$

箱形截面柱： $V_p = 1.8h_{b1}h_{c1}t_p$

圆管截面柱： $V_p = (\pi/2)h_{b1}d_c t_c$

式中 M_{b1}、M_{b2}——分别为节点域两侧梁端弯矩设计值；

         V_p——节点域的体积；

         h_{c1}——柱翼缘中心线之间的宽度；

         h_{b1}——节点区梁翼缘中心线之间的高度；

         d_c——钢管直径线上管壁中心线之间的距离；

         t_c——节点域钢管壁厚；

         f_{ps}——节点域的抗剪强度，抗震设计时应除以抗震调整系数 γ_{RE}，取 0.75。

根据研究，为了使节点在大震时能够屈服耗能，将节点域的屈服承载力设计为框架梁屈服承载力的 0.7~1.0 倍是合适的。因此，抗震设计时，节点域的屈服承载力应满足下式要求：

$$\frac{\psi(M_{pb1} + M_{pb2})}{V_P} \leqslant \frac{4}{3} f_{yv} \tag{1-111}$$

式中　　ψ——折减系数，三、四级时取 0.75，一、二级时取 0.85；

M_{pb1}、M_{pb2}——分别为节点域两侧梁的全塑性受弯承载力；

f_{yv}——钢材的屈服抗剪强度，取钢材屈服强度的 0.58 倍。

为了使节点域保持稳定的受力状态，防止局部屈曲，节点域的尺寸应满足下式要求：

$$t_p \geqslant \frac{h_{0b} + h_{0c}}{90} \tag{1-112}$$

一般情况下，上式不起控制作用。

当节点域不满足抗剪承载力要求时，对焊接截面的柱宜将腹板在节点域局部加厚，腹板加厚的范围应伸出梁上、下翼缘外不小于 150mm（图 1-47a）；对轧制 H 型钢柱可贴焊补强板加强（图 1-47b）。

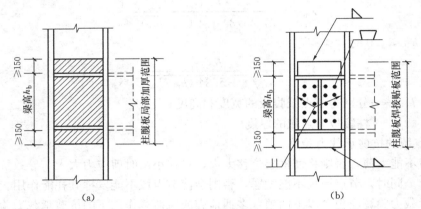

图 1-47　节点域补强措施
(a) 加厚节点域的柱腹板；(b) 节点域贴焊补强板

【例 1-2】某框架梁与柱的连接节点采用栓焊混合连接形式（图 1-48），柱截面为 HW350×350×12×19，梁截面为 HN400×200×8×13，梁的净跨为 6.6m，钢材采用

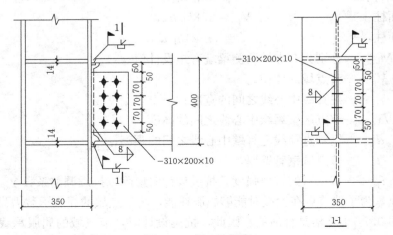

图 1-48　例 1-2 附图

Q355B。梁翼缘与柱采用完全焊透的对接焊缝进行连接，焊条采用 E50 型，二级焊缝。梁腹板与柱采用摩擦型高强度螺栓连接，螺栓为 10.9 级 M20（预拉力 $P=155\text{kN}$），连接处摩擦面采用喷砂处理，抗滑移系数 $\mu=0.4$。梁端弯矩设计值为 290.8kN·m，剪力设计值为 265.5kN，重力荷载代表值作用下简支梁的梁端剪力设计值为 85.2kN。框架抗震等级为三级。验算该节点连接的承载力及节点域抗剪承载力是否满足要求。

【解】因 $b_\text{f}t_\text{f}(h-t_\text{f})f_\text{y} = 200\times13\times(400-13)\times355 = 357.2\text{kN·m}$

$$> 0.7W_\text{p}f_\text{y} = 0.7\times\left(2\times200\times13\times193.5+\frac{1}{4}\times8\times374^2\right)\times355$$

$$= 319.6\text{kN·m}$$

故可以按翼缘承担弯矩，腹板承担剪力来进行验算。

(1) 梁与柱的连接承载力

梁翼缘与柱采用完全焊透的对接焊缝进行连接，焊缝的强度

$$\sigma = \frac{M}{b_\text{f}t_\text{f}(h-t_\text{f})} = \frac{290.8\times10^6}{200\times13\times(400-13)} = 289.0\ \text{N/mm}^2 < f_\text{t} = 295\ \text{N/mm}^2$$

腹板与柱之间采用高强螺栓连接，单颗摩擦型高强度螺栓抗剪承载力设计值

$$[N_\text{v}^\text{b}] = 0.9kn_\text{f}\mu P = 0.9\times1\times1\times0.4\times155 = 55.8\text{kN}$$

所需的螺栓数目

$$n = \frac{V}{0.9[N_\text{v}^\text{b}]} = \frac{265.5}{0.9\times55.8} = 5.3\ \text{颗，取 8 颗，布置两排。}$$

(2) 梁与柱连接的极限承载力

① 梁与柱连接的极限受弯承载力

$$M_\text{u}^\text{j} = b_\text{f}t_\text{f}(h-t_\text{f})f_\text{u} = 200\times13\times(400-13)\times470 = 472.9\text{kN·m}$$

梁翼缘宽厚比 $\dfrac{100-8/2}{13} = 7.38 < 11\varepsilon_\text{k} = 11\times\sqrt{\dfrac{235}{355}} = 8.95$，即宽厚比等级为 S2 级，取

$$W_\text{E} = W_\text{p} = 2\times200\times13\times193.5+\frac{1}{4}\times8\times374^2 = 1285952\ \text{mm}^2$$

因此，$M_\text{u}^\text{j} < \eta_\text{j}W_\text{E}f_\text{y} = 1.3\times1285952\times355 = 593.5\text{kN·m}$，不满足抗弯极限承载力的要求。

为提高翼缘连接焊缝的极限承载力，可将梁端翼缘用侧板加强（图 1-39d）。侧板将梁端翼缘加宽至与柱翼缘等宽，此时

$$M_\text{u}^\text{j} = b_\text{f}t_\text{f}(h-t_\text{f})f_\text{u} = 350\times13\times(400-13)\times470 = 827.6\text{kN·m} > 593.5\text{kN·m}，$$

满足要求。

② 梁与柱连接的极限受剪承载力

$$V_\text{u1} = n(0.58n_\text{f}A_\text{e}^\text{b}f_\text{u}^\text{b}) = 8\times(0.58\times1\times245\times1040) = 1182.3\text{kN}$$

$$V_\text{u2} = n(d\textstyle\sum t f_\text{cu}^\text{b}) = 8\times(20\times8\times1.5\times470) = 902.4\text{kN}$$

$$V_\text{u3} = 0.58A_\text{n,w}f_\text{u} = 0.58\times(400-2\times13-4\times20)\times8\times470 = 641.2\text{kN}$$

$$V_\text{u4} = 0.58A_\text{n,p}f_\text{u} = 0.58\times(310-4\times20)\times10\times470 = 627.0\text{kN}$$

$$V_\text{u5} = A_\text{f,p}^\text{w}f_\text{u}^\text{f} = 2\times0.7\times8\times(310-2\times8)\times280 = 922.0\text{kN}$$

$$V_u^j = \min(V_{u1}, V_{u2}, V_{u3}, V_{u4}, V_{u5}) = 627.0\text{kN}$$

$$V_u^j \geqslant 1.2\left(\frac{2W_E f_y}{l_n}\right) + V_{Gb} = 1.2 \times \frac{2 \times 1285952 \times 355}{6600} + 85200 = 251.2\text{kN}$$

满足要求。

③节点域的抗剪承载力

$$\frac{h_{0c}}{h_{0b}} = \frac{312}{372} = 0.84 < 1.0$$

因此

$$\lambda_{n,s} = \frac{h_{0b}/t_p}{37\sqrt{4 + 5.34\,(h_{0b}/h_{0c})^2}}\frac{1}{\varepsilon_k} = \frac{372/12}{37 \times \sqrt{4 + 5.34 \times (372/312)^2}} \times \sqrt{\frac{355}{235}} = 0.302$$

故

$$f_{ps} = \frac{4}{3}f_v$$

$$\frac{M_{b1} + M_{b2}}{V_P} = \frac{290.8 \times 10^6 + 0}{387 \times 331 \times 12} = 189.2\text{kN} \leqslant f_{ps} = \frac{4}{3} \times 170 = 226.7\text{kN}$$

满足要求。

节点域的屈服承载力验算

$$\frac{\psi(M_{pb1} + M_{pb2})}{V_P} = \frac{0.75 \times (1285952 \times 355 + 0)}{387 \times 331 \times 12}$$

$$= 222.7\text{kN} \leqslant \frac{4}{3}f_{yv} = \frac{4}{3} \times 0.58 \times 355 = 274.5\text{kN}$$

满足要求。

1.6.1.3 梁柱铰接节点

在多、高层钢结构中，梁与柱的连接节点一般为刚接，少数情况用铰接，铰接连接时梁端不传递弯矩，只传递剪力，在连接构造的设计上应保证满足这一传力特点。

图 1-49（a）所示为钢框架中典型的梁柱铰接构造，梁腹板与焊接在柱翼缘上的节点板（或角钢）通过高强度螺栓进行连接，节点板（或角钢）可以在梁腹板单侧连接，也可以设置双侧连接。在进行连接设计时，应根据梁端传递的剪力 V 验算节点中焊缝的承载力，

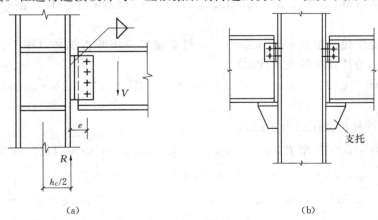

(a)   (b)

图 1-49　梁柱铰接节点

（a）梁腹板与柱连接；（b）梁放置在支托上

与梁腹板相连的高强度螺栓除承受剪力 V 以外，还应承受偏心附加弯矩 $M=Ve$ 的作用（e 如图 1-49a 所示）。此外，梁传给柱的竖向力也是有偏心的，在框架柱的设计时应予以考虑。

图 1-49（b）是另一种梁连接于柱侧面的铰接构造图。梁的端部放置在支托上，由支托传递梁端剪力，支托与柱翼缘间用角焊缝相连。考虑到荷载偏心的不利影响，支托与柱的连接焊缝按梁支座反力的 1.25 倍计算。为方便安装，梁端与柱间应留空隙，梁与柱用连接角钢相连并设置构造螺栓。当两侧梁的支座反力相差较大时，框架柱应考虑偏心附加弯矩的影响。

1.6.2 次梁与主梁的连接节点

框架结构中主梁的间距一般较大，需设置次梁以减小楼面板或屋面板的跨度。次梁与主梁的连接包括铰接和刚接两种。多层与高层钢结构中，次梁与主梁的连接通常采用铰接的方式，实际工程中常见的做法是将次梁腹板直接与主梁加劲肋用高强度螺栓相连（图 1-50a），或采用连接板将次梁腹板连于主梁加劲肋上（图 1-50b）。在进行螺栓和焊缝的计算时，既要考虑次梁端部的剪力，又要考虑由于偏心距 e 产生的附加弯矩的影响。当偏心距 e 不大时，可不考虑次梁对主梁的扭转作用。

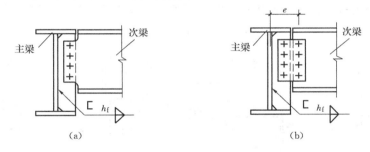

图 1-50　主次梁铰接节点
（a）次梁腹板与主梁加劲肋连接；（b）采用连接板连接

当有悬挑的次梁，以及次梁的跨度较大，需要减小次梁的挠度时，次梁与主梁的连接宜采用刚性连接。此时，连接处不仅要传递次梁的竖向支反力，还要传递支座弯矩。图 1-51 所示为典型的次梁与主梁的刚接构造，图 1-51（a）为主次梁不等高的情况，图 1-51（b）为主

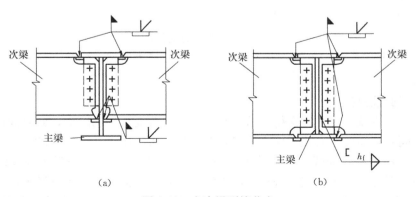

图 1-51　主次梁刚接节点
（a）主次梁不等高；（b）主次梁等高

次梁等高的情况。次梁翼缘采用焊缝与主梁进行连接，腹板用高强度螺栓摩擦型连接。由于梁的翼缘承受大部分弯矩，所以翼缘上的焊缝可按承受水平力 $H=M/h$ 计算（M 为次梁支座弯矩，h 为次梁高度）。

1.6.3 构件的拼接节点

钢构件在加工、运输和安装过程中，由于受到运输条件和吊装因素的限制，工厂里需要制作成安装单元，这样在安装过程中构件就需要进行拼接。有时构件的截面需发生变化，这时也需要做拼接接头。

1.6.3.1 柱的拼接

（1）等截面柱拼接

框架柱的拼接节点应设置在弯矩较小的地方，考虑到施工的难易程度和安装的方便性，一般拼接位置宜位于框架梁顶面以上 1.3m 附近。抗震设计时，框架柱的拼接应采用与柱身等强的原则进行设计，且应考虑钢材超强和应变硬化的影响。拼接方式可采用完全熔透的对接坡口焊缝连接（图 1-52a 采用角钢定位，图 1-52b 采用连接板定位），也可采用高强度螺栓进行拼接（图 1-52d）或栓焊混合连接的方式拼接（翼缘采用熔透的对接焊缝连接，腹板用高强度螺栓连接，如图 1-52c），高强度螺栓拼接选用摩擦型连接。在非抗震设防区，当框架柱的拼接不产生拉力时，可不按等强连接设计，焊缝连接可采用部分熔透焊缝。

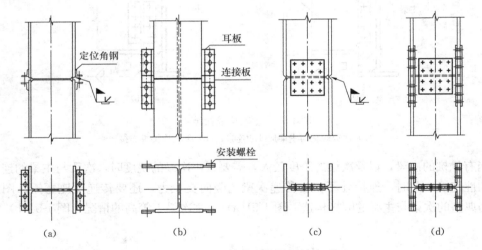

图 1-52 等截面柱的拼接
（a）对接焊缝连接（角钢定位）；（b）对接焊缝连接（连接板定位）；（c）栓焊混合连接；
（d）高强度螺栓连接

（2）变截面柱拼接

框架柱需要变截面时，宜保持柱截面高度不变而改变板件的厚度，此时的拼接方式与等截面柱相同。当需要改变柱截面高度时，对边柱宜采用图 1-53（a）的做法，对中柱宜采用图 1-53（b）的做法，变截面区段的上、下端均应设置隔板。当变截面区段设置在梁柱连接节点的位置时，可采用图 1-53（c）的做法，变截面区段的坡度不宜过大，一般应不大于 1:6。为了避免焊缝重叠，柱变截面区段的上、下端至框架梁翼缘的距离不宜小于150mm。

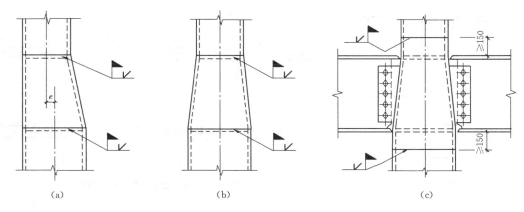

图 1-53　变截面柱的拼接
(a) 柱边对齐；(b) 柱轴线对齐；(c) 梁柱连接节点区变截面

1.6.3.2　梁的拼接

梁的拼接同样可采用全高强度螺栓连接（图 1-54a）、全熔透焊缝连接（图 1-54b）和栓焊混合连接（图 1-54c）三种方式，高强度螺栓连接选用摩擦型连接。梁的拼接处应位于框架节点塑性区端以外，以及内力较小的位置，一般设置在距梁端 1.0～1.6m 处。抗震设计时，拼接接头应满足等强设计的要求，且应考虑钢材超强和应变硬化的影响。在非抗震设防区，可按接头处的内力进行拼接设计。

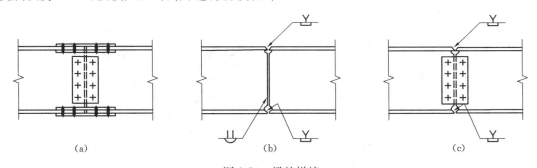

图 1-54　梁的拼接
(a) 全高强度螺栓连接；(b) 对接焊缝连接；(c) 栓焊混合连接

焊接组合梁的工厂拼接，翼缘和腹板的拼接位置最好错开并用直对接焊缝相连。腹板的拼接焊缝与横向加劲肋之间至少应相距 $10t_w$（图 1-55，t_w 为梁腹板厚度）。

梁的工地拼接应使翼缘和腹板基本上在同一截面处断开，以便分段运输。高大的梁在工地施焊时不便翻身，应将上、下翼缘的拼接边缘区均做成向上开口的 V 形坡口，以便俯焊（图 1-56）。有时将翼缘和腹板的接头略为错开一些（图 1-56b），这样受力情况较好，但运输单元突出部分应特别保护，以免碰损。

图 1-56 中，将翼缘焊缝预留一段不在工厂施焊，是为了减少焊缝收缩应力，注明的数字是工地施焊的适宜顺序。

由于现场施焊条件太差，焊缝质量难于保证，所以较重要的大型梁，其工地拼接宜采用高强度螺栓连接的方式。

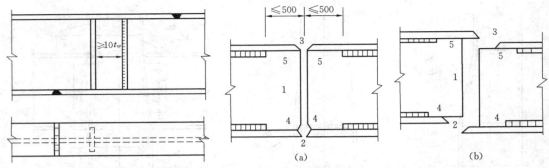

图 1-55　焊接组合梁的工厂拼接

图 1-56　焊接组合梁的工地拼接

（a）翼缘与腹板的接头不错开；（b）翼缘与腹板的接头错开

1～5—工地施焊顺序

1.6.4　支撑与框架的连接节点

1.6.4.1　支撑与框架的连接节点构造

抗震设计时，支撑宜采用 H 型钢制作，考虑到双重抗侧力体系对多层与高层建筑抗震很重要，支撑两端与框架应采用刚接构造。图 1-57 所示为 H 形截面支撑与框架的连接节点，当支撑腹板位于框架平面内时，采用图 1-57（a）、（b）的构造方式；当支撑翼缘朝向框架平面外时，采用图 1-57（c）、（d）的构造方式。

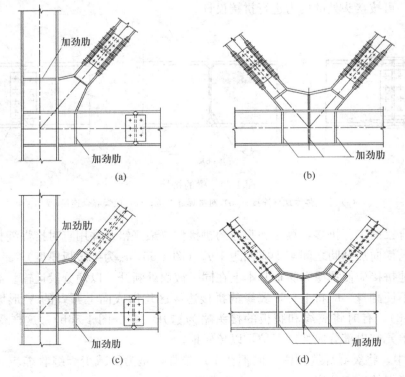

图 1-57　支撑与框架连接

（a）支撑腹板位于框架平面内（梁端）；（b）支撑腹板位于框架平面内（梁跨中）；

（c）支撑翼缘朝向框架平面外（梁端）；（d）支撑翼缘朝向框架平面外（梁跨中）

当采用焊接组合截面时，其翼缘和腹板应采用坡口全熔透焊缝连接。H 形截面支撑的翼缘端部与框架连接处，宜做成圆弧。

框架柱和梁在与 H 形截面支撑翼缘的连接处，应设置加劲肋或隔板（箱形柱），如图 1-57 所示。加劲肋或隔板应按承受支撑翼缘分担的轴力对柱或梁的水平或竖向分力进行设计。

当支撑杆件为填板连接的组合截面时，与框架可采用节点板进行连接（图 1-58）。节点板边缘与支撑轴线的夹角不应小于 $30°$；支撑端部与节点板约束点两线之间应留有 2 倍节点板厚 t 的间隙，以便使节点板在大震时产生平面外屈曲，从而减轻对支撑的破坏。节点板约束点连线应与支撑杆轴线垂直，以免支撑受扭。

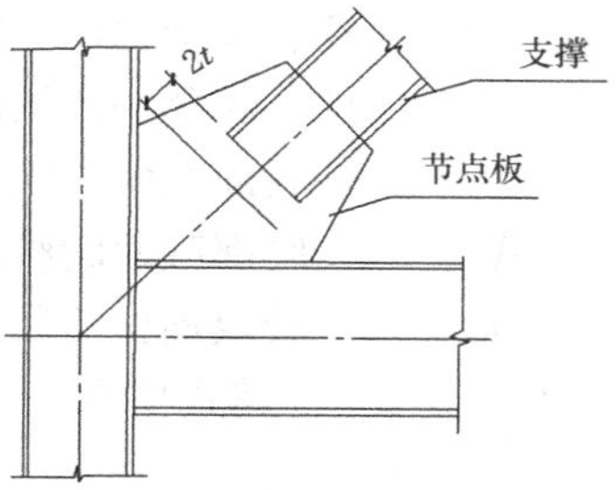

图 1-58 支撑端部节点板连接

1.6.4.2 支撑连接处和拼接处的极限承载力

抗震设计时，支撑在框架连接处和拼接处的极限承载力应符合下列要求：

$$N_{ubr}^{j} \geqslant \eta_{j} A_{br} f_{y} \tag{1-113}$$

式中 N_{ubr}^{j}——支撑连接和拼接的极限受压（拉）承载力；

       A_{br}——支撑杆件的截面面积；

       η_{j}——连接系数，按表 1-33 取值；

       f_{y}——支撑钢材的屈服强度。

1.6.5 柱脚

框架柱通过与主梁的连接承受上部结构传来的荷载，同时通过柱脚将柱身的内力传给基础，因此，柱脚的构造应和基础有牢固的连接，并使柱身的内力可靠地传给基础。

框架柱的柱脚通常分为外露式柱脚、外包式柱脚和埋入式柱脚。外露式柱脚与基础的连接有铰接和刚接之分，其余种类的柱脚均为刚接柱脚。在抗震设防地区的多层与高层钢结构框架柱的柱脚宜采用埋入式，也可采用外包式。6、7 度且高度不超过 50m 的钢结构柱脚也可采用外露式。

在抗震设计时，柱脚节点应符合"强节点"的设计原则。在多遇地震和设防烈度地震作用下，柱脚节点应保持弹性。在罕遇地震作用下，其极限承载力不应小于下段柱全塑性承载力，其应符合下式要求：

$$M_{u,base}^{j} \geqslant \eta_{j} M_{pc} \tag{1-114}$$

式中 $M_{u,base}^{j}$——柱脚的极限受弯承载力；

       M_{pc}——考虑轴力影响时柱的塑性受弯承载力；

       η_{j}——连接系数，按表 1-33 取值。

对 H 形截面和箱形截面构件，M_{pc} 应按下列要求计算：

① H 形截面（绕强轴）和箱形截面：

当 $N/N_{y} \leqslant 0.13$ 时：

$$M_{pc} = M_{p} \tag{1-115}$$

当 $N/N_{y} > 0.13$ 时：

$$M_{pc} = 1.15(1 - N/N_{y})M_{p} \tag{1-116}$$

② H 形截面（绕弱轴）：

当 $N/N_y \leqslant A_w/A$ 时：

$$M_{pc} = M_p \tag{1-117}$$

当 $N/N_y > A_w/A$ 时：

$$M_{pc} = \left[1 - \left(\frac{N - A_w f_y}{N_y - A_w f_y} \right)^2 \right] M_p \tag{1-118}$$

式中　N——柱底部轴力设计值；

　　　N_y——柱（底部）的屈服承载力；

　　　A——柱底部截面的面积；

　　　A_w——柱底部截面的腹板面积；

　　　f_y——柱腹板钢材的屈服强度。

1.6.5.1　外露式柱脚

（1）铰接柱脚

只传递轴心压力和剪力的柱脚与基础的连接一般采用铰接，图 1-59 是几种常用的平板式铰接柱脚。由于基础混凝土强度远比钢材低，所以必须把柱的底部放大，以增加其与基础顶部的接触面积。图 1-59（a）是一种最简单的柱脚构造形式，在柱下端仅焊一块底板，柱中压力由焊缝传至底板，再传给基础。这种柱脚只能用于小型柱，如果用于大型柱，底板会太厚。一般的铰接柱脚常采用图 1-59（b）、（c）的形式，在柱端部与底板之间增设一些中间传力零件，如靴梁、隔板和肋板等，以增加柱与底板的连接焊缝长度，并且将底板分隔成几个区格，使底板的弯矩减小，厚度减薄。图 1-59（b）中，靴梁焊于柱的两侧，在靴梁之间用隔板加强，以减小底板的弯矩，并提高靴梁的稳定性。图 1-59（c）中，在靴梁外侧设置肋板，底板做成正方形或接近正方形。

柱脚是利用预埋在基础中的锚栓来固定其位置的。铰接柱脚只沿着一条轴线设立两个连接于底板上的锚栓。底板的抗弯刚度较小，锚栓受拉时，底板会产生弯曲变形，阻止柱端转动的抗力不大，因而此种柱脚可视为铰接。

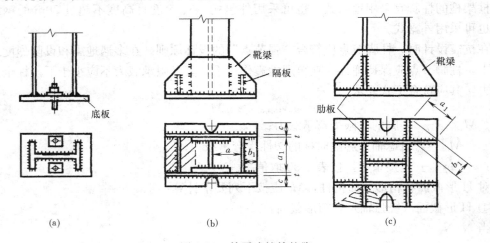

图 1-59　外露式铰接柱脚

（a）不带靴梁的柱脚构造；（b）带靴梁的柱脚构造一；（c）带靴梁的柱脚构造二

铰接柱脚不承受弯矩，只承受轴向压力和剪力。剪力通常由底板与基础表面的摩擦力（摩擦系数取 0.4）传递。当此摩擦力不足以承受水平剪力时，应在柱脚底板下设置抗剪键（图 1-60），抗剪键多采用方钢、短 T 字钢或 H 型钢，也可采用钢板做成。

铰接柱脚的设计包括底板、靴梁、隔板、肋板以及连接焊缝的设计。

① 底板的设计

a. 底板的面积

底板的平面尺寸决定于基础材料的抗压能力，基础对底板的压应力可近似认为是均匀分布的，这样，所需要的底板净面积 A_n（减去锚栓孔面积）应按下式确定：

$$A_n \geqslant \frac{N}{\beta_l f_c} \tag{1-119}$$

式中　f_c——基础混凝土的抗压强度设计值；

　　　β_l——基础混凝土局部承压时的强度提高系数。

b. 底板的厚度

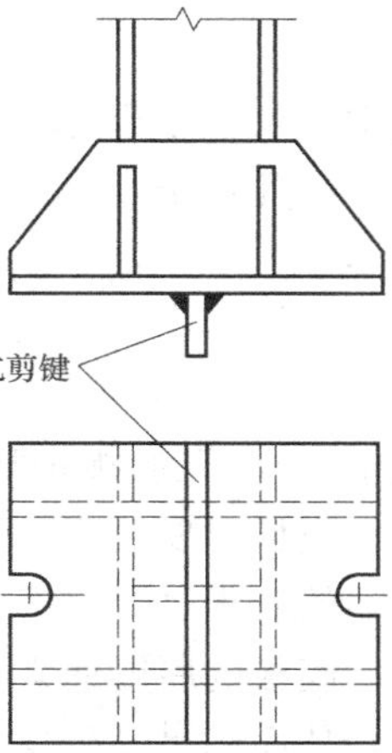

底板的厚度由板的抗弯强度决定。底板可视为一支承在靴梁、隔板和柱端的平板，它承受基础传来的均匀反力。靴梁、肋板、隔板和柱的端面均可视为底板的支承边，并将底板分隔成不同的区格，其中有四边支承、三边支承、两相邻边支承和一边支承等区格。在均匀分布的基础反力作用下，各区格板单位宽度上的最大弯矩为

四边支承区格：

$$M = \alpha q a^2 \tag{1-120}$$

式中　q——作用于底板单位面积上的压应力，$q = N/A_n$；

　　　a——四边支承区格的短边长度；

　　　α——系数，根据长边 b 与短边 a 之比按表 1-34 取用。

图 1-60　柱脚的抗剪键

α 值　　　　　　　　　　　　　　　　　　　　　　表 1-34

b/a	1.0	1.1	1.2	1.3	1.4	1.5	1.6	1.7	1.8	1.9	2.0	3.0	≥4.0
α	0.048	0.055	0.063	0.069	0.075	0.081	0.086	0.091	0.095	0.099	0.101	0.119	0.125

三边支承区格和两相邻边支承区格：

$$M = \beta q a_1^2 \tag{1-121}$$

式中　a_1——对三边支承区格为自由边长度（图 1-59b）；对两相邻边支承区格为对角线长度（图 1-59c）；

　　　β——系数，根据 b_1/a_1 值由表 1-35 查得。对三边支承区格，b_1 为垂直于自由边的宽度（图 1-59b）；对两相邻边支承区格，b_1 为内角顶点至对角线的垂直距离（图 1-59c）。

β 值　　　　　　　　　　　　　　　　　　　　　　表 1-35

b_1/a_1	0.3	0.4	0.5	0.6	0.7	0.8	0.9	1.0	1.1	≥1.2
β	0.026	0.042	0.056	0.072	0.085	0.092	0.104	0.111	0.120	0.125

当三边支承区格的 $b_1/a_1 < 0.3$ 时，可按悬臂长度为 b_1 的悬臂板计算。

一边支承区格（即悬臂板）：

$$M = \frac{1}{2} qc^2 \qquad (1\text{-}122)$$

式中　c——悬臂长度。

这几部分板承受的弯矩一般不相同，取各区格板中的最大弯矩 M_{max} 来确定板的厚度 t：

$$t \geqslant \sqrt{\frac{6M_{max}}{f}} \qquad (1\text{-}123)$$

式中　f——底板钢材的强度设计值，抗震设计时应除以抗震调整系数 γ_{RE}。

设计时要注意到靴梁和隔板的布置应尽可能使各区格板中的弯矩相差不要太大，以免所需的底板过厚。否则，应调整底板尺寸和重新划分区格。

底板的厚度通常不应小于 20mm，并不小于柱板件的厚度，以保证底板具有必要的刚度，从而满足基础反力是均布的假设。

② 靴梁的计算

靴梁的高度由其与柱边连接所需要的焊缝长度决定，一般不小于 250mm。此连接焊缝承受柱身传来的压力 N。靴梁的厚度比柱翼缘厚度略小，其局部稳定应符合梁腹板的要求。

靴梁按支承于柱边的双悬臂梁计算，根据所承受的最大弯矩和最大剪力值，验算靴梁的抗弯和抗剪强度。

③ 隔板与肋板的计算

为了支承底板，隔板应具有一定刚度，因此隔板的厚度不得小于其宽度的 1/50，一般比靴梁略薄，高度略小。

隔板可视为支承于靴梁上的简支梁，荷载可按承受图 1-59（b）中阴影面积的底板反力计算，按此荷载所产生的内力验算隔板与靴梁的连接焊缝以及隔板本身的强度。注意隔板内侧的焊缝不易施焊，计算时不能考虑受力。

肋板按支承在靴梁上的悬臂梁进行计算，承受的荷载为图 1-59（c）所示的阴影部分的底板反力。肋板与靴梁间的连接焊缝以及肋板本身的强度均应按其承受的弯矩和剪力来计算。

④ 柱下端与底板的连接焊缝计算

当柱下端、靴梁、隔板和肋板与底板采用角焊缝连接时，角焊缝承受柱脚轴力 N 和剪力 V，应按下列公式验算角焊缝的强度：

$$\sigma_f = \frac{N}{h_e \sum l_w} \quad , \quad \tau_f = \frac{V}{h_e \sum l_w}$$

$$\sqrt{\left(\frac{\sigma_f}{\beta_f}\right)^2 + \tau^2} \leqslant f_f^w \qquad (1\text{-}124)$$

式中　h_e——角焊缝的有效厚度；

　　　l_w——角焊缝的计算长度；

　　　β_f——正面角焊缝强度增大系数；

　　　f_f^w——角焊缝的强度设计值，抗震设计时应除以抗震调整系数 γ_{RE}。

（2）刚接柱脚

框架柱的刚接柱脚除传递轴心压力和剪力外，还要传递弯矩。图 1-61 所示为常见的外露式刚接柱脚。

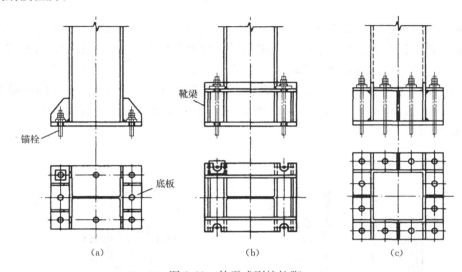

图 1-61　外露式刚接柱脚

(a) 锚栓直接固定在底板上；(b) 锚栓不直接固定在底板上（工字形柱）；
(c) 锚栓不直接固定在底板上（箱形柱）

刚接柱脚在弯矩作用下产生的拉力需由锚栓来承受，所以锚栓须经过计算。为了保证柱脚与基础能形成刚性连接，当轴心压力和弯矩较大时，锚栓不宜固定在底板上而应采用图 1-61 (b、c) 所示的构造，在靴梁侧面焊接两块肋板，锚栓固定在肋板上面的水平板上。只有当柱脚的弯矩和轴力较小时，才可采用图 1-61 (a) 的柱脚形式。

为了安装时便于调整柱脚的位置，水平板上锚栓孔的直径应是锚栓直径的 1.5～2.0 倍，待柱就位并调整到设计位置后，再用垫板套住锚栓并与水平板焊牢，垫板上的孔径只比锚栓直径大 1～2mm。

如前所述，刚接柱脚的受力特点是在与基础连接处同时存在弯矩、轴心压力和剪力。同铰接柱脚一样，剪力由底板与基础间的摩擦力或专门设置的抗剪键传递，柱脚按承受弯矩和轴心压力计算。

实腹柱刚接柱脚的设计主要包括以下内容。

① 底板的计算

图 1-62 为一整体式柱脚及其受力的示例。底板的宽度 b 可根据构造要求确定，悬伸长度 c 一般取 20～30mm。在最不利弯矩与轴心压力作用下，底板下压应力的分布是不均匀的（图 1-62d）。底板在弯矩作用平面内的长度 l 应由基础混凝土的抗压强度条件确定，即

$$\sigma_{max} = \frac{N}{bl} + \frac{6M}{bl^2} \leqslant f_c \tag{1-125}$$

式中　N、M——柱脚所承受的最不利弯矩和轴心压力，取使基础一侧产生最大压应力的内力组合；

f_c——混凝土的承压强度设计值。

这时另一侧的应力为

$$\sigma_{min} = \frac{N}{bl} - \frac{6M}{bl^2} \tag{1-126}$$

由此，底板下的压应力分布图形便可确定（图 1-62d）。底板的厚度即由此压应力产生的弯矩计算，计算方法与轴心受压柱脚相同。对于偏心受压柱脚，由于底板压应力分布不均，分布压应力 q 可偏安全地取底板各区格下的最大压应力。例如图 1-62（c）中区格①取 $q = \sigma_{max}$，区格②取 $q = \sigma_1$。要注意的是，此种方法只适用于 σ_{min} 为正（即底板全部受压）时的情况，若算得的 σ_{min} 为拉应力，则应采用下面锚栓计算中所算得的基础压应力进行底板的厚度计算。

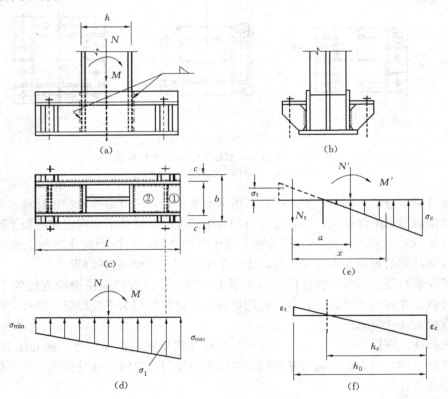

图 1-62 外露式刚接柱脚计算简图

(a) 刚接柱脚正立面；(b) 刚接柱脚侧立面；(c) 刚接柱脚平面；(d) 底板应力分布（底板计算）；
(e) 底板应力计算（底板计算）；(f) 应变分布（锚栓计算）

底板的厚度除按计算确定外，还应满足构造要求，即底板厚度不应小于 25mm，也不宜大于 100mm。

② 锚栓的计算

锚栓的作用是使柱脚能牢固地固定于基础并承受拉力。显然，若弯矩较大，由公式（1-126）所得的 σ_{min} 将为负，即为拉应力，此拉应力的合力假设由柱脚锚栓承受（图 1-62e）。

计算锚栓时，应采用使其产生最大拉力的组合内力 N' 和 M'（通常是 N 偏小、M 偏大的一组）。一般情况下，可不考虑锚栓和混凝土基础的弹性性质，近似地按公式（1-125）和公式（1-126）求得底板两侧的应力（图1-62e）。这时基础压应力的分布长度及最大压应力 σ_c 为已知，根据 $\Sigma M_c = 0$ 便可求得锚栓拉力

$$N_t = \frac{M' - N'(x-a)}{x} \tag{1-127}$$

式中 a、x——分别为锚栓至轴力 N' 和至基础受压区合力作用点的距离。

按此锚栓拉力即可计算出一侧锚栓的个数和直径，或按附表14-2查出。

按式（1-127）计算锚栓拉力比较方便，缺点是理论上不严密，并且算出的 N_t 往往偏大。因此，当按式（1-127）算得的拉力所确定的锚栓直径大于 60mm 时，则宜考虑锚栓和混凝土基础的弹性性质，按下述方法计算锚栓的拉力。

假定变形符合平截面假定，在 N' 和 M' 的共同作用下，其应力应变图形如图1-62（e、f）所示，由此图形得

$$\frac{\sigma_t}{\sigma_c} = \frac{E\varepsilon_t}{E_c\varepsilon_c} = \alpha_E \frac{h_0 - h_c}{h_c} \tag{1-128}$$

式中 σ_t——锚栓的拉应力；

σ_c——基础混凝土的最大边缘压应力；

α_E——钢和混凝土弹性模量之比；

h_0——锚栓至混凝土受压边缘的距离；

h_c——底板受压区长度。

根据竖向力的平衡条件得

$$N' + N_t = \frac{1}{2}\sigma_c b h_c \tag{1-129}$$

式中 b——底板宽度；

N_t——锚栓拉力。

根据绕锚栓轴线的力矩平衡条件得

$$M' + N'a = \frac{1}{2}\sigma_c b h_c \left(h_0 - \frac{h_c}{3}\right) \tag{1-130}$$

将式（1-128）、式（1-129）中的 σ_c 消去，并令 $h_c = \alpha h_0$，得

$$\alpha^2 \left(\frac{3-\alpha}{1-\alpha}\right) = \frac{6(M' + N'a)}{b h_0^2} \cdot \frac{\alpha_E}{\sigma_t} \tag{1-131}$$

令上式右侧为

$$\beta = \frac{6(M' + N'a)}{b h_0^2} \cdot \frac{\alpha_E}{\sigma_t} \tag{1-132}$$

则

$$\alpha^2 \left(\frac{3-\alpha}{1-\alpha}\right) = \beta \tag{1-133}$$

再由式（1-129）、式（1-130）消去 σ_c，得

$$N_t = k \frac{M' + N'a}{h_0} - N' \tag{1-134}$$

式中系数 k 与 α 值有关

$$k = 3/(3-\alpha) \tag{1-135}$$

为方便计算，将 β、k 系数的关系列于表 1-36。计算步骤为

a. 根据公式（1-132）假定 σ_t 等于锚栓的抗拉强度设计值 f_t^a，算出 β；

b. 由表 1-36 查出最为接近的 k 值（不必用插入法）；

c. 按公式（1-134）求出锚栓拉力 N_t；

d. 由附表 14-2 确定一侧锚栓的直径和个数。

系数 β、k

表 1-36

β	0.068	0.098	0.134	0.176	0.225	0.279	0.340	0.407	0.482
k	1.05	1.06	1.07	1.08	1.09	1.10	1.11	1.12	1.13
β	0.565	0.656	0.755	0.864	0.981	1.110	1.250	1.403	1.567
k	1.14	1.15	1.16	1.17	1.18	1.19	1.20	1.21	1.22
β	1.748	1.944	2.160	2.394	2.653	2.935	3.248	3.592	3.977
k	1.23	1.24	1.25	1.26	1.27	1.28	1.29	1.30	1.31
β	4.407	4.888	5.431	6.047	6.756	7.576	8.532	9.663	10.02
k	1.32	1.33	1.34	1.35	1.36	1.37	1.38	1.39	1.40

锚栓的拉应力为

$$\sigma_t' = \frac{N_t}{nA_e} \cdot f_t^a \tag{1-136}$$

由上式算得的 σ_t' 与假定的 σ_t（$=f_t^a$）不会正好相等，多少会有些误差，锚栓的实际应力在 σ_t' 与 f_t^a 之间。如果必须求出其实际应力，则可重新假定 σ_t 值，再计算一次，但一般无此必要。

锚栓除了按计算确定其直径外，还需满足构造的要求，在多层与高层建筑钢结构中，锚栓的直径一般不宜小于 30mm。三级及以上抗震等级时，锚栓截面面积不宜小于柱下端截面积的 20%。锚栓的锚固长度应根据承载力的需要和基础混凝土强度等级确定，一般不宜小于 $25d$（d 为锚栓直径），当锚固长度较长或埋深受限时，可设置锚板或锚梁。

还须指出，由于锚栓的直径一般较大，对粗大的螺栓，受拉时不能忽略螺纹处应力集中的不利影响；此外，锚栓是保证柱脚刚性连接的最主要部件，应使其弹性伸长不致过大，所以锚栓的抗拉强度设计值较低。如对 Q235 钢锚栓，取 $f_t^a = 140\text{N/mm}^2$；对 Q355 钢锚栓，取 $f_t^a = 180\text{N/mm}^2$，分别相当于受拉构件强度设计值（第二组钢材）的 0.7 倍和 0.6 倍。

连于靴梁侧面的肋板，其顶部的水平焊缝以及肋板与靴梁的连接焊缝（此焊缝为偏心受力）应根据每个锚栓的拉力来计算。锚栓支承垫板的厚度根据其抗弯强度计算。

③ 靴梁、隔板及其连接焊缝的计算

靴梁与柱身的连接焊缝应按可能产生的最大内力 N_1 计算，并以此焊缝所需要的长度来确定靴梁的高度。这里

$$N_1 = \frac{N}{2} + \frac{M}{h} \tag{1-137}$$

靴梁按支承于柱边缘的悬伸梁来验算其截面强度。靴梁的悬伸部分与底板间的连接焊缝共有 4 条，应按整个底板宽度下的最大基础反力来计算。在柱身范围内，靴梁内侧不便施焊，只考虑外侧两条焊缝受力，可按该范围内最大基础反力计算。

隔板的计算同轴心受力柱脚，它所承受的基础反力均偏安全地取该计算段内的最大值。

④ 外露式柱脚与基础连接的极限承载力

抗震设计时，为保证强节点弱构件的要求，柱脚的极限承载力应大于钢柱截面塑性屈服承载力，按公式（1-114）进行验算。对于外露式柱脚，其极限受弯承载力 $M_{u.base}$ 的计算方法如下：按在轴力与弯矩作用下的钢筋混凝土压弯构件截面设计方法计算得到受弯极限承载力。设截面尺寸为底板尺寸，由受拉边的锚栓承受拉力，混凝土基础承受压力，受压边的锚栓不参与工作，锚栓和混凝土的强度均取标准值进行计算。

【例 1-3】一钢柱的刚接柱脚构造形式如图 1-63 所示，试设计该柱脚。钢柱为焊接 H 形截面 H400×300×10×18，钢材采用 Q355B，焊条采用 E50 型，基础混凝土的抗压强度设计值 $f_c=14.3\mathrm{N/mm^2}$。柱脚内力如下：

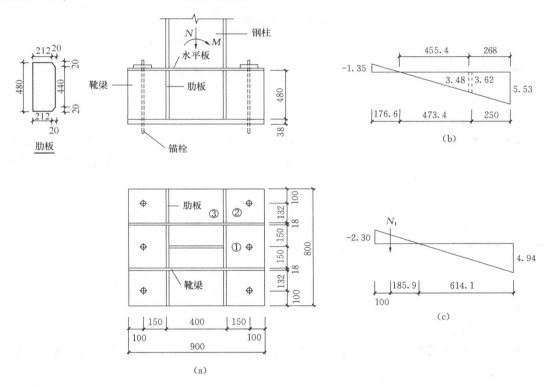

图 1-63　例 1-3 附图

（a）刚接柱脚；（b）底板应力分布；（c）锚栓计算简图（长度：mm；应力：MPa）

第 1 组：$N=1503.47\mathrm{kN}$，$M=371.88\mathrm{kN \cdot m}$

第 2 组：$N=951.61\mathrm{kN}$，$M=390.83\mathrm{kN \cdot m}$（用于锚栓设计）

【解】

（1）柱脚底板设计

对柱脚底板最不利的内力：$N=1503.47\mathrm{kN}$，$M=371.88\mathrm{kN \cdot m}$

底板尺寸：$b=800\mathrm{mm}$，$l=900\mathrm{mm}$，$A=900\times800=720000\mathrm{mm^2}$

$$\sigma_{max}=\frac{1503.47\times10^3}{720000}+\frac{371.88\times10^6\times6}{800\times900^2}=2.09+3.44=5.53\ \mathrm{N/mm^2}<f_c$$

$$=14.3\ \mathrm{N/mm^2}$$

$$\sigma_{min} = \frac{1503.47 \times 10^3}{720000} - \frac{371.88 \times 10^6 \times 6}{800 \times 900^2} = 2.09 - 3.44 = -1.35 \, N/mm^2$$

区格1为三边支承：$\frac{b_1}{a_1} = \frac{250}{300} = 0.833$，查表1-35得$\beta = 0.096$

$$M_1 = \beta q a_1^2 = 0.096 \times 5.53 \times 300^2 = 47779.2 N \cdot mm$$

区格2为两相邻边支承：$\frac{b_1}{a_1} = \frac{170}{341} = 0.499$，查表1-35得$\beta = 0.056$

$$M_2 = \beta q a_1^2 = 0.056 \times 5.53 \times 341^2 = 36009.9 N \cdot mm$$

区格3为三边支承：$\frac{b_1}{a_1} = \frac{232}{364} = 0.637$，查表1-35得$\beta = 0.077$

$$M_3 = \beta q a_1^2 = 0.077 \times 3.48 \times 364^2 = 35503.6 N \cdot mm$$

$$M_{max} = max(M_1, M_2, M_3) = 47779.2 N \cdot mm$$

底板厚度：$t \geqslant \sqrt{\frac{6M_{max}}{f}} = \sqrt{\frac{6 \times 47779.2}{295}} = 31.2 mm$，取$t = 32mm$。

（2）靴梁的验算

① 靴梁高度

靴梁与柱身采用4条角焊缝连接，焊缝按承受柱压力$N = 1503.47kN$和弯矩$M = 371.88kN \cdot m$的共同作用计算。焊缝的焊脚尺寸取$h_f = 14mm$，每侧翼缘相连焊缝所受的内力为

$$N_1 = \frac{N}{2} + \frac{M}{h} = \frac{1503.47 \times 10^3}{2} + \frac{371.88 \times 10^6}{400} = 1681.44kN$$

所需焊缝长度为

$$l_w = \frac{N_1}{2 \times 0.7 h_f f_f^w} + 2h_f = \frac{1681.44 \times 10^3}{2 \times 0.7 \times 14 \times 200} + 2 \times 14 = 457mm$$

取靴梁高480mm。

② 靴梁强度

靴梁视为支承在柱边的双悬臂梁，取厚度为18mm，需验算其抗弯和抗剪强度。

靴梁的内力：

$$M = \frac{3.62}{2} \times 400 \times 250^2 + \frac{1}{3} \times (5.53 - 3.62) \times 400 \times 250^2 = 6.117 \times 10^7 N \cdot mm$$

$$V = \left(\frac{5.53 + 3.62}{2}\right) \times 400 \times 250 = 4.575 \times 10^5 N$$

抗弯强度：$\sigma = \frac{6 \times 6.117 \times 10^7}{18 \times 480^2} = 88.5 N/mm^2 < f = 295 N/mm^2$

抗剪强度：$\tau = \frac{3 \times 4.575 \times 10^5}{2 \times 18 \times 480} = 79.4 N/mm^2 < f_v = 170 N/mm^2$

③ 靴梁悬伸部分与底板的连接焊缝

焊脚尺寸取$h_f = 12mm$，靴梁悬伸一侧的焊缝计算长度总和：

$$l_w = 250 \times 2 - 3 \times 12 = 464mm$$

焊缝的强度：

$$\sigma_f = \frac{5.53 \times 400 \times 250}{0.7 \times 12 \times 464} = 141.9 \text{N/mm}^2 < \beta_f f_f^w = 1.22 \times 200 = 244 \text{N/mm}^2$$

④ 靴梁在柱身范围内与底板的连接焊缝

焊脚尺寸取 $h_f = 12\text{mm}$，焊缝的计算长度 $l_w = 400\text{mm}$。

焊缝的强度：

$$\sigma_f = \frac{3.62 \times 400 \times 400}{0.7 \times 12 \times 400} = 172.4 \text{N/mm}^2 < \beta_f f_f^w = 1.22 \times 200 = 244 \text{ N/mm}^2$$

（3）肋板的验算

① 肋板的强度验算

肋板采用－480×232×16，其视为支承在靴梁上的悬臂梁，该肋板在支承处的内力为

$$M = \frac{1}{2} \times 3.62 \times 325 \times 232^2 = 3.166 \times 10^7 \text{ N} \cdot \text{mm}$$

$$V = 3.62 \times 325 \times 232 = 2.729 \times 10^5 \text{N}$$

抗弯强度：$\sigma = \frac{6 \times 3.166 \times 10^7}{16 \times 480^2} = 51.5 \text{N/mm}^2 < f = 305 \text{ N/mm}^2$

抗剪强度：$\tau = \frac{3 \times 2.729 \times 10^5}{2 \times 16 \times 480} = 53.3 \text{N/mm}^2 < f_v = 175 \text{ N/mm}^2$

② 肋板与靴梁的焊缝验算

焊脚尺寸取 $h_f = 10\text{mm}$，单条焊缝计算长度：

$l_w = 480 - 2 \times 20 - 2 \times 10 = 420\text{mm}$。

$$\sigma_f = \frac{6 \times 3.166 \times 10^7}{2 \times 0.7 \times 10 \times 420^2} = 76.9 \text{N/mm}^2$$

$$\tau_f = \frac{2.729 \times 10^5}{2 \times 0.7 \times 10 \times 420} = 46.4 \text{N/mm}^2$$

$$\sqrt{\left(\frac{\sigma_f}{\beta_f}\right)^2 + \tau_f^2} = \sqrt{\left(\frac{76.9}{1.22}\right)^2 + 46.4^2} = 78.3 \text{N/mm}^2 < f_f^w = 200 \text{ N/mm}^2$$

③ 肋板与底板的焊缝验算

焊脚尺寸取 $h_f = 12\text{mm}$，单条焊缝计算长度：

$$l_w = 232 - 20 - 2 \times 12 = 188\text{mm}$$

$$\sigma_f = \frac{3.62 \times 325 \times 232}{2 \times 0.7 \times 12 \times 188} = 86.4 \text{N/mm}^2 < \beta_f f_f^w = 1.22 \times 200 = 244 \text{ N/mm}^2$$

（4）柱脚锚栓计算

对锚栓最不利的内力：$N = 951.61\text{kN}$，$M = 390.83\text{kN} \cdot \text{m}$

$$\sigma_{max} = \frac{951.61 \times 10^3}{720000} + \frac{390.83 \times 10^6 \times 6}{800 \times 900^2} = 1.32 + 3.62 = 4.94 \text{ N/mm}^2$$

$$\sigma_{min} = \frac{951.61 \times 10^3}{720000} - \frac{390.83 \times 10^6 \times 6}{800 \times 900^2} = 1.32 - 3.62 = -2.30 \text{ N/mm}^2$$

$$x = \frac{2}{3} \times 614.1 + 285.9 - 100 = 595.3\text{mm}$$

$$a = \frac{900}{2} - 100 = 350\text{mm}$$

$$N_t = \frac{M' - N'(x-a)}{x} = \frac{390.83 \times 10^6 - 951.61 \times 10^3 \times (595.3 - 350)}{595.3} = 264.4 \text{kN}$$

所以，一个锚栓的拉力为：

$$N'_t = \frac{1}{3} \times 264.4 = 88.1 \text{kN}$$

查表（附表 14-2）选用 $d = 30\text{mm}$ 的锚栓（Q355B），锚栓设计拉力为 100.9kN，满足要求。

1.6.5.2 埋入式柱脚

埋入式柱脚是将钢柱直接埋入钢筋混凝土基础中的柱脚（图 1-64），钢柱底板应设置锚栓与下部混凝土连接。高层结构框架柱和抗震设防烈度为 8、9 度地区的框架柱的柱脚，宜采用埋入式柱脚。

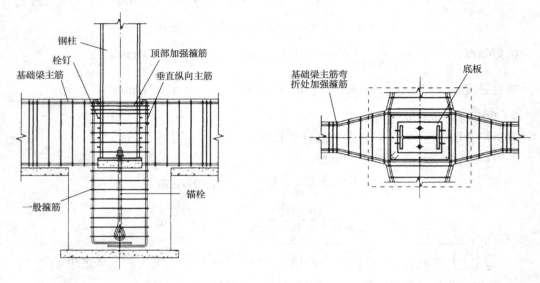

图 1-64　埋入式柱脚

埋入式柱脚的轴力是由底板传给下部基础的，而柱脚弯矩和剪力是由埋入混凝土的钢柱翼缘与基础混凝土的侧向压力来传递的。也有研究认为，钢柱埋入混凝土部分设置的栓钉，也可以传递一部分轴心压力给周围的混凝土，从而抵抗柱脚弯矩。

埋入式柱脚的设计包括柱脚底板设计、柱脚埋入深度设计、钢柱翼缘处边缘混凝土的承压能力以及极限受弯承载力验算。

（1）底板的设计

柱脚底板下混凝土的局部承压强度决定了底板的面积，在不考虑栓钉的作用时按下式确定：

$$\sigma = \frac{N}{A_n} \leqslant 1.35 \beta_l f_c \tag{1-138}$$

式中　N——柱脚轴心压力设计值；

　　　A_n——混凝土局部承压面积，取柱脚底板面积；

　　　f_c——基础混凝土的抗压强度设计值；

β_l——基础混凝土局部承压时的强度提高系数。

底板的厚度应根据柱脚底板下的混凝土基础反力和底板的支承条件所确定的最大弯矩，按其抗弯强度确定。

（2）柱脚埋入深度

埋入式柱脚中，钢柱的埋入深度直接影响柱脚的承载力和嵌固程度。为保证柱脚的刚性连接，钢柱必须有足够的埋入深度，保证钢柱受压翼缘一侧的混凝土不被压坏。假定钢柱翼缘一侧混凝土的支承反力为矩形分布（图 1-65），由力矩平衡可以得到钢柱的最大埋入深度 h_B。

H 形柱和箱形截面柱：

$$h_{B,max} = \frac{V}{b_f f_c} + \sqrt{2\left(\frac{V}{b_f f_c}\right)^2 + \frac{4M}{b_f f_c}} \qquad (1\text{-}139)$$

圆形柱：

$$h_{B,max} = 2.7\frac{V}{d_c f_c} + \sqrt{7.2\left(\frac{V}{d_c f_c}\right)^2 + 4.6\frac{M}{d_c f_c}} \qquad (1\text{-}140)$$

式中　M、V——分别为基础顶面柱脚弯矩和剪力设计值；

b_f——插入部分 H 形或箱形钢柱的翼缘宽度；

d_c——插入部分圆形钢柱的外径。

当钢柱柱脚埋入的深度大于式（1-139）或式（1-140）求得的最大埋深时，柱脚底部的弯矩值为零，此时可不必考虑柱脚底部的抗弯问题。

钢柱的埋入深度除按受力要求确定外，还需满足表 1-37 所列的最小埋深要求。

柱脚最小埋入深度　　　　　　　　　　表 1-37

钢柱截面形式	H 形	箱形	圆形
最小埋深	$2h_c$	$2.5h_c$	$3d_c$

注：h_c 为 H 形或箱形柱截面高度；d_c 为圆形钢柱的外径。

（3）钢柱翼缘处边缘混凝土的承压能力

埋入式柱脚在传递弯矩和剪力时，钢柱翼缘对基础混凝土产生侧向压力，其边缘混凝土的承压能力应符合下式要求：

H 形柱和箱形截面柱：

$$\frac{V}{b_f h_B} + \frac{2M}{b_f h_B^2} + \frac{1}{2}\sqrt{\left(\frac{2V}{b_f h_B} + \frac{4M}{b_f h_B^2}\right)^2 + \frac{4V^2}{b_f^2 h_B^2}} \leqslant f_c \qquad (1\text{-}141)$$

圆形柱：

$$\frac{V}{d_c h_B} + \frac{2M}{d_c h_B^2} + \frac{1}{2}\sqrt{\left(\frac{2V}{d_c h_B} + \frac{4M}{d_c h_B^2}\right)^2 + \frac{4V^2}{d_c^2 h_B^2}} \leqslant 0.8f_c \qquad (1\text{-}142)$$

钢柱中对基础混凝土产生侧向压力的部位，为防止钢柱翼缘局部变形，应在压应力最大值附近（基础顶部）设置加劲肋。对于圆管柱和箱形柱，应在柱管内浇灌混凝土，以避免局部屈曲和变形。

（4）埋入式柱脚的极限受弯承载力

在罕遇地震作用下，钢柱在基础顶面处可能出现塑性铰，此时柱脚应按埋入部分钢柱侧向应力分布（图 1-65）验算在轴力和弯矩作用下基础混凝土的侧向抗弯极限承载力，其应满足式（1-114）的要求，保证埋入式柱脚的极限受弯承载力 $M_{\mathrm{u,base}}$ 不小于钢柱全塑性抗弯承载力，以达到强节点的要求。计算时，$M_{\mathrm{u,base}}^{\mathrm{j}}$ 按下列公式计算：

$$M_{\mathrm{u,base}} = f_{\mathrm{ck}}b_{\mathrm{c}}l\left[\sqrt{(2l+h_{\mathrm{B}})^2+h_{\mathrm{B}}^2}-(2l+h_{\mathrm{B}})\right]$$

（1-143）

除满足极限受弯承载力的要求外，尚需验算其柱脚的极限受剪承载力，即

$$V_{\mathrm{u}} = M_{\mathrm{u,base}}^{\mathrm{j}}/l \leqslant 0.58h_{\mathrm{w}}t_{\mathrm{w}}f_{\mathrm{y}} \qquad (1\text{-}144)$$

式中　l——基础顶面到钢柱反弯点的距离，可取柱脚所在层层高的 2/3；

　　　b_{c}——与弯矩作用方向垂直的柱身宽度，对 H 形截面柱应取等效宽度；

　h_{w}、t_{w}——分别为钢柱腹板的高度和厚度；

　　　f_{ck}——基础混凝土的抗压强度标准值；

　　　f_{y}——钢柱钢材的屈服强度。

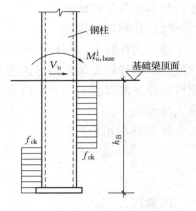

图 1-65　埋入式柱脚混凝土
的侧向力分布

（5）其他构造要求

① 钢柱埋入部分四周应设置的竖向钢筋和箍筋，竖向钢筋的直径应符合《混凝土结构设计规范》GB 50010 的构造要求，箍筋直径不应小于 10mm，其间距不大于 250mm，且顶部加密。

② 在边柱和角柱柱脚埋入混凝土部分的上、下部位应布置水平 U 形加强筋，U 形加强筋的数量应按《高层民用建筑钢结构技术规程》JGJ 99 的规定确定。

③ 钢柱柱脚应设置锚栓与下部混凝土连接，锚栓锚入长度不应小于其直径的 25 倍，底部应设置锚板或弯钩。

④ 对于有拔力的柱，宜在柱埋入混凝土部分设置栓钉。

⑤ 钢柱埋入部分的侧边混凝土保护层厚度要求（图 1-66）：C_1 不得小于钢柱受弯方向截面高度的一半，且不小于 250mm；C_2 不得小于钢柱受弯方向截面高度的 2/3，且不小于 400mm。

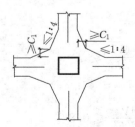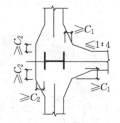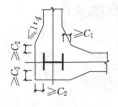

图 1-66　埋入式柱脚的保护层厚度

1.6.5.3　外包式柱脚

外包式柱脚由钢柱脚和外包混凝土组成，位于混凝土基础顶面以上（图 1-67）。外包式柱脚可在有地下室的多层和高层建筑中采用。

外包式柱脚的弯矩由外包混凝土和钢柱脚共同承担，一部分弯矩由柱脚底板下的混凝

土与锚栓承担，另一部分弯矩由外包的钢筋混凝土承担。柱脚的剪力则由外包混凝土承担。设计时需要对柱脚的受弯和受剪承载力进行验算。抗震设计时，在外包混凝土顶部箍筋处，柱可能出现塑性铰，此时柱脚极限受弯承载力应大于钢柱的全塑性受弯承载力，并按式（1-114）进行验算，以保证"强节点弱构件"的设计要求。此外，对应的极限受剪承载力也应进行验算，具体方法可参考《高层民用建筑钢结构技术规程》JGJ 99 的规定。

外包式柱脚的钢柱与基础的连接应采用抗弯连接，锚栓的直径不宜小于 16mm，锚栓埋入长度不应小于其直径的 20 倍。柱脚的外包混凝土高度 L 不应小于钢柱截面高度 H 的 2.5 倍，且从柱脚底板到外包层顶部箍筋的距离 l 与外包混凝土宽度 b 之比不应小于 1.0（图 1-68）。外包层中除配置纵向受力钢筋外，还需配置箍筋，箍筋的直径、间距和配箍率应符合《混凝土结构设计规范》GB 50010 中钢筋混凝土柱的要求。外包层顶部箍筋应加密且不少于 3 道，其间距不应大于 150mm。外包部分的钢柱翼缘表面宜设置栓钉。

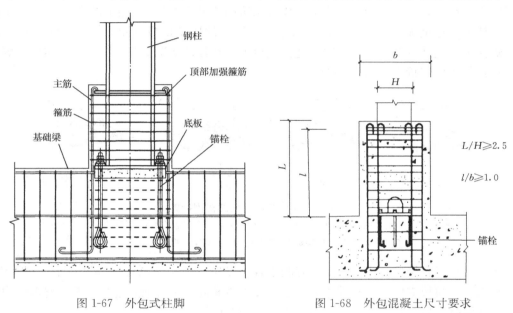

图 1-67　外包式柱脚　　　　　　　图 1-68　外包混凝土尺寸要求

1.7　楼 盖 结 构 设 计

在多层与高层建筑钢结构中，楼（屋）盖的工程量占有很大的比例，其对结构的工作性能、造价及施工速度等都有着重要的影响。在确定楼盖结构方案时，应考虑以下要求：

① 保证楼盖有足够的平面整体刚度；
② 减轻结构的自重及减小结构层的高度；
③ 有利于现场安装方便及快速施工；
④ 有较好的防火、隔声性能，并便于管线的敷设。

多、高层建筑钢结构的常用楼面做法有：压型钢板组合楼板、预制楼板、叠合楼板和普通现浇楼板等。目前最常用的做法为在钢梁上铺设压型钢板，再浇筑整体钢筋混凝土板，即形成组合楼板或非组合楼板（图 1-69）。

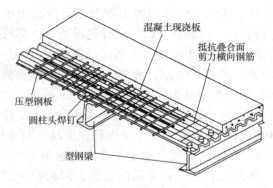

图 1-69 压型钢板组合楼板构造

设计时，根据在楼盖结构体系中的作用，压型钢板在设计时有两种作用：①压型钢板只作为永久性模板使用，不考虑与混凝土共同工作，这种楼板即为非组合楼板；②压型钢板既是模板又作为底面受拉配筋与混凝土一起共同工作，从而形成组合楼板，承受包括自重在内的楼面荷载。楼板的形式不同，其受力状态亦不同，设计时应有不同的考虑。

由于在使用阶段压型钢板作为受拉钢筋使用，为了能传递压型钢板与混凝土叠合面之间的纵向剪力，组合楼板需采用下列措施来协同压型钢板与混凝土的共同工作：①采用闭口波槽的压型钢板（图 1-70a）；②采用带有压痕的压型钢板（图 1-70b）；③在压型钢板上焊接横向钢筋（图 1-70c）。除上述措施以外，在任何情况下都应在端部的钢梁上焊圆柱头栓钉等抗剪连接件（图 1-70d）。

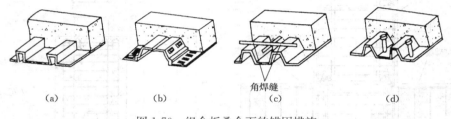

（a）　　　　　　（b）　　　　　　（c）　　　　　　（d）

图 1-70　组合板叠合面的锚固措施

（a）采用闭口波槽的压型钢板；（b）采用带有压痕的压型钢板；
（c）在压型钢板上焊接横向钢筋；（d）在钢梁上焊圆柱头栓钉

压型钢板组合楼板的主要特点除有利于各种复杂管线系统的铺设外，在施工过程中，还具有无传统模板支模、拆模的烦琐作业，楼板浇灌混凝土可独立进行，不影响钢结构施工，浇灌混凝土后可很快形成其他后续工程的作业面等优点。

组合楼盖常用的压型钢板一般由厚 0.8～1.2mm 的热镀锌薄板成型，长度为 8～12m。各块压型钢板之间应用紧固件将其连成整体。安装时，压型钢板表面的油污应清除，避免长期暴露而生锈。对处于较严重腐蚀环境下的建筑，不宜采用压型钢板组合楼盖体系。

1.7.1　组合楼板设计

当仅作为永久性模板使用时，压型钢板承受施工荷载和混凝土的重量。混凝土达到设计强度后，单向密肋钢筋混凝土板即承受全部荷载，压型钢板已无结构功能。这种形式的楼板在使用阶段属非组合板，可按一般钢筋混凝土楼板进行设计。

对压型钢板同时兼作模板和受拉钢筋的组合楼板的设计，应分阶段验算，即施工阶段和使用阶段的设计验算。施工阶段，包括湿混凝土重量在内的荷载由压型钢板单独承担；在使用阶段，则需要验算组合楼板的承载力、变形、裂缝以及振动等内容。

1.7.1.1　压型钢板在施工阶段的验算

施工阶段压型钢板作为浇筑混凝土的模板，应按弹性设计方法验算压型钢板的强度和刚度。若不满足要求，应考虑设置临时支撑。

施工阶段作用于压型钢板的永久荷载有压型钢板自重、钢筋和湿混凝土重。在确定混凝土重量时，应考虑压型钢板挠度过大时的凹坑堆积混凝土的重量。通常，当挠度 v 大于 20mm 时，凹坑堆积量可按 $0.7v$ 厚度的混凝土重量计算。

施工阶段作用于压型钢板的可变荷载主要是施工荷载。施工荷载指工人和施工机具设备的重量，并考虑到施工时可能产生的冲击与振动，一般不小于 $1.5kN/m^2$。此外，尚应以工地实际荷载为依据，若有过量冲击、混凝土堆放、管线和泵荷载时，应增加相应的附加荷载。

（1）受弯承载力验算

压型钢板的受弯承载力应符合下式要求：

$$\gamma_0 M \leqslant W_s f \tag{1-145}$$

式中　M——单元宽度（压型钢板波峰中心点之间的距离）范围内，由施工阶段全部永久荷载和可变荷载引起的弯矩设计值；

W_s——单元宽度压型钢板的截面模量，其中，受压翼缘的有效计算宽度 b_e（图 1-71）可按以下两种方法计算：①参考《冷弯薄壁型钢结构技术规范》GB 50018 的方法进行计算；②简化方法计算：当压型钢板受压部分的宽度超过有效宽度 b_e（$b_e = 50t$，t 为压型钢板的厚度）时，受压部分取有效宽度 b_e；

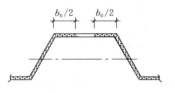

图 1-71　压型钢板受压区有效计算宽度

f——压型钢板的抗弯强度设计值（表 1-38）；

γ_0——结构重要性系数，可取 0.9。

压型钢板的强度设计值（N/mm²）　　　　　　表 1-38

钢材牌号	抗拉、抗压、抗弯强度 f	抗剪强度 f_v
Q215	190	110
Q235	205	120
Q355	300	175

（2）挠度验算

压型钢板在施工阶段荷载标准值作用下的挠度 v 不得超过 $l/180$（l 为板的跨度）和 20mm 的较小值。

1.7.1.2　压型钢板组合楼板在使用阶段的验算

在使用阶段，压型钢板与混凝土面层结合为整体形成组合板，应验算组合板在全部荷载作用下的强度和刚度。

（1）一般规定

①在进行使用阶段的计算时，当压型钢板上的混凝土厚度为 50～100mm 时，组合板按简支单向板计算组合楼板强边（顺板肋）方向的正弯矩和挠度；强边方向的负弯矩按固端板取值；弱边（垂直于板肋）方向的正负弯矩不考虑。

② 在进行使用阶段的计算时，当压型钢板上的混凝土厚度大于100mm时，组合板的承载力应按下列规定确定单向板或双向板来进行计算，但板的挠度仍按强边方向的简支单向板计算。

当 $0.5 < \lambda_e < 2.0$ 时，按正交异性双向板计算；

当 $\lambda_e \leq 0.5$ 时，按强边方向单向板计算；

当 $\lambda_e \geq 2.0$ 时，按弱边方向单向板计算。

$$\text{其中} \qquad \lambda_e = \frac{l_x}{\mu l_y}, \ \mu = \left(\frac{I_x}{I_y}\right)^{\frac{1}{4}} \tag{1-146}$$

式中 μ——板的受力异向性系数；

$\qquad l_x$——组合楼板强边（顺板肋）方向的跨度；

$\qquad l_y$——组合楼板弱边（垂直于板肋）方向的跨度；

$\quad I_x$、I_y——分别为组合板强边和弱边方向的截面惯性矩（计算 I_y 时只考虑压型钢板顶面以上的混凝土厚度 h_c）。

③ 在局部集中（线）荷载作用下，组合楼板尚应进行单独验算，其有效工作宽度 b_{ef}（图 1-72）应按下式确定：

受弯计算时，简支板： $\qquad b_{ef} = b_w + 2l_p(1 - l_p/l)$ (1-147)

连续板： $\qquad b_{ef} = b_w + [4l_p(1 - l_p/l)]/3$ (1-148)

受剪计算时： $\qquad b_{ef} = b_w + (1 - l_p/l)$ (1-149)

$$b_w = b_p + 2(h_c + h_f) \tag{1-150}$$

式中 l——组合楼板跨度；

$\quad l_p$——荷载作用点至楼板支座的较近距离；

$\quad b_w$——局部荷载在组合楼板中的工作宽度；

$\quad b_p$——局部荷载宽度；

$\quad h_c$——压型钢板顶面以上的混凝土厚度；

$\quad h_f$——地面饰面层厚度。

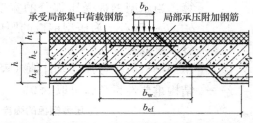

图 1-72　局部荷载分布的有效工作宽度

（2）组合楼板正截面受弯承载力

组合楼板在跨中正弯矩作用下的横截面抗弯强度一般采用塑性设计法，假定截面受拉区和受压区材料均达到强度设计值。计算时分两种情况考虑：

① 当 $(A_a f_a + A_s f_y) \leq h_c b f_c$ 时，塑性中和轴位于压型钢板顶面以上的混凝土内（图 1-73），组合板的横截面抗弯能力按下式计算：

$$M \leq f_c b x \left(h_0 - \frac{x}{2}\right) \tag{1-151}$$

混凝土受压区高度： $\qquad x = \frac{A_a f_a + A_s f_y}{b f_c}$ (1-152)

适用条件：$x \leq h_c$ 且 $x \leq \xi_b h_0$；当 $x > \xi_b h_0$ 时，取 $x = \xi_b h_0$。

相对界限受压区高度 ξ_b：

$$\xi_b = \frac{\beta_1}{1 + \dfrac{f_a}{E_a \varepsilon_{cu}}} \text{（有屈服点钢材）} \tag{1-153}$$

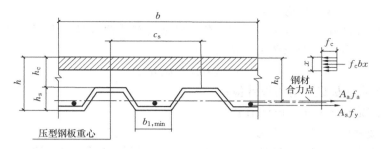

图 1-73 组合楼板正截面受弯承载力计算简图

$$\xi_b = \frac{\beta_1}{1 + \frac{0.002}{\varepsilon_{cu}} + \frac{f_a}{E_a \varepsilon_{cu}}} \quad \text{(无屈服点钢材)} \tag{1-154}$$

式中 M——计算宽度内组合楼板的正弯矩设计值；

       b——组合楼板计算宽度，可取单位宽度 1000mm 或一个波距宽度；

       x——组合楼板混凝土受压区高度；

       h_0——组合楼板截面有效高度，等于压型钢板及钢筋拉力合力点至混凝土顶面的距离；

       A_a——计算宽度内压型钢板截面面积；

       A_s——计算宽度内受拉钢筋截面面积；

       β_1——系数，混凝土强度等级不超过 C50 时，取 0.8；

       ε_{cu}——非均匀受压时混凝土极限压应变，当混凝土强度等级不超过 C50 时，取 0.0033；

       f_a——压型钢板抗拉强度设计值；

       f_y——钢筋抗拉强度设计值；

       f_c——混凝土抗压强度设计值。

② 当 $(A_a f_a + A_s f_y) > h_c b f_c$ 时，塑性中和轴位于压型钢板内，此时宜调整压型钢板型号和尺寸，无替代产品时可按下式验算：

$$M \leqslant f_c b h_c \left(h_0 - \frac{h_c}{2} \right) \tag{1-155}$$

以上公式适用于带压痕的压型钢板组合楼板。如果采用光面开口型压型钢板组合楼板，考虑到作为受拉钢筋的压型钢板没有混凝土保护层，以及中和轴附近的材料强度未充分发挥，在设计时应将混凝土和压型钢板钢材的强度设计值均乘以折减系数 0.8。

当组合楼板在强边方向承受负弯矩作用时，不考虑压型钢板受压，可将计算宽度范围的组合楼板简化为等效 T 形截面进行受弯承载力验算。等效截面按图 1-74 确定。

$$b_{min} = \frac{b}{c_s} b_{1,min} \tag{1-156}$$

式中 b_{min}——计算宽度内组合楼板换算腹板宽度；

       $b_{1,min}$——压型钢板单个波槽的最小宽度；

       c_s——压型钢板的波槽间距。

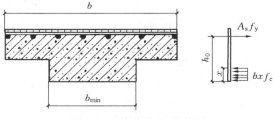

图 1-74 简化的 T 形截面

（3）组合楼板斜截面受剪承载力

当板的跨高比较小而荷载又很大时，组合楼板在剪力最大处的混凝土可能会发生剪切破坏。组合楼板斜截面受剪承载力应符合下列要求：

$$V \leqslant 0.7 f_t b_{\min} h_0 \qquad (1\text{-}157)$$

式中　V——组合楼板最大剪力设计值；

　　　f_t——混凝土抗拉强度设计值。

（4）组合楼板剪切粘结承载力

当组合楼板尚未达到极限弯矩之前，如果压型钢板与混凝土之间的界面丧失抗剪粘结能力，则会产生过大的滑移而导致两者无法协同工作。因此，组合楼板沿纵向的水平剪切粘结承载能力是不可忽视的。

对于带压痕的压型钢板组合楼板，其剪切粘结承载力应按下式验算：

$$V \leqslant m \frac{A_a h_0}{1.25a} + k f_t b h_0 \qquad (1\text{-}158)$$

式中　a——剪跨，均布荷载作用时取 $l_n/4$；

　　　l_n——组合楼板净跨，连续板可取反弯点之间的距离；

　　　m、k——剪切粘结系数，由试验确定。

研究表明，在压型钢板端部设置锚固件（如栓钉），可以显著提高组合楼板的纵向抗剪能力。因此，通常建议在压型钢板端部应设置抗剪栓钉等抗剪连接件。

（5）组合楼板局部冲切承载力

组合楼板在局部荷载作用下的受冲切承载力应符合《混凝土结构设计规范》GB 50010 的有关规定，按板厚为 h_c 的普通钢筋混凝土板进行计算，不考虑压型钢板槽内混凝土和压型钢板的作用。

（6）组合楼板变形验算

计算组合楼板的挠度时，通常按简支单向板计算沿强边方向的下挠变形。由于施工阶段留下的永久挠度可能较大，由此可能到使用阶段组合楼板的挠度比较显著，虽然这种挠度不存在安全隐患，但使用感官较差。因此，在计算使用阶段组合楼板挠度时，采用了两阶段叠加的方法，取施工阶段和二次恒载和活荷载在组合楼板内引起的挠度之和进行验算。挠度计算应分别按荷载短期效应组合和荷载长期效应组合进行，总挠度值不应大于板跨的1/200。

组合楼板在短期荷载作用下和长期荷载作用下的等效抗弯刚度可按下式计算：

$$B^s \leqslant E_c I_{eq}^s \qquad (1\text{-}159)$$

$$B^l \leqslant 0.5 E_c I_{eq}^l \qquad (1\text{-}160)$$

式中　B^s、B^l——分别为组合楼板在短期荷载作用下和长期荷载作用下的截面抗弯刚度；

　　　I_{eq}^s、I_{eq}^l——分别为组合楼板在短期荷载作用下和长期荷载作用下的平均换算截面惯性矩；

　　　E_c——混凝土的弹性模量。

在计算组合楼板的刚度时，应考虑混凝土开裂的影响。在开裂截面，惯性矩只考虑受压区混凝土和压型钢板的贡献；在未开裂截面，惯性矩由整个截面进行计算。组合楼板的平均换算截面惯性矩可取开裂截面和未开裂截面的惯性矩之和的平均值。

（7）组合楼板的裂缝验算

组合楼板在负弯矩部位需验算混凝土裂缝宽度。计算时可近似忽略压型钢板的作用，按混凝土板及其负钢筋计算板的最大裂缝宽度，并满足《混凝土结构设计规范》GB 50010 的限值要求。

（8）组合楼盖的舒适度验算

通常，对组合楼盖加速度和自振频率的验算，是为了保证组合楼盖使用阶段的舒适度。早期的设计方法是通过限制组合楼板的自振频率来进行舒适度验算的，事实上仅限制楼板的振动，不能解决楼盖舒适度的问题，因为楼板只是楼盖体系的一部分，楼板和梁是一起振动的。因此，应对组合楼盖而不仅仅是楼板的舒适度进行验算。组合楼盖的舒适度应验算一个板格振动的峰值加速度，并应满足 1.4.7 节的相关要求。计算板格的划分及峰值加速度的计算可参考《组合楼板设计与施工规范》CECS 273 的相关规定。

1.7.2　组合梁设计

组合梁是由混凝土翼板通过抗剪连接件与钢梁连接组合成整体后，钢梁与楼板成为共同受力的组合受力构件。组合梁能更好地发挥钢和混凝土各自的材质特点，较多地节约钢材，提高稳定性和抗扭性能，增大刚度，增强防锈和耐火性能，从而取得较大的经济效益。

1.7.2.1　组合梁的组成及工作原理

组合梁通常由三部分组成：钢筋混凝土翼板、抗剪连接件和钢梁。

钢筋混凝土翼板是组合梁的受压翼缘，同时还可以保证梁的整体稳定。

抗剪连接件是混凝土翼板与钢梁共同工作的基础，主要用来承受翼板与钢梁接触面之间的纵向剪力，防止二者相对滑动；同时可承受翼板与钢梁之间的掀起力，防止二者分离。

钢梁在组合梁中主要承受拉力和剪力。在对翼板进行施工时，钢梁还用作支承结构。钢梁的上翼缘用作混凝土翼板的支座并用来固定抗剪连接件，在组合梁受弯时，其抵抗弯曲应力的作用远不及下翼缘，故钢梁宜设计成上翼缘截面小于下翼缘截面的不对称截面。

组合梁的组合作用及工作原理如图 1-75 所示。图 1-75（a、c）为混凝土翼板与钢梁相互独立时的工作情况及弹性阶段的应力-应变图。当梁挠曲变形时，两者接触面之间产

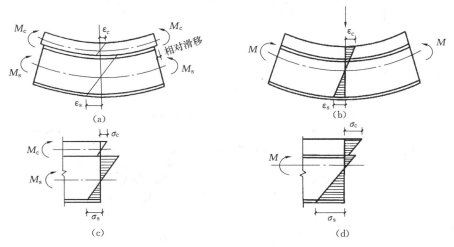

图 1-75　组合梁的工作原理

（a）翼板与钢梁相互独立；（b）翼板与钢梁紧密结合；（c）翼板与钢梁相互独立时的应力分布；（d）翼板与钢梁紧密结合时的应力分布

生相对滑移，各自承担一部分弯矩，即混凝土翼板承担弯矩 M_c，钢梁承担弯矩 M_s。图 1-75（b）表示混凝土翼板与钢梁通过抗剪连接件紧密结合时的工作情况。由于抗剪件的阻碍作用，接触面之间不会产生相对滑移。挠曲变形时，接触面上产生的剪力将全部由抗剪连接件承受，混凝土翼板和钢梁就会像一个整体构件一样共同工作，形成一个具有公共中和轴的组合截面，共同承受弯矩。其应变及弹性阶段的应力如图 1-75（b、d）所示。

1.7.2.2 组合梁混凝土翼板的有效宽度

组合梁里混凝土板的纵向剪应力在钢梁与翼板交界面处最大，沿两侧逐渐减小。由于混凝土板的剪切变形，会引起混凝土板内的纵向应力沿梁的宽度方向分布不均匀，在钢梁附近部位的纵向应力较大，远离钢梁的部位纵向应力较小，这种现象即为梁的剪力滞后效应（图 1-76）。由于剪力滞后效应的存在，使得混凝土翼板上远离钢梁的部位并不能完全参与组合梁的整体受力。

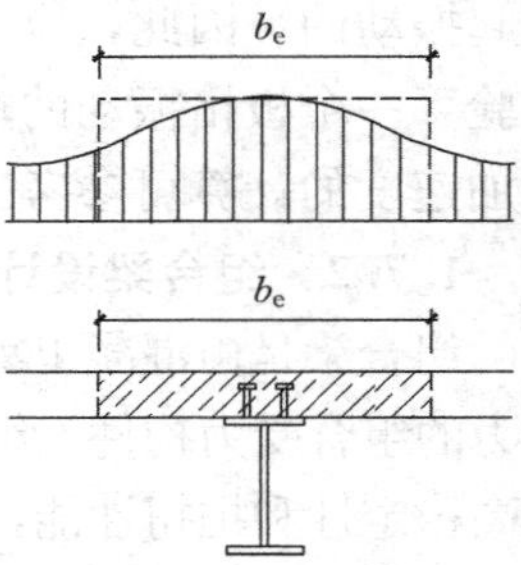

为了考虑剪力滞后的影响，设计时采用一个折减宽度来替代混凝土翼板的实际宽度，即在这个折减宽度范围内，假定混凝土翼板内纵向应力均匀分布，并使得按这个折减宽度确定的截面进行计算而得到的翼板弯曲应力与实际的最大应力相等，这个折减宽度称为组合梁翼板的有效宽度。

组合梁中混凝土翼板的有效宽度 b_e（图 1-77）应按下式计算：

（1）中间位置的组合梁

$$b_e \leqslant b_2 + b_0 + b_2 \tag{1-161}$$

图 1-76　组合梁翼板剪力滞后

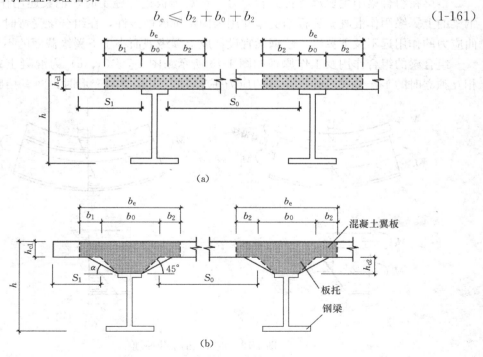

(a)

(b)

图 1-77　混凝土翼板的计算宽度

(a) 不设板托的组合梁；(b) 设板托的组合梁

（2）位于侧边的组合梁

$$b_e \leqslant b_1 + b_0 + b_2 \tag{1-162}$$

式中　b_0——板托顶部的宽度：当板托倾角 $\alpha < 45°$ 时，应按 $\alpha = 45°$ 计算；当无板托时，则取钢梁上翼缘的宽度；当混凝土板和钢梁不直接接触（如之间有压型钢板分隔）时，取栓钉的横向间距，仅有一列栓钉时取 0；

　　b_1、b_2——梁外侧和内侧的翼板计算宽度，当塑性中和轴位于混凝土板内时，各取梁等效跨径 l_e 的 1/6；此外，b_1 尚不应超过翼板实际外伸宽度 S_1；b_2 不应超过相邻钢梁上翼缘或板托间净距 S_0 的 1/2；

　　l_e——等效跨径，对于简支组合梁，取为简支组合梁的跨度；对于连续组合梁，中间跨正弯矩区取为 $0.6l$，边跨正弯矩区取为 $0.8l$，l 为组合梁跨度，支座负弯矩区取为相邻两跨跨度之和的 20%。

1.7.2.3　组合梁的截面设计

组合梁的截面高度一般为跨度的 1/20～1/15，为使钢梁的抗剪强度与组合梁的抗弯强度相协调，钢梁截面高度不宜小于组合梁截面总高度 h 的 1/2。

组合梁的截面设计有弹性分析法和塑性分析法两种。用弹性方法确定组合梁的承载力时，由于没有考虑塑性变形发展带来的强度潜力，计算结果偏于保守，且不符合承载力极限状态的实际情况。因此，对于不直接承受动力荷载的组合梁，一般用塑性分析法来计算其极限承载力。

组合梁的计算一般分为两个阶段，即施工阶段和使用阶段。

组合梁的施工阶段，若钢梁下未设临时支撑，则浇灌混凝土翼板时，钢梁承受混凝土和钢梁的自重以及施工活荷载，钢梁应按 1.5.1 节的规定计算其强度、稳定性和刚度。

组合梁的使用阶段，钢梁上的混凝土翼板已终凝与其形成组合梁，将承受在使用期间的荷载。此时，应按钢与混凝土组合梁进行截面的强度、刚度及裂缝宽度计算。

（1）完全抗剪连接组合梁的受弯承载力

当组合梁上最大弯矩点与邻近零弯矩点之间的区段内，混凝土板与钢梁结合成整体，且叠合面之间的纵向剪力全部由抗剪连接件承担时，则该组合梁称为完全抗剪连接组合梁。在进行设计时，应根据组合梁不同区段的受力状态，验算其在正弯矩作用下和负弯矩作用下的受弯承载力。

① 正弯矩作用区段

在按塑性方法进行承载力计算时，采用了如下假定：

a. 组合梁截面变形符合平截面假定，即截面受弯后仍保持平面；

b. 抗剪连接件能有效地传递钢梁与混凝土翼板间的剪力，抗剪连接件的破坏不会先于钢梁的屈服和混凝土的压溃；

c. 钢材与混凝土均为理想的弹塑性体，位于塑性中和轴一侧的受拉混凝土因为开裂而不参加工作，而混凝土受压区假定为均匀受压，并达到抗压强度设计值；钢梁可能全部受拉或部分受压部分受拉，但都假定为均匀受力并达到钢材的强度设计值；

d. 忽略钢筋混凝土翼板受压区中钢筋的作用。

在正弯矩作用下，组合梁的塑性中和轴可能位于钢筋混凝土翼板内（图 1-78），也可能位于钢梁截面内（图 1-79），计算时应分为两种情况考虑。

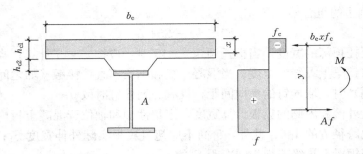

图 1-78　塑性中和轴在混凝土翼板内时的组合梁截面及应力图形

当塑性中和轴在混凝土翼板内（图 1-78），即 $Af \leqslant b_e h_{c1} f_c$ 时：

$$M \leqslant b_e x f_c y \qquad (1\text{-}163)$$

$$x = Af / (b_e f_c) \qquad (1\text{-}164)$$

式中　M——正弯矩设计值；

　　　A——钢梁的截面面积；

　　　x——混凝土翼板受压区高度；

　　　y——钢梁截面应力的合力至混凝土受压区截面应力的合力间的距离；

　　　f_c——混凝土抗压强度设计值；

　　　f——钢梁钢材抗拉强度设计值。

当塑性中和轴在钢梁截面内（图 1-79），即 $Af > b_e h_{c1} f_c$ 时：

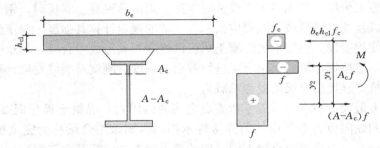

图 1-79　塑性中和轴在钢梁内时的组合梁截面及应力图形

$$M \leqslant b_e h_{c1} f_c y_1 + A_c f y_2 \qquad (1\text{-}165)$$

$$A_c = 0.5(A - b_e h_{c1} f_c / f) \qquad (1\text{-}166)$$

式中　A_c——钢梁受压区截面面积；

　　　y_1——钢梁受拉区截面形心至混凝土翼板受压区截面形心的距离；

　　　y_2——钢梁受拉区截面形心至钢梁受压区截面形心的距离。

② 负弯矩作用区段

对于钢梁截面宽厚比满足塑性设计要求且不会发生侧扭屈曲的组合梁，在负弯矩作用下，受拉区位于翼板一侧，假设混凝土开裂退出工作，翼板有效宽度范围内配置的纵向钢筋发挥抗拉作用（图 1-80）。此时，梁的抗弯强度应满足下式的要求：

$$M' \leqslant M_s + A_{st} f_{st} (y_3 + y_4/2) \qquad (1\text{-}167)$$

$$M_s = (S_1 + S_2) f \qquad (1\text{-}168)$$

$$A_{st}f_{st} + f(A - A_c) = fA_c \qquad (1\text{-}169)$$

式中　M'——负弯矩设计值；

S_1、S_2——钢梁塑性中和轴（平分钢梁截面积的轴线）以上和以下截面对该轴的面积矩；

A_{st}——负弯矩区混凝土翼板有效宽度范围内的纵向钢筋截面面积；

f_{st}——钢筋抗拉强度设计值；

y_3——纵向钢筋截面形心至组合梁塑性中和轴的距离，根据截面轴力平衡式（1-169）求出钢梁受压区面积 A_c，取钢梁拉压区交界处位置为组合梁塑性中和轴位置；

y_4——组合梁塑性中和轴至钢梁塑性中和轴的距离，当组合梁塑性中和轴在钢梁腹板内时，取 $y_4 = A_{st}f_{st}/2t_wf$；当该中和轴在钢梁翼缘内时，可取 y_4 等于钢梁塑性中和轴至腹板上边缘的距离。

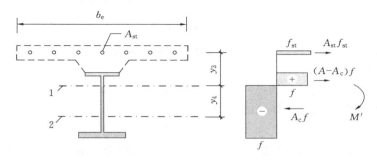

图 1-80　负弯矩作用时组合梁截面及应力图形

1—组合截面塑性中和轴；2—钢梁截面塑性中和轴

（2）部分抗剪连接组合梁的受弯承载力

抗剪连接件的实际设置数量小于完全抗剪连接的计算数量 n_f，但不小于 n_f 的 50% 时，该组合梁称为部分抗剪连接的组合梁。在满足承载力和变形要求的前提下，有时也没有必要充分发挥组合梁的承载力，此时可以将组合梁设计为部分抗剪连接的情况。组合梁中钢梁与混凝土翼板的协同工作程度随着抗剪连接件数量的减少而降低，其极限承载力也随之减小。当不配置抗剪连接件时，组合梁的极限抗弯承载力为钢梁的全塑性弯矩，此弯矩即为组合梁抗弯承载力的下限。图 1-81 所示为组合梁正弯矩作用下其抗弯承载力随抗剪连接程度变化的关系曲线。

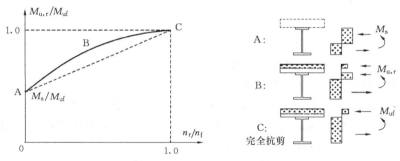

图 1-81　极限弯矩与抗剪连接程度的关系

按塑性设计时，部分抗剪连接组合梁在正弯矩作用下极限状态的应力分布如图1-82所示，假定混凝土翼板压应力达到抗压强度设计值，钢梁的应力也都达到屈服强度。同时，假定混凝土翼板中的压力等于最大弯矩截面一侧抗剪连接件所能提供的纵向剪力之和。由此可知，在极限状态下，翼板受压区高度 x 为

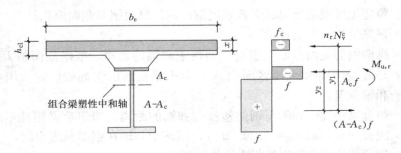

图 1-82　部分抗剪连接组合梁计算简图

$$x = n_r N_v^c / (b_e f_c) \tag{1-170}$$

式中　n_r——部分抗剪连接时最大正弯矩验算截面到最近零弯矩点之间的抗剪连接件数目；

　　　N_v^c——每个抗剪连接件的纵向受剪承载力，按1.7.2.4节的有关公式计算。

由平衡关系可知，钢梁受压区的面积 A_c 为

$$A_c = (Af - n_r N_v^c) / (2f) \tag{1-171}$$

从而可以得到部分抗剪连接组合梁在正弯矩区段的受弯承载力计算公式为

$$M_{u,r} = n_r N_v^c y_1 + 0.5(Af - n_r N_v^c) y_2 \tag{1-172}$$

式中　$M_{u,r}$——部分抗剪连接时组合梁截面正弯矩受弯承载力；

　　　y_1、y_2——分别为钢梁受拉区截面应力合力至混凝土翼板截面应力合力的距离和至钢梁受压区截面应力合力的距离；可按式（1-171）所示的轴力平衡关系式确定受压钢梁的面积 A_c，进而确定组合梁塑性中和轴的位置。

计算部分抗剪连接组合梁在负弯矩作用区段的受弯承载力时，仍按公式（1-167）计算，但 $A_{st} f_{st}$ 应取 $n_r N_v^c$ 和 $A_{st} f_{st}$ 两者中的较小值，n_r 取为最大负弯矩验算截面到最近零弯矩点之间的抗剪连接件数目。

（3）组合梁的抗剪承载力

按塑性设计法计算时，组合梁截面的剪力假定全部由钢梁腹板承受并沿腹板均匀分布，即抗剪承载能力应按下式计算：

$$V \leqslant h_w t_w f_v \tag{1-173}$$

式中　h_w、t_w——钢梁腹板的高度和厚度；

　　　f_v——钢材的抗剪强度设计值。

（4）组合梁中钢梁板件的宽厚比限值

当采用塑性设计时，为保证构件能形成塑性铰并发生塑性转动，避免因板件局部失稳而降低构件的承载力和转动能力，组合梁中钢梁的截面板件宽厚比应符合《钢结构设计标准》GB 50017关于塑性设计的相关规定。

当组合梁受压上翼缘不符合塑性设计要求的板件宽厚比限值，但连接件满足下列要求

时，仍可采用塑性方法进行设计：

① 当混凝土板沿全长和组合梁接触（如现浇楼板）时，连接件最大间距不大于 $22t_f\epsilon_k$；当混凝土板和组合梁部分接触（如压型钢板横肋垂直于钢梁）时，连接件最大间距不大于 $15t_f\epsilon_k$；t_f 为钢梁受压上翼缘厚度。

② 连接件的外侧边缘与钢梁翼缘边缘之间的距离不大于 $9t_f\epsilon_k$。

1.7.2.4　组合梁抗剪连接件的设计

组合梁的抗剪连接件主要传递钢筋混凝土翼板与钢梁间的纵向水平剪力，并承受竖向掀拉力。抗剪连接件通常可采用圆柱头栓钉（图 1-83a）或槽钢（图 1-83b）等柔性连接件。圆柱头栓钉连接件主要靠栓杆抗剪来承受剪力，用圆头抵抗掀拉力。槽钢连接件一般用于无板托或板托高度较小的情况，槽钢主要靠抗剪来承受水平剪力，槽钢的上翼缘可用来抵抗掀拉力。

组合梁抗剪连接件的数量通过计算确定，设计时，一般假定钢梁与混凝土翼板之间的纵向水平剪力全部由连接件承受，求出一个连接件的抗剪承载力设计值，即可根据截面内力大小确定所需抗剪连接件数量。

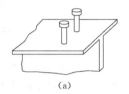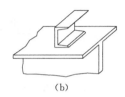

图 1-83　连接件的外形
（a）圆柱头栓钉连接件；（b）槽钢连接件

（1）单个抗剪连接件的承载力

① 圆柱头栓钉连接件的抗剪承载力设计值可按下式计算：

$$N_v^c = 0.43A_s\sqrt{E_c f_c} \leqslant 0.7A_s f_u \tag{1-174}$$

式中　E_c——混凝土的弹性模量；

A_s——圆柱头栓钉钉杆截面面积；

f_u——圆柱头栓钉极限抗拉强度设计值。

② 槽钢连接件的抗剪承载力设计值可按下式计算：

$$N_v^c = 0.26(t + 0.5t_w)l_c\sqrt{E_c f_c} \tag{1-175}$$

式中　t——槽钢翼缘的平均厚度；

t_w——槽钢腹板的厚度；

l_c——槽钢的长度。

（2）抗剪连接件承载力的折减

采用压型钢板混凝土组合板时，其抗剪连接件一般用圆柱头栓钉。由于栓钉需穿过压型钢板而焊接至钢梁上，当压型钢板肋垂直于钢梁时，由压型钢板的波纹形成的混凝土肋是不连续的，相较于实心混凝土板，压型钢板板肋内混凝土对栓钉的约束作用降低，故应对栓钉的受剪承载力予以折减。

①当压型钢板肋平行于钢梁布置（图 1-84a），$b_w/h_e<1.5$ 时，栓钉的抗剪承载力设计值 N_v^c 应乘以折减系数 β_v：

$$\beta_v = 0.6\frac{b_w}{h_e}\left(\frac{h_d - h_e}{h_e}\right)\leqslant 1 \tag{1-176}$$

式中　b_w——混凝土凸肋的平均宽度，当肋的上部宽度小于下部宽度时（图 1-84c），改取上部宽度；

h_e——混凝土凸肋高度；

h_d——栓钉高度。

② 当压型钢板肋垂直于钢梁布置时（图 1-84b），栓钉的抗剪承载力设计值的折减系数按下式计算：

$$\beta_v = \frac{0.85}{\sqrt{n_0}} \frac{b_w}{h_e} \left(\frac{h_d - h_e}{h_e} \right) \leqslant 1 \tag{1-177}$$

式中 n_0——在梁某截面处一个肋中布置的焊钉数，当多于 3 个时，按 3 个计算。

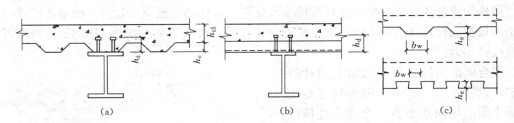

图 1-84 用压型钢板作混凝土翼板底模的组合梁

(a) 肋与钢梁平行的组合梁截面；(b) 肋与钢梁垂直的组合梁截面；(c) 压型钢板作底模的楼板剖面

当抗剪连接件位于负弯矩区时，混凝土翼缘处于受拉状态，抗剪连接件周围的混凝土对其约束程度不如位于正弯矩区混凝土的约束程度高，故位于负弯矩区的抗剪连接件受剪承载力应予以折减，折减系数取 0.9。

（3）抗剪连接件的塑性设计法

栓钉等柔性抗剪连接件具有很好的剪力重分布能力，当组合梁达到承载力极限状态时，各剪跨段内交界面上的抗剪连接件受力几乎相等，所以没有必要按照剪力图布置连接件，这给设计和施工带来了极大的方便。

采用塑性方法设计抗剪连接件时，按以下原则确定：

① 确定剪跨区段。

以弯矩绝对值最大点及支座为界限，划分为若干个区段（图 1-85），逐段进行布置。

② 确定每个剪跨区段内钢梁与混凝土翼板交界面的纵向剪力 V_s。

正弯矩最大点到边支座区段，即 m_1 区段：

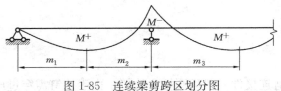

图 1-85 连续梁剪跨区划分图

$$V_s = \min(Af, b_e h_{c1} f_c) \tag{1-178}$$

正弯矩最大点到中支座（负弯矩最大点）区段，即 m_2 和 m_3 区段：

$$V_s = \min(Af, b_e h_{c1} f_c) + A_{st} f_{st} \tag{1-179}$$

③ 确定每个剪跨区段内需要的连接件总数 n_f。

按完全抗剪连接设计时，n_f 按下式计算：

$$n_f = V_s / N_v^c \tag{1-180}$$

部分抗剪连接组合梁，其连接件的实配个数不得少于 n_f 的 50%。

按式（1-180）算得的连接件数量，可在对应的剪跨区段内均匀布置。当在此剪跨区段内有较大集中荷载作用时，应将连接件个数 n_f 按剪力图面积比例分配后再各自均匀布置。

1.7.2.5 组合梁纵向抗剪计算

组合梁的钢梁与混凝土翼板间的协同工作主要由抗剪连接件来实现，抗剪连接件在工作时会产生纵向的剪力，混凝土翼板在这种纵向的集中剪力作用下可能会发生纵向开裂现象。组合梁纵向抗剪能力与混凝土翼板厚度及板内横向钢筋的配筋率等因素密切相关，作为组合梁设计最为特殊的一部分，组合梁纵向抗剪验算应引起足够的重视。

沿着一个既定的平面抗剪称为界面抗剪，组合梁的混凝土板（板托、翼板）在纵向水平剪力作用时属于界面抗剪。图 1-86 给出了对应不同翼板形式的组合梁纵向抗剪最不利界面，a-a 抗剪界面长度为混凝土板厚度；b-b 抗剪界面长度取刚好包络栓钉外缘时对应的长度；c-c、d-d 抗剪界面长度取最外侧的栓钉外边缘连线长度加上距承托两侧斜边轮廓线的垂线长度。组合梁板托及翼缘板纵向受剪承载力验算时，应分别验算图 1-86 所示的纵向受剪界面 a-a、b-b、c-c 及 d-d。

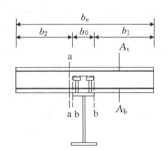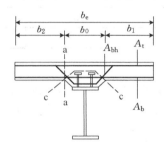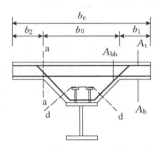

图 1-86 混凝土板纵向受剪界面

A_t—混凝土板顶部附近单位长度内钢筋面积的总和，包括混凝土板内抗弯和构造钢筋；

A_b、A_bh—分别为混凝土板底部、板托底部单位长度内钢筋面积的总和

（1）单位纵向长度内受剪界面上的纵向剪力设计值

组合梁单位纵向长度内受剪界面上的纵向剪力 $v_{l,1}$ 可以按实际受力状态计算，也可以按极限状态下的平衡关系计算。按实际受力状态计算时，采用弹性分析方法，计算较为烦琐；而按极限状态下的平衡关系计算时，采用塑性简化分析方法，计算方便，且和承载能力塑性调幅设计法的方法相统一。按塑性简化分析方法，单位纵向长度内受剪界面上的纵向剪力设计值应按下列公式计算。

① 单位纵向长度上 b-b、c-c 及 d-d 受剪界面的计算纵向剪力为

$$v_{l,1} = \frac{V_\mathrm{s}}{m_i} \tag{1-181}$$

② 单位纵向长度上 a-a 受剪界面的计算纵向剪力为

$$v_{l,1} = \max\left(\frac{V_\mathrm{s}}{m_i} \times \frac{b_1}{b_\mathrm{e}}, \ \frac{V_\mathrm{s}}{m_i} \times \frac{b_2}{b_\mathrm{e}} \right) \tag{1-182}$$

式中 $v_{l,1}$——单位纵向长度内受剪界面上的纵向剪力设计值；

      V_s——每个剪跨区段内钢梁与混凝土翼板交界面的纵向剪力；

      m_i——剪跨区段长度（图 1-85）；

  b_1、b_2——分别为混凝土翼板左、右两侧挑出的宽度（图 1-86）；

b_e——混凝土翼板有效宽度，应按对应跨的跨中有效宽度取值，有效宽度应按
1.7.2.2 节的规定计算。

（2）界面纵向受剪承载力

组合梁板托及翼缘板界面纵向受剪承载力计算应符合下列公式规定：

$$v_{l,1} \leqslant v_{lu,1} \tag{1-183}$$

$$v_{lu,1} = 0.7 f_t b_f + 0.8 A_e f_r \leqslant 0.25 b_f f_c \tag{1-184}$$

式中　$v_{lu,1}$——单位纵向长度内界面受剪承载力；

f_t——混凝土抗拉强度设计值；

b_f——受剪界面的横向长度，按图 1-86 所示的 a-a、b-b、c-c 及 d-d 连线在抗剪连接件以外的最短长度取值；

A_e——单位长度上横向钢筋的截面面积，按图 1-86 和表 1-39 取值；

f_r——横向钢筋的强度设计值。

单位长度上横向钢筋的截面积 A_e　　　　　　表 1-39

剪切面	a-a	b-b	c-c	d-d
A_e	$A_b + A_t$	$2A_b$	$2(A_b + A_{bh})$	$2A_{bh}$

（3）横向钢筋的最小配筋率

为了保证组合梁在达到承载力极限状态之前不发生纵向剪切破坏，并考虑到荷载长期效应和混凝土收缩等不利因素的影响，组合梁横向钢筋最小配筋率应满足下式要求：

$$A_e f_r / b_f > 0.75 (\text{N/mm}^2) \tag{1-185}$$

1.7.2.6　组合梁挠度计算

组合梁的挠度可按结构力学方法进行计算，其由两部分组成，即施工阶段产生的挠度和使用阶段产生的挠度。在施工阶段，若梁下无临时支撑时，未凝结的混凝土重量和钢梁的自重使钢梁产生下挠，此时应按钢梁进行计算。在使用阶段，混凝土翼板与钢梁组合受力，应按组合梁计算挠度。组合梁的挠度应分别按荷载的标准组合和准永久组合进行计算，以其中的较大值作为依据。

采用栓钉、槽钢等柔性抗剪连接件的钢-混凝土组合梁，连接件在传递钢梁与混凝土翼板交界面的剪力时，本身会发生变形，其周围的混凝土也会发生压缩变形，导致钢梁与混凝土翼板的交界面产生滑移应变，引起附加曲率，从而引起附加挠度。因此，对于仅受正弯矩作用的组合梁，在计算挠度时，其弯曲刚度应取考虑滑移效应的折减刚度。

组合梁考虑滑移效应的折减刚度 B 可按下式确定：

$$B = \frac{EI_{eq}}{1 + \xi} \tag{1-186}$$

式中　E——钢梁的弹性模量；

I_{eq}——组合梁的换算截面惯性矩；对荷载的标准组合，可将截面中的混凝土翼板有效宽度除以钢与混凝土弹性模量的比值 α_E 换算为钢截面宽度后，计算整个截面的惯性矩；对荷载的准永久组合，则除以 $2\alpha_E$ 进行换算；对于钢梁与压型钢板混凝土组合板构成的组合梁，应取其较弱截面的换算截面进行计算，且不计压型钢板的作用；

ξ——刚度折减系数,按《钢结构设计标准》GB 50017 的规定执行。

对于连续组合梁,由于负弯矩区的混凝土翼板会开裂,导致梁的刚度沿长度方向是变化的,因此宜按变截面刚度梁进行计算。对于各跨满布均布荷载的情况,中间支座两侧 $0.15l$(l 为梁的跨度)范围内采用负弯矩区开裂截面的抗弯刚度,即忽略混凝土的抗拉作用,仅计入翼板有效宽度范围内的纵向钢筋的作用。其余区段则采用正弯矩作用下的考虑滑移效应的折减刚度。

组合梁的挠度应符合《钢结构设计标准》GB 50017 变形容许值的要求。

1.7.2.7 组合梁负弯矩区裂缝宽度计算

混凝土的抗拉强度很低,因此对于没有施加预应力的连续组合梁,负弯矩区的混凝土翼板很容易开裂。混凝土翼板开裂后会降低结构的刚度,并影响其外观及耐久性,如板顶面的裂缝容易渗入水分或其他腐蚀性物质,加速钢筋的锈蚀和混凝土的碳化等。因此,应对正常使用条件下的连续组合梁的裂缝宽度进行验算,其最大裂缝宽度不得超过《混凝土结构设计规范》GB 50010 的限值。

组合梁负弯矩区混凝土翼板的受力状况与钢筋混凝土轴心受拉构件相似,因此可采用《混凝土结构设计规范》GB 50010 和《钢结构设计标准》GB 50017 的相关公式计算组合梁负弯矩区的最大裂缝宽度。

1.7.2.8 构造要求

组合梁截面高度不宜超过钢梁截面高度的 2 倍,混凝土板托高度 h_{c2} 不宜超过翼板厚度 h_{c1} 的 1.5 倍。

组合梁边梁混凝土翼板的构造应满足下列要求:

① 有板托时,伸出长度不宜小于 h_{c2};

② 无板托时,应同时满足伸出

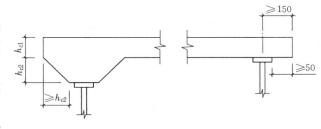

图 1-87 边梁构造图

钢梁中心线不小于150mm、伸出钢梁翼缘边不小于50mm 的要求(图 1-87)。

抗剪连接件的构造应满足《钢结构设计标准》GB 50017 的要求。

习 题

1.1 多层和高层建筑钢结构有哪几种主要的结构体系?它们各有何特点?适用于何种范围?

1.2 框架-支撑结构体系中,帽桁架和腰桁架的作用是什么?应怎样布置?

1.3 框架-支撑结构体系中,中心支撑与偏心支撑的区别是什么?它们各有何受力特点?K 形支撑为什么不宜用于地震区?

1.4 什么叫作结构的 P-Δ 效应?哪些情况可不计算多层和高层钢结构的整体稳定性?为什么?

1.5 高层建筑钢结构的常用楼盖结构有哪些?压型钢板组合楼板在施工阶段和使用阶段的受力有何特点?

1.6 组合梁设计时为什么用有效宽度来代替混凝土翼板的实际宽度?其有效宽度如何取值?

1.7 在地震作用下,消能梁段的受力有何特点?罕遇地震作用下的消能梁段怎样进行合理设计?

1.8 抗震设计的钢结构如何才能实现强柱弱梁及强节点弱构件的设计思想?

1.9 节点域的受力怎样计算?当节点域截面的抗剪强度不满足要求时,可采取哪些构造措施予以加强?

1.10　图 1-88 为一 3 层 3 跨的平面框架，图中，$H_1 = 5.1\text{m}$，$H_2 = 4.2\text{m}$，$H_3 = 3.6\text{m}$；$l_1 = 7.5\text{m}$，$l_2 = 8.1\text{m}$，$l_3 = 7.5\text{m}$。框架柱采用热轧宽翼缘 H 型钢，其中 Z1 和 Z2 采用 HW350×350×12×19，Z3 采用 HW300×300×10×15；框架梁采用窄翼缘 H 型钢，L1 截面为 HN500×200×10×16，L2 截面为 HN450×200×9×14。试分别确定在有支撑和无支撑条件下框架柱 AB 的计算长度系数，其中，图 1-88 (b) 的有支撑框架中，支撑结构的侧移刚度 满足公式（1-57）的要求。

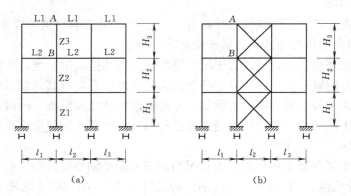

图 1-88　习题 1.10 图

(a) 无支撑框架；(b) 有支撑框架

1.11　图 1-89 中附有摇摆柱的框架，试确定两侧框架柱的计算长度系数。图中，$H = 5\text{m}$，$N = 20\text{kN}$，$l_1 = 6\text{m}$，$l_2 = 5.4\text{m}$，柱与梁的刚度相同，均为 EI。

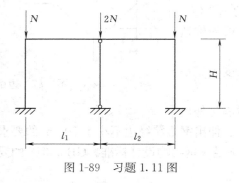

图 1-89　习题 1.11 图

1.12　某框架柱的计算长度为 $l_{0x} = 3.8\text{m}$，$l_{0y} = 5.1\text{m}$，钢材为 Q355B 钢，最不利内力设计值为：$N = 1800\text{kN}$、$M_x = \pm 230\text{kN·m}$（第 1 组），$N = 1006\text{ kN}$、$M_x = \pm 401\text{ kN·m}$（第 2 组）。试设计此柱的截面和刚接柱脚。

1.13　某钢框架梁柱连接节点采用栓焊混合连接形式，柱及梁截面均采用焊接 H 型钢，其中柱截面为 H400×400×14×22，梁截面为 H520×200×10×20，梁的上、下翼缘采用对接焊缝与柱翼缘焊接连接，梁腹板与柱翼缘采用 8.8 级高强度螺栓摩擦型连接。如果钢梁所传递的弯矩（设计值）$M = 400\text{kN·m}$，剪力 $V = 250\text{kN}$，试设计该节点区域梁的翼缘焊缝（质量等级分别为二级，不加引弧板）、腹板上连接板的尺寸及高强度螺栓的直径和数量。

2 单层工业厂房钢结构

2.1 厂房结构的形式和布置

2.1.1 厂房结构的组成

厂房结构一般是由屋盖结构、柱、吊车梁、制动梁（或桁架）、各种支撑以及墙架等构件组成的空间体系（图 2-1）。这些构件按其作用可分为下面几类：

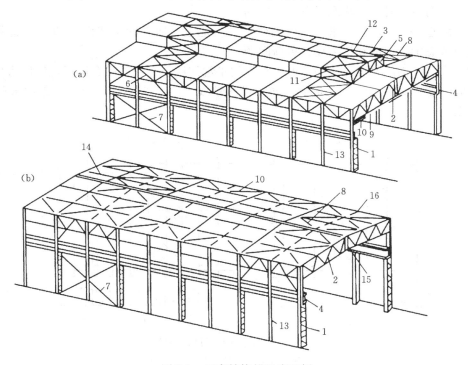

图 2-1 厂房结构的组成示例

（a）无檩屋盖；（b）有檩屋盖

1—框架柱；2—屋架（框架横梁）；3—中间屋架；4—吊车梁；5—天窗架；6—托架；7—柱间支撑；
8—屋架上弦横向支撑；9—屋架下弦横向支撑；10—屋架纵向支撑；11—天窗架垂直支撑；
12—天窗架横向支撑；13—墙架柱；14—檩条；15—屋架垂直支撑；16—檩条间撑杆

（1）横向框架——由柱和柱所支承的屋架组成，是厂房的主要承重体系，承受结构的自重、风荷载、雪荷载和吊车的竖向与横向荷载，并把这些荷载传递到基础。当厂房高度较小、荷载和跨度不大、没有吊车或吊车吨位较小时，横向框架通常可采用门式刚架结构，相关内容见第 3 章。

（2）屋盖系统——包括横向框架中的屋架、托架、中间屋架、天窗架、檩条等，承担屋盖荷载并将其传递给横向框架。

（3）支撑体系——包括屋盖部分的支撑和柱间支撑等，它一方面与柱、吊车梁等组成厂房的纵向框架承担纵向水平荷载；另一方面又把主要承重体系由个别的平面结构连成空间的整体结构，从而保证了厂房结构所必需的刚度和稳定。

（4）吊车梁系统——包括吊车梁（或吊车桁架）和制动结构（制动梁或制动桁架），主要承受吊车竖向及水平荷载，并将这些荷载传到横向框架和纵向框架。

（5）墙架系统——承受墙体的自重和风荷载。

此外，还有一些次要的构件如楼梯、走道、门窗等。在某些厂房中，由于工艺操作上的要求，还设有工作平台。

2.1.2　柱网和温度伸缩缝的布置

2.1.2.1　柱网布置

进行柱网布置时，应注意以下方面的问题：

（1）满足生产工艺的要求——柱的位置应与地上、地下的生产设备和工艺流程相配合，还应考虑生产发展和工艺设备更新问题。

（2）满足结构的要求——为了保证车间的正常使用，有利于吊车运行，使厂房具有必要的横向刚度，应尽可能将柱布置在同一横向轴线上（图2-2），以便与屋架组成刚强的横向框架。

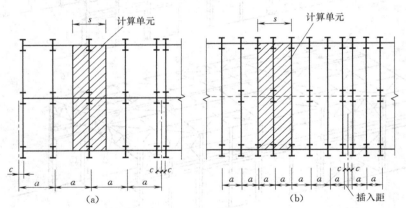

图 2-2　柱网布置和温度伸缩缝

(a) 各列柱距相等；(b) 中列柱有拔柱

a—柱距；c—双柱伸缩缝中心线到相邻柱中心线的距离；s—计算单元宽度

（3）符合经济合理的要求——柱的纵向间距同时也是纵向构件（吊车梁、托架等）的跨度，它的大小对结构重量影响很大，厂房的柱距增大，可使柱的数量减少、总重量随之减少，同时也可减少柱基础的工程量，但会使吊车梁及托架的重量增加。最适宜的柱距与柱上的荷载及柱高有密切关系。在实际设计中要结合工程的具体情况进行综合方案比较才能确定。

（4）符合模数规定要求——随着压型钢板等轻型材料的采用，厂房的跨度和柱距都有逐渐增大的趋势。按《厂房建筑统一化基本规则》和《建筑统一模数制》的规定：

结构构件的统一化和标准化可降低制作和安装的工作量。当厂房跨度 $L \leqslant 18\text{m}$ 时，其跨度应采用 3m 的倍数；当厂房跨度 $L > 18\text{m}$ 时，其跨度应采用 6m 的倍数。只有在生产工艺有特殊要求时，跨度才采用 21m、27m、33m 等。对厂房纵向，基本柱距一般采用 6m 或 12m。多跨厂房的中列柱，常因工艺要求需要"拔柱"，其柱距为基本柱距的倍数。

2.1.2.2 温度伸缩缝

温度变化将引起结构变形，使厂房结构产生温度应力。故当厂房平面尺寸较大时，为避免产生过大的温度变形和温度应力，应在厂房的横向或纵向设置温度伸缩缝。

温度伸缩缝的布置决定于厂房的纵向和横向长度。纵向很长的厂房在温度变化时，纵向构件伸缩的幅度较大，引起整个结构变形，使构件内产生较大的温度应力，并可能导致墙体和屋面的破坏。为了避免这种不利后果的产生，常采用横向温度缝将厂房分成伸缩时互不影响的温度区段。按《钢结构设计标准》的规定，当温度区段长度不超过表 2-1 的数值时，可不计算温度应力。

温度区段长度值 表 2-1

结构情况	温度区段长度（m）		
	纵向温度区段（垂直于屋架或构架跨度方向）	横向温度区段（沿屋架或构架跨度方向）	
		柱顶为刚接	柱顶为铰接
采暖房屋和非采暖地区的房屋	220	120	150
热车间和采暖地区的非采暖房屋	180	100	125
露天结构	120	—	—

温度伸缩缝最普遍的做法是设置双柱。即在缝的两旁布置两个无任何纵向构件联系的横向框架，使温度伸缩缝的中线和定位轴线重合（图 2-2a）；当设备布置条件不允许时，可采用插入距的方式（图 2-2b），将缝两旁的柱放在同一基础上，其轴线间距一般可采用 1m，对于重型厂房，由于柱的截面较大，可能要放大到 1.5m 或 2m，有时甚至到 3m，方能满足温度伸缩缝的构造要求。为节约钢材也可采用单柱温度伸缩缝，即在纵向构件（如托架、吊车梁等）支座处设置滑动支座，以使这些构件有伸缩的余地。不过单柱伸缩缝构造较复杂，目前主要应用在轻型结构中。

当厂房宽度较大时，也应该按标准规定布置纵向温度伸缩缝。

2.1.3 厂房结构的设计步骤

首先要对厂房的建筑和结构进行合理的规划，使其满足工艺和使用要求，并考虑将来可能发生的生产流程变化和发展，然后根据工艺设计确定车间平面及高度方向的主要尺寸，同时布置柱网和温度伸缩缝，选择主要承重框架的形式，并确定框架的主要尺寸；布置屋盖结构、吊车梁结构、支撑体系及墙架体系。

结构方案确定以后，即可按设计资料进行静力计算、构件及连接设计，最后绘制施工图，设计时应尽量采用构件及连接构造的标准图集。

2.2 厂房结构的框架形式

厂房的主要承重结构通常采用框架体系，因为框架体系的横向刚度较大，且能形成矩形的内部空间，便于桥式吊车运行，能满足使用上的要求。

厂房横向框架的柱脚一般与基础刚接，而柱顶可分为铰接和刚接两类。柱顶铰接的框架对基础不均匀沉陷及温度影响敏感性小，框架节点构造容易处理，且因屋架端部不产生弯矩，下弦杆始终受拉，可免去一些下弦支撑的设置。但柱顶铰接时下柱的弯矩较大，厂房横向刚度差，因此一般用于多跨厂房或厂房高度不大而刚度容易满足的情况。当采用钢屋架、钢筋混凝土柱的混合结构时，也常采用铰接框架形式。

反之，在厂房较高，吊车的起重量大，对厂房刚度要求较高时，钢结构的单跨厂房框架常采用柱顶刚接方案。在选择框架类型时必须根据具体条件进行分析比较。

2.2.1 横向框架主要尺寸和计算简图

2.2.1.1 主要尺寸

框架的主要尺寸如图 2-3 所示。框架的跨度，一般取为上部柱中心线间的横向距离，可由下式定出：

$$L_0 = L_k + 2S \tag{2-1}$$

式中 L_k——桥式吊车的跨度；

S——由吊车梁轴线至上段柱轴线的距离（图 2-4），应满足下式要求：

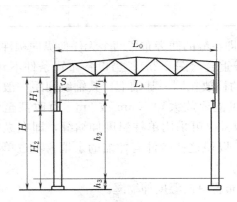

图 2-3　横向框架的主要尺寸

H_1—牛腿顶面到横梁下弦底部的距离；

H_2—牛腿顶面到柱脚底面的距离

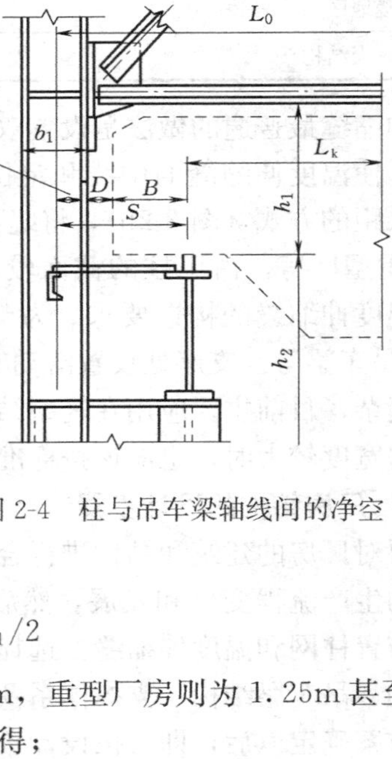

图 2-4　柱与吊车梁轴线间的净空

$$S = B + D + b_1/2 \tag{2-2}$$

S 的取值：对于中型厂房一般采用 0.75m 或 1m，重型厂房则为 1.25m 甚至达 2.0m；

B——吊车桥架悬伸长度，可由行车资料查得；

D——吊车外缘和柱内边缘之间的必要空隙：当吊车起重量不大于 500kN 时，不宜小于 80mm；吊车起重量大于或等于 750kN 时，不宜小于 100mm；当在吊车和柱之间要设置安全走道时，D 不得小于 400mm；

b_1——上段柱宽度。

框架由柱脚底面到横梁下弦底部的距离：

$$H = h_1 + h_2 + h_3 \qquad (2\text{-}3)$$

式中　h_3——地面至柱脚底面的距离，中型车间为 0.8～1.0m，重型车间为 1.0～1.2m；

　　　h_2——地面至吊车轨道顶部高度，由工艺设计确定；

　　　h_1——吊车轨道顶部至屋架下弦底面的距离（mm）：

$$h_1 = A + 100 + (150 \sim 200) \qquad (2\text{-}4)$$

式（2-4）中 A 为吊车轨道顶面至起重小车顶面之间的距离（mm），由吊车资料查得；100mm 是为制造、安装误差留出的空隙；150～200mm 则是考虑屋架的挠度和下弦水平支撑角钢的下伸等所留的空隙。

吊车梁的高度可按（1/12～1/5）L 选用，L 为吊车梁的跨度，吊车轨道高度可根据吊车起重量决定，一般可从吊车资料查得。框架横梁一般采用梯形或人字形屋架，其形式和尺寸参见本章 2.3 节。

2.2.1.2　计算简图

单层厂房框架是由柱和屋架（横梁）所组成，各个框架之间有屋面板或檩条、托架、屋盖支撑等纵向构件互相连接在一起，故框架实际上是一种空间工作的结构，应按空间工作计算才比较合理和经济，但由于计算较繁，工作量大，所以通常均简化为单个的平面框架（图 2-5）来计算。

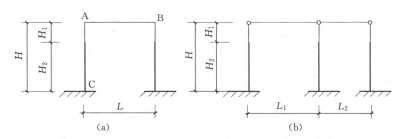

图 2-5　横向框架的计算简图
(a) 柱顶刚接；(b) 柱顶铰接

框架计算单元的划分应根据柱网的布置确定（图 2-2），使纵向每列柱至少有一根柱参加框架工作，同时将受力最不利的柱划入计算单元中。对于各列柱距均相等的厂房，只计算一个框架。对有拔柱的计算单元，一般以最大柱距作为划分计算单元的标准，其界限可以采用柱距的中心线，也可以采用柱的轴线，如采用后者，则对计算单元的边柱只应计入柱的一半刚度，作用于该柱的荷载也只计入一半。

对于含有格构式构件（如屋架、格构柱等）的横向框架，应考虑屋架腹杆或格构柱缀条变形的影响，可将惯性矩（对高度有变化的屋架按平均高度计算）乘以折减系数 0.9，简化成实腹式横梁和实腹式柱。对柱顶刚接的横向框架，当满足式（2-5）的条件时，可近似认为横梁刚度为无穷大，否则横梁按有限刚度考虑：

$$\frac{K_{AB}}{K_{AC}} \geqslant 4 \qquad (2\text{-}5)$$

式中　K_{AB} ——横梁在远端固定使近端 A 点转动单位角时在 A 点所需施加的力矩值；

　　　K_{AC} ——柱在 A 点转动单位角时在 A 点所需施加的力矩值。

A、B 仅指横向框架刚接时，柱和横梁相交的那一点，C 指柱脚如图 2-5（a）所示。

框架的计算跨度 L（或 L_1、L_2）取为两上柱轴线之间的距离。

横向框架的计算高度 H：柱顶刚接时，可取为柱脚底面至框架下弦轴线的距离（横梁假定为无限刚性），或柱脚底面至横梁端部形心的距离（横梁为有限刚性），如图 2-6（a）、（b）所示；柱顶铰接时，应取为柱脚底面至横梁主要支承节点间距离，如图 2-6（c）、（d）所示。对阶形柱应以肩梁上表面作分界线将 H 划分为上部柱高度 H_1 和下部柱高度 H_2。

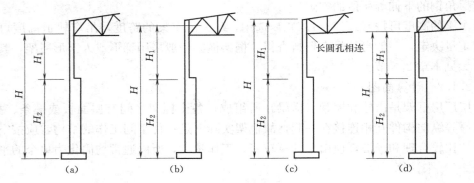

图 2-6　横向框架的高度取值方法

（a）柱顶刚接，横梁视为无限刚性；（b）柱顶刚接，横梁视为有限刚性；
（c）柱顶铰接，横梁为上承式；（d）柱顶铰接，横梁为下承式

2.2.2　横向框架的荷载和内力

2.2.2.1　荷载

作用在横向框架上的荷载可分为永久荷载和可变荷载两种。

永久荷载有：屋盖系统、柱、吊车梁系统、墙架、墙板及设备管道等的自重。这些重量可参考有关资料、表格、公式进行估计。

可变荷载有：风荷载、雪荷载、积灰荷载、屋面均布活荷载、吊车荷载、地震作用等。这些荷载可由荷载规范和吊车规格查得。

对框架横向长度超过容许的温度缝区段长度而未设置伸缩缝时，则应考虑温度变化的影响；对厂房地基土质较差、变形较大或厂房中有较重大的大面积地面荷载时，则应考虑基础不均匀沉陷对框架的影响。雪荷载一般不与屋面均布活荷载同时考虑，积灰荷载与雪荷载或屋面均布活荷载两者中的较大值同时考虑。屋面荷载化为均布的线荷载作用于框架横梁上。当无墙架时，纵墙上的风力一般作为均布荷载作用在框架柱上；有墙架时，尚应计入由墙架柱传于框架柱的集中风荷载。作用在框架横梁轴线以上的屋架及天窗上的风荷载按集中在框架横梁轴线上计算。吊车垂直轮压及横向水平力一般根据同一跨间、两台满载吊车并排运行的最不利情况考虑，对多跨厂房一般只考虑 4 台吊车作用。

2.2.2.2 内力分析和内力组合

框架内力分析可按结构力学的方法进行，也可利用现成的图表或计算机程序分析框架内力。分析时应根据不同的框架，不同的荷载作用，采用比较简便的方法。为便于对各构件和连接进行最不利的组合，对各种荷载作用应分别进行框架内力分析。

为了计算框架构件的截面，必须将框架在各种荷载作用下所产生的内力进行最不利组合。

对于框架柱，要列出上段柱和下段柱的上、下端截面中的弯矩 M、轴向力 N 和剪力 V。此外还应包括柱脚锚栓的计算内力。每个截面必须组合出 $+M_{max}$ 和相应的 N、V，$-M_{max}$ 和相应的 N、V、N_{max} 和相应的 M、V；柱脚锚栓则应组合出可能出现的最大拉力：即 M_{max} 和相应较小的 N、V，$-M_{max}$ 和相应较小的 N、V。

柱与屋架刚接时，应对横梁的端弯矩和相应的剪力进行组合。最不利组合可分为四组：第一组组合使屋架下弦杆产生最大压力，如图 2-7（a）所示；第二组组合使屋架上弦杆产生最大压力，同时也使下弦杆产生最大拉力，如图 2-7（b）所示；第三、四组组合使腹杆产生最大拉力或最大压力，如图 2-7（c）、（d）所示。组合时考虑施工情况，只考虑屋面恒载所产生支座端弯矩和水平力的不利作用，不考虑它的有利作用。

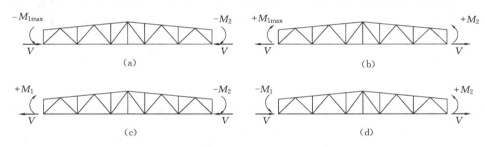

图 2-7　框架横梁端弯矩最不利组合
（a）屋架下弦杆产生最大压力的组合；（b）屋架上弦杆产生最大压力的组合；
（c）腹杆产生最大拉力的组合；（d）腹杆产生最大压力的组合

对于吊车荷载，当采用两台以及两台以上吊车的竖向和水平荷载组合时，应根据参与组合的吊车台数及其工作制，乘以相应的折减系数。比如两台吊车组合时，对轻、中级工作制吊车，折减系数为 0.9；对重级工作制吊车，折减系数取 0.95。

2.2.3　框架柱的类型

框架柱按结构形式可分为等截面柱、阶形柱和分离式柱三大类，如图 2-8 所示。

等截面柱有实腹式和格构式两种，如图 2-8（a）、（b）所示，通常采用实腹式。等截面柱将吊车梁支于牛腿上，构造简单，但吊车竖向荷载偏心大，适用于吊车起重量 $Q<150kN$，或无吊车且厂房高度较小的轻型厂房中。

阶形柱也可分为实腹式和格构式两种，如图 2-8（c）、（d）、（e）所示。从经济角度考虑，阶形柱由于吊车梁或吊车桁架支承在柱截面变化的肩梁处，荷载偏心小，构造合理，其用钢量比等截面柱节省，因而在厂房中广泛应用。阶形柱还根据厂房内设单层吊车或双层吊车做成单阶柱或双阶柱。阶形柱的上段由于截面 h 不高（无人孔时 $h=400\sim600mm$；有人孔时 $h=900\sim1000mm$），并考虑柱与屋架、托架的连接等，一般采用工字形截面的实腹柱。下段柱，对于边列柱来说，由于吊车肢受的荷载较大，通常设计成不对称截面，中列柱两侧

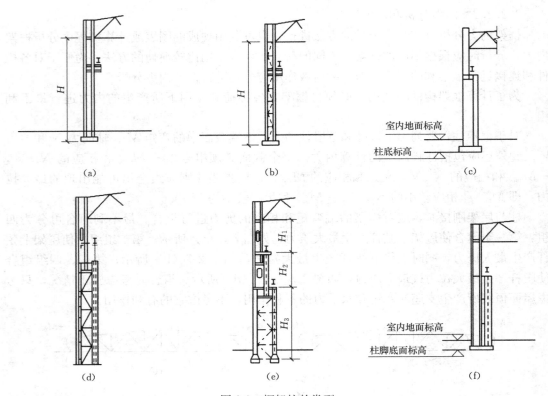

图 2-8 框架柱的类型

(a) 等截面实腹柱；(b) 等截面格构柱；(c) 阶形实腹柱；(d) 阶形格构柱；(e) 双阶柱；(f) 分离式柱

荷载相差不大时，可以采用对称截面。下段柱截面高度不大于 1m 时，可采用实腹式，如图 2-8 (a) 所示。截面高度大于 1m 时，宜采用缀条柱，如图 2-8 (d)、(e) 所示。

分离式柱（图 2-8f）由支承屋盖结构的屋盖肢和支承吊车梁或吊车桁架的吊车肢所组成，两柱肢之间用水平板相连接。吊车肢在框架平面内的稳定性依靠连在屋盖肢上的水平连系板来解决。屋盖肢承受屋面荷载、风荷载及吊车水平荷载，按压弯构件设计。吊车肢仅承受吊车的竖向荷载，当吊车梁采用突缘支座时，按轴心受压构件设计；当采用平板支座时，仍按压弯构件设计。分离式柱构造简单，制作和安装比较方便，但用钢量比阶形柱多，且刚度较差，只宜用于吊车轨顶标高低于 10m 且吊车起重量 $Q \geqslant 750$kN 的情况，或者相邻两跨吊车的轨顶标高相差悬殊，而低跨吊车的起重量 $Q \geqslant 500$kN 的情况。

2.2.4 纵向框架的柱间支撑

2.2.4.1 柱间支撑的作用和布置

柱间支撑与厂房框架柱相连接，其作用为

① 形成纵向构架，保证厂房的纵向刚度；

② 承受厂房端部山墙的风荷载、吊车纵向水平荷载及温度应力等，在地震区尚应承受厂房纵向的地震作用，并传至基础；

③ 作为框架柱在框架平面外的支点，减少柱在框架平面外的计算长度。

柱间支撑由两部分组成：在吊车梁以上的部分称为上层支撑，吊车梁以下部分称为下层支撑，下层柱间主撑与柱和吊车梁一起在纵向组成刚性很大的悬臂桁架。显然，将下层支撑布置在温度区段的端部，在温度变化的影响方面将是很不利的。因此，为了使纵向构件在温度发生变化时能较自由地伸缩，下层支撑应该设在温度区段中部。只有当吊车位置高而车间总长度又很短（如混铁炉车间）时，下层支撑设在两端不会产生很大的温度应力，而对厂房纵向刚度却能提高很多，这时放在两端才是合理的。

当温度区段不大于 90m 时，在它的中央设置一道下层支撑（图 2-9a）；如果温度区段长度超过 90m，则在它的 1/3 点处各设一道支撑（图 2-9b），以免传力路程太长且支撑的柱太多，使得承受的支撑力过大。

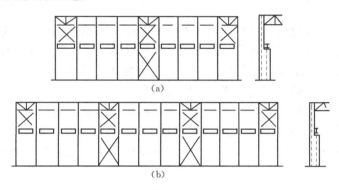

图 2-9　柱间支撑的布置
(a) 温度区段不大于 90m；(b) 温度区段超过 90m

上层柱间支撑又分为两层，第一层在屋架端部高度范围内，属于屋盖垂直支撑。显然，当屋架为三角形或虽为梯形但有托架时，并不存在此层支撑。第二层在屋架下弦至吊车梁上翼缘范围内。为了传递风力，上层支撑需要布置在温度区段端部，由于厂房柱在吊车梁以上部分的刚度小，不会产生过大的温度应力，从安装条件来看这样布置也是合适的。此外，在有下层支撑处也应设置上层支撑。上层柱间支撑宜在柱的两侧设置，只有在无人孔而柱截面高度不大的情况下才可沿柱中心设置一道。下层柱间支撑应在柱的两个肢的平面内成对设置，如图 2-9（b）侧视图的虚线所示；与外墙墙架有连接的边列柱可仅设在内侧，但重级工作制吊车的厂房外侧也应设置支撑。此外，吊车梁和辅助桁架作为撑杆是柱间支撑的组成部分，承担并传递厂房纵向水平力。

2.2.4.2　柱间支撑的形式和计算

柱间支撑按结构形式可分为十字交叉式、八字式、门架式、人字式等（图 2-10）。十字交叉支撑（图 2-10a、b、c）的构造简单、传力直接、用料节省，使用最为普遍，其斜杆倾角宜为 45°左右。上层支撑在柱间距大时可改用斜撑杆；下层支撑高而不宽者可以用两个十字形，高而刚度要求严格者可以占用两个开间（图 2-10c）。当柱间距较大或十字撑妨碍生产空间时，可采用门架式支撑（图 2-10d）。对于上柱，当柱距与柱间支撑的高度之比大于 2 时，可采用人字形支撑（图 2-10e）。图 2-10（f）的支撑形式，上层为 V 形，下层为人字形，它与吊车梁系统的连接应做成能传递水平力而竖向可自由滑动的构造。

上层柱间支撑承受端墙传来的风力；下层柱间支撑除承受端墙传来的风力以外，还承受吊车的纵向水平荷载。在同一温度区段的同一柱列设有两道或两道以上的柱间支撑时，

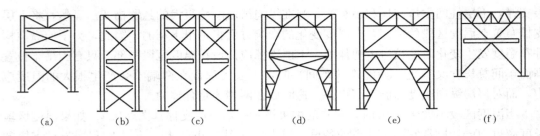

图 2-10　柱间支撑的形式

（a）、（b）、（c）十字交叉式；（d）上柱：八字式，下柱：门架式；（e）人字形；（f）上层 V 形，下层人字形

则全部纵向水平荷载（包括风力）由该柱列所有支撑共同承受。当在柱的两个肢的平面内成对设置时，在吊车肢的平面内设置的下层支撑，除承受吊车纵向水平荷载外，还承受与屋盖肢下层支撑按轴线距离分配传来的风力；靠墙的外肢平面内设置的下层支撑，只承受端墙传来的风力与吊车肢下层支撑按轴线距离分配的力。

柱间支撑的交叉杆和图 2-10（d）的上层斜撑杆及门形下层支撑的主要杆件一般按柔性杆件（拉杆）设计，交叉杆中受压的杆件不参加工作，其他的非交叉杆以及水平横杆按压杆设计。某些重型车间，对下层柱间支撑的刚度要求较高，往往交叉杆的两杆均按压杆设计。

2.3　屋　盖　结　构

2.3.1　屋盖结构的形式

2.3.1.1　屋盖结构体系

（1）无檩屋盖

无檩屋盖（图 2-1a）一般用于预应力混凝土大型屋面板等重型屋面，将屋面板直接放在屋架或天窗架上。

预应力混凝土大型屋面板的跨度通常采用 6m，有条件时也可采用 12m。当柱距大于所采用的屋面板跨度时，可采用托架（或托梁）来支承中间屋架。

采用无檩屋盖的厂房，屋面刚度大，耐久性也高，但由于屋面板的自重大，从而使屋架和柱的荷载增加，且由于大型屋面板与屋架上弦杆的焊接常常得不到保证，只能有限地考虑它的空间作用，屋盖支撑不能取消。

随着屋面材料向轻型化发展，采用预应力混凝土大型屋面板的无檩屋盖已很少采用。

（2）有檩屋盖

有檩屋盖（图 2-1b）常用于轻型屋面材料的情况，如：压型钢板、压型铝合金板、石棉瓦、膜材、阳光板（采光用）等。

彩色涂层压型钢板和压型铝合金板作屋面材料的有檩屋盖体系，制作方便，施工速度快，屋面刚度好。当压型钢板和压型铝合金板与檩条进行可靠连接后，形成一深梁，能有效地传递屋面纵横方向的水平力（包括风荷载及吊车制动力等），提高屋面的整体刚度。这一现象称为应力蒙皮效应。随着我国对压型钢板受力蒙皮结构研究工作的开展，在墙面、屋面均采用压型钢板作维护材料的房屋设计中，已逐步开始考虑应力蒙皮效应对屋面刚度的贡献。

2.3.1.2 屋架的形式

屋架外形常用的有三角形、梯形、平行弦和人字形等。

屋架选形是设计的第一步，桁架的外形首先取决于建筑物的用途，其次应考虑用料经济、施工方便、与其他构件的连接以及结构的刚度等问题。对屋架来说，其外形还取决于屋面材料要求的排水坡度。在制造简单的条件下，桁架外形应尽可能与其弯矩图接近，这样能使弦杆受力均匀，腹杆受力较小。腹杆的布置应使内力分布趋于合理，尽量用长杆受拉、短杆受压，腹杆的数目宜少，总长度要短，斜腹杆的倾角一般在30°～60°之间，腹杆布置时应注意使荷载都尽量作用在桁架的节点上，避免由于节间荷载而使弦杆承受局部弯矩。节点构造要求简单合理，便于制造。上述要求往往不易同时满足，因此需要根据具体情况，全面考虑、精心设计，从而得到较满意的结果。

（1）三角形屋架

三角形屋架适用于陡坡屋面（$i > 1/3$）的有檩屋盖体系，这种屋架通常与柱子只能铰接，房屋的整体横向刚度较低。对简支屋架来说，荷载作用下的弯矩图是抛物线形分布，致使这种屋架弦杆受力不均，支座处内力较大，跨中内力较小，弦杆的截面不能充分发挥作用。支座处上、下弦杆夹角过小，内力较大，为了改善这种情况，可使下弦向上曲折，成为上折式三角形屋架（图2-11e），或将三角形屋架的两端取较小高度 h_0（图2-11f）。

三角形屋架的腹杆布置常用的有芬克式（图2-11a、b）和人字式（图2-11d）。芬克式的腹杆虽然较多，但它的压杆短、拉杆长，受力相对合理，且可分为两个小桁架制作与运输，较为方便。人字式腹杆的节点较少，但受压腹杆较长，适用于跨度较小（$L \leqslant 18m$）的情况，但是，人字式屋架的抗震性能优于芬克式屋架，所以在强地震烈度地区，尽管跨度大于18m，也常采用人字式腹杆的屋架。单斜式腹杆的屋架（图2-11c），其腹杆和节点数

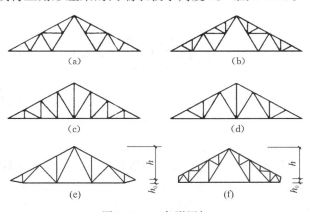

图2-11 三角形屋架
(a)、(b) 芬克式；(c) 单斜式；(d) 人字式；
(e) 上折式屋架；(f) 有端高的屋架

目均较多，只适用于下弦需要设置顶棚的屋架，一般情况较少采用。由于某些屋面材料要求檩条的间距很小，不可能将所有檩条都放置在节点上，从而使上弦产生局部弯矩，因此，三角形屋架在布置腹杆时，要同时处理好檩距和上弦节点之间的关系。

尽管从内力分配观点看三角形屋架的外形存在着明显的不合理性，但是从建筑物的整个布局和用途出发，在屋面板材为石棉瓦、瓦楞铁以及短尺压型钢板等需要上弦坡度较陡的情况下，往往还是要采用三角形屋架。除屋架外，悬臂遮棚支架、桅杆和塔架也可用三角形屋架。三角形屋架的高度，当屋面坡度为1/3～1/2时，$H = (1/6 \sim 1/4)L$。

（2）梯形屋架

梯形屋架的外形与简支受弯构件的弯矩图形比较接近，弦杆受力较为均匀，与柱可以做成铰接也可以做成刚接，刚性连接可提高建筑物的横向刚度。

梯形屋架的腹杆体系可采用单斜式（图2-12a）、人字式（图2-12b、c）和再分式（图2-12d）。人字式按支座斜杆与弦杆组成的支承点在下弦或在上弦分为下承式和上承式两种。一般情况下，与柱刚接的屋架宜采用下承式；与柱铰接时则下承式或上承式均可。由于下承式使排架柱计算高度减小又便于在下弦设置屋盖纵向水平支撑，故以往多采用，但上承式使屋架重心降低，支座斜腹杆受拉，且给安装带来很大的方便，近来逐渐推广使用。当桁架下弦要做顶棚时，需设置吊杆（图2-12b虚线所示）或者采用单斜式腹杆（图2-12a）。当上弦节间长度为3m，而大型屋面板宽度或檩条间距为1.5m时，常采用再分式腹杆（图2-12d）将节间减小至1.5m，有时也采用3m节间而使上弦承受局部弯矩，此时上弦杆按压弯或拉弯构件进行设计。

梯形屋架的中部高度主要取决于经济要求，一般为（1/10～1/8）L，与柱刚接的梯形屋架，端部高度一般为（1/16～1/12）L，通常取为2.0～2.5m。与柱铰接的梯形屋架，端部高度可按跨中经济高度和上弦坡度来决定。

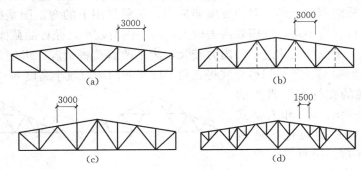

图2-12　梯形屋架

(a)、(c) 上承式屋架；(b)、(d) 下承式屋架

（3）人字形屋架

人字形屋架的上、下弦可以是平行的。坡度为1/20～1/10（图2-13），节点构造较为统一，也可以上、下弦具有不同坡度或者下弦有一部分水平段（图2-13c、d），以改善屋架受力情况。人字形屋架有较好的空间观感，制作时可不再起拱，多用于跨度较大时。人字形屋架一般宜采用上承式，这种形式不但安装方便而且可使折线拱的推力与上弦杆的弹性压缩互

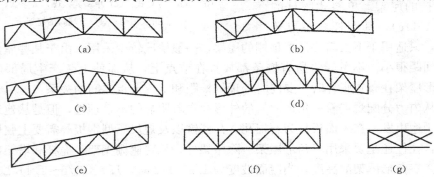

图2-13　人字形屋架和平行弦桁架

(a)、(c) 上承式人字形屋架；(b)、(d) 下承式人字形屋架；

(e)、(f) 人字式平行弦桁架；(g) 交叉式平行弦桁架

相抵消，在很大程度上减小了对柱的不利影响。人字形屋架跨中高度一般为 2.0～2.5m，跨度大于 36m 时可取较大高度但不宜超过 3m；端部高度一般为跨度的 1/18～1/12，人字形屋架可适应不同的屋面坡度，但与柱刚接时，屋架轴线坡度大于 1/7，就应视为折线横梁进行框架分析；与柱铰接时，即使采用了上承式也应考虑竖向荷载作用下折线拱的推力对柱的不利影响，设计时要求在屋面板及檩条等安装完毕后再将屋架支座焊接固定。

（4）平行弦桁架

平行弦桁架在构造方面有突出的优点，弦杆及腹杆分别等长，节点形式相同，能保证桁架的杆件重复率最大，且可使节点构造形式统一，便于工业化制作。

平行弦桁架主要用于单坡屋架、托架、吊车制动桁架、栈桥和支撑构件等。腹杆布置通常采用人字式（图 2-13e、f），用作支撑桁架时腹杆常采用交叉式（图 2-13g）。

2.3.1.3　托架、天窗架形式

支承中间屋架的桁架称为托架，托架一般采用平行弦桁架，其腹杆采用带竖杆的人字形体系（图 2-14）。支于钢柱上的托架，支座斜杆常用上承式（图 2-14a）；直接支承于钢筋混凝土柱上的托架，支座斜杆常用下承式（图 2-14b）。托架高度应根据所支承的屋架端部高度、刚度要求、经济要求以及有利于节点构造的原则来决定。一般取跨度的 1/10 ～1/5，托架的节间长度一般为 2m 或 3m。

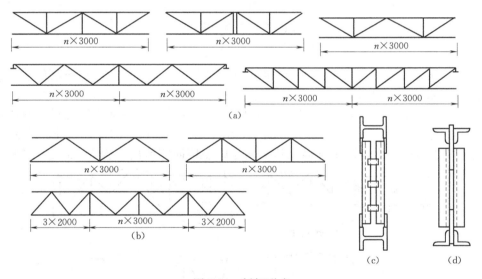

图 2-14　托架形式

（a）上承式托架；（b）下承式托架；（c）双壁式桁架截面；（d）单壁式桁架截面

当托架跨度大于 18m 时，可做成双壁式（图 2-14c），此时，上、下弦杆采用平放的工字钢或 H 型钢，以满足平面外刚度要求。托架与柱的连接通常做成铰接。为了使托架在使用中不致过分扭转，且使屋盖具有较好的整体刚度，屋架与托架的连接应尽量采用铰支的平接。

为了满足采光和通风的要求，厂房中常设置天窗。天窗的形式可分为纵向天窗、横向天窗和井式天窗等，一般采用纵向天窗（参见图 2-1a）。

纵向天窗的天窗架形式一般有多竖杆式、三铰拱式和三支点式（图 2-15）。多竖杆式天窗架（图 2-15a）构造简单，传给屋架的荷载较为分散，安装时通常与屋架在现场拼装后再整体吊装，可用于天窗高度和宽度不太大的情况。三铰拱式天窗架（图 2-15b）由两个三角形桁架组成，它与屋架的连接点最少，制造简单，通常用作支于钢筋混凝土屋架的天窗架。由于顶铰的存在，安装时稳定性较差，当与屋架分别吊装时宜进行加固处理。三支点式天窗（图 2-15c）由支于屋脊节点和两侧柱的桁架组成。它与屋架连接的节点较少，常与屋架分别吊装，施工较方便。

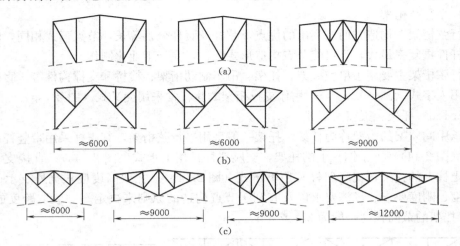

图 2-15　天窗架形式

(a) 多竖杆式；(b) 三铰拱式；(c) 三支点式

天窗架的宽度和高度应根据工艺和建筑要求确定，一般宽度为厂房跨度的 1/3 左右，高度为其宽度的 1/5～1/2。

有时为了更好地组织通风，避免房屋外面气流的干扰，对纵向天窗还设置有挡风板。挡风板有竖直式（图 2-16a）、侧斜式（图 2-16b）和外包式（图 2-16c）三种，通常采用金属压型板和波形石棉瓦等轻质材料，其下端与屋盖顶面应留出至少 50mm 的空隙。挡风

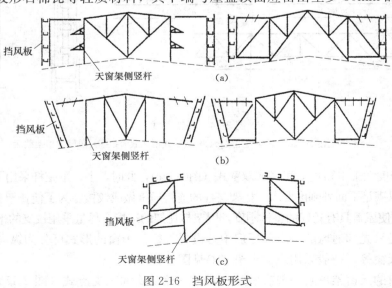

图 2-16　挡风板形式

(a) 竖直式；(b) 侧斜式；(c) 外包式

板挂于挡风板支架的檩条上。挡风板支架有支承式和悬吊式两种。支承式的立柱下端直接支承于屋盖上，上端用横杆与天窗架相连。支承式挡风板支架的杆件少，省钢材，但立柱与屋盖连接处的防水处理复杂。悬挂式挡风板支架则由连接于天窗架侧柱的杆件体系组成。挡风板荷载全部传给天窗架侧柱。

2.3.2 屋盖支撑

屋架在其自身平面内为几何形状不可变体系并具有较大的刚度，能承受屋架平面内的各种荷载。但是，平面屋架本身在垂直于屋架平面的侧向（称为屋架平面外）刚度和稳定性则很差，不能承受水平荷载。因此，为使屋架结构有足够的空间刚度和稳定性，必须在屋架间设置支撑系统（图2-17）。

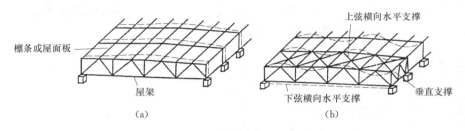

图 2-17　屋盖支撑作用示意图
(a) 无支撑屋盖；(b) 有支撑屋盖

（1）支撑的作用

① 保证结构的空间整体作用。如图（图2-17a）所示，仅由平面桁架和檩条及屋面材料组成的屋盖结构，是一个不稳定的体系，简支在柱顶上的所有屋架有可能向一侧倾倒。如果将某些屋架在适当部位用支撑连系起来，成为稳定的空间体系（图2-17b），其余屋架再由檩条或其他构件连接在这个空间稳定体系上，就保证了整个屋盖结构的稳定，使之成为空间整体。

② 避免压杆侧向失稳，防止拉杆产生过大的振动。支撑可作为屋架弦杆的侧向支撑点（图2-17b），减小弦杆在屋架平面外的计算长度，保证受压弦杆的侧向稳定，并使受拉下弦不会在某些动力作用下（例如吊车运行时）产生过大的振动。

③ 承担和传递水平荷载（如风荷载、悬挂吊车水平荷载和地震作用等）。

④ 保证结构安装时的稳定与方便。屋盖的安装工作一般是从房屋温度区段的一端开始的，首先用支撑将两相邻屋架连系起来组成一个基本空间稳定体，在此基础上即可顺序进行其他构件的安装。

（2）支撑的布置

屋盖支撑系统可分为横向水平支撑、纵向水平支撑、垂直支撑和系杆。

① 上弦横向水平支撑

通常情况下，在屋架上弦和天窗架上弦均应设置横向水平支撑。横向水平支撑一般应设置在房屋两端或纵向温度区段两端（图2-18、图2-19）。当厂房端部不设屋架，利用山墙承重，或设有上承式纵向天窗，但此天窗又未到温度区段尽端而退一个柱间断开时，为了与天窗支撑配合，可将屋架的横向水平支撑布置在第二个柱间，但在第一个柱间要设置刚性系杆以支持端屋架和传递端墙风荷载（图2-19）。两道横向水平支撑间的距离不宜大于 60m，当温度区段长度较大时，尚应在中部增设支撑，以符合此要求。

当采用大型屋面板的无檩屋盖时，如果大型屋面板与屋架的连接满足每块板有三点支承处进行焊接等构造要求时，可考虑大型屋面板起一定支撑作用。但由于施工条件的限制，很难保证焊接质量，一般只考虑大型屋面板起系杆作用。而在有檩屋盖中，上弦横向水平支撑的横杆可用檩条代替。

当屋架间距大于 12m 时，上弦水平支撑还应予以加强，以保证屋盖的刚度。

② 下弦横向水平支撑

当屋架间距小于 12m 时，尚应在屋架下弦设置横向水平支撑，但当屋架跨度比较小（$L<18m$）又无吊车或其他振动设备时，可不设下弦横向水平支撑。

下弦横向水平支撑一般和上弦横向水平支撑布置在同一柱间以形成空间稳定体系的基本组成部分，如图 2-18（a）和图 2-19 所示。

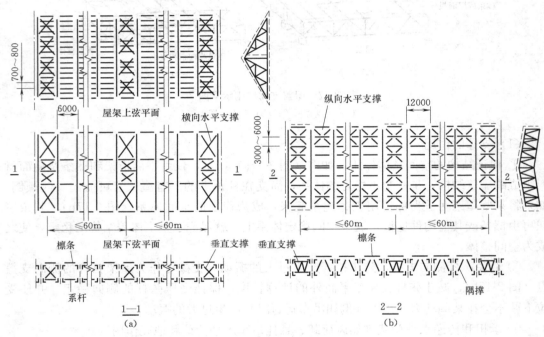

图 2-18　有檩屋盖的支撑布置

(a) 屋架间距为 6m 时；(b) 屋架间距为 12m 时

当屋架间距大于等于 12m 时，由于在屋架下弦设置支撑不便，可不必设置下弦横向水平支撑，但上弦支撑应适当加强，并应用隔撑或系杆对屋架下弦侧向加以支承（图 2-18b）。

屋架间距大于等于 18m 时，如果仍采用上述方案则檩条跨度过大，此时宜设置纵向次桁架，使主桁架（屋架）与次桁架组成纵横桁架体系，次桁架间再设置檩条或设置横梁及檩条，同时，次桁架还为屋架下弦平面外提供支承。

③ 纵向水平支撑

当房屋较高、跨度较大、空间刚度要求较高时，设有支承中间屋架的托架为保证托架的侧向稳定时，或设有重级或较大吨位的中级工作制桥式吊车、壁行吊车或有锻锤等较大

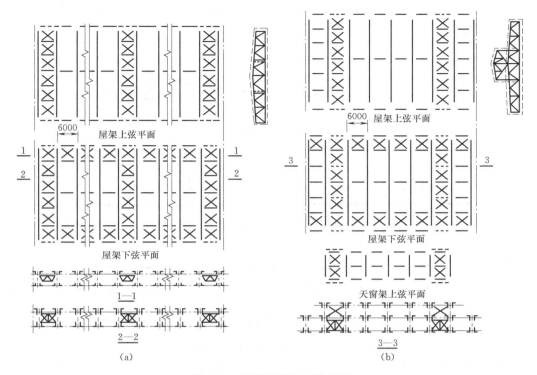

图 2-19　无檩屋盖的支撑布置

(a) 屋架间距为 6m 无天窗架的屋盖支撑布置；(b) 天窗未到尽端的屋盖支撑布置

振动设备时，均应在屋架端节间平面内设置纵向水平支撑。纵向水平支撑和横向水平支撑形成封闭体系将大大提高房屋的纵向刚度。单跨厂房一般沿两纵向柱列设置，多跨厂房（包括等高的多跨厂房和多跨厂房的等高部分）则要根据具体情况，沿全部或部分纵向柱列布置。

屋架间距小于 12m 时，纵向水平支撑通常布置在屋架下弦平面，但三角形屋架及端斜杆为下降式且主要支座设在上弦处的梯形屋架和人字形屋架，也可以布置在上弦平面内。

屋架间距大于等于 12m 时，纵向水平支撑宜布置在屋架的上弦平面内（图 2-18b）。

④ 垂直支撑

无论有檩屋盖或无檩屋盖，通常均应设置垂直支撑。屋架的垂直支撑应与上、下弦横向水平支撑设置在同一柱间（图 2-18、图 2-19）。

对三角形屋架，当跨度小于等于 18m 时，可仅在跨度中央设置一道垂直支撑；当跨度大于 18m 时，宜设置两道（在跨度 1/3 左右处各一道）。

对梯形屋架、人字形屋架或其他端部有一定高度的多边形屋架：当屋架跨度小于等于 30m 时，可仅在屋架跨中布置一道垂直支撑；当跨度大于 30m 时，则应在跨度 1/3 左右的竖杆平面内各设一道垂直支撑；当有天窗时，宜设置在天窗侧腿的下面（图 2-20），若屋架端部有托架（或纵向次桁架）时，就用托架等代替，不另设支撑。

与天窗架上弦横向支撑类似，天窗架垂直支撑也应设置在天窗架端部以及中部有屋架横向支撑的柱间（图 2-19b），并应在天窗两侧柱平面内布置（图 2-20b）。对多竖杆和三支点式天窗架，当其宽度大于 12m 时，尚应在中央竖杆平面内增设一道。

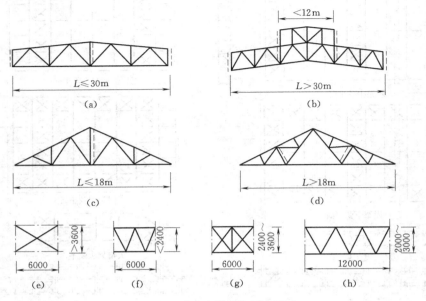

图 2-20　垂直支撑的布置和形式

（a）跨度不大于 30m 的梯形屋架；（b）有天窗架的人字形屋架；（c）跨度不大于 18m 的三角形屋架；
（d）跨度大于 18m 的三角形屋架；（e）、（g）交叉形布置；（f）、（h）W 及 V 形布置

⑤ 系杆

为了支持未连支撑的平面屋架和天窗架，保证它们的稳定和传送水平力，应在横向支撑或垂直支撑节点处沿房屋通长设置系杆（图 2-18、图 2-19）。

在屋架上弦平面内，对无檩体系屋盖应在屋脊处和屋架端部处设置系杆；对有檩体系只在有纵向天窗下的屋脊处设置系杆。

在屋架下弦平面内，当屋架间距为 6m 时，应在屋架端部处，下弦杆有弯折处，与柱刚接的屋架下弦端节间受压但未设纵向水平支撑的节点处，跨度大于等于 18m 的芬克式屋架的主斜杆与下弦相交的节点处等部位皆应设置系杆。当屋架间距大于等于 12m 时，支撑杆件截面将大大增加，多耗钢材，比较合理的做法是将水平支撑全部布置在上弦平面内并利用檩条作为支撑体系的压杆和系杆，而作为下弦侧向支承的系杆可用支于檩条的隔撑代替。

系杆分刚性系杆（既能受拉也能受压）和柔性系杆（只能受拉）两种。屋架主要支承节点处的系杆，屋架上弦脊节点处的系杆均宜用刚性系杆，当横向水平支撑设置在房屋温度区段端部第二个柱间时，第一个柱间的所有系杆（图 2-19b）均为刚性系杆，其他情况的系杆可用柔性系杆。

（3）支撑的计算和构造

屋架的横向和纵向水平支撑都是平行弦桁架，屋架或托架的弦杆均可兼作支撑桁架的横杆，斜腹杆一般采用十字交叉式（图 2-18、图 2-19），斜腹杆和弦杆的夹角宜在 30°～60°之间。通常横向水平支撑节点间的距离为屋架上弦节间距离的 2～4 倍，纵向水平支撑的

宽度取屋架下弦端节间的长度，一般为6m左右。

屋架垂直支撑也是一个平行弦桁架，如图2-20（f）、（g）、（h）所示，其上、下弦可兼作水平支撑的横杆。有的垂直支撑还兼作檩条，屋架间垂直支撑的腹杆体系应根据其高度与长度之比采用不同的形式，如交叉式、V式或W式（图2-20）。天窗架垂直支撑的形式也可按图2-20选用。

支撑中的交叉斜杆以及柔性系杆按拉杆设计，通常用单角钢做成；非交叉斜杆、弦杆、横杆以及刚性系杆按压杆设计，宜采用双角钢做成的T形截面或十字形截面，其中横杆和刚性系杆常用十字形截面使其在两个方向具有等稳定性。屋盖支撑杆件的节点板厚度通常采用6mm，对重型厂房屋盖宜采用8mm。

屋盖支撑受力较小，截面尺寸一般由杆件容许长细比和构造要求决定，但对兼作支撑桁架弦杆、横杆或端竖杆的檩条或屋架竖杆等，其长细比应满足支撑压杆的要求，即$[\lambda]=200$；兼作柔性系杆的檩条，其长细比应满足支撑拉杆的要求，即$[\lambda]=400$（一般情况）或350（有重级工作制的厂房）。对于承受端墙风力的屋架下弦横向水平支撑和刚性系杆，以及承受侧墙风力的屋架下弦纵向水平支撑，当支撑桁架跨度较大（≥24m）或承受的风荷载较大（风压力的标准值大于$0.5kN/m^2$）时，或垂直支撑兼作檩条以及考虑厂房结构的空间工作而用纵向水平支撑作为柱的弹性支承时，支撑杆件除应满足长细比要求外，尚应按桁架体系计算内力，并据此内力按强度或稳定性选择截面并计算其连接。

具有交叉斜腹杆的支撑桁架，通常将斜腹杆视为柔性杆件，只能受拉，不能受压。因而每节间只有受拉的斜腹杆参加工作（图2-21）。

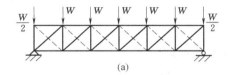 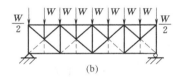

图 2-21　支撑桁架杆件的内力计算简图

（a）交叉点处无横杆时；（b）交叉点处有横杆时

支撑和系杆与屋架或天窗架的连接应使构造简单，安装方便，通常采用C级螺栓，每一杆件接头处的螺栓数不少于两个。螺栓直径一般为20mm，与天窗架或轻型钢屋架连接的螺栓直径可用16mm。有重级工作制吊车或有较大振动设备的厂房中，屋架下弦支撑和系杆（无下弦支撑时为上弦支撑和隅撑）的连接，宜采用高强度螺栓摩擦型连接。

2.3.3　檩条设计

有檩体系中的檩条，有实腹式和桁架式两种，为双向受弯构件，一般设计为单跨简支构件，实腹式檩条也可设计为连续构件。

檩条的布置、构造及计算见本教材第3章。

2.3.4　简支屋架设计

2.3.4.1　屋架的内力分析

（1）基本假定

作用在屋架上的荷载，可按荷载规范的规定计算求得。屋架上的荷载包括恒载（屋面重量和屋架自重）、屋面均布活荷载、雪荷载、风荷载、积灰荷载及悬挂荷载等。

具有角钢和 T 型钢杆件的屋架，计算其杆件内力时，通常将荷载集中到节点上（屋架作用有节间荷载时，可将其分配到相邻的两个节点），并假定节点处的所有杆件轴线在同一平面内相交于一点（节点中心），而且各节点均为理想铰接。这样就可以利用电子计算机或采用图解法及解析法来求各节点荷载作用下桁架杆件的内力（轴心力）。

按上述理想体系内力求出的应力是桁架的主要应力，由于节点实际具有的刚性所引起的次应力，以及因制作偏差或构造等原因而产生的附加应力，其值较小，设计时一般不考虑。

（2）节间荷载引起的局部弯矩

有节间荷载作用的屋架，除了把节间荷载分配到相邻节点并按节点荷载求解杆件内力外，还应计算节间荷载引起的局部弯矩。局部弯矩的计算，既要考虑杆件的连续性，又要考虑节点支承的弹性位移，一般采用简化计算。例如当屋架上弦杆有节间荷载作用时，上弦杆的局部弯矩可近似地采用：端节间的正弯矩取零，其他节间的正弯矩和节点负弯矩（包括屋脊节点）取 $0.6M_0$，M_0 为将相应弦杆节间作为单跨简支梁求得的最大弯矩（图 2-22）。

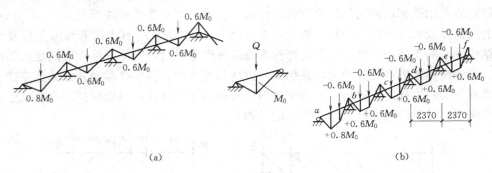

图 2-22　上弦杆的局部弯矩

(a) 每节间有一个集中荷载；(b) 每节间有两个集中荷载

（3）内力计算与荷载组合

不具备电算条件时，求解屋架杆件内力一般用图解法较为方便，图解法最适宜几何形状不很规则的屋架。对于形状不复杂（如平行弦屋架）及杆件数不多的屋架，用解析法确定内力则可能更简单些。不论用哪种方法，计算屋架杆件内力时，都应根据具体情况考虑荷载组合问题。

按荷载规范的规定进行荷载组合，与柱铰接的屋架应考虑下列荷载组合情况。

第一是全跨荷载：所有屋架都应进行全跨满载时的内力计算，即全跨永久荷载＋全跨屋面活荷载或雪荷载（取两者的较大值）＋全跨积灰荷载＋悬挂吊车荷载。有纵向天窗时，应分别计算中间天窗处和天窗端壁处的屋架杆件内力。

第二是半跨荷载：对于梯形屋架、人字形屋架、平行弦屋架等的少数斜腹杆（一般为跨中每侧各两根斜腹杆）可能在半跨荷载作用下产生最大内力或引起内力变号。所以对这些屋架还应根据使用和施工过程的分布情况考虑半跨荷载的作用。有必要时，可按下列半跨荷载组合计算：全跨永久荷载＋半跨屋面活荷载（或半跨雪荷载）＋半跨积灰荷载＋悬挂吊车荷载。采用大型钢筋混凝土屋面板的屋架，尚应考虑安装时可能的半跨荷载：屋架及天窗架（包括支撑）自重＋半跨屋面板重＋半跨屋面活荷载。另一种做法是，对梯形屋架、人字形屋架、平行弦屋架等，在进行上述可能产生内力变号的跨中斜腹杆的截面选择时，不论全跨荷载下它们是拉杆还是压杆，均按压杆考虑并控制其长细比不大于150。按此处理后一般不必再考虑半跨荷载作用的组合。

第三是对轻质屋面材料的屋架，一般应考虑负风压的影响，即当屋面永久荷载设计值（荷载分项系数 γ_G 取为1.0）小于负风压设计值（荷载分项系数 γ_G 取为1.5）的竖向分力时，屋架的受拉杆件在永久荷载、风荷载以及柱顶水平荷载联合作用下可能受压。因此，应求出该荷载组合下的杆件内力。计算内力时，可假定屋架两端支座的水平反力相等。一般情况下，此压力不大，如将所有拉杆的长细比控制不超过250，不必计算风荷载作用下的内力。

第四是对轻屋面的厂房，当吊车起重量较大（$Q \geqslant 300\text{kN}$）时，尚应考虑按框架分析求得的柱顶水平力是否会使下弦内力增加或引起下弦内力变号。

2.3.4.2 杆件的计算长度和容许长细比

（1）杆件的计算长度

桁架弦杆和单系腹杆的计算长度 l_0 见表2-2。

桁架弦杆和单系腹杆的计算长度 l_0 表2-2

项次	弯曲方向	弦杆	腹杆	
			支座斜杆和支座竖杆	其他腹杆
1	桁架杆件平面内	l	l	$0.8l$
2	桁架平面外	l_1	l	l
3	斜平面	—	l	$0.9l$

注：1. l 为构件的几何长度（节点中心间距离）；l_1 为桁架弦杆侧向支承点间的距离；

2. 斜平面系指与桁架平面斜交的平面，适用于构件截面两主轴均不在桁架平面内的单角钢腹杆和双角钢十字形截面腹杆；

3. 无节点板的腹杆计算长度在任意平面内均取其等于几何长度。

① 桁架平面内

在理想的桁架中，压杆在桁架平面内的计算长度应等于节点中心间的距离即杆件的几何长度 l，但由于实际上桁架节点具有一定的刚性，杆件两端均系弹性嵌固。当某一压杆因失稳而屈曲，端部绕节点转动时将受到节点中其他杆件的约束（图2-23a）。实践和理论分析证明，约束节点转动的主要因素是拉杆。汇交于节点中的拉杆数量越多，则产生的约束作用越大，压杆在节点处的嵌固程度也越高，其计算长度就越小。根据这个道理，可视节点的嵌固程度来确定各杆件的计算长度。图2-23（a）所示的弦杆、支座斜杆和支座竖杆其本身的刚度较大，且两端相连的拉杆少，因而对节点的嵌固程度很小，可以不考虑，其计算长度不折减而取几何长度（即节点间距离）。其他受压腹杆，考虑到节点处受到拉杆的牵制作用，计算长度适当折减 $l_{0x} = 0.8l$。

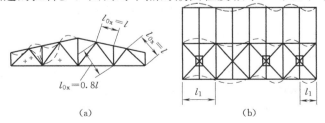

② 桁架平面外

屋架弦杆在平面外的计

图2-23 桁架杆件的计算长度

（a）桁架杆件平面内的计算长度；（b）桁架平面外的计算长度

算长度，应取侧向支承点间的距离。

上弦：一般取上弦横向水平支撑的节间长度。在有檩屋盖中，如檩条与横向水平支撑的交叉点用节点板焊牢（图2-23b），则此檩条可视为屋架弦杆的支承点。在无檩屋盖中，考虑大型屋面板能起一定的支撑作用，故一般取两块屋面板的宽度，但不大于 3.0m。

下弦：视有无纵向水平支撑，取纵向水平支撑节点与系杆或系杆与系杆间的距离。

腹杆：因节点在桁架平面外的刚度很小，对杆件没有什么嵌固作用，故所有腹杆均取 $l_{0y} = l$。

③ 斜平面

单面连接的单角钢杆件和双角钢组成的十字形杆件，因截面主轴不在桁架平面内，有可能斜向失稳，杆件两端的节点对其两个方向均有一定的嵌固作用。因此，斜平面计算长度略作折减，取 $l_0 = 0.9l$，但支座斜杆和支座竖杆仍取其计算长度为几何长度（即 $l_0 = l$）。

④ 其他

如桁架受压弦杆侧向支承点间的距离为两倍节间长度，且两节间弦杆内力不等（图2-24），该弦杆在桁架平面外的计算长度按下式计算：

$$l_{0y} = l_1 \left(0.75 + 0.25 \frac{N_2}{N_1} \right) \tag{2-6}$$

但不小于 $0.5l_1$。

式中　N_1——较大的压力，计算时取正值；

　　　　N_2——较小的压力或拉力，计算时压力取正值，拉力取负值。

桁架再分式腹杆体系的受压主斜杆（图2-25a）在桁架平面外的计算长度也应按式（2-6）确定（受拉主斜杆仍取 l_1），在桁架平面内的计算长度则采用节点中心间距离。

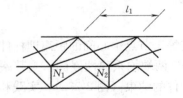 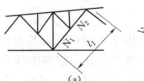 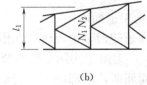

图 2-24　侧向支承点间压力有变化　　图 2-25　压力有变化的受压腹杆平面外计算长度
　　　的弦杆平面外计算长度　　　　（a）再分式腹杆体系的受压主斜杆；（b）K 形腹杆体系的竖杆

确定桁架交叉腹杆的长细比时，在桁架平面内的计算长度应取节点中心到交叉点间的距离；在桁架平面外的计算长度应按表 2-3 的规定采用。

（2）杆件的容许长细比

桁架杆件长细比的大小，对杆件的工作有一定的影响。若长细比太大，将使杆件在自重作用下产生过大挠度，在运输和安装过程中因刚度不足而产生弯曲，在动力作用下还会引起较大的振动。故在《钢结构设计标准》GB 50017 中对拉杆和压杆都规定了容许长细比，其具体规定见附录 2。

项次	杆件类别	杆件的交叉情况	桁架平面外的计算长度
1	压杆	相交的另一杆受压，两杆截面相同并在交叉点均不中断	$l_0 = l\sqrt{\dfrac{1}{2}\left(1 + \dfrac{N_0}{N}\right)}$
2		当相交的另一杆受压，此另一杆在交叉点中断但以节点板搭接	$l_0 = l\sqrt{1 + \dfrac{\pi^2}{12}\dfrac{N_0}{N}}$
3		相交的另一杆受拉，两杆截面相同并在交叉点均不中断	$l_0 = l\sqrt{\dfrac{1}{2}\left(1 - \dfrac{3}{4}\dfrac{N_0}{N}\right)} \geqslant 0.5l$
4		相交的另一杆受拉，此拉杆在交叉点中断但以节点板搭接	$l_0 = l\sqrt{1 - \dfrac{3}{4}\dfrac{N_0}{N}} \geqslant 0.5l$
5		拉杆连续，压杆在交叉点中断但以节点板搭接，若 $N_0 \geqslant N$，或拉杆在桁架平面外的弯曲刚度满足：$EI_y \geqslant \dfrac{3N_0 l^2}{4\pi^2}\left(\dfrac{N}{N_0}\right) - 1$	$l_0 = 0.5l$
6	拉杆		$l_0 = l$

注：1. 表中 l 为节点中心间距离（交叉点不作节点考虑）；N 为所计算杆的内力，N_0 为相交另一杆的内力，均为绝对值；

    2. 当交叉杆件都受压时，$N_0 \leqslant N$ 两杆截面应相同；

    3. 当确定交叉腹杆中单角钢压杆斜平面的长细比时，计算长度应取节点中心至交叉点间距离。

2.3.4.3 杆件的截面形式

桁架杆件截面形式的确定，应考虑构造简单、施工方便、易于连接，使其具有一定的侧向刚度并且取材容易等要求。对轴心受压杆件，为了经济合理，宜使杆件对两个主轴有相近的稳定性，即可使两方向的长细比接近相等。

（1）单壁式屋架杆件的截面形式

普通钢屋架杆件可采用由两个角钢组成的 T 形截面（图 2-26a、b、c）或十字形截面形式的杆件，受力较小的次要杆件可采用单角钢。弦杆也可用剖分 T 型钢（图 2-26f、g、h）来代替双角钢组成的 T 形截面。

对节间无荷载的上弦杆，在一般的支撑布置情况下，计算长度 $l_{0y} \geqslant 2l_{0x}$，为使 φ_x 与

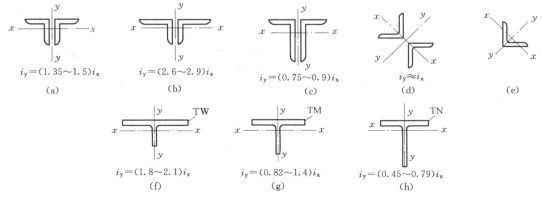

图 2-26 单壁式屋架杆件角钢截面

(a)、(b)、(c) 双角钢 T 形截面；(d) 双角钢十字形截面；(e) 单角钢；(f)、(g)、(h) 剖分 T 型钢

φ_y 接近，一般应满足 $i_y \geqslant 2 i_x$，因此，宜采用不等边角钢短肢相连的截面（图 2-26b）或剖分 T 型钢中的 TW（宽翼缘）型截面（图 2-26f），当 $l_{0y} = 2 l_{0x}$ 时，可采用两个等边角钢截面（图 2-26a）或剖分 T 型钢中的 TM（中翼缘）型截面（图 2-26g）；对节间有荷载的上弦杆，为了加强在桁架平面内的抗弯能力，也可采用不等边角钢长肢相连的截面（图 2-26c）或剖分 T 型钢中的 TN（窄翼缘）型截面（图 2-26h）。

下弦杆一般情况下 $l_{0y} \gg l_{0x}$，通常采用不等边角钢短肢相连的截面或 TW 截面以满足长细比要求。

支座斜杆 $l_{0y} = l_{0x}$ 时，宜采用不等边角钢长肢相连或等边角钢的截面，对连有再分式杆件的斜腹杆，因 $l_{0y} = 2 l_{0x}$，可采用等边角钢相并的截面。

其他腹杆因 $l_{0y} = l$，$l_{0x} = 0.8l$，即 $l_{0y} = 1.25 l_{0x}$，故采用等边角钢相并的截面。连接垂直支撑的竖腹杆，为使连接不偏心，宜采用两个等边角钢组成的十字形截面（图 2-26d）；受力很小的腹杆（如再分杆等次要杆件），可采用单角钢截面（图 2-26e）。

用剖分 T 型钢来代替双角钢 T 形截面用于桁架弦杆，可以省去节点板或减小节点板尺寸，零件数量少，用钢经济（约节约钢材 10%），用工量少（省工 15%～20%）。易于涂油漆且提高其抗腐蚀性能，延长其使用寿命，降低造价（约 16%～20%）。

（2）双壁式屋架杆件的截面形式

屋架跨度较大时，弦杆杆件较长，单榀屋架的横向刚度比较低。为保证安装时屋架的侧向刚度，对跨度大于等于 42m 的屋架宜设计成双壁式（图 2-27）。其中由双角钢组成的双壁式截面可用于弦杆和腹杆，横放的 H 型钢可用作大跨度重型双壁式屋架的弦杆和腹杆。

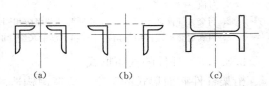

图 2-27　双壁式屋架杆件的截面

(a)、(b) 双角钢组合截面；(c) 横放的 H 型钢截面

（3）双角钢杆件的填板

由双角钢组成的 T 形或十字形截面杆件是按实腹式杆件进行计算的。为了保证两个角钢共同工作，必须每隔一定距离在两个角钢间加设填板（图 2-28），使它们之间有可靠的连接。填板的宽度一般取 50～80mm；长度对 T 形截面应比角钢肢伸出 10～20mm，对十字形截面则从角钢肢尖缩进 10～15mm，以便于施焊。填板的厚度与桁架节点板相同。

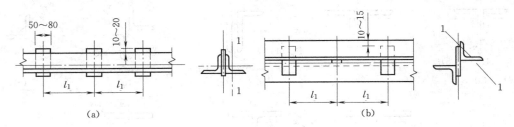

图 2-28　桁架杆件中的填板

(a) 双角钢 T 形截面；(b) 双角钢十字形截面

填板的间距对压杆 $l_1 \leqslant 40 i_1$，拉杆 $l_1 \leqslant 80 i_1$；在 T 形截面中，i_1 为一个角钢对平行于填板自身形心轴的回转半径；在十字形截面中，填板应沿两个方向交错放置（图 2-

28b)，i_1 为一个角钢的最小回转半径，在压杆的桁架平面外计算长度范围内，填板数不应少于 2。

2.3.4.4　杆件的截面选择

（1）一般原则

① 应优先选用肢宽而薄的板件或肢件组成的截面，以增加截面的回转半径，但受压构件应满足局部稳定的要求。一般情况下，板件或肢件的最小厚度为 5mm，对小跨度屋架可用到 4mm。

② 角钢杆件或 T 型钢的悬伸肢宽不得小于 45mm。直接与支撑或系杆相连的角钢的最小肢宽，应根据连接螺栓的直径 d 而定：$d=16$mm 时，为 63mm；$d=18$mm 时，为 70mm；$d=20$mm 时，为 75mm。垂直支撑或系杆如连接在预先焊于桁架竖腹杆及弦杆的连接板上时，则悬伸肢宽不受此限。

③ 屋架节点板（或 T 型钢弦杆的腹板）的厚度，对单壁式屋架，可根据腹杆的最大内力（对梯形和人字形屋架）或弦杆端节间内力（对三角形屋架），按表 2-4 选用；对双壁式屋架，则可按上述内力的一半，按表 2-4 选用。

Q235 单壁式屋架节点板厚度选用表　　表 2-4

梯形、人字形屋架腹杆最大内力或三角形屋架弦杆端节间内力（kN）	≤170	171～290	291～510	511～680	681～910	911～1290	1291～1770	1771～3090
中间节点板厚度（mm）	6～8	8	10	12	14	16	18	20
支座节点板厚度（mm）	10	10	12	14	16	18	20	22

注：1. 节点板钢材为 Q355 钢或 Q390 钢 Q420 钢时，节点板厚度可按表中数值适当减小；

　　2. 本表适用于腹杆端部用侧焊缝连接的情况；

　　3. 无竖腹杆相连且自由边无加劲肋加强的节点板，应将受压腹杆内力乘以 1.25 后再查表。

④ 跨度较大的桁架（例如大于等于 24m）与柱铰接时，弦杆宜根据内力变化而改变截面，但半跨内一般只改变一次。变截面位置宜在节点处或其附近。改变截面的做法通常是变肢宽而保持厚度不变，以便处理弦杆的拼接构造。

⑤ 同一屋架的型钢规格不宜太多，以方便订货。如选出的型钢规格过多，应尽量避免选用相同边长或肢宽而厚度相差很小的型钢，以免施工时产生混料错误。

⑥ 当连接支撑等的螺栓孔在节点板范围内且距节点板边缘距离大于等于 100mm 时，计算杆件强度可不考虑截面的削弱（图 2-29）。

⑦ 单面连接的单角钢杆件，考虑受力时偏心的影响，在按轴心受拉或轴心受压计算其强度、稳定以及连接时，钢材和连接的强度设计值应乘以相应的折减系数（见附表 1-4）。

（2）杆件的截面选择

对轴心受拉杆件由强度要求计算所需的面积，同时应满足长细比要求。对轴心受压杆件和压弯构件要验算强度、整体稳定、局部稳定和长细比。

2.3.4.5　钢桁架的节点设计

（1）节点设计的一般要求

① 在原则上，桁架应以杆件的形心线为轴线并在节点处相交于一点，以避免杆件偏

心受力。为了制作方便，通过取角钢背或 T 型钢背至轴线的距离为 5mm 的倍数。

② 当弦杆截面沿长度有改变时，为便于拼接和放置屋面材料，一般将拼接处两侧弦杆表面对齐，这时形心线必然错开，宜采用受力较大的杆件形心线为轴（图 2-30）。当两侧形心线偏移的距离 e 不超过较大弦杆截面高度的 5% 时，可不考虑此偏心影响。

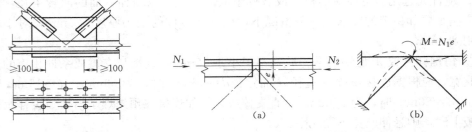

图 2-29　节点板范围内的螺栓孔　　　　图 2-30　弦杆轴线的偏心

（a）弦杆变截面时的构造；（b）节点附加弯矩的分配

当偏心距离 e 超过上述值，或者由于其他原因使节点处有较大偏心弯矩时，应根据交汇处各杆的线刚度，将此弯矩分配于各杆（图 2-30b）。所计算杆件承担的弯矩为

$$M_i = M \cdot \frac{K_i}{\sum K_i} \tag{2-7}$$

式中　　M——节点偏心弯矩，对图 2-30 的情况，$M = N_1 \cdot e$；

　　　　K_i——所计算杆件线刚度；

　　　　$\sum K_i$——汇交于节点的各杆件线刚度之和。

③ 角钢端部的切割一般垂直于其轴线（图 2-31a）。有时为减小节点板尺寸，允许切去一肢的部分（图 2-31b、c），但不允许将一个肢完全切去，另一肢伸出的斜切（图 2-31d）。

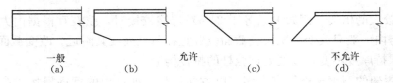

一般　　　　　　　　允许　　　　　　　　　　不允许

（a）　　　　（b）　　　　　　　（c）　　　　　　（d）

图 2-31　角钢端部的切割

④ 在屋架节点处，弦杆与腹杆、腹杆与腹杆之间的间隙不应小于 20mm，相邻角焊缝焊趾间的净距不应小于 5mm（图 2-32），以便制作，且避免焊缝过分密集，致使钢材局

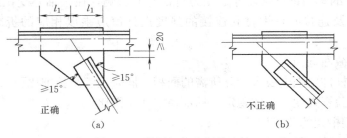

正确　　　　　　　　　　　　　　不正确

（a）　　　　　　　　　　　　　　（b）

图 2-32　单斜杆与弦杆的连接

（a）轴线交点在节点板内；（b）轴线交点在节点板外

部变脆。

⑤ 节点板的外形应尽可能简单而规则，宜至少有两边平行，一般采用矩形、平行四边形或直角梯形等。节点板边缘与杆件轴线的夹角不应小于 15°（图 2-32a）。单斜杆与弦杆的连接应使之不出现连接的偏心弯矩（图 2-32a）。节点板的平面尺寸，一般应根据杆件截面尺寸和腹杆端部焊缝长度画出大样图来确定，但考虑施工误差，宜将此平面尺寸适当放大。

⑥ 支承大型钢筋混凝土屋面板的上弦杆，当支承处的总集中荷载（设计值）超过表 2-5 的数值时，弦杆的伸出肢容易弯曲，应对其采用图 2-33 的做法之一予以加强。

弦杆不加强的最大节点荷载　　　　　　　　　　　　表 2-5

角钢厚度（mm）、当钢材为	Q235	8	10	12	14	16
	Q345、390	7	8	10	12	14
支承处总集中荷载设计值（kN）		25	40	55	75	100

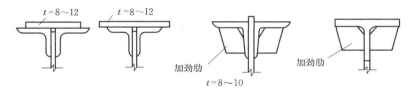

图 2-33　上弦角钢的加强

（2）角钢桁架的节点设计

角钢桁架是指弦杆和腹杆均用角钢做成的桁架。

① 一般节点

一般节点是指无集中荷载和无弦杆拼接的节点。例如无悬吊荷载的屋架下弦的中间节点（图 2-34）。

节点板应伸出弦杆 10～15mm 以便焊接。腹杆与节点板的连接焊缝按承受轴心力计算。弦杆与节点板的连接焊缝，应考虑承受弦杆相邻节间内力之差 $\Delta N = N_2 - N_1$，按下列公式计算其焊脚尺寸：

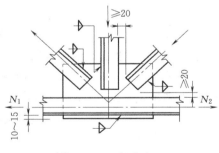

图 2-34　一般节点

肢背焊缝：

$$h_{f1} \geqslant \frac{\alpha_1 \Delta N}{2 \times 0.7 l_w f_f^w} \qquad (2-8)$$

肢尖焊缝：

$$h_{f2} \geqslant \frac{\alpha_2 \Delta N}{2 \times 0.7 l_w f_f^w} \qquad (2-9)$$

式中　α_1、α_2——内力分配系数，可取 $\alpha_1 = 2/3$，$\alpha_2 = 1/3$；

　　　　f_f^w——角焊缝强度设计值。

通常因 ΔN 很小，实际所需的焊脚尺寸可由构造要求确定，并沿节点板全长满焊。

② 角钢桁架有集中荷载的节点

为便于大型屋面板或檩条连接角钢的放置，常将节点板缩进上弦角钢背（图 2-35），

125

缩进距离不宜小于 $0.5t+2mm$，也不宜大于 t，t 为节点板厚度。

角钢背凹槽的塞焊缝可假定只承受屋面集中荷载，按下式计算其强度：

$$\sigma_f = \frac{Q}{2 \times 0.7 h_{f1} l_w} \leqslant \beta_f f_f^w \tag{2-10}$$

式中　Q——节点集中荷载垂直于屋面的分量；

　　　h_{f1}——焊脚尺寸，取 $h_{f1}=0.5t$；

　　　β_f——正面角焊缝强度增大系数，对承受静力荷载和间接承受动力荷载的屋架，$\beta_f=1.22$；对直接承受动力荷载的屋架，$\beta_f=1.0$。

实际上因 Q 不大，可按构造满焊。

弦杆相邻节间的内力差 $\Delta N = N_2 - N_1$，则由弦杆角钢肢尖与节点板的连接焊缝承受，计算时应计入偏心弯矩 $M = \Delta N \times e$（e 为角钢肢尖至弦杆轴线距离），按下列公式计算：

对 ΔN：

$$\tau_f = \frac{\Delta N}{2 \times 0.7 h_{f2} l_w} \tag{2-11}$$

对 M：

$$\sigma_f = \frac{6M}{2 \times 0.7 h_{f2} l_w^2} \tag{2-12}$$

验算式为

$$\sqrt{\left(\frac{\sigma_f}{\beta_f}\right)^2 + \tau_f^2} \leqslant f_f^w \tag{2-13}$$

式中　h_{f2}——肢尖焊缝的焊脚尺寸。

当节点板向上伸出不妨碍屋面构件的放置，或因相邻弦杆节间内力差 ΔN 较大，肢尖焊缝不满足式（2-13）时，可将节点板部分向上伸出（图 2-35c）或全部向上伸出（图 2-35d）。此时弦杆与节点板的连接焊缝应按下列公式计算：

肢背焊缝：

$$\frac{\sqrt{(\alpha_1 \Delta N)^2 + (0.5Q)^2}}{2 \times 0.7 h_{f1} l_{w1}} \leqslant f_f^w \tag{2-14}$$

肢尖焊缝：

$$\frac{\sqrt{(\alpha_2 \Delta N)^2 + (0.5Q)^2}}{2 \times 0.7 h_{f2} l_{w2}} \leqslant f_f^w \tag{2-15}$$

式中　h_{f1}、l_{w1}——伸出肢背的焊缝焊脚尺寸和计算长度；

　　　h_{f2}、l_{w2}——肢尖焊缝的焊脚尺寸和计算长度。

③ 角钢桁架弦杆的拼接及拼接节点

弦杆的拼接分为工厂拼接和工地拼接两种。工厂拼接用于型钢长度不够或弦杆截面有改变时在制造厂进行的拼接。这种拼接的位置通常在节点范围以外。工地拼接用于屋架分为几个运送单元时在工地进行的拼接。这种拼接的位置一般在节点处，为减轻节点板负担，通常不利用节点板作为拼接材料，而以拼接角钢传递弦杆内力。拼接角钢宜采用与弦杆相同的截面，使弦杆在拼接处保持原有的强度和刚度。

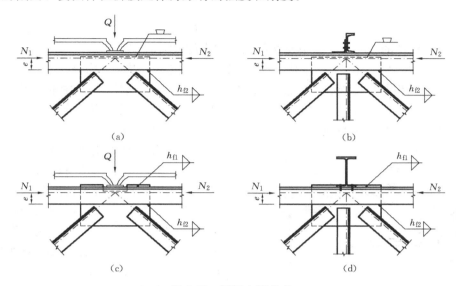

图 2-35　屋架上弦节点

（a）、（b）节点板缩进上弦外表面；（c）、（d）节点板伸出上弦外表面

为了使拼接角钢与弦杆紧密相贴，应将拼接角钢的棱角铲去，为便于施焊，还应将拼接角钢的竖肢切去 $\Delta = t + h_f + 5\mathrm{mm}$（图 2-36b），式中 t 为角钢厚度，h_f 为拼接焊缝的焊脚尺寸。连接角钢截面的削弱，可以由节点板（拼接位置在节点处）或角钢之间的填板（拼接位置在节点范围外）来补偿。

屋脊节点处的拼接角钢，一般采用热弯成形。当屋面坡度较大且拼接角钢肢较宽时，可将角钢竖肢切口再弯折后焊成（图 2-36b）。工地焊接时，为便于现场安装，拼接节点要

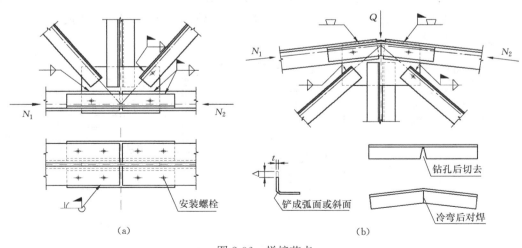

图 2-36　拼接节点

（a）下弦工地拼接节点；（b）上弦工地拼接节点

设置安装螺栓。此外，为避免双插，应使拼接角钢和节点板不连在同一运输单元上，有时也可把拼接角钢作为单独的运输零件。拼接角钢或拼接钢板的长度，应根据所需焊缝长度决定。接头一侧的连接焊缝总长度应为

$$\sum l_{\mathrm{w}} \geqslant \frac{N}{0.7 h_{\mathrm{f}} f_{\mathrm{f}}^{\mathrm{w}}} \tag{2-16}$$

式中 N——杆件的轴心力，取节点两侧弦杆内力的较大值。

双角钢的拼接中，上式得出的焊缝计算长度$\sum l_{\mathrm{w}}$按4条焊缝平均分配。

弦杆与节点板的连接焊缝，应按式（2-8）和式（2-9）计算，公式中的ΔN取为相邻节间弦杆内力之差或弦杆最大内力的15%，两者取较大值。当节点处有集中荷载时，则应采用上述ΔN值和集中荷载Q值按式（2-14）和式（2-15）验算。

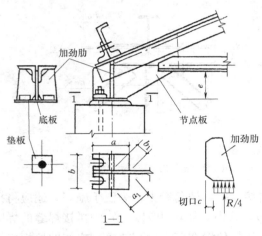

图 2-37 三角形屋架的支座节点
a—底板长度；b—底板宽度；c—支座加劲肋切口宽度

④ 角钢桁架的支座节点

屋架与柱子的连接可以做成铰接或刚接。支承于钢筋混凝土柱或砌体柱的屋架一般都是按铰接设计，而屋架与钢柱的连接则通常做成刚接。图 2-37 为三角形屋架的支座节点，图 2-38 为铰接人字形或梯形屋架的支座节点示例。

支于混凝土柱的支座节点由节点板、底板、加劲肋和锚栓组成。支座节点的中心应在加劲肋上，加劲肋起分担支承处支座反力的作用，它还是保证支座节点板平面外刚度的必要零件。为便于施焊，屋架下弦角钢背与支座底板的距离 e（图 2-37、图 2-38）不宜小于下弦角钢伸出肢的宽度，也不宜小于130mm。屋架支座底板与柱顶用锚栓相连，锚栓预埋于柱顶，直径通常为20～24mm。为便于安装时调整位置，底板上的锚栓孔径宜为锚栓直径的2～2.5倍，或采用椭圆孔，屋架就位后再加小垫板套住锚栓并用工地焊缝与底板焊牢，小垫板上的孔径只比锚栓直径大1～2mm。

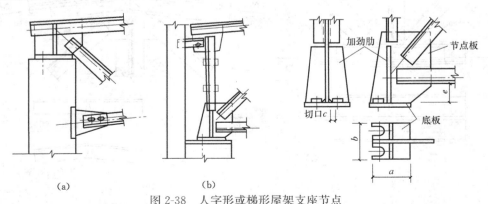

图 2-38 人字形或梯形屋架支座节点
（a）上承式（下弦角钢端部为圆孔，但节点板上为长圆孔）；（b）下承式

支座节点的传力路线是：桁架各杆件的内力通过杆端焊缝传给节点板，然后经节点板与加劲肋之间的垂直焊缝，把一部分力传给加劲肋，再通过节点板、加劲肋与底板的水平焊缝把全部支座压力传给底板，最后传给支座。因此，支座节点的计算可按以下步骤进行。

a. 支座底板的计算

底板毛面积应为

$$A = ab \geqslant \frac{R}{f_c} + A_0 \tag{2-17}$$

式中　　R——支座反力；

　　　　f_c——支座混凝土局部承压强度设计值；

　　　　A_0——锚栓孔的面积。

按计算需要的底板面积一般较小，主要根据构造要求（锚栓孔直径、位置以及支承的稳定性等）确定底板的平面尺寸。

底板的厚度应按底板下柱顶反力（假定为均匀分布）作用产生的弯矩决定。例如，图2-37的底板经节点板及加劲肋分隔后成为两相邻边支承的4块板，其单位宽度的弯矩按下式计算：

$$M = \beta q a_1^2 \tag{2-18}$$

式中　　q——底板下反力的平均值，$q = \dfrac{R}{(A - A_0)}$；

　　　　β——系数，由 b_1/a_1 值按表 1-35 查得；

　　a_1、b_1——对角线长度及其中点至另一对角点的距离（图 2-37）。

底板的厚度应为

$$t \geqslant \sqrt{\frac{6M}{f}} \tag{2-19}$$

为使柱顶反力比较均匀，底板不宜太薄，一般其厚度不宜小于 16mm。

b. 加劲肋的计算

加劲肋的高度由节点板的尺寸决定，其厚度取等于或略小于节点板的厚度。加劲肋可视为支承于节点板上的悬臂梁，一个加劲肋通常假定传递支座反力的 1/4，如图 2-37 所示，它与节点板的连接焊缝承受剪力 $V = R/4$ 和 $M = V \cdot b/4$，并应按下式验算：

$$\sqrt{\left(\frac{V}{2 \times 0.7 h_f l_w}\right)^2 + \left(\frac{6M}{2 \times 0.7 h_f l_w^2 \beta_f}\right)^2} \leqslant f_f^w \tag{2-20}$$

c. 支座底板焊缝计算

底板与节点板、加劲肋的连接焊缝按承受全部支座反力 R 计算。验算式为

$$\sigma_f = \frac{R}{0.7 h_f \sum l_w} \leqslant \beta_f f_f^w \tag{2-21}$$

其中焊缝计算长度之和 $\sum l_w = 2a + 2(b - t - 2c) - 12 h_f$，$t$ 和 c 分别为节点板厚度和加劲肋切口宽度（图 2-37、图 2-38）。

（3）T 型钢作弦杆的屋架节点

采用 T 型钢作屋架弦杆，当腹杆也用 T 型钢或单角钢时，腹杆与弦杆的连接不需要节点板，直接焊接可省工省料，当腹板采用双角钢时，有时需设节点板（图 2-39），节点

板与弦杆的连接采用对接焊缝，此焊缝承受弦杆相邻节间的内力差 $\Delta N = N_2 - N_1$ 及内力差产生的偏心弯矩 $M = \Delta N \cdot e$，可按下式进行计算：

$$\tau = \frac{1.5\Delta N}{l_w t} \leqslant f_v^w \tag{2-22}$$

$$\sigma = \frac{\Delta N e}{\frac{1}{6}t l_w^2} \leqslant f_f^w \text{ 或 } f_c^w \tag{2-23}$$

式中　l_w——由斜腹杆焊缝确定的节点板长度，无引弧板施焊时要除去起灭弧缺陷；

　　　　t——节点板厚度，通常取与 T 型钢等厚或相差不超过 1mm；

　　　f_v^w——对接焊缝抗剪强度设计值；

f_f^w、f_c^w——对接焊缝抗拉、抗压强度设计值。

　　角钢腹板与节点板的焊缝计算同角钢桁架，由于节点板与 T 型钢腹板等厚（或相差 1mm），所以腹杆可伸入 T 型钢腹板（图 2-39），这样可减小节点板尺寸。

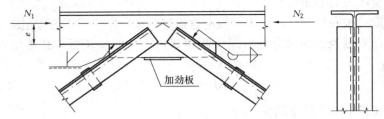

图 2-39　T 型钢作弦杆的屋架节点

2.3.4.6　连接节点处板件的计算

（1）连接节点处的板件在拉、剪作用下的强度，必要时（例如节点板厚度不满足表 3-4 的要求时）可采用下列公式计算（图 2-40）：

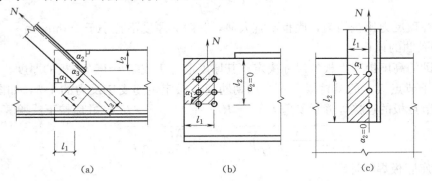

图 2-40　板件的拉、剪撕裂

(a) 焊缝连接；(b)、(c) 螺栓（铆钉）连接

$$N / \sum(\eta_i A_i) \leqslant f \tag{2-24}$$

$$\eta_i = 1 / \sqrt{1 + 2\cos^2\alpha_i} \tag{2-25}$$

式中　N——作用于板件的拉力；

　$A_i = t l_i$——第 i 段破坏面的截面积，当为螺栓（或铆钉）连接时取净截面面积；

　　　　t——板件的厚度；

l_i —— 第 i 段破坏段的长度，应取板件中最危险的破坏线的长度（图 2-40）；

η_i —— 第 i 段的拉剪折算系数；

α_i —— 第 i 段破坏线与拉力轴线的夹角。

（2）桁架节点板的强度除按式（2-24）验算外也可以用有效宽度法按下式计算：

$$\sigma = N/(b_e t) \leqslant f \qquad (2\text{-}26)$$

式中　b_e —— 板件的有效宽度（图 2-41），当用螺栓（或铆钉）连接时，应取净宽度（图 2-41b），图中 θ 为应力扩散角，可取为 30°。

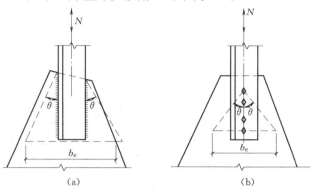

图 2-41　板件的有效宽度

(a) 焊缝连接；(b) 螺栓（铆钉）连接

（3）为了保证桁架节点板在斜腹杆压力作用下的稳定性，受压腹杆连接肢端面中点沿腹杆轴线方向至弦杆边缘的净距离 c（图 2-40a），应满足下列条件：

① 对有竖腹杆相连的节点板，$c/t \leqslant 15\sqrt{235/f_y}$；

② 对无竖腹杆相连的节点板，$c/t \leqslant 10\sqrt{235/f_y}$；且 $N \leqslant 0.8 b_e t f$。

（4）在采用上述方法计算节点板的强度和稳定时，尚应满足下列要求：

① 节点板边缘与腹杆轴线之间的夹角不应小于 15°；

② 斜腹杆与弦杆的夹角应在 30°～60° 之间；

③ 节点板的自由边长度 l_f 与厚度 t 之比不得大于 $60\sqrt{235/f_y}$，否则应根据构造要求沿自由边设加劲肋予以加强（图 2-39）。

【例 2-1】 简支人字形屋架设计。

1. 设计资料

某厂房长 96m，高度 20m，屋面坡度 1/10；已知柱距 12m，跨度 30m，采用人字形屋架，铰支于钢筋混凝土柱上，混凝土强度等级为 C20；屋面材料为长尺压型钢板，轧制 H 型钢檩条的水平间距为 5m。

基本风压为 0.5kN/m²，雪荷载为 0.20kN/m²；钢材采用 Q235B，手工焊条采用 E4315（低氢型）。

对支承轻型屋面的屋架，自重可按 0.01L 估算，L 为屋架的跨度。

2. 屋架尺寸，支撑布置

屋架计算跨度 $L_0 = L = 30000$mm，端部及中部高度均取为 2000mm。屋架杆件几何长度如图 2-42 所示，支撑布置如图 2-43 所示。

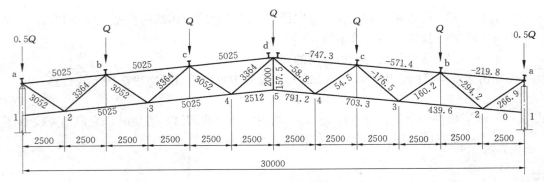

单位：屋架几何尺寸(mm)，屋架内力设计值(kN)

图 2-42 屋架杆件几何长度及内力设计值

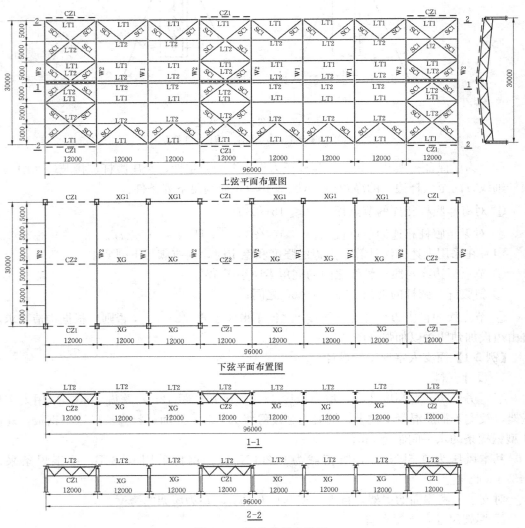

上弦平面布置图

下弦平面布置图

1-1

2-2

图 2-43 屋盖支撑布置图

3. 荷载、内力计算及内力组合

（1）永久荷载（水平投影面）：

压型钢板	$0.15 \times \dfrac{\sqrt{101}}{10} = 0.151 \mathrm{kN/m^2}$
檩条	$0.10 \mathrm{kN/m^2}$
屋架及支撑自重	$0.01L = 0.30 \mathrm{kN/m^2}$
合计	$0.551 \mathrm{kN/m^2}$

（2）因屋架受荷水平投影面积超过 $60 \mathrm{m^2}$，故屋面均布活荷载取为（水平投影面）$0.30 \mathrm{kN/m^2}$，大于雪荷载，因此不考虑雪荷载。

（3）风荷载：风荷载高度变化系数为 1.23，屋面迎风面的体形系数为 -0.6，背风面为 -0.5，所以负风压的设计值（垂直于屋面）：

迎风面：$w_1 = -1.5 \times 0.6 \times 1.23 \times 0.50 = -0.554 \mathrm{kN/m^2}$

背风面：$w_2 = -1.5 \times 0.5 \times 1.23 \times 0.50 = -0.461 \mathrm{kN/m^2}$

w_1 和 w_2 垂直于水平面的分力未超过荷载分项系数取 1.0 时的永久荷载，故拉杆的长细比依然控制在 350 以内。

（4）上弦节点集中荷载设计值：按持久设计状况的基本组合的最不利值计算：
$$Q = (1.3 \times 0.551 + 1.5 \times 1.0 \times 0.30) \times 5 \times 12 = 69.98 \mathrm{kN}$$

（5）内力计算。

跨度中央每侧各两根腹杆，在半跨荷载作用下可能反号，按压杆控制长细比，不考虑半跨荷载作用情况，只计算全跨满载时的杆件内力。因杆件较少，以数解法（截面法、节点法）求出各杆件内力，如图 2-42 所示。

4. 杆件截面选择

腹杆最大内力 $N = -294.2 \mathrm{kN}$，因本屋架最大内力所在节点无竖腹杆又无加劲肋加强，应将最大压力乘以 1.25（等于 $-367.75 \mathrm{kN}$），查表 2-4，选用中间节点板厚度 $t = 10 \mathrm{mm}$。

（1）上弦

整个上弦不改变截面，按最大内力计算。$N_{\max} = -747.3 \mathrm{kN}$，$l_{0x} = l_{0y} = 502.5 \mathrm{cm}$，$x$、$y$ 轴参见图 2-26（g）。

选用 TM195×300×10×16，$A = 68.37 \mathrm{cm^2}$，$i_x = 5.03 \mathrm{cm}$，$i_y = 7.26 \mathrm{cm}$，$z_0 = 3.4 \mathrm{cm}$。

$$\lambda_x = \frac{l_{0x}}{i_x} = \frac{502.5}{5.03} = 99.9 < [\lambda] = 150$$

$$\lambda_y = \frac{l_{0y}}{i_y} = \frac{502.5}{7.26} = 69.2 < [\lambda] = 150$$

对于单轴对称截面，其绕对称轴（y 轴）的失稳为弯扭屈曲，应采用换算长细比 λ_{yz}：

$$\lambda_{yz} = \left[\frac{(\lambda_y^2 + \lambda_z^2) + \sqrt{(\lambda_y^2 + \lambda_z^2)^2 - 4(1 - y_s^2/i_0^2)\lambda_y^2 \lambda_z^2}}{2} \right]^{\frac{1}{2}}$$

其中：

$$y_s^2 = \left(z_0 - \frac{t_2}{2}\right)^2 = (3.4 - 0.8)^2 = 6.76\text{cm}^2$$

$$i_0^2 = y_s^2 + i_x^2 + i_y^2 = 6.76 + 5.03^2 + 7.26^2 = 84.77\text{cm}^2$$

$$I_t = \frac{k}{3}\sum_{i=1}^{2} b_i t_i^3 = \frac{1.15}{3} \times [(19.5 - 1.6) \times 1.0^3 + 30 \times 1.6^3] = 53.97\text{cm}^4$$

$$I_w = 0$$

$$\lambda_z^2 = I_0^2/(I_t/25.7 + I_w/l_w^2)$$

$$= i_0^2 A/(I_t/25.7 + I_w/l_w^2)$$

$$= 84.77 \times 68.37/(54.16/25.7)$$

$$= 2750.2$$

$$\lambda_{yz} = \left[\frac{(69.2^2 + 2750.2) + \sqrt{(69.2^2 + 2750.2)^2 - 4 \times (1 - 6.76/84.77) \times 69.2^2 \times 2750.2}}{2}\right]^{\frac{1}{2}}$$

$$= 72.21 < \lambda_x = 99.9$$

由 λ_x 查得 $\varphi_x = 0.555$（b 类），则

$$\frac{N}{\varphi_x A f} = \frac{747.3 \times 10^3}{0.555 \times 68.37 \times 10^2 \times 215} = 0.916 < 1.0$$

（2）下弦

下弦也不改变截面，按最大内力计算，$N_{max} = 791.2\text{kN}$，$l_{0x} = 502.5\text{cm}$，$l_{0y} = 1500\text{cm}$，x、y 轴参见图 2-26（f）。

$$A \geqslant \frac{N}{f} = \frac{791.2 \times 10^3}{215} = 3680\text{mm}^2$$

$$i_x \geqslant \frac{l_{0x}}{[\lambda]} = \frac{502.5}{350} = 1.44\text{cm}$$

$$i_y \geqslant \frac{l_{0y}}{[\lambda]} = \frac{1500}{350} = 4.29\text{cm}$$

选用 TW125×250×9×14，A=46.09cm²，i_x=2.99cm，i_y=6.29cm，z_0=2.08cm。

$$\sigma = \frac{N}{A} = \frac{791.2 \times 10^3}{46.09 \times 10^2} = 171.7\text{N/mm}^2 < f = 215\text{N/mm}^2$$

$$\lambda_x = 502.5/2.99 = 168.1 < [\lambda] = 350$$

$$\lambda_y = 1500/6.29 = 238.5 < [\lambda] = 350$$

（3）斜腹杆

① 杆件 a-2：N=266.9kN，$l_{0x} = l_{0y} = 305.2\text{cm}$，$x$、$y$ 轴参见图 2-26（c）。

选用 2∟75×50×6（长肢相并），$A = 14.52\text{cm}^2$，$i_x = 2.38\text{cm}$，$i_y = 2.23\text{cm}$。

$$\lambda_x < \lambda_y = \frac{l_{0y}}{i_y} = \frac{305.2}{2.23} = 136.9 < [\lambda] = 350$$

$$\sigma = \frac{N}{A} = \frac{266.9 \times 10^3}{14.52 \times 10^2} = 183.8 \text{N/mm}^2 < f = 215 \text{N/mm}^2$$

填板放两块，$l_a = 101.7 \text{cm} < 80 i_1 = 80 \times 1.42 = 113.6 \text{cm}$。

②杆件 b-2：

$N = -294.2 \text{kN}$，$l_{0x} = 0.8l = 0.8 \times 336.4 = 269.1 \text{cm}$，$l_{0y} = l = 336.4 \text{cm}$，$x$、$y$ 轴参见图 2-26（a）。

选用 $2 \llcorner 90 \times 7$，$A = 24.6 \text{cm}^2$，$i_x = 2.78 \text{cm}$，$i_y = 4.07 \text{cm}$。

$$\lambda_x = \frac{l_{0x}}{i_x} = \frac{269.1}{2.78} = 96.8 < [\lambda] = 150$$

$$\lambda_y = \frac{l_{0y}}{i_y} = \lambda_y = \frac{336.4}{4.07} = 82.7 < [\lambda] = 150$$

因为

$$\lambda_z = 3.9 \frac{b}{t} = 3.9 \times \frac{9}{0.7} = 50.1 < \lambda_y$$

所以

$$\lambda_{yz} = \lambda_y \left[1 + 0.16 \times \left(\frac{\lambda_z}{\lambda_y} \right)^2 \right] = 82.7 \times \left[1 + 0.16 \times \left(\frac{50.1}{82.7} \right)^2 \right] = 87.6 < [\lambda] = 150$$

$\lambda_x > \lambda_{yz}$，由 λ_x 查得 $\varphi_x = 0.576$（b 类），则

$$\frac{N}{\varphi_x A f} = \frac{294.2 \times 10^3}{0.576 \times 24.6 \times 10^2 \times 215} = 0.966 < 1.0$$

填板放两块，$l_a = 112.1 \text{cm} \approx 40 i_1 = 40 \times 2.78 = 111.2 \text{cm}$。

③杆件 b-3：$N = 160.2 \text{kN}$，$l_{0x} = 0.8l = 0.8 \times 305.2 = 244.2 \text{cm}$，$l_{0y} = l = 305.2 \text{cm}$，$x$、$y$ 轴参见图 2-26（a）。

选用 $2 \llcorner 50 \times 5$，$A = 9.6 \text{cm}^2$，$i_x = 1.53 \text{cm}$，$i_y = 2.45 \text{cm}$。

$$\lambda_x = \frac{l_{0x}}{i_x} = \frac{244.2}{1.53} = 159.6 < [\lambda] = 350$$

$$\lambda_y = \frac{l_{0y}}{i_y} = \frac{305.2}{2.45} = 124.6 < [\lambda] = 350$$

$$\frac{N}{A} = \frac{160.2 \times 10^3}{9.6 \times 10^2} = 166.9 \text{N/mm}^2 < 215 \text{N/mm}^2$$

填板放两块，$l_a = 101.7 \text{cm} < 80 i_1 = 80 \times 1.53 = 122.4 \text{cm}$。

其余杆件截面见表 2-6，需要注意的是连接垂直支撑的中央竖杆采用十字形截面，其斜平面计算长度 $l_0 = 0.9l$。

表 2-6

人字形屋架杆件截面选用表

杆件名称	杆件号	内力设计值 N (kN)	计算长度 (m) l_{0x}	计算长度 (m) l_{0y}	选用截面	截面积 A (cm²)	受力类型	长细比 λ_{0x}	长细比 λ_y (λ_{yz})	φ_{min}	计算应力 (N/mm²)	容许长细比 [λ]	肢背和肢尖焊缝 (mm)	节间填板数
上弦杆	a-b	-219.8	5.025	5.025	TM195×300 ×10×16	68.37	压杆	99.9	69.2 (72.21)	0.555	196.9	150	—	—
	b-c	-571.4												
	c-d	-747.3												
下弦杆	1-2	0	5.025	15.000	TW125×250 ×9×14	46.09	拉杆	168.1	238.5	—	171.7	350	—	—
	2-3	439.6												
	3-4	703.3												
	4-5	791.2												
斜腹杆	a-2	266.9	3.052	3.052	2L75×50×6	14.52	拉杆	128.2	136.9	—	183.8	350	6-150 5-90	2
	b-2	-294.2	0.8×3.364=2.691	3.364	2L90×7	24.60	压杆	96.8	82.7 (87.6)	0.576	207.6	150	6-160 5-100	2
	b-3	160.2	0.8×3.052=2.442	3.052	2L50×5	9.60	拉杆	159.6	124.6	—	166.9	350	6-95 5-60	2
	c-3	-176.5	0.8×3.364=2.691	3.364	2L80×6	18.8	压杆	108.9	92.2 (96.9)	0.500	187.8	150	6-100 5-60	3
	c-4	54.5	0.8×3.052=2.442	3.052	2L63×5	12.28	拉杆	125.9	103.1	—	44.4	150	6-60 5-60	3
	d-4	-58.8	0.8×3.364=2.691	3.364	2L63×5	12.28	压杆	138.7	113.6 (117.0)	0.350	136.8	150	6-60 5-60	3
竖腹杆	d-5	157.5	0.9×2.000=1.800		2L50×5 十字形 截面	9.60	拉杆	62.3	93.8	—	164.1	200	6-90 5-60	4

注：屋架跨中两侧的斜腹杆 c-4 和 d-4 在半跨荷载作用下内力可能反号，容许长细比按压杆控制，取 200。

5. 节点设计

由于上弦杆腹板厚度 10mm，下弦杆腹板厚度 9mm，故支座节点和中间节点的节点板厚度均取用 10mm。

（1）下弦节点"2"（见图 2-44）

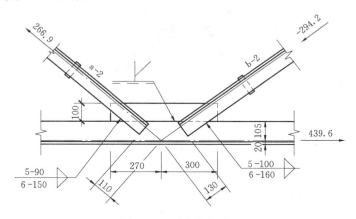

图 2-44　下弦节点"2"

先算腹杆与节点板的连接焊缝：a-2 杆肢背及肢尖焊缝的焊脚尺寸取 $h_{f1} = 6mm$，$h_{f2} = 5mm$，则需所焊缝长度：

肢背
$$l_{w_1} = \frac{\frac{2}{3} \times 266.9 \times 10^3}{2 \times 0.7 \times 6 \times 160} + 12 = 144.4mm，取 150mm$$

肢尖
$$l_{w_2} = \frac{\frac{1}{3} \times 266.9 \times 10^3}{2 \times 0.7 \times 5 \times 160} + 10 = 89.4mm，取 90mm$$

腹杆 b-2 的杆端焊缝同理计算，肢背用 6-160，肢尖用 5-100。

验算下弦杆与节点板连接焊缝，内力差 $\Delta N = 439.6kN$。由斜腹杆焊缝决定的节点板尺寸，量得实际节点板长度是 570mm，钢板厚度 10mm，考虑起、灭弧的影响，对接焊缝计算长度取 $570 - 2 \times 10 = 550mm$。此对接焊缝承受剪力 $V = 439.6kN$，弯矩 $M = 439.6 \times 10.5 = 4615.8kN \cdot cm$。

剪应力：
$$\tau = \frac{1.5V}{l_w t} = \frac{1.5 \times 439.6 \times 10^3}{550 \times 10} = 119.9N/mm^2 < f_v^w = 125N/mm^2$$

弯曲应力：
$$\sigma = \frac{M}{W} = \frac{4615.8 \times 10^4}{\frac{1}{6} \times 9 \times 550^2} = 101.7N/mm^2 < f_t^w = 215N/mm^2$$

（2）上弦节点"b"（见图 2-45）

此上弦节点连接 b-2 和 b-3 两根腹杆，经计算，b-2 杆端焊缝为：肢背 6-160，肢尖 5-100；而 b-3 杆端焊缝为：肢背 6-95，肢尖 5-60（表 2-6）。由于上弦杆腹板较宽，经用大样图核实，此节点可以将腹杆直接焊在腹板上，而不必另加节点板（图 2-45）。

上弦节点 "c" 的构造与节点 "b" 类似。

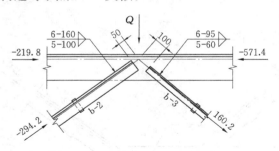

图 2-45　上弦节点 "b"

（3）屋脊节点 "d"（拼接节点，图 2-46）

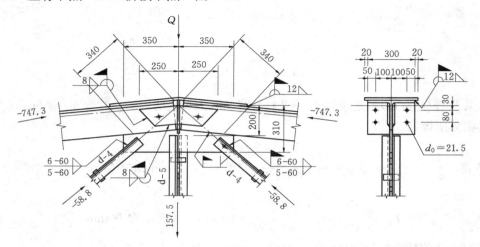

图 2-46　屋脊节点 "d"

腹杆杆端焊缝计算从略。弦杆的拼接采用水平盖板和竖向拼接板连接，水平盖板（宽 340mm，厚 16mm）和竖向拼接板（宽 120mm，厚 10mm）与 T 字形钢弦杆的翼缘和腹板等强度连接，计算如下。

翼缘焊缝（采用 $h_f = 12$mm）

$$N_翼 = 300 \times 16 \times 215 = 1032\text{kN}$$

$$l_w = \frac{1032 \times 10^3}{2 \times 0.7 \times 12 \times 160} = 384\text{mm}$$

水平盖板长：

$$L = 2 \times 384 + 10 + 2 \times 19.5 + 4 \times 12 = 865 \approx 870\text{mm}$$

腹板焊缝（采用 $h_f = 8$mm）：

$$N_腹板 = (195 - 16) \times 10 \times 215 = 385\text{kN}$$

$$l_w = \frac{385 \times 10^3}{2 \times 0.7 \times 8 \times 160} = 215mm$$

竖向拼接板的内侧不能焊接，将其端部切斜以便施焊。竖向拼接板长 $L = 500mm$，其端部和外侧纵焊缝已超过需要的焊缝长度。

（4）支座节点"a"（图2-47）

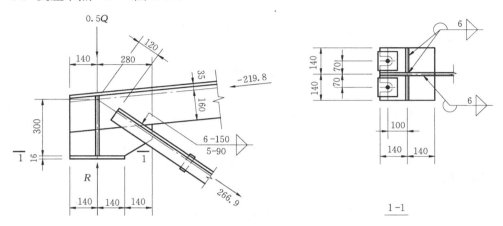

图 2-47　支座节点"a"

①弦杆与支座节点板的对接焊缝计算，此焊缝承受：

$$V = N = 219.8kN$$

$$M = N \cdot e = 219.8 \times 16 = 3516.8kN \cdot cm$$

剪应力：

$$\tau = \frac{1.5V}{l_w t} = \frac{1.5 \times 219.8 \times 10^3}{(420 - 20) \times 10} = 82.4N/mm^2 < f_v^w = 125N/mm^2$$

弯曲应力：

$$\sigma = \frac{M}{W} = \frac{3516.8 \times 10^4}{\frac{1}{6} \times 10 \times (420 - 20)^2} = 132N/mm^2 < f_t^w = 185N/mm^2$$

杆端焊缝计算从略。

②底板计算：

支反力 $R = 209.94kN$，$f_c = 9.6N/mm^2$，所需底板净面积：

$$A_n = \frac{209.94 \times 10^3}{9.6} = 218.7cm^2$$

锚栓直径取 $d = 24mm$，锚栓孔直径为 $50mm$，则所需底板毛面积：

$$A = A_n + A_0 = 218.7 + 2 \times 3 \times 5 + \frac{3.14 \times 5^2}{4} = 268.3cm^2$$

按构造要求采用底板面积为 $a \times b = 28 \times 28 = 784cm^2 > 268.3cm^2$，垫板采用一100×

100×20，孔径 26mm。底板实际应力：

$$A_n = 784 - 2\times3\times5 - \frac{3.14\times5^2}{4} = 734.4\text{cm}^2$$

$$q = \frac{209.94\times10^3}{734.4\times10^2} = 2.86\text{N/mm}^2$$

$$a_1 = \left(140 - \frac{10}{2}\right)\times\sqrt{2} = 191\text{mm}$$

$$b_1 = \frac{a_1}{2} = 95.5\text{mm}$$

$\dfrac{b_1}{a_1} = 0.5$，查表 1-35 得 $\beta = 0.056$，则

$$M = \beta q a_1^2 = 0.056\times2.86\times191^2 = 5843\text{N}\cdot\text{mm}$$

所需底板厚度

$$t \geqslant \sqrt{\frac{6M}{f}} = \sqrt{\frac{6\times5843}{215}} = 12.8\text{mm}$$

用 $t=16$mm，底板尺寸为－$280\times280\times16$。

③加劲肋与节点板连接焊缝计算：

一个加劲肋的连接焊缝所承受的内力取为

$$V = \frac{R}{4} = \frac{209.94}{4} = 52.5\text{kN}$$

$$M = V\cdot e = 52.5\times\frac{13.5}{2} = 354.4\text{kN}\cdot\text{cm}$$

加劲肋厚度取与中间节点板相同－$316\times135\times10$。采用 $h_f=6$mm，验算焊缝应力：

焊缝计算长度：$l_w = 316 - 2\times20 - 2\times6 = 264$mm

对 V：$\tau_f = \dfrac{52.5\times10^3}{2\times0.7\times6\times264} = 23.7\text{N/mm}^2$

对 M：$\sigma_f = \dfrac{6\times354.4\times10^4}{2\times0.7\times6\times264^2} = 36.3\text{N/mm}^2$

$$\sqrt{\left(\frac{36.3}{1.22}\right)^2 + 23.7^2} = 38.0\text{N/mm}^2 < f_f^w = 160\text{N/mm}^2$$

④节点板、加劲肋与底板连接焊缝计算。

采用 $h_f=6$mm，实际的焊缝总长度：

$$\Sigma l = 2(280 + 115\times2) - 6\times2\times6 = 948\text{mm}$$

焊缝设计应力：

$$\sigma_f = \frac{209.94\times10^3}{0.7\times6\times948} = 52.7\text{N/mm}^2 < \beta_f\cdot f_f^w = 1.22\times160 = 195.2\text{N/mm}^2$$

人字形屋架施工图如图 2-48 所示。

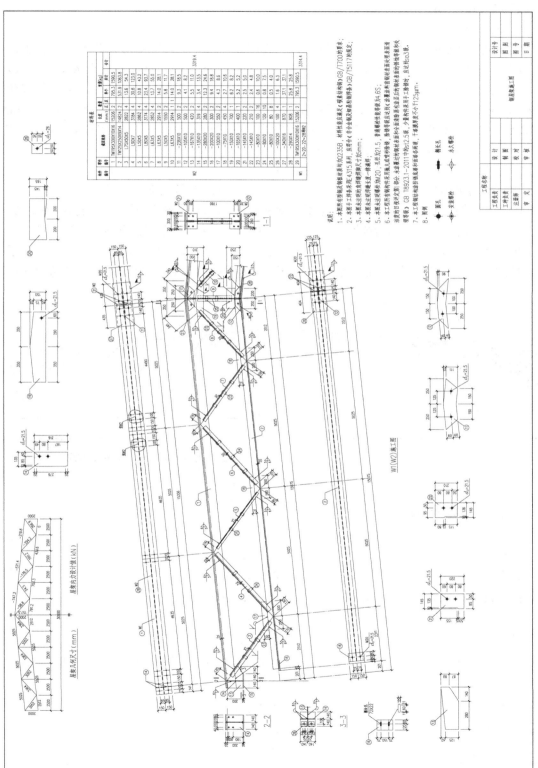

图 2-48 人字形屋架施工图

【例 2-2】 梯形屋架设计例题。

1. 设计资料

某车间长 102m，跨度 30m，柱距 6m。车间内设有两台 20/5t 中级工作制吊车。工作温度高于 −20℃，地震设防烈度为 7 度。采用 1.5m×6m 预应力钢筋混凝土大型屋面板，8cm 厚泡沫混凝土保温层，卷材屋面，屋面坡度 $i=1/10$。雪荷载为 0.5kN/m²，积灰荷载为 0.65kN/m²。屋架铰支在钢筋混凝土柱上，上柱截面为 400mm×400mm，混凝土强度等级为 C20。要求设计钢屋架并绘制施工图（对支承重型屋面的钢屋架，自重可按 $0.12+0.011L$ 估算，L 为屋架的跨度）。

2. 屋架形式、尺寸、材料选择及支撑布置

本例题为无檩屋盖方案，$i=1/10$，采用平坡再分式梯形屋架。屋架计算跨度 $L_0=30000$mm，端部高度 $H_0=2000$mm，中部高度 $H_0=3500$mm，屋架杆件几何长度见图 2-49。根据建造地区的计算温度和荷载性质，钢材采用 Q235B。手工焊条采用 E4315（低氢型）。

根据车间长度、屋架跨度和荷载情况，设置上、下弦横向水平支撑、垂直支撑和系杆，见图 2-50。因连接孔和连接零件上有区别，图中钢屋架给了 W1、W2 和 W3 三种编号。

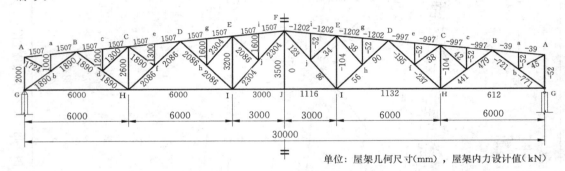

单位：屋架几何尺寸(mm)，屋架内力设计值（kN）

图 2-49　梯形屋架杆件几何长度及内力设计值

3. 荷载和内力计算

（1）荷载计算

二毡三油上铺小石子	0.35kN/m²
找平层（2cm 厚）	0.40kN/m²
泡沫混凝土保温层（8cm 厚）	0.50kN/m²
预应力混凝土大型屋面板（包括灌缝）	1.40kN/m²
悬挂管道	0.10kN/m²
屋架和支撑自重	$0.12+0.011L=0.12+0.011×30=0.45$kN/m²
恒载总和	3.20kN/m²
活荷载（或雪荷载）	0.50kN/m²
积灰荷载	0.65kN/m²
可变荷载总和	1.15kN/m²

屋面坡度不大，对荷载影响小，不考虑坡度的影响。风荷载对屋面为吸力，重屋盖可

不考虑。

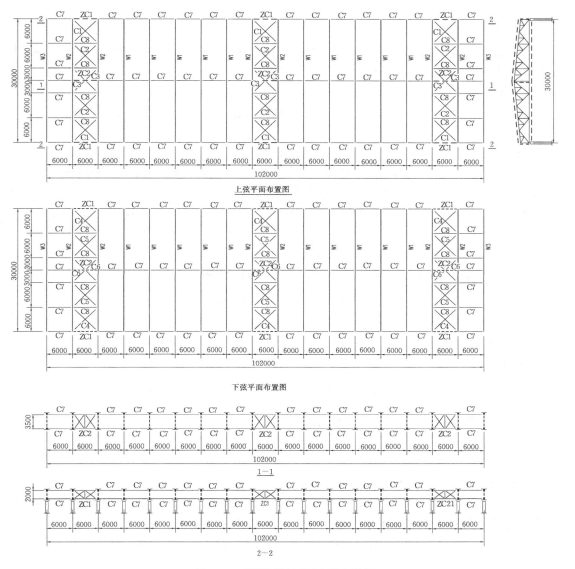

图 2-50 梯形屋架屋面支撑布置图

（2）荷载组合

一般考虑全跨荷载，本例题在设计杆件截面时，将跨度中央每侧各两根斜腹杆均按压杆控制其长细比，以考虑半跨荷载布置的情况。

按持久设计状况的基本组合的最不利值计算节点荷载（永久荷载分项系数 $\gamma_G = 1.3$；屋面活荷载或雪荷载：$\gamma_{Q1} = 1.5$，组合系数 $\psi_1 = 0.7$；积灰荷载：$\gamma_{Q2} = 1.5$，$\psi_2 = 0.9$）：

$$F_{d1} = (1.3 \times 3.2 + 1.5 \times 1.0 \times 0.5 + 1.5 \times 1.0 \times 0.9 \times 0.65) \times 1.5 \times 6 = 52.1 \text{kN}$$

$$F_{d2} = (1.3 \times 3.2 + 1.5 \times 1.0 \times 0.65 + 1.5 \times 1.0 \times 0.7 \times 0.5) \times 1.5 \times 6 = 50.9 \text{kN}$$

故节点荷载取最不利荷载组合 $Q = 52.1 \text{kN}$。

支座反力
$$R_d = 10F_d = 521\text{kN}$$

（3）内力计算

用图解法或数解法皆可解出全跨荷载作用下屋架杆件的内力。其内力设计值见图 2-49。

4. 截面选择

腹杆最大内为 771kN，查表 3-4，选用中间节点板厚度 $t = 14\text{mm}$，支座节点板厚度 16mm。

（1）上弦

整个上弦不改变截面，按最大内力计算。$N_{max} = -1202\text{kN}$，$l_{0x} = 150.7\text{cm}$，$l_{0y} = 300.0\text{cm}$（l_1 取两块屋面板宽度），x、y 轴参见图 2-26（b）。

选用 2∟ $200 \times 125 \times 12$（短肢相并），$A = 75.82\text{cm}^2$，$i_x = 3.57\text{cm}$，$i_y = 9.69\text{cm}$，则
$$\lambda_x = l_{0x}/i_x = 150.7/3.57 = 42.2 < [\lambda] = 150$$
$$\lambda_y = l_{0y}/i_y = 300/9.69 = 31.0 < [\lambda] = 150$$

双角钢 T 形截面绕对称轴 y 轴屈曲应按弯扭屈曲计算换算长细比 λ_{yz}：
$$\lambda_z = 3.7\frac{b}{t} = 3.7 \times \frac{200}{12} = 61.7 > \lambda_y$$
$$\lambda_{yz} = \lambda_z\left[1 + 0.06 \times \left(\frac{\lambda_y}{\lambda_z}\right)^2\right] = 61.7 \times \left[1 + 0.06 \times \left(\frac{31.0}{61.7}\right)^2\right] = 62.6$$

故由 $\lambda_{max} = \lambda_{yz} = 62.6$，查得 $\varphi = 0.793$（b 类），则
$$\frac{N}{\varphi A f} = \frac{1202 \times 10^3}{0.793 \times 75.82 \times 10^2 \times 215} = 0.930 < 1.0$$

填板每个节间放一块（满足 l_1 范围内不少于两块）：
$$l_a = 75.4\text{cm} < 40i_1 = 40 \times 6.44 = 257.6\text{cm}$$

（2）下弦

下弦也不改变截面，按最大内力计算。

$N_{max} = 1132\text{kN}$，$l_{0x} = 600\text{cm}$，$l_{0y} = 1500\text{cm}$，x、y 轴参见图 2-26（b）。连接支撑的螺栓孔中心至节点板边缘的距离不小于 100mm，可不考虑螺栓孔削弱。

选用 2∟ $180 \times 110 \times 10$（短肢相并），$A = 56.75\text{cm}^2$，$i_x = 3.13\text{cm}$，$i_y = 8.78\text{cm}$，则
$$\lambda_x = 600/3.13 = 191.7 < [\lambda] = 350$$
$$\lambda_y = 1500/8.78 = 170.8 < [\lambda] = 350$$
$$\frac{N}{A} = \frac{1132 \times 10^3}{56.75 \times 10^2} = 199.5\text{N/mm}^2 < f = 215\text{N/mm}^2$$

填板每个节间放一块：
$$l_a = 300\text{cm} < 80i_1 = 80 \times 5.81 = 464.8\text{cm}$$

（3）腹杆

① 杆件 B-G：$N = -771\text{kN}$，$l_{0x} = 189.0\text{cm}$，x、y 轴参见图 2-26（a）。

该杆件为受压主斜杆，其在平面外的计算长度按式（2-6）计算：
$$l_{0y} = l_1\left(0.75 + 0.25\frac{N_2}{N_1}\right) = 378 \times \left(0.75 + 0.25 \times \frac{721}{771}\right) = 371.9\text{cm}$$

选用 2∟125×10，$A = 48.75\text{cm}^2$，$i_x = 3.85\text{cm}$，$i_y = 5.66\text{cm}$，则

$$\lambda_x = \frac{189.0}{3.85} = 49.1 < [\lambda] = 150$$

$$\lambda_y = \frac{371.9}{5.66} = 65.7 < [\lambda] = 150$$

$$\lambda_z = 3.9\frac{b}{t} = 3.9 \times \frac{125}{10} = 48.75 < \lambda_y$$

$$\lambda_{yz} = \lambda_y\left[1 + 0.16 \times \left(\frac{\lambda_z}{\lambda_y}\right)^2\right] = 65.7 \times \left[1 + 0.16 \times \left(\frac{48.75}{65.7}\right)^2\right] = 71.5$$

故由 $\lambda_{max} = \lambda_{yz} = 71.5$，查得 $\varphi = 0.742$（b 类），则

$$\frac{N}{\varphi A f} = \frac{771 \times 10^3}{0.742 \times 48.75 \times 10^2 \times 215} = 0.991 < 1.0$$

填板放两块：

$$l_a = 94.5\text{cm} < 40i_1 = 40 \times 3.85 = 154\text{cm}$$

② 杆件 EI：$N_{max} = 104\text{kN}$，$l_{0x} = 0.8l = 0.8 \times 320 = 256\text{cm}$，$l_{0y} = 320\text{cm}$，$x$、$y$ 轴参见图 2-26（a）。

选 2L70×5，$A = 13.76\text{cm}^2$，$i_x = 2.16\text{cm}$，$i_y = 3.39\text{cm}$，则

$$\lambda_x = \frac{256}{2.16} = 118.5 < [\lambda] = 150$$

$$\lambda_y = \frac{320}{3.39} = 94.4 < [\lambda] = 150$$

双角钢 T 形截面绕对称轴 y 轴的屈曲应按弯扭屈曲计算长细比 λ_{yz}：

$$\lambda_z = 3.9\frac{b}{t} = 3.9 \times \frac{7}{0.5} = 54.6 < \lambda_y$$

$$\lambda_{yz} = \lambda_y\left[1 + 0.16 \times \left(\frac{\lambda_z}{\lambda_y}\right)^2\right] = 94.4 \times \left[1 + 0.16 \times \left(\frac{54.6}{94.4}\right)^2\right] = 99.5 < \lambda_x$$

由 $\lambda_{max} = \lambda_x = 118.5$，查得 $\varphi = 0.445$（b 类），则

$$\frac{N}{\varphi A f} = \frac{104 \times 10^3}{0.445 \times 13.76 \times 10^2 \times 215} = 0.79 < 1.0$$

填板放 3 块：

$$l_a = \frac{320}{4} = 80\text{cm} < 40i_1 = 40 \times 2.16 = 86.4\text{cm}$$

③ 杆件 F-I：$N = 123\text{kN}$，$l_{0x} = 230.4\text{cm}$，$l_{0y} = 460.8\text{cm}$，x、y 轴参见图 2-26（a）。

选 2∟63×5，$A = 12.28\text{cm}^2$，$i_x = 1.94\text{cm}$，$i_y = 3.12\text{cm}$，则

$$\lambda_x = 230.4/1.94 = 118.8 < [\lambda] = 150 \text{（按压杆考虑）}$$

$$\lambda_y = 460.8/3.12 = 147.7 < [\lambda] = 150$$

$$\frac{N}{A} = \frac{123 \times 10^3}{12.28 \times 10^2} = 100.2\text{N/mm}^2 < f = 215\text{N/mm}^2$$

填板放两块：

$$l_a = 76.8\text{cm} < 40 i_1 = 40 \times 1.94 = 77.6\text{cm}$$

其余杆件截面选择见表 2-7。需要注意的是连接垂直支撑的中央竖杆采用十字形截面，其斜平面计算长度 $l_a = 0.9l$；竖腹杆除 A-G 外，其他杆件计算长度 $l_{0x} = 0.8l$，$l_{0y} =$

l。斜腹杆（再分杆）分受拉和受压情况，其计算长度取值不同：当受压时：l_{0x} 取节点中心间距离，l_{0y} 按式（2-6）进行计算；当受拉时：l_{0x} 取节点中心间距离，l_{0y} 取 l。

屋架杆件截面选用表　　　　　　　　　　　　　表 2-7

杆件名称	杆件号	内力设计值 N（kN）	计算长度（m） l_{0x}	计算长度（m） l_{0y}	所用截面	截面积 A（cm²）	计算应力（N/mm²）	容许长细比（λ）	肢背和肢尖焊缝（mm）	填板数
上弦杆	D-E E-F	— 1202	1.507	3.000	2 ∟ 200×125×12	75.82	200.1	150	—	每节间 1
下弦杆	H-I	1132	6.000	15.000	2 ∟ 180×110×10	56.8	199.5	350	—	每节间 2
腹杆	A-G	−52.1	2.000	2.000	2 ∟ 63×5	9.96	79.3	150	4-50 4-50	2
	B-G	−771	1.890	3.719	2 ∟ 125×10	48.75	213.1	150	10-250 8-160	2
	B-H	479	1.890	3.780	2 ∟ 100×6	23.86	201.0	350	6-235 6-130	2
	C-H	−104	2.080	2.600	2 ∟ 70×5	13.76	130.6	150	5-75 5-50	3
	D-H	−237	2.086	3.987	2 ∟ 100×6	23.86	168.2	150	6-135 6-80	3
	D-I	90	2.086	4.172	2 ∟ 63×5	9.6	73.3	150	4-80 4-50	2
	E-I	−104	2.560	3.200	2 ∟ 70×5	13.76	169.8	150	5-75 5-50	3
	F-I	123	2.304	4.608	2 ∟ 63×5	9.96	100.2	150	4-100 4-55	2
	F-J	0	0.9×3.5=3.150		2 ∟ 63×5	9.96	0.0	200	4-50 4-50	2
再分式腹杆	—	—	—	—	2 ∟ 50×5	由于杆力很小，采用此截面均能满足要求				

5. 节点设计

根据腹杆的最大内力查表 2-4，支座节点板厚度取 16mm，中间节点板厚度取 14mm。

（1）下弦节点"H"（图 2-51）

先算腹杆与节点板的连接焊缝：H-d 杆肢背及肢尖焊缝的焊脚尺寸都取 $h_f = 6$mm，则需所焊缝长度（考虑起灭弧缺陷）：

肢背　　　　　　$l_{w1} = \dfrac{\frac{2}{3} \times 441 \times 10^3}{2 \times 0.7 \times 6 \times 160} + 2 \times 6 = 231$mm，取 235mm

肢尖　　　　$l_{w2} = \dfrac{\frac{1}{3} \times 441 \times 10^3}{2 \times 0.7 \times 6 \times 160} + 2 \times 6 = 121\text{mm}$，取 130mm

腹杆 H-f 和 H-c 的杆端焊缝同理计算。

其次验算下弦杆与节点板连接焊缝，内力差 $\Delta N = N_{HI} - N_{HG} = 1132 - 612 = 520\text{kN}$。

由斜腹杆焊缝决定的节点板尺寸，量得实际节点板长度是 750mm，肢背焊脚尺寸 $h_f = 8\text{mm}$，肢尖焊脚尺寸 $h_f = 6\text{mm}$，肢背角焊缝计算长度 $l_w = 750 - 2 \times 8 = 734\text{mm}$，肢背焊缝应力为

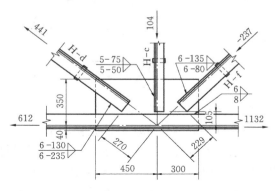

图 2-51　下弦节点 "H"

$$\tau = \frac{\frac{2}{3} \times 520 \times 10^3}{2 \times 0.7 \times 8 \times 734} = 42.2\text{N/mm}^2 < f_f^w = 160\text{N/mm}^2$$

肢尖角焊缝计算长度 $l_w = 750 - 2 \times 6 = 738\text{mm}$，肢尖焊缝应力为

$$\tau = \frac{\frac{1}{3} \times 520 \times 10^3}{2 \times 0.7 \times 6 \times 738} = 28\text{N/mm}^2 < f_f^w = 160\text{N/mm}^2$$

（2）上弦节点 "B"（图 2-52）

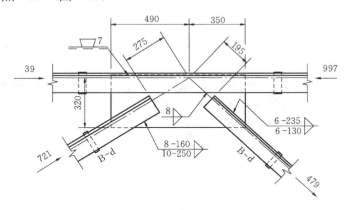

图 2-52　上弦节点 "B"

腹杆 B-b、B-d 的杆端焊缝计算从略。这里验算了上弦与节点板的连接焊缝：节点板缩进 10mm，肢背采用塞焊缝，承受节点荷载 $Q = 52.1\text{kN}$，$h_f = t/2 = 7\text{mm}$，取 $h_f = 7\text{mm}$，$l_{w1} = l_{w2} = 840 - 2 \times 7 = 826\text{mm}$，则

$$\sigma = \frac{52.1 \times 10^3}{2 \times 0.7 \times 7 \times 826} = 6.4\text{N/mm}^2 < \beta_f f_f^w = 1.22 \times 160 = 195.2\text{N/mm}^2$$

肢尖焊缝承担弦杆内力差 $\Delta N = 997 - 39 = 958\text{kN}$，偏心距 $e = 125 - 30 = 95\text{mm}$，偏

心力矩 $M = \Delta N \cdot e = 958 \times 0.095 = 91.0 \text{kN} \cdot \text{m}$。采用 $h_\text{f} = 8\text{mm}$，则

对 ΔN：$\tau_\text{f} = \dfrac{958 \times 10^3}{2 \times 0.7 \times 8 \times 826} = 103.6 \text{N/mm}^2$

对 M：$\sigma_\text{f} = \dfrac{6M}{2h_\text{e}l_\text{w}^2} = \dfrac{6 \times 91.0 \times 10^6}{2 \times 0.7 \times 8 \times 826^2} = 71.5 \text{N/mm}^2$

$$\sqrt{\left(\dfrac{71.5}{1.22}\right)^2 + 103.6^2} = 119 \text{N/mm}^2 < f_\text{f}^\text{w} = 160 \text{N/mm}^2$$

（3）屋脊节点"F"（图 2-53）

腹杆杆端焊缝计算从略。弦杆与节点板连接焊缝受力不大，按构造要求决定焊缝尺寸，一般可不计算。这里只进行拼接计算，拼接角钢采用与上弦杆相同的截面 2∟200×125×12，除倒棱外，竖肢需切去 $\Delta = t + h_\text{f} + 5\text{mm} = 12 + 10 + 5 = 27\text{mm}$，取 $\Delta = 30\text{mm}$，并按上弦坡度热弯。拼接角钢与上弦连接焊缝在接头一侧的总长度（设 $h_\text{f} = 10\text{mm}$）：

$$\sum l_\text{w} = \dfrac{N}{0.7 h_\text{f} f_\text{f}^\text{w}} = \dfrac{1202 \times 10^3}{0.7 \times 10 \times 160} = 1073\text{mm}$$

共 4 条焊缝，认为平均受力，每条焊缝实际长度：

$$l_\text{w} = \dfrac{1073}{4} + 20 = 288\text{mm}$$

拼接角钢总长度：

$$l = 2l_\text{w} + 20 = 2 \times 288 + 20 = 597\text{mm}$$

取拼接角钢长度为 700mm。

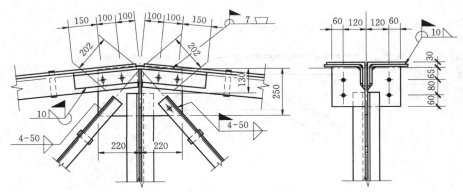

图 2-53 屋脊节点"F"

（4）支座节点"G"（图 2-54）

杆端焊缝计算从略。以下给出底板等的计算。

① 底板计算

支反力 $R_\text{d} = 521\text{kN}$，混凝土强度等级 C20，$f_\text{c} = 9.6 \text{N/mm}^2$，所需底板净面积：

$$A_\text{n} = \dfrac{521 \times 10^3}{9.6} = 542.7 \text{cm}^2$$

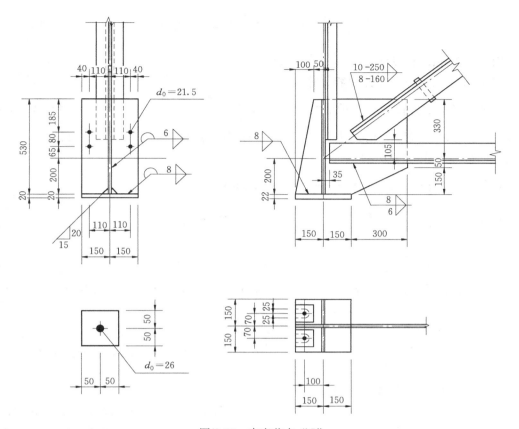

图 2-54 支座节点 "G"

锚栓直径取 $d=25\text{mm}$，锚栓孔直径为 50mm，则所需底板毛面积：

$$A = A_n + A_0 = 542.7 + 2 \times 4 \times 5 + \frac{3.14 \times 5^2}{4} = 602.3\text{cm}^2$$

按构造要求采用底板面积为 $a \times b = 30 \times 30 = 900\text{cm}^2 > 587.8\text{cm}^2$，垫板采用－$100 \times 100 \times 20$，孔径 26mm。实际底板净面积：

$$A_n = 900 - 2 \times 4 \times 5 - \frac{3.14 \times 5^2}{4} = 840.4\text{cm}^2$$

底板实际应力：

$$q = \frac{521 \times 10^3}{840.4 \times 10^2} = 6.2\text{N/mm}^2 < f_c = 9.6\text{N/mm}^2$$

$$a_1 = \sqrt{\left(150 - \frac{14}{2}\right)^2 + \left(150 - \frac{16}{2}\right)^2} = 202\text{mm}$$

$$b_1 = 142 \times \frac{143}{202} = 101\text{mm}$$

$\dfrac{b_1}{a_1} = \dfrac{101}{202} = 0.5$，查表 1-35 得 $\beta = 0.056$，则

$$M = \beta q a_1^2 = 0.056 \times 6.2 \times 202^2 = 14167\text{N} \cdot \text{mm}$$

所需底板厚度：

$$t \geqslant \sqrt{\frac{6M}{f}} = \sqrt{\frac{6 \times 14167}{205}} = 20.4\text{mm}$$

用 $t = 22$mm，底板尺寸为 $-300 \times 300 \times 22$。

② 加劲肋与节点板连接焊缝计算

一个加劲肋的连接焊缝所承受的内力取为 $V = \dfrac{R}{4} = \dfrac{521}{4} = 130.3$kN，$M = V \cdot e = 130.3 \times 71 = 9251.3$kN·mm。加劲肋厚度取与中间节点板相同（即 $-530 \times 142 \times 14$）。采用 $h_{\text{f}} = 6$mm，验算焊缝应力。

对 V：$\tau_{\text{f}} = \dfrac{130.3 \times 10^3}{2 \times 0.7 \times 6 \times (530 - 12)} = 29.9\text{N/mm}^2$

对 M：$\sigma_{\text{f}} = \dfrac{6 \times 9251.3 \times 10^3}{2 \times 0.7 \times 6 \times (530 - 12)^2} = 24.6\text{N/mm}^2$

$$\sqrt{\left(\frac{24.6}{1.22}\right)^2 + 29.9^2} = 36.1\text{N/mm}^2 < f_{\text{f}}^{\text{w}} = 160\text{N/mm}^2$$

③ 节点板、加劲肋与底板连接焊缝计算采用 $h_{\text{f}} = 8$mm。实际焊缝总长度：

$$\Sigma l_{\text{w}} = 2(300 + 127 \times 2) - 12 \times 8 = 1012\text{mm}$$

焊缝设计应力：

$$\sigma_{\text{f}} = \frac{521 \times 10^3}{0.7 \times 8 \times 1012} = 91.9\text{N/mm}^2 < \beta_{\text{f}} f_{\text{f}}^{\text{w}} = 1.22 \times 160 = 195.2\text{N/mm}^2$$

（5）再分节点"f"（图2-55）

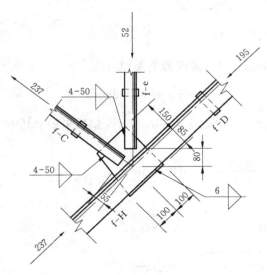

图 2-55 再分节点"f"

先算再分腹杆与节点板的连接焊缝：f-C杆肢背及肢尖焊缝的焊脚尺寸 $h_{\text{f}} = 5$mm，$N = 34.06$kN，内力较小，焊缝按构造采用；同理，f-e杆与节点板的连接焊缝也按构造采用，所需焊缝长度均为45mm。

其次验算腹杆HD与节点板连接焊缝，内力差 $\Delta N = 237 - 195 = 42$kN，量得再分腹杆与节点板连接焊缝实际长度为200mm。肢背与肢尖的焊脚尺寸均取为 $h_{\text{f}} = 6$mm，肢背和肢尖角焊缝计算长度取为 $l_{\text{w1}} = l_{\text{w2}} = 200 - 2 \times 6 = 188$mm，则肢背焊缝应力为

$$\tau = \frac{\frac{2}{3} \times 42 \times 10^3}{2 \times 0.7 \times 6 \times 188} = 17.7\text{N/mm}^2 < f_{\text{f}}^{\text{w}} = 160\text{N/mm}^2$$

肢尖焊缝应力为

$$\tau = \frac{\frac{1}{3} \times 42 \times 10^3}{2 \times 0.7 \times 6 \times 188} = 8.9\text{N/mm}^2 < f_{\text{f}}^{\text{w}} = 160\text{N/mm}^2$$

梯形屋架施工图见图2-56。

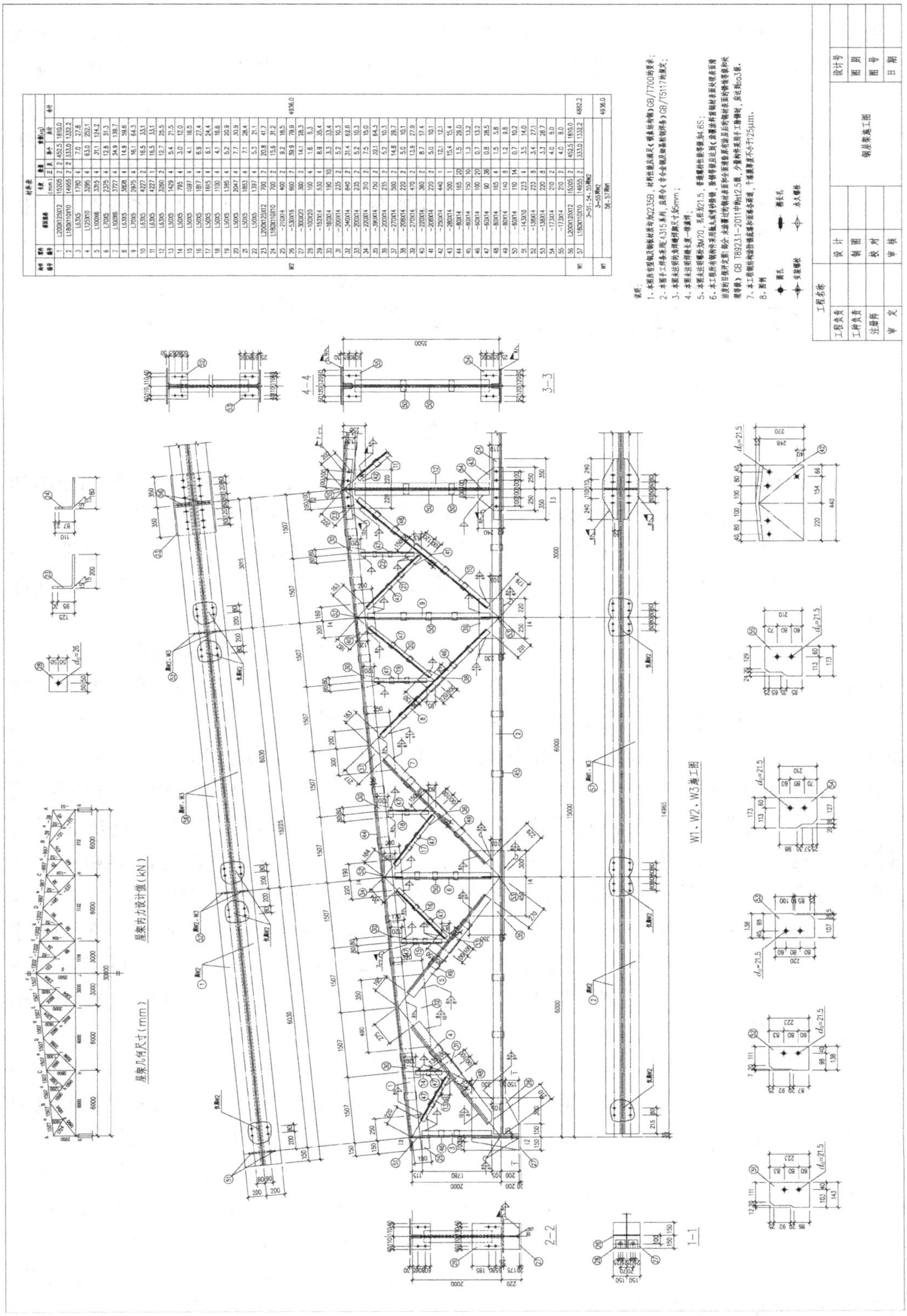

图 2-56 梯形屋架施工图

2.3.4.7　钢屋盖施工图

施工图是在钢结构制造厂加工制造的主要依据，必须十分重视。当屋架对称时，可仅绘半榀屋架的施工图，大型屋架则需按运输单元绘制。施工图的绘制特点和要求说明如下。

（1）通常在图纸左上角绘一屋架简图，简图比例视图纸空隙大小而定，图中一半注上几何长度（mm），另一半注上杆件的计算内力（图 2-48 和图 2-56）。当梯形屋架跨度 $L>$ 24m 或三角形屋架跨度 $L>$ 15m 时，挠度较大，影响使用与外观，制造时应考虑起拱，拱度约为 $L/500$（图 2-57），起拱值可注在简图中，也可以注在说明中。

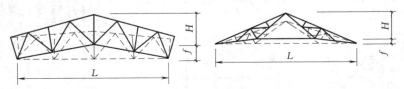

图 2-57　屋架的起拱

（2）施工图的主要图面用以绘制屋架的正面图，上、下弦的平面图，必要的侧面图和剖面图，以及某些安装节点或特殊零件的大样图。屋架施工图通常采用两种比例尺：杆件轴线一般为 1∶20～1∶30，以免图幅太大；节点（包括杆件截面、节点板和小零件）一般为 1∶10～1∶15（重要节点放大样，比例尺还可以大一些），可清楚地表达节点的细部构造要求。

（3）安装单元或运送单元是构件的一部分或全部，在安装过程或运输过程中，作为一个整体来安装或运送。一般屋架可划分为两个或三个运送单元，但可作为一个安装单元进行安装。在施工图中应注明各构件的型号和尺寸，并根据结构布置方案、工艺技术要求、各部位连接方法及具体尺寸等情况，对构件进行详细编号。编号的原则是，只有在两个构件所有零件的形状、尺寸、加工记号、数量和装配位置等全部相同时，才给予相同的编号。不同种类的构件（如屋架、天窗架、支撑等），还应在其编号前面冠以不同的字母代号（例如屋架用 W、天窗架用 TJ、支撑用 C 等）。此外，连支撑、系杆的屋架和不连支撑、系杆的屋架因在连接孔和连接零件上有所区别一般给予不同编号 W1、W2、W3 等，但可以只绘一张施工图。如图 2-48 及图 2-56 是按连支撑的 W2 绘制的，同时，在 W2 才有的螺孔和 W2、W3 才有的零件处注明"W2"和"W2、W3"字样。这样就可以在同一张图上表示三种不同编号的屋架。如果将连支撑、系杆和不连支撑、系杆的屋架做得相同，则只需一个编号而且吊装简便。

（4）在施工图中应全部注明各零件（杆件和板件）的定位尺寸，孔洞的位置，以及对工厂加工和工地施工的所有要求。定位尺寸主要有：杆件轴线至角钢肢背的距离，节点中心至所连腹杆的近端端部距离，节点中心至节点板上、下和左、右边缘的距离等。

（5）在施工图中应注明各零件的型号和尺寸，对所有零件也必须进行详细编号，并附材料表。表中角钢要注明型号和长度，节点板等板件要注明长、宽和厚度。零件编号按主次、上下、左右一定顺序逐一进行。完全相同的零件用同一编号，两个零件的形状和尺寸完全一样而开孔位置等不同但系镜面对称的，亦用同一编号。不过应在材料表中注明正、反的字样以示区别（如图 2-56 中的零件①、②等）。材料表一般包括各零件的截面、长度、数量（正、反）和重量（单重、共重和合重）。材料表的用处主要是配料和算出用钢指标，其次是为吊装时配备起重运输设备，还可使一切零件毫无遗漏地表示清楚。

（6）施工图的说明应包括所用钢材的牌号、焊条型号、焊接方法和质量要求；图中未注明的焊缝和螺孔尺寸以及油漆、运输和加工要求等图中未表现的其他内容。

2.3.5 刚接屋架（框架横梁）设计特点

与框架柱铰接的屋架，通常忽略水平力，但当屋面为轻屋面而柱的吊车荷载较大时，屋架弦杆的轴向力也较大，故不可忽略。

与柱刚接的屋架，支座除传递竖向反力 R 外，还需要传递屋架作为框架横梁承担的弯矩 M 和水平力 V，见图 2-7 及文字说明。对于下承式刚接屋架，屋架端部的弯矩可以简化为作用于上、下弦杆的一组水平力 $H = M/h_0$ 来代替（如图 2-58），h_0 为屋架端部高度，水平力 V 则全部由下弦承担。

屋架杆件的截面选择与前述的方法相同，但对与柱刚接的屋架，其下弦端节间可能受压时，长细比的控制应按压杆考虑，即：仅在恒载与风载联合作用下受压时，$[\lambda] = 250$；在恒载与风载和吊车荷载联合作用下受压时，$[\lambda] = 150$。若下弦杆在屋架平面内的长细比或稳定性不能满足要求时，可采用图 2-59 的方法予以加强。

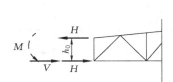

图 2-58 屋架支座弯矩化成力偶作用

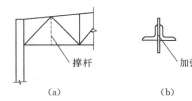

图 2-59 屋架下弦杆受压时的加强方法
（a）加撑杆；（b）加强弦杆截面

图 2-60 为一种刚性连接构造示例。上弦杆采用上盖板与柱连接，下弦杆采用普通螺栓加支托的方式与柱连接。计算时可近似认为上弦杆的最大拉力 H 由上盖板及焊缝传递，并不考虑偏心，上盖板厚度一般取 8～14mm，连接螺栓按构造确定。

上盖板面积及连接焊缝应满足以下要求：

上盖板净截面面积：

$$A_n \geqslant \frac{H}{f} \tag{2-27}$$

上盖板一端连接焊缝：

$$\tau_f = \frac{H}{0.7h_f \sum l_w} \leqslant 0.9f_f^w \tag{2-28}$$

式中 h_f——上盖板与柱或上弦杆的焊缝高度；

$\sum l_w$——上盖板一侧连接焊缝计算长度之和。

下弦及端斜杆轴线汇交于柱的内边缘以减少节点板的尺寸。下弦杆件的水平拉力 $H + V$ 由螺栓承担，竖向反力 R 由支托承担。

下弦节点螺栓群一般成对布置并不少于 6M20，承担水平拉力 $H + V$ 和偏心弯矩 $M = (H + V) \cdot e$，此处一般属小偏心，所有螺栓均受拉力，故最大拉力应按下式计算：

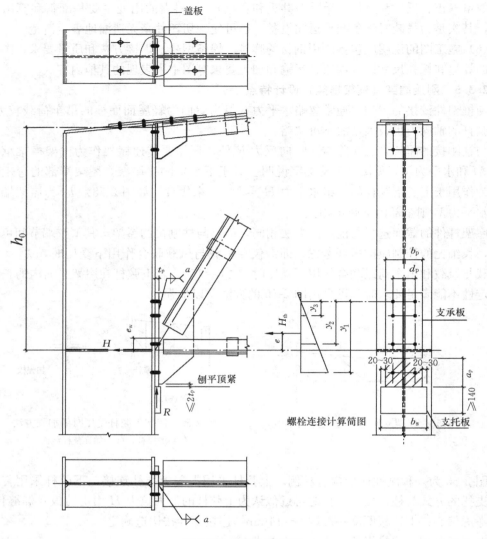

图 2-60　屋架与柱刚接

$$N_{\max} = \frac{H+V}{n} + \frac{(H+V)ey_1}{2\sum y_i^2} \leqslant N_t^b \qquad (2\text{-}29)$$

式中　　n——螺栓总个数;

e——水平拉力 H 至螺栓群中心轴的距离;

y_i——每个螺栓至中心轴的距离;

y_1——边行受力最大的一个螺栓至中心轴的距离;

N_t^b——一个螺栓的抗拉承载力设计值。

支撑板在水平拉力 $H+V$ 作用下受弯,可近似按嵌固于两列螺栓间的梁式板计算,高度根据螺栓的数量和布置确定,宽度 b_p 通常取 200mm,底部与支托刨平顶紧,其厚度应根据受弯承载力和端面承压计算确定,并不小于 20mm:

$$t_p = \max\left(\sqrt{\frac{3N_{max}b_d}{2a_pf}}, \frac{R}{b_pf_{ce}}, 20mm\right) \tag{2-30}$$

式中 N_{max} —— 最外排螺栓的最大拉力,按式 (2-29) 计算;

b_d —— 两列螺栓的间距;

R —— 屋架最大竖向反力;

f_{ce} —— 钢材端面承压强度设计值。

屋架下弦节点板与支承端板的连接焊缝受支座反力 R 和最大水平力 $H+V$(拉力或压力)以及偏心弯矩 $M = (H+V) \cdot e_1$,按下式计算:

$$\sqrt{\left(\frac{R}{2 \times 0.7h_fl_w}\right)^2 + \frac{1}{\beta_f^2}\left(\frac{H+V}{2 \times 0.7h_fl_w} + \frac{6(H+V)e_1}{2 \times 0.7h_fl_w^2}\right)^2} \leqslant f_f^w \tag{2-31}$$

式中 β_f —— 正面角焊缝强度增大系数,当间接承受动态荷载时(例如屋架设有悬挂吊车),$\beta_f = 1.22$;当直接承受动态荷载时,$\beta_f = 1.0$;

e_1 —— 水平力至焊缝中心的距离。

屋架支座竖向反力 R 由端板传给焊接于柱上的支托板。考虑到支座反力的可能偏心作用,支托板和柱的连接焊缝,按支座反力加大 25% 计算。

2.4 厂房框架柱设计特点

框架柱承受轴向力、弯矩和剪力作用,属于压弯构件。其设计原理和方法已在《钢结构基本原理》教材中述及,这里仅就其计算和构造的特点加以说明。

2.4.1 柱的计算长度

柱在框架平面内的计算长度应通过对整个框架的稳定分析确定,但由于框架实际上是一空间体系,而构件内部又存在残余应力,要确定临界荷载比较复杂。因此,目前对框架柱的分析,不论是等截面框架柱还是阶形框架柱,都采用计算长度法,即按弹性稳定理论计算其临界力,从而确定框架柱的计算长度。

柱在框架平面内的计算长度应根据柱的形式及两端支承情况而定。等截面柱的计算长度按第 1 章单层有侧移框架柱确定。阶形柱的计算长度应分段确定,各段的计算长度应等于各段的几何长度乘以相应的计算长度系数 μ_1 和 μ_2,各段的计算长度系数 μ_1 和 μ_2 之间有一定联系。在图 2-61 (a) 中,柱上段和下段计算长度分别是 $H_{1x} = \mu_1H_1$,$H_{2x} = \mu_2H_2$。

阶形柱的计算长度系数是根据对称的单跨框架发生如图 2-61 (b) 所示的有侧移失稳变形条件确定的。因为这种失稳条件的柱临界力最小,这时上段柱的临界力 $N_1 = \frac{\pi^2EI_1}{(\mu_1H_1)^2}$,而下段柱的临界力 $N_2 = \frac{\pi^2EI_2}{(\mu_2H_2)^2}$。一般重型厂房的框架横梁采用桁架,由于桁架的线刚度常常大于柱上端的线刚度很多,在这种条件下,把横梁的线刚度看作无限大,计算结果是足够精确的。这样一来,按照弹性稳定理论分析框架时,柱与横梁之间的关系归结为它们之间的连接条件:如为铰接,则柱的上端既能自由移动也能自由转动;如为刚接,则柱的上端只能自由移动但不能转动。计算时只凭一根如图 2-61 (c)、(d) 所示的独立柱即可确定柱的计算长度系数。

柱脚为刚接的单阶柱，下段柱的计算长度系数 μ_2 取决于上段柱和下段柱的线刚度比值 $K_1 = I_1 H_2 / I_2 H_1$ 以及临界力参数 $\eta_1 = H_1 / H_2 \sqrt{N_1 I_2 / N_2 I_1}$，这里，$H_1$、$I_1$、$N_1$ 和 H_2、I_2、N_2 分别是上段柱和下段柱的高度、惯性矩及最大轴向压力。

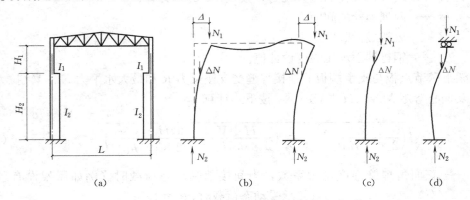

图 2-61　横梁为桁架时单阶柱框架的失稳

当柱上端与横梁铰接时，将柱视为上端自由的独立柱，下段柱计算长度系数 μ_2 按附表 9-3 取值；当柱上端与横梁刚接时，将柱视为上端可移动但不能转动的独立柱，μ_2 按附表 9-4 取值。

随着屋面系统向轻型化发展，现在中型厂房框架采用单阶钢柱、横梁采用实腹钢梁的情况越来越多。实腹钢梁的线刚度不及桁架，虽然对单阶柱也提供一定的转动约束，但还不到转角可以忽略的程度。因此，当横梁采用实腹钢梁时，需要对上端为有限约束时下段柱的计算长度系数 μ_2^1 进行修正，即用下式计算的 μ_2^1 代替 μ_2：

$$\mu_2^1 = \frac{\eta_1^2}{2(\eta_1 + 1)} \cdot \sqrt[3]{\frac{\eta_1 - K_b}{K_b} + (\eta_1 - 0.5)K_c + 2} \tag{2-32}$$

$$\eta_1 = \frac{H_1}{H_2} \sqrt{\frac{N_1}{N_2} \cdot \frac{I_2}{I_1}} \tag{2-33}$$

式中　K_b——与柱连接的横梁线刚度之和与柱线刚度之比；

　　　K_c——阶形柱上段柱线刚度与下段柱线刚度的比值。

系数 μ_2^1 不应大于按柱上端与横梁铰接计算时得到的 μ_2 值，且不小于按柱上端与桁架型横梁刚接计算时得到的 μ_2 值。

上段柱的计算长度系数 μ_1 按下式计算：

$$\mu_1 = \mu_2 / \eta_1 \tag{2-34}$$

考虑到组成横向框架的单层厂房各阶形柱所承受的吊车竖向荷载差别较大，荷载较小的相邻柱会给所计算的荷载较大的柱提供侧移约束。同时在纵向因有纵向支撑和屋面等纵向连系构件，各横向框架之间有空间作用，有利于荷载重分配。故《钢结构设计标准》GB 50017 规定对于阶形柱的计算长度系数还应根据表 2-8 中的不同条件乘以折减系数，以反映由于空间作用阶形柱在框架平面内承载力的提高。

厂房类型				折减系数
单跨或多跨	纵向温度区间内一个柱列的柱数量	屋面情况	厂房两侧是否有通长的屋盖纵向水平支撑	
单跨	等于或少于6个	—	—	0.9
	多于6个	非大型混凝土屋面板屋面	无纵向水平支撑	
			有纵向水平支撑	
		大型混凝土屋面板屋面	—	0.8
多跨		非大型混凝土屋面板屋面	无纵向水平支撑	
			有纵向水平支撑	
		大型混凝土屋面板屋面	—	0.7

单层厂房阶形柱计算长度的折减系数　　　　　　表 2-8

厂房柱在框架平面外（沿厂房长度方向）的计算长度，应取阻止框架平面外位移的侧向支承点之间的距离，柱间支撑的节点是阻止框架柱在框架平面外位移的可靠侧向支承点，与此节点相连的纵向构件（如吊车梁、制动结构、辅助桁架、托架、纵梁和刚性系杆等）亦可视为框架柱的侧向支承点。此外，柱在框架平面外的尺寸较小，侧向刚度较差，在柱脚和连接节点处可视为铰接。

具体的取法是：当设有吊车梁和柱间支撑而无其他支承构件时，上段柱的计算长度可取制动结构顶面至屋盖纵向水平支撑或托架支座之间柱的高度；下段柱的计算长度可取柱脚底面至肩梁顶面之间柱的高度。

2.4.2　格构式框架柱的设计

2.4.2.1　等截面格构式框架柱的截面设计

截面高度较大的压弯柱，采用格构式可以节省材料，所以格构式压弯构件一般用于厂房的框架柱和高大的独立支柱。由于截面的高度较大且受有较大的外剪力，故构件常常用缀条连接。缀板连接的格构式压弯构件很少采用。

常用的格构式压弯构件截面如图 2-62 所示。当柱中弯矩不大或正负弯矩的绝对值相差不大时，可用对称的截面形式（图 2-62a、b、d）；如果正负弯矩的绝对值相差较大时，常采用不对称截面（图 2-62c），并将较大肢放在受压较大的一侧。

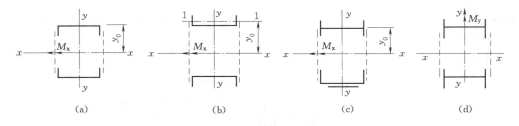

图 2-62　格构式压弯构件常用截面
（a）、（b）、（c）双轴对称截面；（d）单轴对称截面

（1）弯矩绕虚轴作用的格构式压弯构件

格构式压弯构件通常使弯矩绕虚轴作用，如图 2-62（a）、（b）、（c）所示，对此种构

件应进行下列计算。

① 弯矩作用平面内的整体稳定性计算

弯矩绕虚轴作用的格构式压弯构件，由于截面中部空心，不能考虑塑性的深入发展，故弯矩作用平面内的整体稳定计算适宜采用边缘屈服准则。在根据此准则导出的相关公式中，引入等效弯矩系数 β_{mx}，并考虑抗力分项系数后，得

$$\frac{N}{\varphi_x Af} + \frac{\beta_{mx} M_x}{W_{1x}\left(1 - \frac{N}{N'_{Ex}}\right)f} \leqslant 1.0 \qquad (2\text{-}35)$$

式中 $W_{1x} = I_x/y_0$，I_x 为对 x 轴（虚轴）的毛截面惯性矩；y_0 为由 x 轴到压力较大分肢轴线的距离或者到压力较大分肢腹板边缘的距离，二者取较大值；φ_x 和 N'_{Ex} 分别为轴心压杆的整体稳定系数和考虑抗力分项系数 γ_R 的欧拉临界力，均由对虚轴（x 轴）的换算长细比 λ_{0x} 确定。

② 分肢的稳定计算

弯矩绕虚轴作用的压弯构件，在弯矩作用平面外的整体稳定性一般由分肢的稳定计算得到保证，故不必再计算整个构件在平面外的整体稳定性。

将整个构件视为一平行弦桁架，将构件的两个分肢看作桁架体系的弦杆，两分肢的轴心力应按下列公式计算（图 2-63）。

分肢 1：

$$N_1 = N\frac{y_2}{a} + \frac{M}{a} \qquad (2\text{-}36)$$

分肢 2：

$$N_2 = N - N_1 \qquad (2\text{-}37)$$

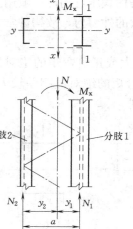

图 2-63　分肢的内力计算

缀条式压弯构件的分肢按轴心压杆计算。分肢的计算长度，在缀材平面内（图 2-63 中的 1-1 轴）取缀条体系的节间长度；在缀条平面外，取整个构件两侧向支撑点间的距离。

进行缀板式压弯构件的分肢计算时，除轴心力 N_1（或 N_2）外，还应考虑由剪力作用引起的局部弯矩，按实腹式压弯构件验算单肢的稳定性。

③ 缀材的计算

计算压弯构件的缀材时，应取构件实际剪力和按公式 $\left(V = \frac{Af}{85}\sqrt{\frac{f_y}{235}}\right)$ 计算所得剪力两者中的较大值。其计算方法与格构式轴心受压构件相同。

（2）弯矩绕实轴作用的格构式压弯构件

当弯矩作用在与缀材面相垂直的主平面内时（图 2-62d），构件绕实轴产生弯曲失稳，它的受力性能与实腹式压弯构件完全相同。因此，弯矩绕实轴作用的格构式压弯构件，弯矩作用平面内和平面外的整体稳定计算均与实腹式构件相同，在计算弯矩作用平面外的整体稳定时，长细比应取换算长细比，整体稳定系数取 $\varphi_b = 1.0$。

缀材（缀板或缀条）所受剪力按公式 $\left(V = \dfrac{Af}{85}\sqrt{\dfrac{f_y}{235}}\right)$ 计算。

（3）双向受弯的格构式压弯构件

弯矩作用在两个主平面内的双肢格构式压弯构件（图 2-64），其稳定性按下列规定计算：

① 整体稳定计算

规范采用与边缘屈服准则导出的弯矩绕虚轴作用的格构式压弯构件平面内整体稳定计算式（2-35）相衔接的直线式进行计算：

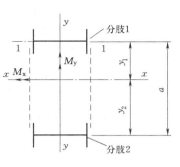

图 2-64　双向受弯格构柱

$$\frac{N}{\varphi_x A f} + \frac{\beta_{mx} M_x}{W_{1x}\left(1 - \dfrac{N}{N'_{Ex}}\right)f} + \frac{\beta_{ty} M_y}{W_{1y} f} \leqslant 1.0 \quad (2\text{-}38)$$

式中，φ_x 和 N'_{Ex} 由换算长细比确定。

② 分肢的稳定计算

分肢按实腹式压弯构件计算，将分肢作为桁架弦杆计算其在轴力和弯矩的共同作用下产生的内力（图 2-64）。

分肢 1：

$$N_1 = N\frac{y_2}{a} + \frac{M_x}{a} \quad (2\text{-}39)$$

$$M_{y1} = \frac{I_1/y_1}{I_1/y_1 + I_2/y_2} \cdot M_y \quad (2\text{-}40)$$

分肢 2：

$$N_2 = N - N_1 \quad (2\text{-}41)$$

$$M_{y2} = M_y - M_{y1} \quad (2\text{-}42)$$

式中　I_1、I_2——分肢 1 和分肢 2 对 y 轴的惯性矩；

　　　y_1、y_2——M_y 作用的主轴平面至分肢 1 和分肢 2 轴线的距离。

上式适用于当 M_y 作用在构件的主平面时的情形，当 M_y 不是作用在构件的主轴平面而是作用在一个分肢的轴线平面（如图 2-64 中分肢 1 的 1-1 轴线平面），则 M_y 视为全部由该分肢承受。

（4）格构柱的横隔及分肢的局部稳定

对格构柱，不论截面大小，均应设置横隔，横隔的设置方法与轴心受压格构柱相同。

格构柱分肢的局部稳定同实腹式柱。

【例 2-3】 图 2-65 为一单层厂房框架柱的下柱，在框架平面内（属有侧移框架柱）的计算长度为 $l_{0x} = 21.7\text{m}$，在框架平面外的计算长度（作为两端铰接）$l_{0y} = 12.21\text{m}$。钢材为 Q235B。试验算此柱在下列组合内力（设计值）作用下的承载力。

第一组（使分肢 1 受压最大）：$\begin{cases} M_x = 3340\text{kN} \cdot \text{m} \\ N = 4500\text{kN} \\ V = 210\text{kN} \end{cases}$

第二组（使分肢 2 受压最大）：$\begin{cases} M_x = 2700\text{kN} \cdot \text{m} \\ N = 4400\text{kN} \\ V = 210\text{kN} \end{cases}$

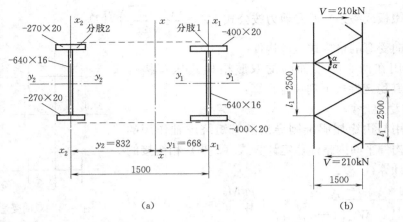

图 2-65 例 2-3 图

【解】（1）截面的几何特征

分肢 1：

$$A_1 = 2 \times 40 \times 2 + 64 \times 1.6 = 262.4 \text{cm}^2$$

$$I_{y1} = \frac{1}{12}(40 \times 68^3 - 38.4 \times 64^3) = 209246 \text{cm}^4，i_{y1} = 28.24 \text{cm}$$

$$I_{x1} = 2 \times \frac{1}{12} \times 2 \times 40^3 = 21333 \text{cm}^4，i_{x1} = 9.02 \text{cm}$$

分肢 2：

$$A_2 = 2 \times 27 \times 2 + 64 \times 1.6 = 210.4 \text{cm}^2$$

$$I_{y2} = \frac{1}{12}(27 \times 68^3 - 25.4 \times 64^3) = 152600 \text{cm}^4，i_{y2} = 26.93 \text{cm}$$

$$I_{x2} = 2 \times \frac{1}{12} \times 2 \times 27^3 = 6561 \text{cm}^4，i_{x2} = 5.58 \text{cm}$$

整个截面：

$$A = 262.4 + 210.4 = 472.8 \text{cm}^2$$

$$y_1 = \frac{210.4}{472.8} \times 150 = 66.8 \text{cm}，y_2 = 150 - 66.8 = 83.2 \text{cm}$$

$$I_x = 21333 + 262.4 \times 66.8^2 + 6561 + 210.4 \times 83.2^2 = 2655225 \text{cm}^4$$

$$i_x = \sqrt{\frac{2655225}{472.8}} = 74.94 \text{cm}$$

（2）斜缀条截面选择（图 2-65b）

假想剪力：$V = \dfrac{Af}{85}\sqrt{\dfrac{f_y}{235}} = \dfrac{472.8 \times 10^2 \times 215}{85} = 120 \times 10^3 \text{N}$，小于实际剪力

$V = 210 \text{kN}$。

缀条内力及长度：

$$\tan\alpha = \frac{125}{150} = 0.833，\alpha = 39.8°$$

$$N_c = \frac{210}{2\cos39.8°} = 136.7 \text{kN}，l = \frac{150}{\cos39.8°} = 195 \text{cm}$$

选用单角钢 $\llcorner100\times8$，$A_1=15.6\mathrm{cm}^2$，$i_{\min}=1.98\mathrm{cm}$，$\lambda=\dfrac{195\times0.9}{1.98}=88.6<[\lambda]=150$，查附表 5-2 得 $\varphi=0.631$。

当进行单边连接的等边单角钢强度验算时，设计强度应乘以折减系数 0.85，当验算整体稳定时，折减系数为

$$\eta=0.6+0.0015\lambda=0.733$$

验算缀条稳定：

$$\frac{N}{\eta\varphi Af}=\frac{136.7\times10^3}{0.733\times0.631\times15.6\times10^2\times215}=0.881<1.0$$

（3）验算弯矩作用平面内的整体稳定

$$\lambda_{\mathrm{x}}=l_{0\mathrm{x}}/i_{\mathrm{x}}=2170/74.9=29$$

换算长细比：

$$\lambda_{0\mathrm{x}}=\sqrt{\lambda_{\mathrm{x}}^2+27\frac{A}{A_1}}=\sqrt{29^2+27\times\frac{472.8}{2\times15.6}}=35.4<[\lambda]=150$$

查附录 5（b 类截面），$\varphi_{\mathrm{x}}=0.916$，则

$$N'_{\mathrm{Ex}}=\frac{\pi^2EA}{\gamma_{\mathrm{R}}\lambda_{0\mathrm{x}}^2}=\frac{\pi^2\times206\times10^3\times472.8\times10^2}{1.1\times35.4^2}=69734\times10^3\mathrm{N}$$

对有侧移框架柱：

$$N_{\mathrm{cr}}=\frac{\pi^2EI_{\mathrm{x}}}{(l_{0\mathrm{x}})^2}=\frac{\pi^2\times206\times10^3\times2655225\times10^4}{21700^2}=114643\mathrm{kN}$$

① 第一组内力，使分肢 1 受压最大

$$\beta_{\mathrm{mx}}=1-\frac{0.36N}{N_{\mathrm{cr}}}=1-\frac{0.36\times4500}{114643}=0.986$$

$$W_{1\mathrm{x}}=\frac{I_{\mathrm{x}}}{y_1}=\frac{2655225}{66.8}=39749\mathrm{cm}^3$$

$$\frac{N}{\varphi_{\mathrm{x}}Af}+\frac{\beta_{\mathrm{mx}}M_{\mathrm{x}}}{W_{1\mathrm{x}}\left(1-\frac{N}{N'_{\mathrm{Ex}}}\right)f}=\frac{4500\times10^3}{0.916\times472.8\times10^2\times205}+\frac{0.986\times3340\times10^6}{39749\times10^3\times\left(1-\frac{4500}{69734}\right)\times205}$$

$$=0.507+0.432=0.939<1.0$$

② 第二组内力，使分肢 2 受压最大

$$\beta_{\mathrm{mx}}=1-\frac{0.36N}{N_{\mathrm{cr}}}=1-\frac{0.36\times4400}{114643}=0.986$$

$$W_{2\mathrm{x}}=\frac{I_{\mathrm{x}}}{y_2}=\frac{2655225}{83.2}=31914\mathrm{cm}^3$$

$$\frac{N}{\varphi_{\mathrm{x}}Af}+\frac{\beta_{\mathrm{mx}}M_{\mathrm{x}}}{W_{2\mathrm{x}}\left(1-\frac{N}{N'_{\mathrm{Ex}}}\right)f}=\frac{4400\times10^3}{0.916\times472.8\times10^2\times205}+\frac{0.986\times2700\times10^6}{31914\times10^3\times\left(1-\frac{4400}{69734}\right)\times205}$$

$$=0.496+0.434=0.930<1.0$$

（4）验算分肢 1 的稳定（用第一组内力）

最大压力：$N_1=\dfrac{0.832}{1.5}\times4500+\dfrac{3340}{1.5}=4722\mathrm{kN}$

$$\lambda_{x1} = \frac{250}{9.02} = 27.7 < [\lambda] = 150, \quad \lambda_{y1} = \frac{1221}{28.24} = 43.2 < [\lambda] = 150$$

查附录 5（b 类截面），$\varphi_{\min} = 0.886$，则

$$\frac{N_1}{\varphi_{\min} A_1 f} = \frac{4722 \times 10^3}{0.886 \times 262.4 \times 10^2 \times 205} = 0.991 < 1.0$$

（5）验算分肢 2 的稳定（用第二组内力）

最大压力：$N_2 = \dfrac{0.668}{1.5} \times 4400 + \dfrac{2700}{1.5} = 3759 \text{kN}$

$$\lambda_{x2} = \frac{250}{5.58} = 44.8 < [\lambda] = 150, \quad \lambda_{y2} = \frac{1221}{26.93} = 45.3 < [\lambda] = 150$$

查附录 5（b 类截面），$\varphi_{\min} = 0.877$，则

$$\frac{N_2}{\varphi_{\min} A_2 f} = \frac{3759 \times 10^3}{0.877 \times 210.4 \times 10^2 \times 205} = 0.994 < 1.0$$

（6）分肢局部稳定验算

只需验算分肢 1 的局部稳定。此分肢属轴心受压构件，应按附录 4 的规定进行验算。

因 $\lambda_{x1} = 27.7$，$\lambda_{y1} = 43.2$，得 $\lambda_{\max} = 43.2$，则

翼缘：$\dfrac{b}{t} = \dfrac{192}{20} = 9.6 < (10 + 0.1\lambda_{\max})\varepsilon_k = 10 + 0.1 \times 43.2 = 14.32$

腹板：$\dfrac{h_0}{t_w} = \dfrac{640}{16} = 40 < (25 + 0.5\lambda_{\max})\varepsilon_k = 25 + 0.5 \times 43.2 = 46.6$

从以上验算结果看，此截面是合适的。

2.4.2.2 阶形柱的截面设计

单阶柱的上柱一般为实腹工字形截面，选取最不利的内力组合，按第 1 章的计算方法进行截面验算。阶形柱的下段柱一般为格构式压弯构件，需要验算在框架平面内的整体稳定以及屋盖肢与吊车肢的单肢稳定。计算单肢稳定时，应注意分别选取对所验算的单肢产生最大压力的内力组合。

考虑到格构式柱的缀材体系传递两肢间的内力情况还不十分明确，为了确保安全，需按吊车肢单独承受最大吊车垂直轮压 $R_{\max}$ 进行补充验算。此时，吊车肢承受的最大压力为

$$N_1 = R_{\max} + \frac{(N - R_{\max})y_2}{a} + \frac{(M - M_R)}{a} \tag{2-43}$$

式中　$R_{\max}$——吊车竖向荷载及吊车梁自重等所产生的最大计算压力；

　　　M——使吊车肢受压的下段柱计算弯矩，包括 $R_{\max}$ 的作用；

　　　N——与 M 相应的内力组合的下段柱轴向力；

　　　M_R——仅由 $R_{\max}$ 作用对下段柱产生的计算弯矩，与 M、N 同一截面；

　　　y_2——下柱截面重心轴至屋盖肢重心线的距离；

　　　a——下柱屋盖肢和吊车肢重心线间的距离。

当吊车梁为突缘支座时，其支反力沿吊车肢轴线传递，吊车肢按承受轴心压力 N_1 计算单肢的稳定性。当吊车梁为平板式支座时，尚应考虑由于相邻两吊车梁支座反力差

（R_1-R_2）所产生的框架平面外的弯矩；

$$M_y = (R_1-R_2)e \qquad (2\text{-}44)$$

M_y 全部由吊车肢承受，其沿柱高度方向弯矩的分布可近似地假定在吊车梁支承处为铰接，在柱底部为刚性固定，分布如图 2-66 所示。吊车肢按实腹式压弯杆验算在弯矩 M_y 作用平面内（即框架平面外）的稳定性。

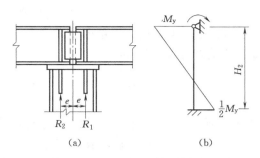

图 2-66　吊车肢的弯矩计算图

(a) 平板支座时吊车梁荷载的分布；(b) 平板支座时框架平面外弯矩的分布

2.4.2.3 分离式柱脚的设计

一般格构式柱由于两分肢的距离较大，采用整体式柱脚所耗费的钢材比较多，故多采用分离式柱脚，如图 2-67 所示。每个分肢下的柱脚相当于一个轴心受力的铰接柱脚。为了加强分离式柱脚在运输和安装时的刚度，宜设置缀材把两个独立柱脚连接起来。

每个分离式柱脚按分肢可能产生的最大压力作为承受轴向力的柱脚设计，但锚栓应由计算确定。分离式柱脚的两个柱脚所承受的最大压力为

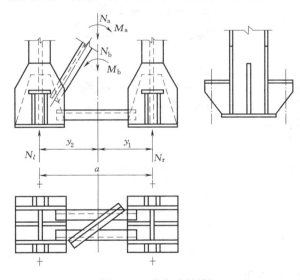

图 2-67　分离式柱脚

右肢：

$$N_r = \frac{N_a y_2}{a} + \frac{M_a}{a} \qquad (2\text{-}45)$$

左肢：

$$N_l = \frac{N_b y_1}{a} + \frac{M_b}{a} \qquad (2\text{-}46)$$

式中　N_a、M_a——使右肢受力最不利的柱的组合内力；

N_b、M_b——使左肢受力最不利的柱的组合内力；

y_1、y_2——分别为右肢及左肢至柱轴线的距离；

a——柱截面宽度（两分肢轴线距离）。

每个柱脚的锚栓也按各自的最不利组合内力换算成的最大拉力计算。

2.4.3　肩梁的构造和计算

阶形柱支承吊车处，是上、下柱连接和传递吊车梁支反力的重要部位，它由上盖板、下盖板、腹板及垫板组成，也称肩梁。肩梁有单壁式和双壁式。

（1）单壁式肩梁

如图 2-68（a）所示为单壁式肩梁，当吊车梁为突缘支座时，将肩梁腹板嵌入吊车肢的槽口。为了加强腹板，可在吊车梁突缘宽度范围内，在肩梁腹板两侧局部各贴焊一小板（图 2-68c），以承受吊车梁的最大支座反力或将肩梁在此范围内局部加厚。当吊车梁为平板式支座时，宜在吊车肢腹板上和吊车梁端加劲肋的相应位置上设置加劲肋（图 2-68b）。

外排柱的上柱外翼缘直接以对接焊缝与下柱屋盖肢腹板拼接，上柱腹板一般由角焊缝焊于该范围的上盖板上。单壁式肩梁的上柱内翼缘应开槽口插入肩梁腹板，由角焊缝连接，其受力为（图 2-68d）：

$$R_1 = \frac{N_1}{2} + \frac{M_1}{a_1} \tag{2-47}$$

式中　　M_1、N_1——上柱下端使 R_1 绝对值最大的最不利内力组合中的弯矩和轴压力；

　　　　a_1——上柱两翼缘中心间的距离。

肩梁腹板按跨度为 a，受集中荷载 R_1 的简支梁计算（图 2-68d）。肩梁与下柱屋盖肢的连接焊缝按肩梁腹板反力 R_A 计算，肩梁与下柱吊车肢的连接焊缝按肩梁腹板反力 R_B 计算。当吊车梁为突缘支座时应按 $(R_B + R_{max})$ 计算，R_{max} 为吊车荷载传给柱的最大压力。这些连接焊缝的计算长度不大于 $60h_f$，而 $h_f \geqslant 8mm$。

吊车梁为平板支座时，吊车肢加劲肋按吊车梁最大支座反力计算端面承压应力和连接焊缝，加劲肋高度不宜小于 500mm，其上端应刨平顶紧盖板。

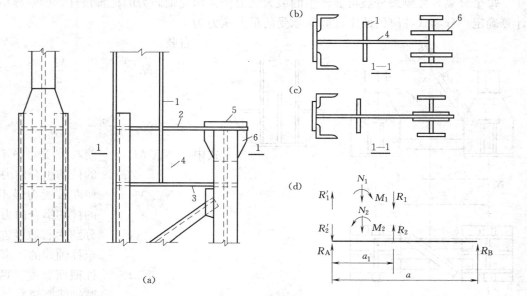

图 2-68　肩梁外力的分布和单壁式肩梁构造

1—上柱翼缘；2—肩梁上盖板；3—肩梁下盖板；4—肩梁腹板；5—垫板；6—加劲肋

（2）双壁式肩梁

单壁式肩梁构造简单，但平面外刚度较差，较为大型的厂房柱通常采用双壁式肩梁（图 2-69）。其计算方法与单壁式基本相同，只是在计算腹板时，应考虑两块腹板共同受力。

双壁式肩梁将上柱下端加宽后插入两肩梁腹板之间并焊接，上盖板与单壁式肩梁的相同，不应做成封闭式，以免施焊困难。

肩梁高度一般取为下柱截面宽度 l 的 1/3 左右。为了保证对上柱的嵌固，肩梁截面对其水平轴的惯性矩 I_x 不宜小于上柱截面对强轴的惯性矩。

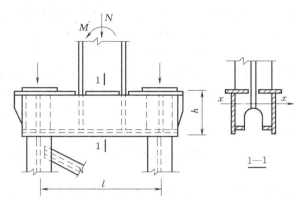

图 2-69　双壁式肩梁构造

2.4.4　托架与柱的连接

托架通常支承于钢柱的腹板上，如图 2-70（a）所示。钢柱上设置的支托板和加劲肋承受托架的垂直反力，支托板上端应刨平，连接托架与柱的螺栓数，按构造需要决定。托架支承端板的厚度一般不宜小于 20mm，其下应刨平。反力较大时，还应该验算其端面承压力。图 2-70（b）为托架支承于混凝土柱的构造示例。

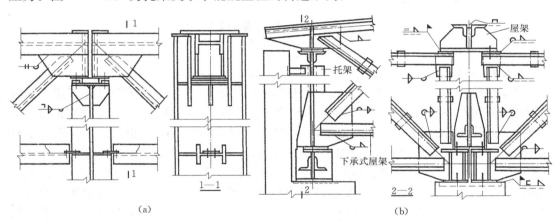

（a）　　　　　　　　　　　　　　　（b）

图 2-70　托架与柱的连接
（a）托架（双壁式）支于钢柱；（b）托架（单壁式）支于混凝土柱

2.5　吊车梁设计特点

直接支承吊车的受弯构件有吊车梁和吊车桁架，一般设计成简支结构。因为简支结构传力明确，构造简单，施工方便，且对支座沉陷不敏感。吊车梁有型钢梁、组合工字形梁及箱形梁等形式（图 2-71），其中焊接工字形梁最为常用。吊车梁的动力性能好，特别适用于重级工作制吊车的厂房，应用最为广泛。吊车桁架（即支承吊车的桁架）对动力作用反应敏感（特别是上弦），故只有在跨度较大而吊车起重量较小时才采用。

本节仅讨论焊接吊车梁的设计方法。

吊车梁与一般梁相比，特殊性就在于，其上作用的荷载除永久荷载外，更主要的是由吊车移动所引起的连续反复作用的动力荷载，这些荷载既可能是竖向荷载、横向水平荷载，也可能是纵向水平荷载。因此，对材料要求高，对于重级工作制和吊车起重量大于等于500kN的中级工作制焊接吊车梁，除应具有抗拉强度、伸长率、屈服点、冷弯性能及碳、硫、磷含量的合格保证外，还应具有常温冲击韧性的合格保证（即至少应采用B级钢）。当冬季计算温度低于或等于−20℃时，还应具有−20℃冲击韧性的合格保证。

由于吊车梁承受动力荷载的反复作用，按照《钢结构设计标准》GB 50017的要求，对重级工作制吊车梁除应采用恰当的构造措施防止疲劳破坏外，还要对疲劳敏感区进行疲劳验算。

同时，吊车梁所受荷载的特殊性，也引起了截面形式的相应变化。

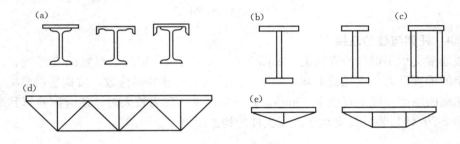

图 2-71　吊车梁和吊车桁架的类型简图
（a）型钢吊车梁；（b）工字形焊接吊车梁；（c）箱形吊车梁；（d）吊车桁架；（e）撑杆式吊车桁架

2.5.1　吊车梁系统结构的组成

吊车梁除承受竖向力以外，还要承受小车的横向刹车力，因此，必须将吊车梁上翼缘加强或设置制动系统以承担吊车的横向水平力。当跨度及荷载很小时，可采用型钢梁（工字钢或H型钢加焊接板、角钢或槽钢）。当吊车起重量不大（$Q \leqslant 30kN$）且柱距又小时（$l \leqslant 6m$）。可以将吊车梁的上翼缘加强（图2-72b），使它在水平面内具有足够的抗弯强度和刚度。对于跨度或起重量较大的吊车梁，应设置制动梁或制动桁架。图 2-72（a）是一个边列柱的吊车梁，设置有钢板和槽钢组成的制动梁；吊车梁的上翼缘为制动梁的内翼缘，槽钢则为制动梁的外翼缘。制动梁的宽度不宜小于$1.0 \sim 1.5m$，宽度较大时宜采用制动桁架，如图 2-71（b）所示。制动桁架是用角钢组成的平行弦桁架。吊车梁的上翼缘兼作制动桁架的弦杆。制动梁和制动桁架统称为制动结构。制动结构不但用以承受横向水平荷载，保证吊车梁的整体稳定，并且可作为检修走道。制动梁腹板（兼作走道板）宜用花纹钢板，以防行走滑倒。其厚度一般为$6 \sim 10mm$，走道的活荷载一般按$2kN/m^2$考虑。

对于跨度大于等于12m的重级工作制吊车梁，或跨度大于等于18m的轻中级工作制吊车梁。为了增加吊车梁和制动结构的整体刚度和抗扭性能，对边列柱的吊车梁宜设置与吊车梁平行的垂直辅助桁架，并在辅助桁架和吊车梁之间设置水平支撑和垂直支撑，如图2-72（b）所示。垂直支撑虽然对增加整体刚度有利，但在吊车梁竖向变位的影响下，容易受力过大而破坏；如需设置应避免靠近梁的跨度中央处。对柱的两侧均有吊车梁的中列柱，则应在两吊车梁间设置制动结构、水平支撑和垂直支撑。

2.5.2　吊车梁的荷载

吊车梁直接承受由吊车产生的三个方向的荷载：竖向荷载、横向水平荷载和纵向水平

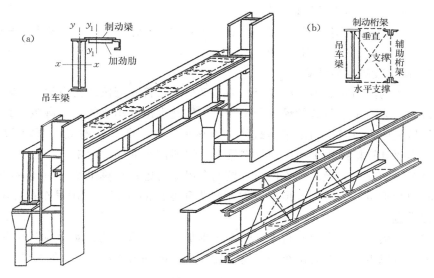

图 2-72　焊接吊车梁的截面形式和制动结构
(a) 制动梁；(b) 制动桁架

荷载。竖向荷载包括吊车系统和起重物的自重以及吊车梁系统的自重。当吊车沿轨道运行、起吊、卸载等时，将引起吊车梁的振动；且当吊车越过轨道接头处的空隙时，还将发生撞击，这些振动和撞击都将对梁产生动力效应，使梁受到的吊车轮压值大于静荷载轮压值。设计中将竖向轮压的动力效应用加大轮压值的方法加以考虑。规范规定：对悬挂吊车（包括电动葫芦）以及轻、中级工作制软钩吊车、动力系数取 1.05，对重级工作制的软钩吊车、硬钩吊车以及其他特种吊车，动力系数取 1.1；计算疲劳和变形时，可不乘动力系数。

吊车横向水平力是当小车吊有重物时刹车所引起的横向水平惯性力，它通过小车轮刹车与桥架轨道之间的摩擦力传给大车，再通过大车轮在吊车轨顶传给吊车梁，而后由吊车梁与柱的连接钢板传给排架柱。根据《建筑结构荷载规范》GB 50009，吊车横向水平荷载标准值应取横行小车重力 g 与额定起重量的重力 Q 之和乘以下列百分数：

软钩吊车：$Q \leqslant 100kN$ 时，取 20%

　　　　　$Q = 150 \sim 500kN$ 时，取 10%

　　　　　$Q \geqslant 750kN$ 时，取 8%

硬钩吊车：取 20%

对重级工作制吊车，由于吊车轨道不可能绝对平行，吊车轮和轨道之间有一定空隙，当吊车刹车时，或吊车运行时车身不平行，发生倾斜，都会在大轮子和轨道之间产生较大的摩擦力，通称卡轨力，亦称摇摆力。显然，卡轨力的大小与吊车的最大轮压有关，而与荷载规范规定的由小车刹车引起的横向水平力无关，因此，《钢结构设计标准》GB 50017 规定在计算重级工作制吊车梁（吊车桁架）及其制动结构的强度、稳定以及连接强度时，应考虑由吊车摆动引起的摇摆力（此水平力不与荷载规范的横向水平荷载同时考虑），作用于每个轮压处的此摇摆力标准值可由下式进行计算：

$$H_k = \alpha P_{kmax} \tag{2-48}$$

式中　P_{kmax}——吊车最大轮压标准值；

　　　　α——系数，对一般软钩吊车，$\alpha=0.1$；抓斗或磁盘吊车宜采用 $\alpha=0.15$；硬钩吊车宜采用 $\alpha=0.2$。

2.5.3　吊车梁的内力计算

计算吊车梁的内力时，由于吊车荷载为移动荷载，首先应按结构力学中影响线的方法确定产生最大内力时吊车荷载的最不利位置，再按此求出吊车梁的最大弯矩及其相应的剪力、支座处最大剪力以及横向水平荷载作用下在水平方向所产生的最大弯矩 M_{ymax}，当为制动桁架时还要计算横向水平荷载在吊车梁上翼缘所产生的局部弯矩。

计算吊车梁的强度、稳定和连接时，按两台吊车考虑；计算吊车梁的疲劳和变形时按作用在跨间内起重量最大的一台吊车考虑。疲劳和变形的计算，采用吊车荷载的标准值，不考虑动力系数。

吊车梁、制动结构、支撑杆自重、轨道等附加零件自重以及制动结构上的检修荷载等产生的内力，可以近似地取为吊车最大垂直轮压产生的内力乘以表 2-9 的系数。

吊车梁的自重系数

表 2-9

吊车梁跨度	6	12	≥18
自重系数	0.03	0.05	0.07

2.5.4　吊车梁的截面验算

求出吊车梁最不利的内力之后，根据第 1 章焊接组合梁截面选择的方法试选吊车梁截面，但需注意两点：

①吊车梁所需截面模量按公式（2-49）计算，即

$$W_{nx} = \frac{M_{xmax}}{\alpha f} \tag{2-49}$$

式中　α——考虑横向水平荷载作用的系数，取 $0.7\sim0.9$（重级工作制吊车取偏小值，轻、中级工作制吊车取偏大值）；

　　　M_{xmax}——两台吊车竖向荷载产生的最大弯矩设计值。

② 吊车梁的最小高度按公式（1-37）计算，即

$$h_{min} = \frac{\sigma_k l^2}{5E[v_T]}$$

式中，σ_k 为竖向荷载标准值产生的应力，可用 $\sigma_k = \dfrac{M_{xkl}}{W_{nx}}$ 进行估算，这里 M_{xkl} 为吊车梁在自重和一台吊车竖向荷载标准值作用下的最大弯矩；W_{nx} 为由式（2-49）计算的截面模量。

制动结构的截面可参考有关资料预先假定。

（1）强度验算

上翼缘的正应力按下列公式计算：

无制动结构：

$$\sigma = \frac{M_{xmax}}{W_{nxl}} + \frac{M_{ymax}}{W_{ny}} \leqslant f \tag{2-50}$$

有制动梁：

$$\sigma = \frac{M_{xmax}}{W_{nx1}} + \frac{M_{ymax}}{W_{ny1}} \leqslant f \qquad (2-51)$$

有制动桁架:

$$\sigma = \frac{M_{xmax}}{W_{nx1}} + \frac{M}{W_{ny}} + \frac{N}{A_{nf}} \leqslant f \qquad (2-52)$$

下翼缘的正应力按下式计算:

$$\sigma = \frac{M_{xmax}}{W_{nx2}} \leqslant f \qquad (2-53)$$

式中　　W_{nx1}、W_{nx2}——吊车梁对 x 轴的上部及下部边缘纤维的净截面模量;

W_{ny}——吊车梁上翼缘截面(包括加强板、角钢或槽钢)对 y 轴的净截面模量;

W_{ny1}——制动梁截面对 y_1 轴吊车梁上翼缘外边缘纤维的截面模量;

A_{nf}——吊车梁上翼缘及 $15t_w$ 腹板的净截面面积之和;

M_{xmax}、M_{ymax}——分别为吊车竖向荷载及横向水平力(横向水平荷载或摇摆力)产生的计算弯矩;

N——横向水平荷载或摇摆力在吊车梁上翼缘所产生的轴向压力:

$$N = \frac{M_{ymax}}{b} \qquad (2-54)$$

b——吊车梁与辅助桁架或吊车梁与吊车梁轴线间水平距离;

M——吊车横向水平制动力对制动桁架在吊车梁上翼缘产生的局部弯矩,可近似地按 $M = (1/4 \sim 1/3)Ta$ 计算;T 为作用于一个吊车轮上的横向水平荷载或摇摆力;a 为制动桁架节间长度。

剪应力:

$$\tau = \frac{V_{max}S}{It_w} \leqslant f_v \qquad (2-55)$$

式中　　V_{max}——支座处最大剪力;

S——梁中和轴以上毛截面对中和轴的面积矩;

I——梁毛截面惯性矩;

t_w——腹板厚度。

腹板计算高度上边缘的局部承压强度应按下式计算:

$$\sigma_c = \frac{\psi F}{t_w l_z} \leqslant f \qquad (2-56)$$

式中　　F——考虑动力系数的吊车最大轮压的设计值;

ψ——对重级工作制的吊车梁取 1.35,其他情况取 1.0;

l_z——集中荷载在腹板计算高度上边缘的假定分布长度,按下列两式之一计算:

$$l_z = 3.25 \sqrt[3]{\frac{I_R + I_f}{t_w}} \quad 或 \quad l_z = a + 5h_y + 2h_R$$

I_R——轨道绕自身形心轴的惯性矩;

I_f——梁上翼缘绕翼缘中面的惯性矩;

a——集中荷载沿梁跨度方向的支承长度,对钢轨上的轮压长度取为 50mm;

h_y——自吊车轨顶至腹板计算高度上边缘的距离（对焊接梁即为翼缘板厚度）；

h_R——轨道的高度，对梁顶无轨道的梁 $h_R = 0$。

此外，还应验算吊车梁上翼缘与腹板交界处的折算应力：

$$\sqrt{\sigma^2 + \sigma_c^2 - \sigma\sigma_c + 3\tau^2} \leqslant \beta_1 f \tag{2-57}$$

式中　　$\sigma = \dfrac{M_{max}}{W_{nx1}} \cdot \dfrac{h}{h_w}$，$\tau = \dfrac{VS_2}{It_w}$；

β_1——系数，当 σ 与 σ_c 异号时，取 $\beta_1 = 1.2$；当 σ 与 σ_c 同号时，取 $\beta_1 = 1.1$；

h——梁的高度；

h_w——腹板高度；

S_2——计算点以上毛截面（吊车梁上翼缘）对中和轴的面积矩。

（2）整体稳定验算

无制动结构时，按下式验算梁的整体稳定性：

$$\frac{M_{xnmax}}{\varphi_b W_x} + \frac{M_{ymax}}{W_y} \leqslant f \tag{2-58}$$

式中　　W_x——按吊车梁受压纤维确定的对 x 轴的毛截面模量；

W_y——上翼缘对 y 轴的毛截面模量；

φ_b——梁的整体稳定系数，按附录8确定。

当采用制动梁或制动桁架时，梁的整体稳定能够保证，不必验算。

（3）刚度验算

吊车梁在垂直方向内的刚度可直接按下式近似计算（等截面时）：

$$\upsilon = \frac{M_{xkmax} l^2}{10 E I_x} \leqslant [\upsilon_T] \tag{2-59}$$

式中　　M_{xkmax}——竖向荷载（一台吊车荷载和吊车梁自重）的标准值引起的最大弯矩，不考虑动力系数；

$[\upsilon_T]$——规范规定的容许挠度值。

冶金工厂中设有的工作级别为 A7、A8 级（重级工作制）吊车的车间，吊车梁或吊车桁架的制动结构，尚应计算由一台最大吊车横向水平荷载的标准值（T_k，按荷载规范计算）产生的水平挠度，不宜超过制动结构跨度的 1/2200。

（4）翼缘与腹板连接焊缝的计算

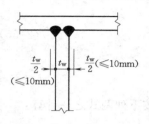

图 2-73　焊透的 T 形
连接焊缝
t_w—吊车梁板厚度

翼缘焊缝的计算见本书第 1 章第 1.5.1.3 节。吊车梁的上翼缘焊缝除承受水平剪应力外，还承受由吊车轮压引起的竖向应力；下翼缘焊缝仅受翼缘和腹板间的水平剪应力。对于重级工作制的吊车梁，上翼缘与腹板的连接应采用图 2-73 所示焊透的 T 形连接焊缝，焊缝质量不低于二级焊缝标准，可认为与腹板等强而不再验算其强度。

（5）腹板的局部稳定验算

吊车梁腹板除承受弯矩产生的正应力和剪应力外，尚承受吊车最大垂直轮压传来的局部压应力。对直接承受动力荷载的构件，不得利用屈曲后强度，应根据腹板的高厚比布置相应的加劲肋（横向加劲肋、纵向加劲肋、短加劲肋），并按标准的规定计算各区格内的局部稳定。原理及计算方法可参考《钢结构基本原理》第 7 章。

（6）疲劳验算

吊车梁在动态荷载的反复作用下，可能产生疲劳破坏。在设计吊车梁时，首先应采用塑性、韧性好的钢材，并尽量避免截面的急剧变化，以免产生过大的应力集中。

钢材的冷作硬化也会加速疲劳破坏，因此吊车梁尽量避免冷弯、冷压等冷作加工。凡冲成孔应进行扩钻，以消除孔周边的硬化区。对于重级工作制吊车梁受拉翼缘的边缘，当用手工气割或剪切机切割时，应沿全长刨边，以消除其硬化边缘和表面不平现象。

焊接对结构的疲劳性能有很大影响，尤其对桁架式构件的影响更为显著，所以对于吊车桁架或制动桁架，应优先采用高强度螺栓连接。焊接工字形吊车梁，其翼缘和腹板的拼接应采用加引弧板的焊透对接焊缝，割除引弧板后应用砂轮打磨使之平整。试验证明，疲劳现象在结构的受拉区特别敏感。因此标准规定，吊车梁的受拉翼缘除与腹板焊接外，不得焊接其他任何零件，且不得在受拉翼缘打火等。对重级工作制吊车梁和重级、中级工作制吊车桁架，除以上构造措施外，还要验算其疲劳强度，焊接吊车梁应对受拉翼缘与腹板连接处的主体金属、受拉区加劲肋的端部和受拉翼缘与支撑的连接等处的主体金属以及角焊缝连接处进行疲劳验算。

重级工作制吊车梁和重级、中级工作制吊车桁架，需要验算疲劳强度。《钢结构设计标准》GB 50017 在计算此类变幅疲劳问题时，引入了累积损伤法则，即根据疲劳损伤效应相同的原则，使预期使用寿命内变幅疲劳的累计损伤等于某一常幅疲劳应力幅循环次数为 2×10^{6} 次的损伤，该常幅疲劳的应力幅即为变幅疲劳的等效应力幅，并令该等效应力幅与应力循环中最大应力幅的比值为欠载效应的等效系数 α_{f}，重级工作制吊车梁和重级、中级工作制吊车桁架的变幅疲劳按下式进行计算：

正应力幅的疲劳计算：

$$\alpha_{f}\Delta\sigma \leqslant \gamma_{t}\left[\Delta\sigma\right]_{2\times10^{6}} \tag{2-60}$$

剪应力幅的疲劳计算：

$$\alpha_{f}\Delta\tau \leqslant \left[\Delta\tau\right]_{2\times10^{6}} \tag{2-61}$$

式中　$\Delta\sigma$——构件或连接计算部位的正应力幅；

$\Delta\tau$——构件或连接计算部位的剪应力幅；

α_{f}——欠载效应的等效系数，按表 2-10 选用；

γ_{t}——考虑厚板效应对焊缝疲劳强度影响及大直径螺栓尺寸效应对螺栓疲劳强度影响的修正系数，取值如下：

对于横向角焊缝或对接焊缝连接，当连接板厚 t（mm）大于 25mm 时，按下式计算：

$$\gamma_{t} = \left(\frac{25}{t}\right)^{0.25} \tag{2-62}$$

对于螺栓轴向受拉连接，当螺栓的公称直径 d（mm）大于 30mm 时，按下式计算：

$$\gamma_{t} = \left(\frac{30}{d}\right)^{0.25} \tag{2-63}$$

其余情况取 $\gamma_{t} = 1.0$。

$\left[\Delta\sigma\right]_{2\times10^{6}}$——循环次数 n 为 2×10^{6} 的容许正应力幅，《钢结构设计标准》GB 50017 将正

应力作用下连接和构件共分为 14 个类别（见附录 10），按正应力常幅疲劳计算出各类别的 $[\Delta\sigma]_{2\times10^6}$，见表 2-11；

$[\Delta\tau]_{2\times10^6}$——循环次数 n 为 2×10^6 的容许剪应力幅，《钢结构设计标准》GB 50017 将剪应力作用下连接和构件共分为 3 个类别（见附录 10），按剪应力常幅疲劳计算出各类别的 $[\Delta\tau]_{2\times10^6}$，见表 2-12。

欠载效应的等效系数 α_f　　　　　　　　　表 2-10

吊车类别	α_f
重级工作制的硬钩吊车（如均热炉车间的钳式吊车）	1.0
重级工作制的软钩吊车	0.8
中级工作制的吊车	0.5

循环次数为 2×10^6 的容许正应力幅 $[\Delta\sigma]_{2\times10^6}$（N/mm²）　　表 2-11

构件的连接类别	Z1	Z2	Z3	Z4	Z5	Z6	Z7	Z8	Z9	Z10	Z11	Z12	Z13	Z14
$[\Delta\sigma]_{2\times10^6}$	140	115	92	83	74	66	59	52	46	41	37	33	29	26

循环次数为 2×10^6 的容许剪应力幅 $[\Delta\tau]_{2\times10^6}$（N/mm²）　　表 2-12

构件的连接类别	J1	J2	J3
$[\Delta\tau]_{2\times10^6}$	59	100	90

2.5.5　吊车梁与柱的连接

吊车梁下翼缘与框架柱的连接，一般采用 M20～M26 的普通螺栓固定。螺栓上的垫板厚度约取 16～18mm。

当吊车梁位于设有柱间支撑的框架柱上时（图 2-74），下翼缘与吊车平台间应另加连接板用焊缝或高强度螺栓连接，按承受吊车纵向水平荷载和山墙传来的风力进行计算。

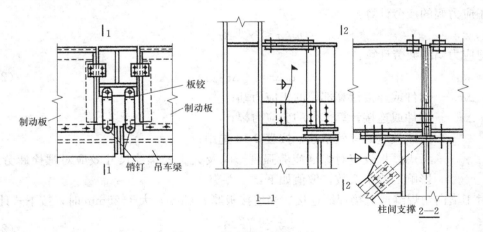

图 2-74　吊车梁与柱的连接

吊车梁上翼缘与柱的连接应能传递全部支座处的水平反力。同时，对重级工作制吊车梁应注意采取适宜的构造措施，减少对吊车梁的约束，以保证吊车梁在简支状态下工作。上翼缘与柱宜通过连接板用大直径销钉（图 2-74）连接。

吊车梁之间的纵向连接通常在梁端高度下部加设调整填板，并用普通螺栓连接。

2.5.6 吊车梁设计例题

（1）设计资料

简支吊车梁，跨度 12m，2 台 500/100kN 重级工作制（A7 级）桥式吊车，吊车跨度 $L=28.5$m，横行小车重 $g=165$kN。吊车轮压简图如图 2-75 所示，最大轮压标准值 $F_k=448$kN。轨道型号 QU80（轨高 130mm，底宽 130mm）。

吊车梁材料采用 Q355B 钢，腹板与翼缘连接焊缝采用自动焊。制动梁宽度为 1.0m。

图 2-75　轮压简图

（2）内力计算

① 两台吊车作用下的内力

竖向轮压在支座 A 处产生的最大剪力，最不利轮位可能如图 2-76（a）所示，但也可能如图 2-76（b）所示。

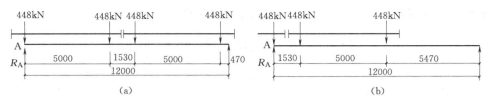

图 2-76　最大剪力轮位

(a) 四个轮压布置；(b) 三个轮压布置

由图 2-76（a）：

$$V_{k,A} = R_A = 448 \times \frac{1}{12} \times (0.47 + 5.47 + 7.00 + 12) = 931.1\text{kN}$$

由图 2-76（b）：

$$V_{k,A} = 448 \times \frac{1}{12} \times (5.47 + 10.47 + 12) = 1043.1\text{kN}$$

最大剪力标准值：

$$V_{kmax} = 1043.1\text{kN}$$

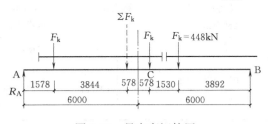

图 2-77　最大弯矩轮压

竖向轮压产生的绝对最大弯矩轮位如图 2-77 示，最大弯矩在 C 点处，其值为

$$R_A = 3 \times 448 \times \frac{6.578}{12} = 736.7\text{kN}$$

$$M_{xk.C} = 736.7 \times 6.578 - 448 \times 5$$
$$= 2606.0\text{kN} \cdot \text{m}$$

相应剪力：

$$V_{kc} = 736.7 - 448 = 288.7\text{kN}$$

计算吊车梁及制动结构的强度时应考虑由吊车摆动引起的横向卡轨力 H_k，此处 $H_k=0.1F_k$（大于荷载规范规定的横向水平力），产生的最大水平弯矩为

$$M_{yk.C} = 0.1M_{xk.C} = 260.6\text{kN} \cdot \text{m}$$

② 一台吊车作用下的内力

最大剪力（图 2-78a）：

$$V_{k1} = 448 \times \frac{1}{12} \times (7 + 12) = 709.3\text{kN}$$

最大弯矩（图 2-78b）：

$$R_A = 2 \times 448 \times \frac{4.75}{12} = 354.7\text{kN}$$

$$M_{xk1} = 354.7 \times 4.75 = 1685\text{kN} \cdot \text{m}$$

在 C 点处的相应剪力：

$$V_{k1,C} = R_A = 354.7\text{kN}$$

计算制动结构的水平挠度时，应采用由一台吊车横向水平荷载标准值 T_k（按荷载规范取值）所产生的挠度：

$$T_k = \frac{10}{100} \times \frac{Q+G}{n} = \frac{10}{100} \times \frac{500+165}{4} = 16.6\text{kN}$$

水平荷载最不利轮位与图 2-78（b）相同，产生的最大水平弯矩：

$$M_{yk1} = 1685 \times \frac{16.6}{448} = 62.4\text{kN} \cdot \text{m}$$

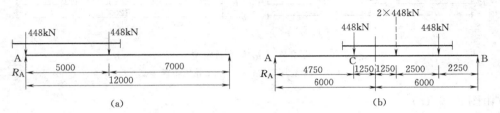

图 2-78 一台吊车的最大剪力和最大弯矩轮位
(a) 最大剪力轮位布置；(b) 最大弯矩轮位布置

③ 内力汇总（见表 2-13）

吊车梁内力汇总表　　　　　　　　　　　　　　　　表 2-13

两台吊车时			一台吊车时			
计算强度和稳定（设计值）			计算竖向挠度（标准值）	计算疲劳（标准值）		计算水平挠度（标准值）
M_{xmax}	M_y	V_{max}	M_{xk}	M_{xk1}	V_{k1}	M_{yk1}
$1.1 \times 1.5 \times 2606.0 + 1.1 \times 1.3 \times 0.05 \times 2606.0 = 4486\text{kN} \cdot \text{m}$	$1.5 \times 260.6 = 391\text{kN} \cdot \text{m}$	$1.1 \times 1.5 \times 1043.1 + 1.1 \times 1.3 \times 0.05 \times 1043.1 = 1796\text{kN}$	$1.05 \times 1684.7 = 1769\text{kN} \cdot \text{m}$	$1685\text{kN} \cdot \text{m}$	709.3kN	$62.4\text{kN} \cdot \text{m}$

注：1. 吊车梁和轨道等自重设为竖向荷载的 0.05 倍；

2. 竖向荷载动力系数为 1.1，恒荷载分项系数为 1.3，吊车荷载分项系数为 1.5；

3. 与 M_{xmax} 相应的剪力设计值 $V_c = 1.1 \times 1.5 \times 288.7 + 1.1 \times 1.3 \times 0.05 \times 288.7 = 497.0\text{kN}$。

（3）截面选择

钢材为 Q355B，其强度设计值为

抗弯：$f_1 = 305\text{N/mm}^2 \, (t \leqslant 16\text{mm})$

$\qquad f_2 = 295\text{N/mm}^2 \, (16\text{mm} < t \leqslant 40\text{mm})$

抗剪：

$$f_v = 175\text{N/mm}^2 (t \leqslant 16\text{mm})$$

估计翼缘板厚度超过 16mm，故抗弯强度设计值取为 295N/mm²；而腹板厚度不超过 16mm，故抗剪强度取为 175N/mm²。

① 梁高 h

需要的截面模量：

$$W_{nx} = \frac{M_{xmax}}{\alpha \cdot f} = \frac{4486 \times 10^6}{0.7 \times 295} = 21724 \times 10^3 \text{mm}^3$$

由一台吊车竖向荷载标准值产生的弯曲应力：

$$\sigma_k = \frac{M_{xk1}}{W_{nx}} = \frac{1769 \times 10^6}{21724 \times 10^3} = 81.4\text{N/mm}^2$$

根据式（1-37），由刚度条件确定的截面最小高度：

$$h_{min} = \frac{\sigma_k}{5E} \cdot \frac{l}{[\nu]} \cdot l = \frac{81.4}{5 \times 206 \times 10^3} \times 1200 \times 12000 = 1138\text{mm}$$

查附录 6，重级工作制桥式吊车 $[\nu] = \dfrac{l}{1200}$。

梁的经济高度（式 1-39）：

$$h_s = 2W_x^{0.4} = 2 \times (21724 \times 10^3)^{0.4} = 1721\text{mm}$$

取腹板高度 $h_w = 1700\text{mm}$。

② 腹板厚度 t_w

由抗剪要求：

$$t_w \geqslant 1.2 \frac{V_{xmax}}{h_w f_v} = 1.2 \times \frac{1796 \times 10^3}{1700 \times 175} = 7.2\text{mm}$$

由经验公式：

$$t_w = \sqrt{h_w}/3.5 = \sqrt{1700}/3.5 = 11.8\text{mm}$$

取 $t_w = 14\text{mm}$。

$$124\varepsilon_k = 124 \times \sqrt{\frac{235}{345}} = 102.3 < \frac{h_0}{t_w} = \frac{1700}{14} = 121.4 < 250$$

③ 翼缘板宽度 b 和厚度 t

需要的翼缘板截面积约为

$$A_{fl} = \frac{W_{nx}}{h_w} - \frac{1}{6} \times t_w \times h_w = \frac{21724}{170} - \frac{1}{6} \times 1.4 \times 170 = 88.1\text{cm}^2$$

因吊车钢轨用压板与吊车梁上翼缘连接，故上翼缘在腹板两侧均有螺栓孔。另外，本设计是跨度为 12m 的重级工作制吊车梁，应设置辅助桁架和水平、垂直支撑系统，因此下翼缘也应有连接水平支撑的螺栓孔（图 2-79），设上、下翼缘的螺栓孔直径为 $d_0 = 24\text{mm}$。

$$b = \left(\frac{1}{5} \sim \frac{1}{3}\right)h = 34 \sim 56\text{cm}$$

取上翼缘宽度 500mm（留两个螺栓孔），下翼缘宽度 500mm（留一个螺栓孔）。

$$t = \frac{88.1}{50 - 2 \times 2.4} = 1.9\text{cm}，取 t = 22\text{mm}$$

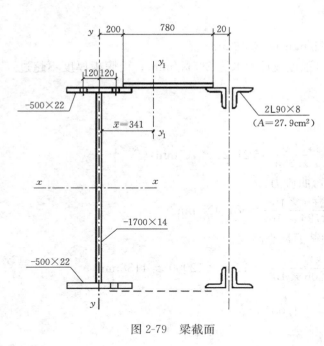

图 2-79 梁截面

$$\frac{b_1}{t} = \frac{24.3}{2.2} = 11.0 < 15\varepsilon_k$$

$$= 15 \times \sqrt{\frac{235}{345}} = 12.4$$

④ 制动板和制动梁外侧翼缘

制动板选用 8mm 厚花纹钢板，制动梁外侧翼缘（即辅助桁架的上弦）选用 $2 \llcorner 90 \times 8$（$A = 27.9\text{cm}^2$，$I_y = 467\text{cm}^4$）。

⑤ 截面几何特征（图 2-79）

吊车梁毛截面惯性矩：

$$I_x = \frac{1}{12} \times (50 \times 174.4^3 - 48.6 \times 170^3)$$

$$= 2204178\text{cm}^4$$

净截面惯性矩（假设中和轴 x-x 与毛截面的相同）：

$$I_{nx} = 2204178 - 3 \times 2.4 \times 2.2 \times 87.2^2$$

$$= 2083733\text{cm}^4$$

吊车梁净截面模量：

$$W_{nx} = \frac{2083733}{87.2} = 23896\text{cm}^3$$

制动梁净截面积：

$$A_n = (50 - 2 \times 2.4) \times 2.2 + 78 \times 0.8 + 27.9 = 189.7\text{cm}^2$$

制动梁截面重心至吊车梁腹板中心之间的距离：

$$\overline{x} = \frac{1}{189.7} \times (78 \times 0.8 \times 59 + 27.9 \times 100) = 34.1\text{cm}$$

制动梁对 y_1-y_1 轴的毛截面惯性矩：

$$I_{y1} = \frac{1}{12} \times 2.2 \times 50^3 + 2.2 \times 50 \times 34.1^2 + 467 + 27.9 \times 65.9^2$$

$$+ \frac{1}{12} \times 0.8 \times 78^3 + 78 \times 0.8 \times 24.9^2$$

$$= 342783\text{cm}^4$$

制动梁对吊车梁上翼缘外边缘点的净截面模量：

$$W_{ny1} = \frac{342783 - 2.4 \times 2.2 \times (46.1^2 + 22.1^2)}{59.1} = 5567\text{cm}^3$$

（4）截面验算

① 验算强度

上翼缘正应力：

$$\frac{M_x}{W_{nx}} + \frac{M_y}{W_{ny1}} = \frac{4486 \times 10^6}{23896 \times 10^3} + \frac{391 \times 10^6}{5567 \times 10^3} = 258.0\text{N/mm}^2 < f_2 = 295\text{N/mm}^2$$

剪应力：

176

$$\tau = \frac{V_x S}{I_x t_w} = \frac{1796 \times 10^3}{2204178 \times 10^4 \times 14} \times \left(500 \times 22 \times 861 + 850 \times 14 \times \frac{850}{2}\right)$$

$$= 84.6 \text{N/mm}^2 < f_v = 175 \text{N/mm}^2$$

腹板局部压应力：

$$\sigma_c = \frac{\psi F}{t_w l_z} = \frac{1.35 \times 448 \times 10^3 \times 1.5 \times 1.1}{14 \times (50 + 2 \times 130 + 5 \times 22)} = 169.7 \text{N/mm}^2 < f_1 = 305 \text{N/mm}^2$$

② 整体稳定性验算

因有制动梁，不需验算吊车梁的整体稳定性。

③ 刚度验算

吊车梁的竖向相对挠度：

$$\frac{v}{l} = \frac{M_{xk1} l}{10 E I_x} = \frac{1769 \times 10^6 \times 12000}{10 \times 206 \times 10^3 \times 2204178 \times 10^4} = \frac{1}{2139} < \frac{1}{1200}$$

制动梁的水平相对挠度：

$$\frac{u}{l} = \frac{M_{yk1} l}{10 E I_{y1}} = \frac{62.4 \times 10^6 \times 12000}{10 \times 206 \times 10^3 \times 342783 \times 10^4} = \frac{1}{9430} < \frac{1}{2200}$$

由于跨度不大，梁截面沿长度不予改变。

（5）翼缘与腹板的连接焊缝

① 腹板与上翼缘的连接采用焊透的 T 形对接焊缝，焊缝质量不低于二级，不必计算。

② 腹板与下翼缘的连接采用角焊缝，需要的焊脚尺寸：

$$h_f \geqslant \frac{1}{1.4 f_f^w} \cdot \frac{V_x S_1}{I_x} = \frac{1}{1.4 \times 200} \times \frac{1796 \times 10^3 \times 500 \times 22 \times 861}{2204178 \times 10^4} = 2.8 \text{mm}$$

采用 $h_f = 8 \text{mm} > 6 \text{mm}$。

（6）腹板局部稳定

因受压翼缘连有制动板，可认为扭转受到完全约束。

$$\frac{h_0}{t_w} = \frac{1700}{14} = 121.4 < 170 \varepsilon_k = 170 \sqrt{\frac{235}{355}} = 138.3$$

只需设置横向加劲肋，沿全跨等间距布置，设间距 $a = 1200 \text{mm}$，则全跨有 10 个板段，如图 2-80 所示。

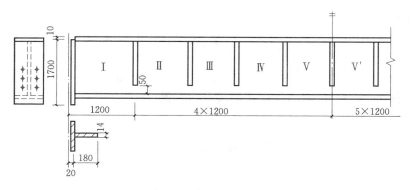

图 2-80 加劲肋的布置

① 靠近跨中的板段 V 或 V′ 中央，正好在最大弯矩 M_{xmax} 附近，其应力为

$$\sigma = \frac{M_{xmax}}{W_{nx}} \cdot \frac{h_0}{h} = \frac{4486 \times 10^6}{23896 \times 10^3} \times \frac{1700}{1744} = 183\text{N/mm}^2$$

$$\tau = \frac{V_c}{h_0 t_w} = \frac{497.0 \times 10^3}{1700 \times 14} = 20.9\text{N/mm}^2$$

$$\sigma_c = \frac{F}{t_w l_z} = \frac{448 \times 10^3 \times 1.5 \times 1.1}{14 \times (50 + 2 \times 130 + 5 \times 22)} = 125.7\text{N/mm}^2$$

各自的临界应力为

由 $\lambda_{nb} = \frac{2h_c/t_w}{177} \cdot \frac{1}{\varepsilon_k} = \frac{1700/14}{177}\sqrt{\frac{355}{235}} = 0.84 < 0.85$，得

$$\sigma_{cr} = f_1 = 305\text{N/mm}^2$$

由 $\qquad 0.5 < a/h_0 = 1200/1700 = 0.7 < 1.5$

$$\lambda_{n,c} = \frac{h_0/t_w}{28\sqrt{10.9 + 13.4(1.83 - a/h_0)^3}} \cdot \frac{1}{\varepsilon_k} = \frac{1700/14}{28\sqrt{10.9 + 13.4 \times (1.83 - 0.706)^3}} \cdot$$

$\sqrt{\frac{355}{235}} = 0.97 > 0.9$ 但小于 1.2，得

$$\sigma_{c.cr} = [1 - 0.79(\lambda_{n,c} - 0.9)] \times f_1 = [1 - 0.79 \times (0.96 - 0.9)] \times 305 = 290.5\text{N/mm}^2$$

由 $a/h_0 = 0.7 < 1.0$

$$\lambda_{n,s} = \frac{h_0/t_w}{37\eta\sqrt{4 + 5.34(h_0/a)^2}} \cdot \frac{1}{\varepsilon_k} = \frac{1700/14}{37 \times 1.11 \times \sqrt{4 + 5.34 \times 1.417^2}} \cdot \sqrt{\frac{355}{235}} = 0.94 >$$

0.8 但小于 1.2，得

$$\tau_{cr} = [1 - 0.59(\lambda_{n,s} - 0.8)] \times f_v = [1 - 0.59(0.93 - 0.8)] \times 175 = 161.6\text{N/mm}^2$$

验算腹板的局部稳定：

$$\left(\frac{\sigma}{\sigma_{cr}}\right)^2 + \left(\frac{\tau}{\tau_{cr}}\right)^2 + \frac{\sigma_c}{\sigma_{c.cr}} = \left(\frac{183}{305}\right)^2 + \left(\frac{20.9}{161.6}\right)^2 + \frac{125.7}{290.5} = 0.81 < 1.0，通过。$$

② 靠近支座的端部板段 I

此板段的弯曲正应力影响甚小，可假定 $\sigma = 0$，板段中央所承受最不利 V_1 比最大剪力 V_{xmax} 略小，但假定 $V_1 = V_{xmax}$，以弥补略去弯曲正应力的影响。

$$\tau = \frac{V_1}{h_0 t_w} = \frac{1796 \times 10^3}{1700 \times 14} = 75.5\text{N/mm}^2$$

局部压应力仍为

$$\sigma_c = 125.7\text{N/mm}^2$$

$$\left(\frac{\sigma}{\sigma_{cr}}\right)^2 + \left(\frac{\tau}{\tau_{cr}}\right)^2 + \frac{\sigma_c}{\sigma_{c,cr}} = 0 + \left(\frac{75.5}{161.6}\right)^2 + \frac{125.7}{290.5} = 0.651 < 1.0$$

（7）中间横向加劲肋截面（腹板两侧成对称配置）

外伸宽度：

$$b_s \geqslant \frac{h_0}{30} + 40 = \frac{1700}{30} + 40 = 96.7\text{mm}，取 120\text{mm}。$$

厚度：

$$t_s \geqslant \frac{1}{15}b_s = \frac{1}{15} \times 120 = 8\text{mm}$$

选用截面 —120×8。

（8）支座加劲肋设计

支座处设用突缘加劲肋（图 2-80），其截面选用－500×20。

稳定性验算：按承受最大支座反力 $R = V_{vmax} = 1796 \mathrm{kN}$ 的轴心压杆，验算在腹板平面外的稳定。

$$A = 500 \times 20 + 15 t_w \varepsilon_k \cdot t_w = 50 \times 2.0 + 15 \times 1.4 \times \sqrt{\frac{235}{355}} \times 1.4 = 123.9 \mathrm{cm}^2$$

$$I_z = \frac{1}{12} \times 2.0 \times 50^3 = 20833 \mathrm{cm}^4$$

$$i_x = \sqrt{\frac{20833}{123.9}} = 13.0 \mathrm{cm}$$

$$\lambda = \frac{h_0}{i_x} = \frac{170}{13.0} = 13.1$$

由 $\lambda / \varepsilon_k = 13.1 \times \sqrt{\frac{355}{235}} = 16.1$，查附录 5 得 $\varphi = 0.981$（b 类截面，不考虑扭转效应）。

整体稳定：

$$\frac{R}{\varphi A} = \frac{1796 \times 10^3}{0.981 \times 123.9 \times 10^2} = 147.8 \mathrm{N/mm}^2 < f = 295 \mathrm{N/mm}^2$$

验算端面承压应力：

$$\sigma_{ce} = \frac{R}{A_{ce}} = \frac{1796 \times 10^3}{500 \times 20} = 179.6 \mathrm{N/mm}^2 < f_{ce} = 400 \mathrm{N/mm}^2$$

支承加劲肋与腹板的连接焊缝计算：取 $h_f = 8 \mathrm{mm}$，大于最小焊脚尺寸 6mm。

焊缝计算长度 $\sum l_w = 2 \times (170 - 2 \times 8) = 308 \mathrm{cm}$，则

$$\tau_f = \frac{R}{0.7 h_f \sum l_w} = \frac{1796 \times 10^3}{0.7 \times 8 \times 3080} = 104.1 \mathrm{N/mm}^2 < f_f^w = 200 \mathrm{N/mm}^2$$

（9）吊车梁的拼接

由钢板规格，翼缘板（厚 22mm，宽 0.5m）和腹板（厚 14mm，宽 1.7m）的长度均可达 12m，且运输也无困难，故不需进行拼接。

（10）吊车梁的疲劳强度验算

① 下翼缘与腹板连接处的主体金属。

由于应力幅 $\Delta \sigma = \sigma_{max} - \sigma_{min}$，其中 σ_{max} 为恒载与吊车荷载产生的应力，σ_{min} 为恒载产生的应力，故 $\Delta \sigma$ 为吊车竖向荷载产生的应力。

$$\Delta \sigma = \frac{M_{xk1}}{W_{nx}} \cdot \frac{h_0}{h} = \frac{1685 \times 10^6}{23896 \times 10^3} \times \frac{1700}{1744} = 68.7 \mathrm{N/mm}^2$$

由附录 10 查得此种连接类别为 Z4 类，再由表 2-11 得：

$$[\Delta \sigma]_{2 \times 10^6} = 112 \mathrm{N/mm}^2$$

验算公式为：

$$\alpha_f \cdot \Delta \sigma = 0.8 \times 68.7 = 55.0 \mathrm{N/mm}^2 < \gamma_t [\Delta \sigma]_{2 \times 10^6} = 1.0 \times 112 = 112 \mathrm{N/mm}^2$$

② 下翼缘连接支撑的螺栓孔处。设一台吊车最大弯矩截面处正好有螺栓孔。

$$\Delta \sigma = \frac{M_{xk1}}{W_{nx}} = \frac{1685 \times 10^6}{23896 \times 10^3} = 70.5 \mathrm{N/mm}^2$$

此连接类别为 Z2 类，由表 2-11 得 $[\Delta \sigma]_{2 \times 10^6} = 144 \mathrm{N/mm}^2$，验算式为

$$\alpha_f \cdot \Delta\sigma = 0.8 \times 70.5 = 56.4 \text{N/mm}^2 < \gamma_t [\Delta\sigma]_{2\times 10^6} = 1.0 \times 144 = 144 \text{N/mm}^2$$

③ 横向加劲肋下端的主体金属（截面沿长度不改变的梁，可只验算最大弯矩截面处），肋端焊缝采用回焊，此类连接为 Z5，由表 2-11 得 $[\Delta\sigma]_{2\times 10^6} = 100 \text{N/mm}^2$。

最大弯矩为 $M_{xkl} = 1685 \text{kN} \cdot \text{m}$，相应的剪力 $V = 354.7 \text{kN}$。

$$\Delta\tau = \frac{VS}{I_x t_w} = \frac{354.7 \times 10^3}{2204178 \times 10^4 \times 14} \times (500 \times 22 \times 861 + 50 \times 14 \times 825) = 11.6 \text{N/mm}^2$$

$$\Delta\sigma = \frac{M_{xkl}}{W_{nx}} \cdot \frac{775}{872} = \frac{1685 \times 10^6}{23896 \times 10^3} \times \frac{800}{872} = 64.7 \text{N/mm}^2$$

主拉应力幅为

$$\Delta\sigma_0 = \frac{\Delta\sigma}{2} + \sqrt{\left(\frac{\Delta\sigma}{2}\right)^2 + (\Delta\tau)^2} = \frac{64.7}{2} + \sqrt{\left(\frac{64.7}{2}\right)^2 + 11.6^2} = 66.7 \text{N/mm}^2$$

验算式为

$$\alpha_f \Delta\sigma_0 = 0.8 \times 66.7 = 53.4 \text{N/mm}^2 < \gamma_t [\Delta\sigma]_{2\times 10^6} = 100 \text{N/mm}^2$$

④ 下翼缘与腹板连接的角焊缝。

此角焊缝 $h_f = 8 \text{mm}$，疲劳类别为 J1 类，由表 2-12，$[\Delta\tau]_{2\times 10^6} = 59 \text{N/mm}^2$，角焊缝的应力幅为

$$\Delta\tau_f = \frac{V_{kl} S_1}{2 \times 0.7 h_f I_x} = \frac{709.3 \times 10^3 \times 500 \times 22 \times 861}{1.4 \times 8 \times 2204178 \times 10^4} = 27.2 \text{N/mm}^2$$

$$\alpha_f \Delta\tau_f = 0.8 \times 27.2 = 21.8 \text{N/mm}^2 < \gamma_t [\Delta\tau]_{2\times 10^6} = 59 \text{N/mm}^2$$

⑤ 支座加劲肋与腹板连接的角焊缝。

此角焊缝 $h_f = 8 \text{mm}$，疲劳类别为 J1 类。

$$\Delta\tau_f = \frac{V_{kl}}{2 \times 0.7 h_f l_w} = \frac{709.3 \times 10^3}{1.4 \times 8 \times (1700 - 2 \times 8)} = 37.6 \text{N/mm}^2$$

$$\alpha_f \cdot \Delta\tau_f = 0.8 \times 37.6 = 30.0 \text{N/mm}^2 < \gamma_t [\Delta\tau]_{2\times 10^6} = 59 \text{N/mm}^2$$

2.6 厂房墙架体系

厂房的围护结构承受由墙体传来的荷载并将荷载传递到基础或厂房框架柱上，这种结构构件系统称为墙架。墙架构件有横梁、墙架柱、抗风桁架和支撑等。

墙架结构体系有整体式和分离式两种。整体式墙架直接利用厂房框架柱与中间墙架柱一起组成墙架结构来支承横梁和墙体；分离式墙架是在框架柱外侧另设墙架柱与中间墙架柱和横梁等组成独立的墙架结构体系。分离式墙架虽然要多消耗一些钢材，但可避免墙架构件与吊车梁辅助桁架、柱间支撑以及水落管等相冲突时构造处理的困难，目前在大型厂房中经常采用。

2.6.1 墙体类型

厂房围护墙分为砌体自承重墙、大型钢筋混凝土墙板和轻型墙皮三大类。

砌体自承重墙由砌体本身承受砌体自重并通过基础梁传给基础，而水平方向的风荷载和地震作用等则传给墙架柱和框架柱。当厂房较高时，宜在适当高度设置承重墙梁，以便将上部墙自重传给墙架柱或框架柱，同时，为了减小墙架柱的跨度，常利用吊车梁系统的制动结构或下弦水平支撑作为墙架柱中部的抗风支承，如图 2-81 (a) 所示。

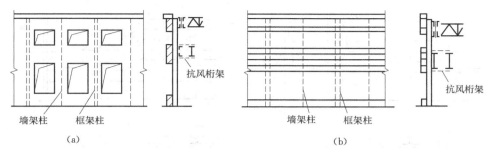

图 2-81　砌体的承重墙及大型板侧墙

(a) 砌体自承重墙体；(b) 大型钢筋混凝土墙板墙体

大型钢筋混凝土墙板有预应力和非预应力两种。墙板应连于墙架柱或框架柱上以传递水平荷载和墙板自重，其中支承墙板自重的支托一般每隔 4~5 块板设置一个，如图 2-81 (b) 所示。

轻型墙皮是将压型钢板、压型铝合金板、石棉瓦和瓦楞铁等连接于墙架横梁上，通过横梁将水平荷载和墙皮自重传给墙架柱或框架柱（图 2-81）。

当采用压型钢板和压型铝合金板作墙板时，由于压型板平面尺寸大，一片墙可以从屋面到基脚用一块压型板拉通，并通过弯钩螺栓或拉铆钉、射钉开花螺栓或自攻螺钉与墙架柱和横梁进行可靠连接，形成一个能够传递竖向荷载和沿压型板平面方向的水平荷载的结构体系。近年来有试验结果和理论分析证明，压型板与周边构件进行可靠连接后，面内刚度很好，能传递纵、横方向的面内剪力，考虑这种抗剪薄膜作用（应力蒙皮效应）能使厂房结构体系简化，节约钢材，有很好的经济效益。

2.6.2　墙架结构的布置

当厂房柱的间距大于等于 12m 时，通常在柱间设置墙架柱，使墙架柱距为 6m。轻型材料的墙体还需再设置墙架横梁，横梁间距可根据墙皮材料的尺寸和强度确定。为减少横梁在竖向荷载下的计算跨度，可在横梁间设置拉条，如图 2-82 所示。

框架柱外侧设有墙架柱时，此墙架柱应与框架相连接并支承于共同的基础上。中间墙架柱可采用支承式和悬吊式。支承式墙架柱应将墙面和墙架自重产生的竖向荷载全部传至基础，但不应承受托架、吊车梁辅助桁架传来的竖向荷载。为了将水平风力传给制动梁或制动桁架以及屋盖纵向水平支撑，支承式墙架柱与这些构件的连接应采用板铰形式，如图 2-83 (a) 上的弹簧板。

悬吊式墙架柱是根据具体情况将其吊挂于吊车梁辅助桁架上、托架上（图 2-83b）或顶部的边梁（边桁架）上。悬吊式墙架柱下端用板铰或用长圆孔螺栓与基础相连（图 2-84），使其不传递竖向力而只传递水平力。这样可节约大部分基础材料，且使墙架柱部分或全部为拉弯构件，受力情况有所改善。

山墙墙架柱间距宜与纵墙的间距相同（一般采用 6m），使外墙围护构件尺寸统一，当山墙下部有大洞口时，应予以加强（图 2-85）。山墙墙架柱上端宜尽量使其支承于屋架横向支撑节点上。当墙架柱位置与横向支撑节点不重合时，应设置分布梁，把水平荷载传至支承节点处。为保证山墙的刚度，在墙架柱之间还可设置柱间支撑。

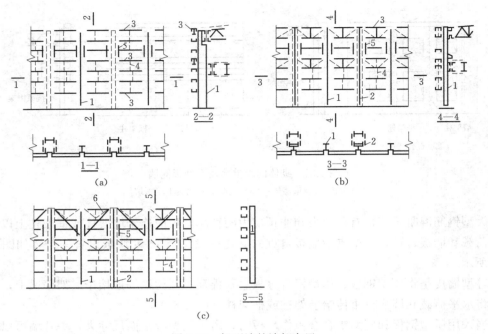

图 2-82　轻型墙的墙架布置

1—墙架柱；2—框架柱；3—墙架横梁；4—拉条；5—窗镶边构件；6—斜拉杆

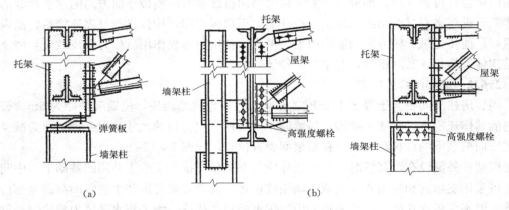

图 2-83　墙架柱与屋架和托架的连接

（a）支撑式；（b）悬挂式

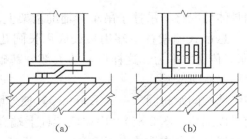

图 2-84　悬吊式墙架柱与基础连接

（a）板铰连接；（b）长圆孔螺栓连接

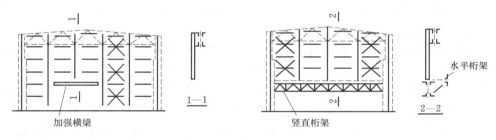

图 2-85　山墙下部有大洞口时的墙架布置

2.7　钢 平 台 结 构

钢平台结构较广泛地应用于冶金、电力、化工、石油、轻工、食品等工业厂房中，如设备支承平台、操作平台、走道平台、检修平台等，也可用于生产辅助及办公管理用房。平台在厂房的结构工程量中占有一定的比重，如在大型炼钢、连铸等车间中，平台结构的用钢量约占全部结构用钢量的 20%～30%。

2.7.1　平台结构的种类

根据平台的用途及荷载，可将工业平台分为轻型平台、普通操作平台、重型操作平台三种。轻型平台主要用作走道平台或单轨吊车的检修平台等，活荷载较小，可取 2.0kN/m²；普通操作平台主要用作一般设备的检修平台或有少量堆料的操作平台，活荷载为 4.0～8.0kN/m²；重型操作平台，如炼钢操作平台、铸造平台等，活荷载很大，可达 10kN/m² 以上，或有较大的设备振动荷载、机动行车荷载等。

2.7.2　平台结构的组成及布置

平台的结构通常由铺板、梁、柱及柱间支撑组成，如图 2-86 所示。

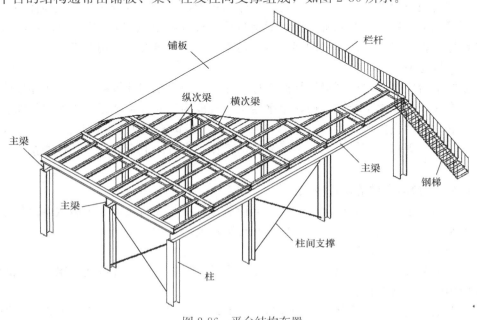

图 2-86　平台结构布置

结构的布置须满足生产工艺要求，并保证操作和通行所需净空。梁格的布置方式有单向式、双向式和复式三种。

① 单向式梁格：只有一个方向的梁，如图 2-87（a）所示，适于梁跨度较小的情况，多采用型钢梁；

② 双向式梁格：由主梁和次梁组成，可使铺板的支承长度控制在合理的范围内，如图 2-87（b）所示；

③ 复式梁格：当双向梁格中次梁跨度较大时，可进一步设置支承于次梁的二级次梁，形成复式梁格，如图 2-87（c）所示。

究竟采取哪种梁格形式，应根据板面荷载的大小及柱的布置，从经济角度选择，达到铺板和梁的用钢量之和最小的效果。

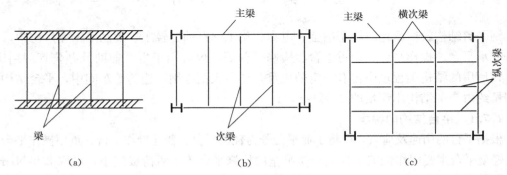

图 2-87 平台梁格布置形式
(a) 单向式梁格；(b) 双向式梁格；(c) 复式梁格

平台主梁通常支承于平台柱或承重墙上，条件允许时，可利用厂房主体结构或设备作为支承，如此通常也能保证平台的侧向刚度。但有较大振动设备的平台，或处在抗震设防地区刚度或荷载较大的平台，宜与厂房结构分离布置，并设置自身完整的支撑体系。

为了降低平台用钢量及基础造价，通常将梁、柱连接节点以及柱脚节点设计成铰接，这样平台柱为轴心受压构件。柱网间距应满足工艺设备的布置和使用要求，适中的柱距有利于降低结构总造价。

独立的平台应在某些柱列设置柱间支撑，尤其是当主梁与柱铰接时，必须布置纵向和横向柱间支撑以承受水平荷载，使整个平台钢结构成为空间稳定体系。支撑尽量布置在柱列中部，最常用的支撑形式为交叉形（图 2-88a），当净空有限时可设计成门形撑（图 2-88b），或连续的隔撑（图 2-88c）。有必要时也可在一个方向上设计为梁、柱刚接的刚架体系。

2.7.3 平台梁和柱的设计特点

平台结构的主要荷载是竖向荷载，竖向荷载由铺板传递给次梁，再由次梁以集中荷载的形式传递给主梁，主梁通过柱头、柱身和柱脚传递给基础。

（1）平台次梁的设计特点

平台次梁常设计成简支梁，有时为减小内力及变形，也可设计成连续梁。梁端的连接节点选用相应的连接构造。

平台次梁跨度较小，荷载主要是铺板传来的均布荷载，一般采用轧制型钢梁，设计比

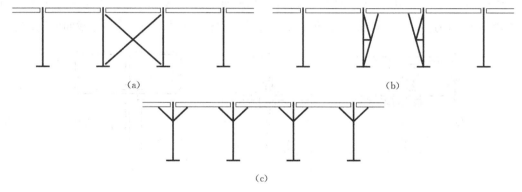

图 2-88 平台柱间支撑形式
(a) 交叉撑；(b) 门形撑；(c) 连续隔撑

较简单。其中，工字形截面梁为双轴对称截面，受力性能较好，应优先选用。槽钢梁为单轴对称截面，在横向荷载作用下易发生扭转，一般用于边梁。

型钢梁的设计通常是先按抗弯强度（当梁的整体稳定有保证，如梁的受压翼缘与刚性铺板牢固连接时）或整体稳定（当需要计算整体稳定时）求出需要的截面模量，由所需的截面模量直接选择合适的型钢，然后进行验算。由于一般热轧型钢的翼缘和腹板厚度较大，在非抗震设计时，通常局部稳定、剪应力和局部承压应力都可以得到保证。作为受弯构件，平台次梁的挠度不得超过容许值。

（2）平台主梁的设计特点

平台主梁的荷载主要是来自次梁的集中荷载，主梁与钢柱之间通常采用置于柱顶的铰连接，主梁多为单跨简支梁或多跨连续梁。主梁截面可选择热轧型钢，当没有合适尺寸或供货困难时，也可采用焊接工字形、箱形及其他组合截面梁。设计过程与框架梁类似，先初步估算梁的截面高度、腹板厚度和翼缘尺寸，然后进行截面验算，如不满足，则应对截面进行调整。

（3）平台柱的设计特点

室内的平台柱所承受的荷载以轴压力为主。平台柱可设计为等截面实腹式构件或格构式构件。实腹式轴心受压柱一般采用双轴对称截面，以避免弯扭失稳，常用的截面形式可以是轧制普通工字钢、H 型钢、焊接工字形截面、圆管和方管截面等。选择轴心受压实腹柱的截面时，一般应根据内力大小、两主轴方向的计算长度值以及制造加工量、材料供应等情况综合进行考虑。

2.7.4 平台结构中的节点

平台结构中的主次梁连接节点及梁柱连接节点常设计成铰接以降低安装难度。节点设计必须遵循传力可靠、构造简单和便于安装的原则。

（1）主梁与次梁的连接

当钢平台主梁的间距较大时，需设置次梁以减小平台板的跨度，次梁与主梁的连接形式有叠接和平接两种。

次梁与主梁的叠接是将次梁直接放置在主梁上面（图 2-89），用螺栓或焊缝连接，一般用于次梁与主梁铰接的情况。叠接构造简单，但结构占用的高度较大，其使用常受到限制。图 2-89（a）是次梁为简支时与主梁连接的构造，而图 2-89（b）是次梁为连续梁时与主梁的连接构造示例。若次梁截面较大，应另采取构造措施防止支承处截面的扭转。

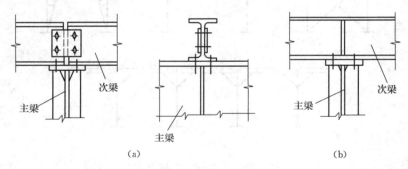

图 2-89　次梁与主梁的叠接
(a) 次梁为简支梁；(b) 次梁为连续梁

平接（图 2-90）是使次梁顶面与主梁相平或略高、略低于主梁顶面，从侧面与主梁的加劲肋连接（图 2-90a）；也可以在主梁腹板上专设短角钢与次梁腹板进行连接（图 2-90b）；还可以设置专门的支托，将次梁放置在支托上进行连接（图 2-90c、d）。图 2-90（a）、（b）、（c）是次梁与主梁铰接的构造，图 2-90（d）是次梁与主梁刚接的构造。平接虽构造复杂，但可降低结构高度，故在实际工程中应用较广泛。

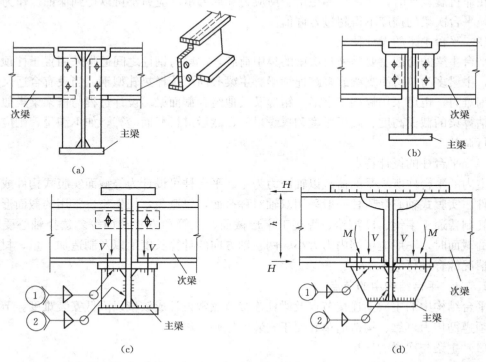

图 2-90　次梁与主梁的平接
(a)、(b)、(c) 次梁与主梁铰接；(d) 次梁与主梁刚接

186

不论采用何种构造形式，次梁支座的压力都必须可靠地传递给主梁。实质上这些支座压力就是梁的剪力，而梁腹板的作用是抗剪，所以应将次梁腹板连接在主梁的腹板上，或连于与主梁腹板相连的加劲肋上或支托的竖直板上。在次梁支座压力作用下，按传力的大小计算连接焊缝或螺栓的强度。由于主、次梁翼缘及支托水平板的外伸部分在铅垂方向的抗剪刚度较小，分析受力时不考虑它们传递次梁的支座压力。在图 2-90（c）、（d）中，次梁支座压力 V 先由焊缝①传给支托竖直板，然后由焊缝②传给主梁腹板。在其他的连接构造中，支座压力的传递途径与此相似，不一一说明。具体计算时，在形式上可不考虑次梁支座压力的偏心作用，而是将次梁支座压力增大 20%～30%，以考虑实际上存在的偏心影响。

对于刚接构造，次梁与次梁之间或次梁与主梁之间还要传递支座弯矩。图 2-89（b）的次梁本身是连续的，支座弯矩可以直接传递，不必计算。图 2-90（d）主梁两侧的次梁是断开的，支座弯矩靠焊缝连接的次梁上翼缘盖板、下翼缘水平顶板传递。由于梁的翼缘承受弯矩的大部分，所以连接盖板的截面及其焊缝可按承受水平力 $H=M/h$ 计算（M 为次梁支座弯矩，h 为次梁高度）。支托顶板与主梁腹板的连接焊缝也按承受水平力 H 计算。

（2）平台梁与柱的连接

在平台结构中，梁与柱的连接节点一般为铰接。铰接时梁端不传递弯矩，只传递剪力，在连接构造的设计上应保证满足这一传力特点。平台梁一般支承在柱顶上（图 2-91）。梁支于柱顶时，梁对支座的压力通过柱顶板传给柱身。顶板与柱用焊缝连接，顶板厚度一般取 16～20mm。为了便于安装定位，梁与顶板用普通螺栓连接。图 2-91（a）的构造方案中，将梁端剪力通过支承加劲肋直接传给柱的翼缘。两相邻梁之间留一空隙，以便于安装，最

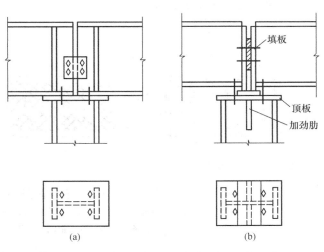

图 2-91　梁与柱的铰接连接
(a) 平板支座；(b) 突缘支座

后用夹板和构造螺栓连接。这种连接方式构造简单，对梁长度尺寸的制作要求不高，缺点是当柱顶两侧梁的反力不等时将使柱偏心受压。图 2-91（b）的构造方案中，梁端剪力通过端部加劲肋的突出部分传到柱的轴线附近，因此即使两相邻梁的反力不等，柱仍接近于轴心受压。梁端加劲肋的底面应刨平顶紧于柱顶板。由于梁的反力大部分传给柱的腹板，腹板不能太薄且必须用加劲肋加强。两相邻梁之间可留一些空隙，安装时嵌入合适尺寸的填板并用普通螺栓连接。

2.7.5　平台铺板构造

平台铺板可采用钢板、钢筋混凝土板、组合楼板（由压型钢板和混凝土组成）等。钢筋混凝土板的设计可参阅相关教材及规范，组合楼板的设计方法在本书第 1 章已介绍，本

节重点介绍钢铺板。

常用的钢铺板有板式（图 2-92a、c）、篦条式（图 2-92d）和钢网格板（图 2-92e）等。板式铺板有花纹钢板、平钢板等。花纹钢板表面有轧制的菱形或扁豆形花纹，纹高 1.0～2.5mm。人行通道、操作平台等经常有人走动的平台需要防滑，宜采用花纹钢板；若无花纹钢板，也可采用平钢板，但需采取防滑措施，如表面电焊花纹或冲泡等；重型操作平台通常采用平钢板上加防护层，有条件时宜采用现浇钢筋混凝土板和钢梁构成组合结构，可节约钢材，并具有良好的使用性能。篦条式铺板（图 2-92d）和钢网格铺板（图 2-92e）为镂空式，预制成一定规格，周边有加劲肋形成四边支承，可用于室外平台、考虑减少积灰的平台以及需要经常观察设备的平台。室外平台当采用平钢板时，应在板面上设泄水孔（图 2-92f）。

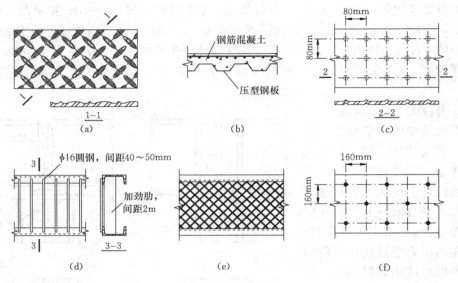

图 2-92　平台铺板构造

(a) 扁豆形花纹钢板；(b) 组合楼板；(c) 平钢板冲泡；
(d) 篦条式铺板；(e) 钢网格铺板；(f) 泄水孔

花纹钢板和平钢板的平台铺板设计方法相同，厚度一般不小于 6mm，净跨不宜大于 120～150 倍的板厚，可分为有肋铺板和无肋铺板。因为钢板的抗弯刚度和弯矩承载能力较小，若仅以梁作为支承则不够经济，可采用设置加劲肋的方法。在有肋铺板中，加劲肋同样可视为板的支座。加劲肋通常为扁钢或小角钢（图 2-93），用断续角焊缝与钢板相连，焊缝间距不应超过 15t（t 为较薄焊件厚度）。扁钢加劲肋的截面高度一般为跨度的 1/15～1/12，且不宜小于 60mm；厚度不小于宽度的 1/15，且不小于 5mm。角钢加劲肋宜采用不等边角钢，长肢与板面垂直，肢尖与板焊接；角钢加劲肋截面一般不小于 L50×4 或 L56×36×4。加劲肋间距根据铺板计算确定，一般为板厚的 100～150 倍。为保证铺板有一定的刚度，无肋铺板也需按构造配置加劲肋，间距一般为铺板短跨的 2～2.5 倍。

2.7.6　平台钢铺板的计算

平台钢铺板通常被梁和加劲肋划分为矩形区格，铺板按区格计算，与支座（梁和加劲肋）的连接视为铰接。当区格的长、短边之比 $b/a \leqslant 2$ 时，按四边简支板计算；当 $b/a >$

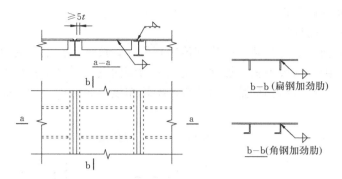

图 2-93　铺板加劲肋构造

2时，按两长边支承的单向受弯板计算；对于三跨及三跨以上的连续钢铺板，当按单向板计算时，可按简支的连续板考虑。

(1) 四边简支钢铺板的计算

根据四边简支板的弹性力学分析，在均布荷载作用下，板的最大弯矩内力按式(2-64)计算，强度应满足式（2-65）的要求；最大挠度按式（2-66）计算，最大挠度不应超过容许值。

$$M_{max} = \alpha q a^2 \tag{2-64}$$

$$\sigma = \frac{M_{max}}{W} = \frac{6M_{max}}{t^2} \leqslant f \tag{2-65}$$

$$v = \beta \frac{q_k a^4}{Et^3} \leqslant [v] \tag{2-66}$$

式中　M_{max} ——单位宽度铺板的最大弯矩设计值；

α、β ——均布荷载作用下四边简支板的弯矩系数和挠度系数，根据板的长边边长与短边边长之比 b/a，按表 2-14 查取；

a ——区格的短边边长；

b ——区格的长边边长；

q、q_k ——作用在板上的均布荷载设计值和标准值；

t ——铺板的厚度，花纹钢板的厚度取基本厚度；

W ——单位宽度铺板的截面模量；

f ——铺板钢材的强度设计值；

$[v]$ ——铺板的容许挠度，一般取 $[v] = l_0/150$，l_0 为铺板的净跨度。

四边简支板的计算系数　　　　　　　　　　　表 2-14

b/a	1.0	1.1	1.2	1.3	1.4	1.5	1.6	1.7	1.8	1.9	2.0
α	0.048	0.055	0.063	0.069	0.075	0.081	0.086	0.091	0.095	0.099	0.102
β	0.043	0.053	0.062	0.070	0.077	0.084	0.091	0.096	0.102	0.106	0.111

(2) 单向受弯板

单向板仍按式（2-64）～式（2-66）计算，但弯矩系数 α 和挠度系数 β 做出如下调整：

单跨或双跨连续单向板：$\alpha = 0.125$，$\beta = 0.140$；

三跨及以上连续单向板：$\alpha = 0.100$，$\beta = 0.110$。

（3）铺板加劲肋的计算

加劲肋承受铺板传来的荷载，并将其传递到梁上，按支承在梁上的单跨简支受弯构件计算强度和挠度。由于铺板可阻止加劲肋受压边的侧向变形，可不验算加劲肋的整体稳定性。计算加劲肋时，铺板传到加劲肋的荷载可按均布线荷载考虑。加劲肋的计算简图如图2-94所示。

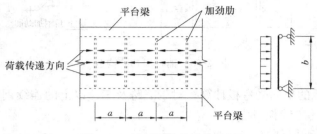

图 2-94　铺板加劲肋计算简图

加劲肋的计算截面中包含加劲肋两侧各 $15t$（t 为铺板厚度）的铺板截面，如图 2-95 的阴影部分所示。

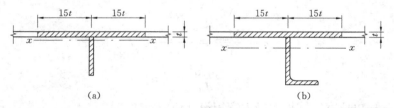

图 2-95　加劲肋的计算截面
（a）扁钢加劲肋；（b）角钢加劲肋

加劲肋的强度验算式：

$$\sigma = \frac{M}{\gamma_x W_{nx}} \leqslant f \tag{2-67}$$

加劲肋的挠度验算式：

$$v = \frac{5 q_k l^4}{384 E I_x} \leqslant [v] \tag{2-68}$$

式中　M——加劲肋的弯矩设计值；

　　　W_{nx}——加劲肋的净截面模量；

　　　γ_x——截面塑性发展系数，对图 2-95（a）所示的 T 形截面下边缘取 1.20，对上边缘取 1.05；对图 2-95（b）所示的丁字形截面上、下边缘均取 1.05；

　　　I_x——加劲肋支座截面对主轴 x 的毛截面惯性矩；

　　　q_k——加劲肋均布线荷载标准值；

　　　f——钢材的抗弯强度设计值；

　　　l——加劲肋的跨度。

2.7.7　钢梯

工业平台中常用的钢梯有直梯、斜梯、转梯等几种。转梯构造较复杂，仅用作围绕圆筒形构筑物的通行梯，工业企业内工作场所中使用的固定式钢直梯和钢斜梯应符合《固定式钢梯及平台安全要求》GB 4053 的规定。常见钢梯可参照标准图集《钢梯》15J401选用。

（1）斜梯

斜梯用于经常通行、操作的平台。工业企业内工作场所中使用的固定式钢斜梯净宽度一般在 600～1100mm 之间，斜梯与水平面的倾角在 30°～75° 范围内，常用的高跨比有1：1（倾角 45°）、1：0.8（51°）、1：0.7（55°）、1：0.6（59°）、1：0.3（73°），经常性通行及双向通行的斜梯宜采用较小的倾角。单梯段梯高一般不大于 5m，可通过梯间平台（休息平台）分段设梯。钢梯段主要由斜置的梯梁、踏板及安装在斜梯外侧保护人员安全的扶手系统构成。

斜梯的梯梁通常采用扁钢或槽钢制作。踏板应考虑防滑，可采用厚度不小于 4mm 的花纹钢板，或经防滑处理的平钢板制作。室外钢梯踏板因使用需要（如考虑防止积灰、积水、结冰等）也可使用由扁钢和小角钢焊成的隔板。

钢斜梯的设计荷载根据实际使用要求确定，其水平投影面上的均布活荷载标准值应不小于 3.5kN/m²；踏板尚应按不小于 1.5kN 的中点集中活荷载验算。

（2）直梯

直梯用在不经常上下或因场地限制不能设置斜梯的场合，钢直梯由梯梁、踏棍、支撑、护笼组成，构造如图 2-96 所示。踏棍净宽度为 400～600mm。梯梁常采用不小于 60mm×10m 的扁钢制作，也可选用其他实心或空心型钢，不应采用不便于手握紧的不规则形状截面（如大角钢、工字钢等）。梯梁与固定在建筑物或设备上的支撑焊接。踏棍采用直径不小于 20mm 的圆钢，也可选用正方形、长方形或其他形状的实心或空心型材。相邻踏棍垂直间距为225～300mm，由踏棍中心线到梯子后侧建筑物、结构或设备的连续性表面垂直距离不小于 180mm，梯子下端的第一级踏棍距基准面距离不大于 450mm。

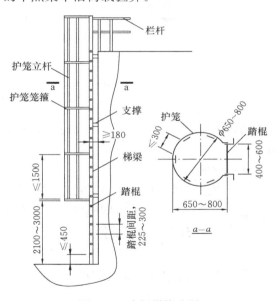

图 2-96　直钢梯构造图

单段直梯梯高不宜大于 10m，攀登高度大于 10m 时宜采用多段梯，梯段水平交错布置，并设梯间平台。梯段高度大于 3m 时宜设置安全护笼，护笼一般采用圆形结构，由扁钢水平笼箍和扁钢立杆相互连接构成。

梯梁设计荷载按组装固定后其上端承受 2kN 垂直集中活荷载计算（高度取为支撑间距，无中间支撑时高度取为两端固定点距离），在任何方向上的挠曲变形应不大于 2mm。踏棍的设计荷载按在其中点承受 1kN 垂直集中活荷载计算，允许挠度不大于踏棍长度的1/250。每对支撑及其连接件应能承受 3kN 的垂直荷载及 0.5kN 的拉出荷载。

2.7.8 钢楼梯计算与设计算例

为图 2-86 所示平台设置固定式钢斜梯，如图 2-97 所示，梯高 4m，斜梯倾角 45°，宽度 900mm，材料采用 Q235B。踏板竖向间距 200mm，采用 330mm 宽、4.5mm 厚扁豆形花纹钢板弯制，踏板截面示于图 2-97（b）。楼梯两侧设扶手和栏杆，扶手采用普通圆钢管 $\phi60\times2.5$，栏杆采用边长为 20mm 的方钢。该梯水平投影均布活荷载标准值为 3.5kN/m²。确定该斜梯的梯梁。

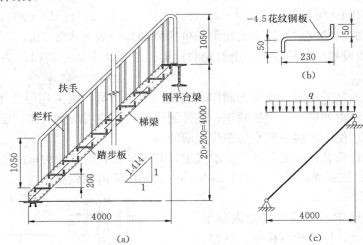

图 2-97　钢斜梯结构布置及计算简图
(a) 斜梯剖面图；(b) 踏步板详图；(c) 梯梁计算简图

钢斜梯梯梁可按两端简支的受弯构件计算，计算简图如图 2-94（c）所示，跨度 $l=4m$。

（1）荷载统计

先不考虑梯梁自重，梯梁上的均布荷载（按水平投影计算）统计如下：

① 扶手所采用的普通圆钢管 $\phi60\times2.5$ 自重 3.55kg/m，栏杆所采用的方钢自重 3.14kg/m，每台阶 2 根。重量共计：

$$3.55\times9.8\times10^{-3}/\cos45°+3.14\times1.05\times40\times9.8\times10^{-3}/4.0=0.37\text{kN/m}$$

② 4.5mm 厚扁豆形花纹钢板重 38.3kg/m²，由两根梯梁分摊：

$$0.33\times0.9\times38.3\times9.8\times10^{-3}\times20/4.0/2=0.28\text{kN/m}$$

③ 传至梯梁的活荷载：

$$3.5\times0.9/2=1.58\text{kN/m}$$

（2）截面选择

荷载设计值：

$$q=1.3\times(0.37+0.28)+1.5\times1.58=3.22\text{kN/m}$$

跨中最大弯矩：

$$M_{max}=\frac{1}{8}ql^2=\frac{1}{8}\times3.22\times4.0^2=6.44\text{kN·m}$$

需要的净截面抵抗矩：

$$W_{nx} \geqslant \frac{M_{max}}{\gamma_x f} = \frac{6.44 \times 10^6}{1.05 \times 215} = 28527 \, \text{mm}^3$$

根据踏板的布置，梯梁初步选用普通热轧槽钢 C16a，自重 17.23kg/m，翼缘厚度 $t_w = 6.5$ mm，截面绕强轴的惯性矩 $I_x = 866.2$ cm^4，截面模量 $W_x = 108.3$ cm^3，对强轴的半截面面积矩：$S_x = 63.9$ cm^3。

（3）验算

考虑梁自重后，跨中最大弯矩设计值为

$$M_{max} = \frac{ql^2}{8} = \frac{1}{8} \times (3.22 + 1.3 \times 17.23 \times 9.8 \times 10^{-3}/\cos45°) \times 4.0^2 = 7.06 \text{kN} \cdot \text{m}$$

支座处最大剪力设计值为

$$V_{max} = (3.22 + 1.3 \times 17.23 \times 9.8 \times 10^{-3}/\cos45°) \times 4.0/2 = 7.06 \text{kN}$$

① 抗弯强度验算：

$$\sigma = \frac{M_{max}}{W_x} = \frac{7.06 \times 10^6}{108.3 \times 10^3} = 65.19 \, \text{N/mm}^2 < f = 215 \, \text{N/mm}^2$$

② 抗剪强度验算：

$$\tau = \frac{V_{max} \cdot S_x}{I_x \cdot t_w} = \frac{7.06 \times 10^3 \times 63.9 \times 10^3}{866.2 \times 10^4 \times 6.5} = 8.01 \, \text{N/mm}^2 < f_v = 125 \, \text{N/mm}^2$$

③ 挠度验算：

均布荷载标准组合值为

$$q_k = 0.37 + 0.28 + 17.23 \times 9.8 \times 10^{-3}/\cos45° + 1.58 = 2.47 \text{kN/m}$$

荷载标准组合产生的跨中挠度为

$$v_T = \frac{5q_k l^4}{384EI_x} = \frac{5 \times 2.47 \times 4.0^4}{384 \times 206 \times 10^6 \times 866.2 \times 10^{-8}} = 4.61 \times 10^{-3} \text{m} < [v_T] = \frac{l}{250} = 0.016 \text{m}$$

另外，可变荷载标准值产生的跨中挠度为

$$v_Q = \frac{5q_{Qk} l^4}{384EI_x} = \frac{5 \times 1.58 \times 4.0^4}{384 \times 206 \times 10^6 \times 866.2 \times 10^{-8}} = 2.95 \times 10^{-3} \text{m} < [v_Q] = \frac{l}{300} = 0.013 \text{m}$$

因此，梯梁能满足强度和刚度的要求。斜梯梁的整体稳定性一般不起控制作用。

梯梁两端与平台及地面的连接构造可参见图 2-98。

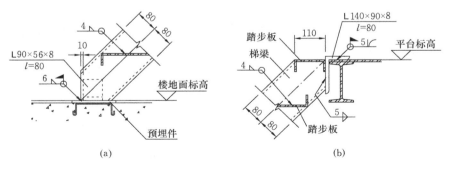

图 2-98　斜梯梯梁端部构造

（a）梯梁底部节点详图；（b）梯梁顶部节点详图

习　题

2.1　钢屋架的形式有哪些？各有什么特点？

2.2　厂房纵向柱间支撑的作用有哪些？其布置原则是什么？

2.3　屋盖支撑的种类和作用有哪些？各支撑的布置原则是什么？

2.4　屋架单系腹杆在桁架平面内和桁架平面外的计算长度分别如何取值？

2.5　厂房框架柱的计算长度是如何确定的？

2.6　简支钢屋架节点板的尺寸是如何确定的？当节点板厚度不满足要求时，其在拉剪作用下的强度可采用哪些计算方法进行计算？

2.7　什么情况下需设置吊车梁制动系统？吊车梁制动系统的组成和作用是什么？

2.8　吊车梁与楼盖梁的区别是什么？

2.9　一单跨简支槽钢檩条，跨度 6m，跨中设有一根平行于屋面的拉条。檩条受均布荷载标准值为：恒载 0.30kN/m（含自重），活载 0.5kN/m，屋面坡度 $i=1/2.5$。若此檩条采用截面 [10，材料 Q235B，试验算此截面能否满足承载力及刚度要求。

2.10　图 2-99 为角钢屋架上弦节点，节点板缩进上弦角钢背，各节间杆件内力如图所示。垂直于屋面的集中荷载 $Q=50$kN，已知钢材为 Q235B，焊条为 E43 型，手工焊，$f_f^w=160$N/mm²。试计算回答以下问题：

（1）腹杆 A 与节点板之间的肢背和肢尖焊缝长度至少有多少？

（2）上弦杆与节点板之间的肢尖焊缝是否满足强度要求？

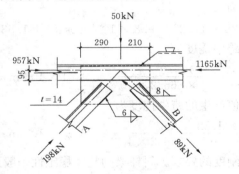

图 2-99　习题 2-10 图

3 轻型门式刚架结构

3.1 门式刚架的结构形式和结构布置

3.1.1 门式刚架的结构形式及特点

门式刚架轻型房屋钢结构是指以轻型焊接 H 型钢、热轧 H 型钢或冷弯薄壁型钢等构成的实腹式门式刚架或格构式门式刚架作为主要承重骨架，用冷弯薄壁型钢作檩条、墙梁，以压型金属板作屋面、墙面的一种轻型房屋结构体系，如图 3-1 所示。

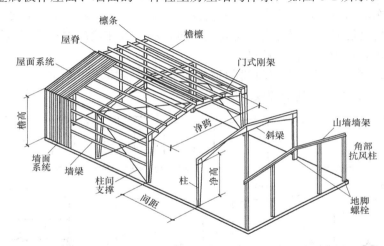

图 3-1 单层门式刚架轻型房屋钢结构

门式刚架轻型房屋钢结构在我国的应用始于 20 世纪 90 年代初期，主要用于轻型的厂房、仓库、体育馆、展览厅、活动房屋及加层建筑等。由于门式刚架的构件尺寸小，并采用轻质围护结构，因此结构的质量轻、用钢量省。根据国内的工程实例统计，单层门式刚架房屋承重结构的用钢量一般为 $18 \sim 30 \mathrm{kg/m^2}$，在相同的跨度和荷载条件下，其自重约为钢筋混凝土结构的 $1/30 \sim 1/20$。

由于自重轻，门式刚架结构还具有优异的抗震性能，2008 年 "5.12" 汶川 8 级地震中，几乎没有发生门式刚架结构倒塌的事例，即使在震中地区，也仅仅是一些水平支撑出现了被剪断的情况。

门式刚架结构的主要构件和配件均可以在工厂批量生产，工地用高强度螺栓安装，连接简便而迅速，现场施工周期短。所以，门式刚架综合经济效益高，投资回报高，在单层大跨度房屋建筑中得到广泛应用。

根据跨度、高度和荷载的不同，门式刚架的梁、柱可采用变截面或等截面实腹焊接工字形截面或轧制 H 形截面。单跨刚架的梁柱节点采用刚接，多跨者大多刚接和铰接并用。门式刚架的柱脚宜按铰接支承设计，当用于有 5t 以上桥式吊车的工业厂房时，为了提高结构的整体抗侧移刚度，宜将柱脚设计成刚接，因而刚架柱宜采用等截面构件。

门式刚架结构房屋的围护结构多采用压型钢板。压型钢板的重量很轻，可以减轻建筑物的自重，但由于压型钢板的保温隔热性能很差，一般需要在墙面和屋面铺设保温隔热材料，保温隔热材料多采用聚苯乙烯泡沫塑料、硬质聚氨酯泡沫塑料、岩棉、矿棉、玻璃棉等。

门式刚架的结构形式按跨度可分为单跨（图 3-2a）、双跨（图 3-2b）、多跨（图 3-2c）刚架以及带挑檐的（图 3-2d）和带毗屋的（图 3-2e）刚架等。多跨刚架常做成一个屋脊的大双坡或单坡屋盖（图 3-2f），这是因为金属压型板屋面为长坡面排水创造了有利条件。也可采用由多个双坡屋盖组成的多跨刚架形式，但多脊多坡刚架的内天沟容易发生渗漏及堆雪现象，不等高刚架这一问题更为严重。

多跨刚架中间柱与斜梁的连接可采用两端铰接的摇摆柱方案（图 3-2b、c、f）。中间摇摆柱和梁的连接构造简单，只承受轴向力且不参与抵抗侧力，截面可以做得较小，但是在设有桥式吊车的房屋中，中柱宜为两端刚接，以增加整个刚架的侧向刚度。

当需要设置夹层时，夹层可沿纵向设置（图 3-2g）或在横向端跨设置（图 3-2h）。夹层与柱的连接可采用刚性连接或铰接。

门式刚架轻型房屋屋面刚架斜梁的坡度主要取决于屋面排水坡度，一般取 $1/20 \sim 1/8$，在雨水较多的地区取其中的较大值。

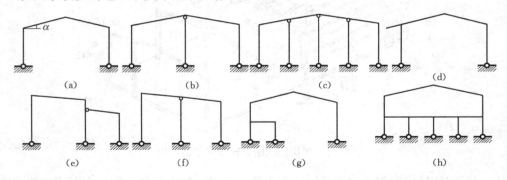

图 3-2　门式刚架的结构形式

(a) 单跨刚架；(b) 双跨刚架；(c) 多跨刚架；(d) 带挑檐刚架；(e) 带毗屋刚架；

(f) 单坡刚架；(g) 纵向带夹层刚架；(h) 端跨带夹层刚架

3.1.2　门式刚架的适用范围

门式刚架适用于没有吊车或吊车起重量较小的单层工业厂房，也可以用于公共建筑（如仓库、超市、娱乐体育设施、车站候车室等），门式刚架结构建筑高度一般在 4.5 ~ 9m。实践经验证明，若刚架结构太高，则风荷载、抗震设计、构造等设计问题可能超出《门式刚架轻型房屋钢结构技术规范》GB 51022（以下简称《门刚规范》）的规定，故适宜高度一般控制在 9m，有桥式吊车时不超过 12m。

由于轻型房屋的刚度相对较差，若吊车吨位太大，可能刚架侧移难于满足要求或设计效果不经济，因此，当门式刚架结构设置有桥式吊车时，宜为起重量不大于 20t 的轻级或中级工作制（A1 ~ A5）的单梁或双梁桥式吊车；设置悬挂吊车时，其起重量不大于 3t，特别在抗震设防烈度高的地区更应注意。

3.1.3 门式刚架的结构体系与布置

单层门式刚架房屋是一个空间结构，但由于其主体结构的布置具有重复性，因而可以简化为平面受力的结构体系进行受力分析。主要承重结构包括横向框架、纵向框架（或排架）以及抗风柱、吊车梁、屋面支撑、柱间支撑等，次要结构包括屋面檩条及墙梁。

3.1.3.1 主体结构布置与温度区段

图 3-3 是门式刚架主体结构的布置图，门式刚架的单跨跨度宜为 12～48m。当有根据时，可采用更大跨度（但可能不经济）。门式刚架的跨度，应取横向刚架柱轴线间的距离。门式刚架的高度应根据使用要求的室内净高确定，有吊车的厂房应根据轨顶标高和吊车净空的要求确定，应取室外地面至柱轴线与斜梁轴线交点的高度。

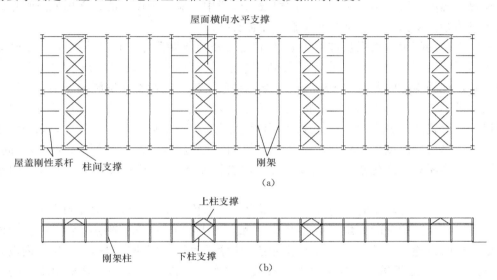

图 3-3 门式刚架结构布置

(a) 结构平面布置；(b) 结构立面布置

门式刚架的合理间距应综合考虑刚架跨度、荷载条件及使用要求等因素，一般宜取 6～9m，柱距超过 10m 后，屋面结构（如檩条）的耗钢量会显著增加，一般需设置托架或托梁，间距太小又使得刚架的数量太多，使结构的总用钢量增加。

在多跨刚架局部抽掉中柱处，可布置托架梁或托架。山墙可采用门式刚架承重，也可设置由斜梁、抗风柱和墙架组成的山墙墙架承重。

随温度变化，结构构件产生伸缩。当厂房结构过长或过宽，若温度变形受到很强约束，就会产生较大的温度应力。结构设计时通常的处理方法是设置温度伸缩缝，即将较长较宽的厂房分为若干独立区段，称为"温度区段"。按照我国现行国家标准《门刚规范》的规定：纵向（柱距方向）温度区段长度不大于 300m；横向（跨度方向）温度区段长度不大于 150m。

当房屋的平面尺寸超过上述规定时，则需要设置伸缩缝（否则需计算温度效应）。门式刚架的伸缩缝可采用两种做法：（1）设置双柱；（2）在搭接檩条的螺栓处采用长圆孔（图 3-4）使檩条及该处的屋面板在构造上可以自由伸缩，以释放温度应力。作为纵向构件的吊车梁与柱的连接也应该采用长圆孔。

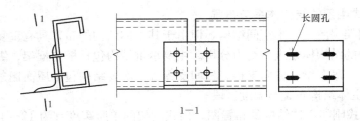

图 3-4　檩条与刚架的连接

3.1.3.2　支撑体系和刚性系杆的布置

在每个温度区段、结构单元或分期建设的区段中，应分别设置能独立构成空间稳定结构的支撑体系。支撑体系包括柱间支撑和屋盖支撑。

柱间支撑的间距应根据房屋纵向受力情况及安装条件确定，柱间支撑应设在侧墙柱列，当房屋宽度大于 60m 时，在与外柱列相对应的开间，内柱列也应设置柱间支撑。当无吊车时，柱间支撑间距宜取 30～45m，端部柱间支撑一般设置在房屋端部第一或第二区间。当有吊车时，吊车牛腿下部支撑宜设置在温度区段中部，当温度区段较长时，可以设置两道，即设置在三分点内，且支撑间距不宜大于 50m。牛腿上部支撑设置原则与无吊车情况一致。当房屋高度大于柱间距 2 倍时，柱间支撑应分层设置，见图 3-3（b）。同时，为了防止沿房屋纵向产生过大的温度应力，温度区段端部吊车梁以下不宜设置柱间刚性支撑。

当传递的水平力较小时，门式刚架轻型房屋钢结构的支撑可以用柔性的十字交叉圆钢支撑，圆钢与相连构件的夹角宜接近 45°，一般不超出 30°～60°。圆钢应采用特制的连接件与梁、柱腹板连接，校正定位后张紧固定，张紧手段最好用花篮螺栓。当房屋内设有大于 5t 的吊车时，由于吊车的纵向水平力较大，吊车牛腿以下柱间支撑宜采用刚性的型钢交叉支撑。

在设置柱间支撑的开间，应同时设置屋盖横向支撑，以构成几何不变体系。屋面结构的端部横向支撑应布置在房屋端部和温度区段第一或第二个开间。当端部横向支撑设在端部第二个开间时，应在房屋端部第一个开间抗风柱顶部的相应位置设置刚性系杆（图 3-3）。屋面支撑形式可选用圆钢或钢索交叉支撑；当屋面斜梁承受悬挂吊车荷载时，屋面横向支撑应选用型钢交叉支撑。屋面横向交叉支撑节点布置应与抗风柱相对应，并应在屋面梁转折处布置节点。对设有带驾驶室且起重量大于 15t 桥式吊车的跨间，应在屋盖边缘设置纵向支撑；在有抽柱的柱列，沿托架（或托梁）长度方向也应设置纵向支撑。

3.1.3.3　屋面檩条及墙梁结构布置

门式刚架的屋面及墙面结构采用有檩体系，其结构布置详见图 3-5。作为屋面或墙面压型钢板的支撑结构，屋面檩条间距的确定应综合考虑天窗、通风屋脊、采光带、屋面材料、檩条规格等因素按计算确定，一般应等间距布置，但在屋脊处应沿屋脊两侧各布置一道，在天沟附近布置一道，以便于天沟的固定。

为了防止檩条侧向变形和扭转，当屋面檩条的跨度大于 4m 时，应在檩条间跨中位置设置拉条或撑杆（图 3-5a）。当檩条跨度大于 6m 时，应在檩条跨度三分点处各设置一道拉条或撑杆。拉条的作用是提供檩条沿屋面坡度方向的中间支点，此中间支点的力需要传

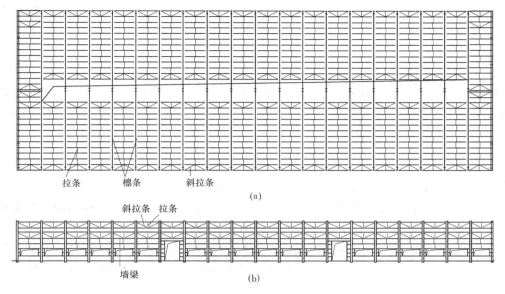

拉条　　　檩条　　　斜拉条

(a)

斜拉条　拉条

墙梁

(b)

图 3-5　屋面檩条及墙梁结构布置图

(a) 屋面檩条布置图；(b) 墙梁布置图

到刚度较大的构件，为此，斜拉条和刚性撑杆组成的桁架结构体系应分别设置在檐口及屋脊处（图 3-5a），当构造能保证屋脊处拉条互相拉结平衡时，在屋脊处可不设斜拉条及刚性支撑。

墙梁的布置应考虑门窗、挑檐、雨篷等构件的设置要求，当采用压型钢板作围护面时，墙梁宜布置在刚架柱的外侧。墙梁的间距与墙板的规格、风荷载的大小及门、窗框的位置有关。墙梁应尽量等间距设置，在墙面的上沿、下沿及窗框的上沿、下沿处应设置一道墙梁。为了减少竖向荷载产生的效应，减少墙梁的竖向挠度，可在墙梁上设置拉条，墙梁直拉条的布置与屋面檩条相同，其斜拉条应在檐口檩距与窗洞下檩距内布置，在无窗洞范围内，一般每隔 5 道直拉条设置一对斜拉条，以便将拉力传至刚架柱，如图 3-5（b）所示。

3.2　荷载及作用效应计算

3.2.1　荷载计算

（1）永久荷载

永久荷载包括屋面材料、墙面材料、檩条、刚架、墙架、支撑等结构自重和悬挂荷载（吊顶、天窗、管道等）。荷载大小根据实际情况确定。

（2）活荷载

对于轻型门式刚架结构，活荷载主要是屋面均布活荷载。按照我国国家标准《建筑结构荷载规范》GB 50009（以下简称《荷载规范》）的规定，对于不上人的压型钢板轻型屋面，屋面竖向均布活荷载的标准值（按水平投影面计算）应取 0.5kN/m²。但对于受荷水平投影面积大于 60m² 的钢结构或构件，当只有一个可变荷载参与组合时，屋面竖向均布活荷载的标准值可取不小于 $0.3kN/m^2$。设计屋面板和檩条时，尚应考虑施工和检修集中荷载（人和小工具的重力），其标准值应取 $1kN$ 且作用于结构的最不利位置上。

（3）风荷载

由于门式刚架这类轻型房屋钢结构的屋面坡度一般较小，高度也较低，属于对风荷载比较敏感的结构，故风荷载体型系数的计算不能完全按照《荷载规范》取值，否则在大多数情况会偏于不安全，甚至严重不安全（低 60% 左右）。因此，《门刚规范》对风荷载标准值 w_k 的计算作了专门规定：

$$w_k = \beta \mu_w \mu_z w_0 \tag{3-1}$$

式中　　w_0——基本风压，按《荷载规范》的规定采用；

　　　　β——系数，计算主刚架时取 $\beta=1.1$；计算檩条、墙檩、屋面板和墙面板及其连接时 $\beta=1.5$，按照现行国家标准《荷载规范》的规定，对风荷载比较敏感的结构，基本风压应适当提高；计算主刚架时，β 系数取 1.1 是对基本风压的适当提高；计算檩条、墙梁和屋面板及其连接时取 1.5，是考虑阵风作用；

　　　　μ_z——风荷载高度变化系数，按《荷载规范》采用；当高度小于 10m 时，应按 10m 高度处的数值采用；

　　　　μ_w——风荷载系数，考虑内、外风压最大值的组合，按《门刚规范》的规定采用。

风荷载系数 μ_w 与《荷载规范》的风荷载体型系数有很大不同，是参照美国金属房屋制造商协会（MBMA）编制的《低层房屋系统手册》（1996）中的相关内容，同时结合我国的工程实践给出的。《门刚规范》对风荷载系数的取值规定十分细致，如对不同的房屋形式（单坡、双坡、多跨等）、不同的部位（端部、中部等）以及横向风荷载、纵向风荷载等取值均不相同。具体应用时，可按《门刚规范》采用。

由于门式刚架轻型房屋屋面材料重量较轻，在风荷载较大地区，屋面板和墙板在风吸力作用下存在被掀起吹走的可能性。结构在风荷载作用下，构件（如檩条、支撑等）的弯矩和轴力可能发生变号，柱脚也可能受拉拔起，因此，抗风设计需要高度重视。

（4）雪荷载

轻型门式刚架结构房屋的自重较轻，属于对雪荷载敏感的结构，2007 年初东北的特大雪灾，就造成了部分门式刚架房屋发生垮塌。雪荷载的计算特别要注意雪荷载分布不均匀的情况，如半跨雪荷载的增大、高大女儿墙附近以及多跨门式刚架沟壑处雪荷载的堆积等。屋面水平投影面上的雪荷载标准值应按下式计算：

$$s_k = \mu_r s_0 \tag{3-2}$$

式中　　s_0——基本雪压，考虑到极端雪荷载作用下容易造成结构整体破坏，基本雪压应适当提高，因此应按《荷载规范》规定的 100 年重现期的雪压取用；

　　　　μ_r——屋面积雪分布系数，按《荷载规范》的规定取用。

此外，当高低屋面及相邻房屋屋面高低满足《门刚规范》规定的限值，还应考虑雪的堆积和漂移，雪堆积的分布和计算参见《门刚规范》。

（5）吊车荷载

吊车荷载包括吊车竖向力和吊车横向水平力，吊车荷载的计算可参照第 2 章单层厂房钢结构。

（6）地震作用

地震作用按现行《建筑抗震设计规范》GB 50011 的规定计算。

此外，在某些情况下，还应考虑积灰荷载或悬挂荷载，具体取值详见《荷载规范》。

3.2.2 荷载组合效应

荷载效应的组合一般应遵从《荷载规范》的规定，考虑最不利情况。针对门式刚架的特点，应考虑下列组合原则：

（1）屋面均布活荷载不与雪荷载同时考虑，应取两者中的较大值；

（2）积灰荷载与雪荷载或屋面均布活荷载中的较大值应同时考虑；

（3）施工或检修集中荷载不与屋面材料或檩条自重以外的其他荷载同时考虑；

（4）多台吊车的组合应符合现行国家标准《荷载规范》的规定；

（5）风荷载不与地震作用同时考虑。

在进行横向刚架的内力分析时，所需考虑的最不利荷载效应组合主要有：

（1）$1.3 \times$ 永久荷载 $+ 1.5 \times$ max ｛活载、雪载｝；

（2）$1.3 \times$ 永久荷载 $+ 1.5 \times$ 风载

（3）$1.0 \times$ 永久荷载 $+ 1.5 \times$ 风载（当永久荷载对承载力有利时）

（4）$1.3 \times$ 永久荷载 $+ 1.5 \times$ max ｛活载、雪载｝$+ 0.6 \times 1.5$ 风载

（5）$1.3 \times$ 永久荷载 $+ 1.5 \times$ 风载 $+ 0.7 \times 1.5 \times$ max ｛活载、雪载｝

（6）$1.3 \times$ 永久荷载 $+ 1.5 \times$ 吊车荷载；

（7）$1.3 \times$ 永久荷载 $+ 1.5 \times$ 吊车荷载 $+ 0.6 \times 1.5 \times$ 风载；

（8）$1.3 \times$ 永久荷载 $+ 1.5 \times$ 风载 $+ 0.7 \times 1.5 \times$ 吊车荷载；

（9）$1.3 \times$ 永久荷载 $+ 1.5 \times$ 风载 $+ 0.7 \times 1.5 \times$（max ｛活载、雪载｝$+$ 吊车荷载）。

在进行效应组合时，注意所加各项必须是最不利的，同时又是可能发生的。例如，在计入吊车水平荷载效应的同时，必须计入吊车的竖向荷载效应；但计算吊车的竖向荷载效应时，却并不一定计入吊车水平荷载，要视其是否对受力不利而定。组合（3）用在风荷载为吸力的情况，由于此时的永久荷载是有利的，故永久荷载的抗力分项系数取 1.0，当为多跨有吊车框架时，在组合（3）中有时还需考虑邻跨吊车水平力的作用。

以上组合没有考虑地震作用效应，是因为门式刚架结构房屋的自重较轻，地震作用产生的效应一般较小而不起控制。且由于风荷载不与地震作用同时考虑，设计经验表明：当抗震设防烈度为 7 度而风荷载标准值大于 $0.35 kN/m^2$，或抗震设防烈度为 8 度而风荷载标准值大于 $0.45 kN/m^2$ 时，有地震作用的组合一般不起控制作用。但是，在罕遇地震作用下，经常发生纵向框架的柱间支撑被拉断的情况，应在设计中引起注意。一些关键节点（如梁柱节点、柱脚等）的抗震构造也需要重视。

3.2.3 刚架的内力和侧移计算

3.2.3.1 内力计算和计算简图

门式刚架的横梁和柱可以是等截面的，也可以是变截面的如图 3-6（a）所示，变截面的楔形梁柱构件可以适应弯矩分布图形的变化，是门式刚架轻型化的主要技术手段之一。

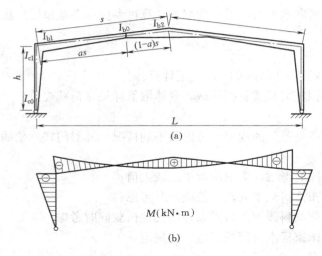

图 3-6 （b）是一个柱脚铰接门式刚架在竖向荷载作用下的弯矩分布图，显然，在刚架梁的反弯点（弯矩为零的点）以及柱脚截面，由于弯矩为零，仅受轴力和剪力，因而可以减小截面高度以节约钢材。

门式刚架的内力计算可取单榀刚架按平面结构进行分析，其计算简图仍然是取框架梁柱的形心线为轴线。但是，对于变截面框架，若以楔形梁柱的形心线作为计算简图的轴线，则会使框架梁柱单元轴线出现弯折，势必使计算简图过于复杂，为简化计算，柱的轴线可取通过柱下端（较小端）中心线的竖向

图 3-6　变截面刚架的几何尺寸及计算简图
(a) 变截面门式刚架；(b) 竖向荷载作用下刚架的弯矩图

轴线，斜梁的轴线可取通过变截面梁段最小端中心与斜梁上表面平行的轴线，如图 3-6 (a) 所示。

变截面门式刚架应采用弹性分析方法确定各种内力，因为变截面构件有可能在几个截面同时或接近同时出现塑性铰，故不宜利用塑性铰出现后的应力重分布。同时，变截面门式刚架构件的腹板通常很薄，截面发展塑性的潜力也不大。只有当刚架的梁柱全部为等截面时才允许采用塑性分析方法，但后一种情况在实际工程中已很少采用。

门式刚架的内力分析可以采用结构力学的方法，也可采用有限元法（直接刚度法），计算时将构件分为若干段，每段的几何特性可近似当作常量，实际应用中一般利用专门软件，采用楔形单元在计算机上计算，地震作用的效应也可采用底部剪力法分析确定。

根据不同荷载组合下的内力分析结果，找出控制截面的内力组合，控制截面的位置一般在柱底、柱顶、柱牛腿连接处以及梁端、梁跨中等截面，对于变截面构件，还应该注意截面改变处的内力。控制截面的内力组合主要有

（1）最大轴压力 N_{max} 和同时出现的 M 及 V 的较大值。

（2）最大弯矩 M_{max} 和同时出现的 V 及 N 的较大值。

这两种情况有可能是重合的。以上是针对截面为双轴对称的构件而言，如果是单轴对称截面，则需要区分正、负弯矩。

鉴于轻型门式刚架自重较轻，柱脚锚栓在强风作用下有可能受到较大的拔起力，因此还需要进行第三种组合，即

（3）最小轴压力 N_{min} 和相应的 M 及 V，此种组合一般出现在永久荷载和风荷载共同作用下。当柱脚铰接时，$M=0$，此时柱脚锚栓不受拉力，可按构造配置。

3.2.3.2　门式刚架的侧移

门式刚架的侧向刚度较差，为保证在正常状态下的使用，应限制柱顶的侧移不能太大，表 3-1 是在风荷载或多遇地震标准值作用下的单层轻型门式刚架柱顶位移的限制值。

门式刚架柱顶位移限制值 (mm)　　　　　　　表 3-1

吊车情况	其他情况	柱顶位移限值
无吊车	当采用轻型钢墙板时	$h/60$
	当采用砌体墙时	$h/240$
有桥式吊车	当吊车有驾驶室时	$h/400$
	当吊车由地面操作时	$h/180$

注：表中 h 为刚架柱高度。

门式刚架的柱顶侧移采用弹性分析方法确定，可以和内力分析一样利用专门软件在计算机上进行，计算时荷载取标准值，不考虑荷载分项系数。等截面门式刚架的柱顶侧移也可以采用结构力学的方法计算。

如果验算时刚架的侧移不满足要求，说明刚架的侧移刚度太差，需要采取措施进行增强，主要方法有：（1）放大柱或梁的截面尺寸；（2）改铰接柱脚为刚接柱脚；（3）将多跨框架中的个别摇摆柱改为上端和梁刚性连接。

3.2.3.3　受弯构件的挠度

门式刚架中的框架斜梁及檩条、墙梁等受弯构件的挠度应满足表 3-2 的要求。

受弯构件的挠度　　　　　　　　表 3-2

构件类别		构件挠度限值
竖向挠度	门式刚架斜梁： 　仅支承压型钢板屋面和冷弯型钢檩条 　尚有吊顶 　有悬挂起重机	$L/180$ $L/240$ $L/400$
	檩条： 　仅支承压型钢板屋面 　尚有吊顶	$L/150$ $L/240$
	压型钢板屋面板	$L/150$
水平挠度	墙板	$L/100$
	墙梁： 　仅支承压型钢板墙 　支承砌体墙	$L/100$ $L/180$ 且 $\leqslant 50mm$

注：1. 表中 L 为构件跨度，对门式刚架斜梁，L 取全跨；
　　2. 对悬臂梁，按悬伸长度的 2 倍计算受弯构件的跨度。

3.3　构　件　设　计

工字形截面受弯构件或压弯构件中腹板以受剪为主，抗弯作用远不如翼缘有效，增大腹板的高度，可使翼缘抗弯能力发挥得更为充分。但是在增大腹板高度的同时若增大其厚度，则腹板耗费的钢材过多，不经济。先进的设计方法是采用高而薄的腹板，这样可能引发腹板由于局部失稳而屈曲，但板件屈曲不等于承载能力用尽，还有相当可观的屈曲后强度可利用。

采用屈曲后强度进行构件截面设计是门式刚架轻型化的主要技术措施之一，腹板在剪力作用下的屈曲后强度由薄膜张力产生。《钢结构基本原理》教材曾经分析过受压板件屈曲后继续承载的原理并给出了关于梁腹板利用屈曲后强度的计算公式，这些公式适用于简支梁。门式刚架梁、柱构件剪应力最大处往往弯曲正应力也最大，同时还存在轴向压力，因而不能考虑翼缘对腹板的嵌固作用。

3.3.1 梁、柱板件的宽厚比限值和腹板屈曲后强度的利用

（1）梁、柱板件的宽厚比限值

门式刚架的梁、柱多采用工字形截面，工字形截面受压翼缘板的宽厚比限值为

$$\frac{b_1}{t} \leqslant 15\varepsilon_{\mathrm{k}} \tag{3-3}$$

式中 b_1、t——受压翼缘的外伸宽度与厚度（图3-7）；

ε_{k}——钢号修正系数，其值为235与钢材牌号中屈服点数值比值的平方根，即 $\varepsilon_{\mathrm{k}} = \sqrt{235/f_{\mathrm{y}}}$。

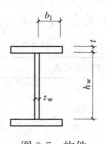

图 3-7 构件
截面尺寸

当地震作用组合的效应控制结构设计时，工字形截面受压翼缘板的宽厚比不应大于 $13\varepsilon_{\mathrm{k}}$。

因为采用屈曲后强度进行构件截面设计，《门刚规范》规定腹板宽厚比限值可以放宽到 $250\,\varepsilon_{\mathrm{k}}$（当地震作用组合的效应控制结构设计时为 $160\varepsilon_{\mathrm{k}}$），实际工程设计可根据工程的重要性适当控制严一点，否则腹板太薄，制作加工比较困难。

（2）工字形截面构件考虑屈曲后强度的抗剪承载力

工字形截面构件腹板的受剪板幅，考虑屈曲后强度时，应设置横向加劲肋，板幅的长度与板幅范围内的大端截面高度相比不应大于3。

腹板高度变化的区格，其受剪承载力设计值 V_{d} 采用的是在等截面区隔的计算公式上乘以楔率折减系数，即 V_{d} 可按下列简化公式计算：

$$V_{\mathrm{d}} = \chi_{\mathrm{tap}} \varphi_{\mathrm{ps}} h_{\mathrm{w1}} t_{\mathrm{w}} f_{\mathrm{v}} \leqslant h_{\mathrm{w0}} t_{\mathrm{w}} f_{\mathrm{v}} \tag{3-4}$$

$$\chi_{\mathrm{tap}} = 1 - 0.35\alpha^{0.2}\gamma_{\mathrm{p}}^{2/3} \tag{3-5}$$

$$\varphi_{\mathrm{ps}} = \frac{1}{(0.51 + \lambda_{\mathrm{s}}^{3.2})^{1/2.6}} \leqslant 1.0 \tag{3-6}$$

$$\gamma_{\mathrm{p}} = \frac{h_{\mathrm{w1}}}{h_{\mathrm{w0}}} - 1 \tag{3-7}$$

$$\alpha = \frac{a}{h_{\mathrm{w1}}} \tag{3-8}$$

式中 f_{v}——钢材的抗剪强度设计值；

t_{w}——腹板的厚度；

h_{w1}、h_{w0}——楔形腹板大端和小端腹板高度；

χ_{tap}——腹板屈曲后抗剪强度的楔率折减系数；

γ_{p}——腹板区格的楔率；

α——区格的长度与高度之比；

a——加劲肋间距；

λ_s ——与腹板受剪有关的参数，按式（3-9）进行计算。

$$\lambda_s = \frac{h_{w1}/t_w}{37\sqrt{k_\tau \varepsilon_k}} \qquad (3-9)$$

当 $a/h_{w1} < 1$ 时： $\qquad k_\tau = 4 + 5.34/(a/h_{w1})^2 \qquad (3\text{-}10\text{a})$

当 $a/h_{w1} \geqslant 1$ 时： $\qquad k_\tau = \eta_s[5.34 + 4/(a/h_{w1})^2] \qquad (3\text{-}10\text{b})$

$$\eta_s = 1 - \omega_1\sqrt{\gamma_p} \qquad (3\text{-}11)$$

$$\omega_1 = 0.41 - 0.897\alpha + 0.363\alpha^2 - 0.041\alpha^3 \qquad (3\text{-}12)$$

式中 $\quad k_\tau$ ——受剪腹板的屈曲系数。当不设横向加劲肋时 $k_\tau = 5.34\eta_s$。

（3）工字形截面构件腹板的有效宽度

工字形截面梁、柱构件考虑屈曲后强度的受弯承载力和压弯承载力采用有效宽度法计算，即应按有效宽度计算其截面几何特征。计算中考虑腹板受拉区全部有效，受压区有效宽度按下式计算：

$$h_e = \rho h_c \qquad (3\text{-}13)$$

式中 $\quad h_e$ ——腹板受压区有效宽度；

$\qquad h_c$ ——腹板受压区宽度；

$\qquad \rho$ ——有效宽度系数，按下列公式计算，当 $\rho > 1.0$ 时，取 1.0。

$$\rho = \frac{1}{(0.243 + \lambda_p^{1.25})^{0.9}} \qquad (3\text{-}14)$$

$$\lambda_p = \frac{h_w/t_w}{28.1\sqrt{k_\sigma \varepsilon_k}} \qquad (3\text{-}15)$$

$$k_\sigma = \frac{16}{\sqrt{(1+\beta)^2 + 0.112(1-\beta)^2} + (1+\beta)} \qquad (3\text{-}16)$$

式中 $\quad \lambda_p$ ——与板件受弯、受压有关的参数，当腹板边缘最大应力 $\sigma_1 < f$ 时，计算 λ_p 时可用 $\gamma_R \sigma_1$ 代替式（3-15）中的 f_y，γ_R 为抗力分项系数，对于 Q235 钢，$\gamma_R = 1.090$；对于 Q355 钢材，$\gamma_R = 1.125$，为简单起见，可统一取 $\gamma_R = 1.1$；

$\qquad k_\sigma$ ——板件在正应力作用下的屈曲系数；

$\qquad h_w$ ——腹板高度，对楔形腹板取板幅平均高度；

$\qquad t_w$ ——腹板厚度；

$\qquad \beta$ ——腹板边缘正应力的比值（图 3-8），$\beta = \sigma_2/\sigma_1$，$1 \geqslant \beta \geqslant -1$，$\sigma_1$、$\sigma_2$ 分别为板边最大和最小应力，且 $|\sigma_2| \leqslant |\sigma_1|$。

根据式（3-13）算得的腹板有效宽度 h_e，沿腹板高度按下列规则分布（图 3-8）：

当腹板全截面受压，即 $\beta \geqslant 0$ 时：

$$h_{e1} = 2h_e/(5-\beta) \qquad (3\text{-}17\text{a})$$

$$h_{e2} = h_e - h_{e1} \qquad (3\text{-}17\text{b})$$

当腹板部分截面受拉，即 $\beta < 0$ 时：

$$h_{e1} = 0.4h_e \qquad (3\text{-}18\text{a})$$

$$h_{e2} = 0.6h_e \qquad (3\text{-}18\text{b})$$

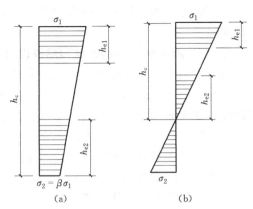

图 3-8　腹板有效宽度的分布

(a) $\beta \geqslant 0$；(b) $\beta < 0$

3.3.2 刚架梁、柱构件的强度计算

(1) 当刚架斜梁坡度不大于 1∶5 时，梁的轴向力可忽略不计，按工字形截面受弯构件验算在剪力 V 和弯矩 M 共同作用下的强度：

当 $V \leqslant 0.5V_d$ 时： $\qquad\qquad\qquad M \leqslant M_e$ $\qquad\qquad\qquad$ (3-19a)

当 $0.5V_d < V \leqslant V_d$ 时： $M \leqslant M_f + (M_e - M_f)\left[1 - \left(\dfrac{V}{0.5V_d} - 1\right)^2\right]$ $\qquad$ (3-19b)

式中 M_f ——两翼缘所承担的弯矩，当截面为双轴对称时：

$$M_f = A_f(h_w + t)f \qquad\qquad (3\text{-}20)$$

$\quad W_e$ ——构件有效截面最大受压纤维的截面模量；

$\quad M_e$ ——构件有效截面所承担的弯矩，$M_e = W_e f$；

$\quad A_f$ ——构件翼缘的截面面积；

$\quad V_d$ ——腹板受剪承载力设计值，按式（3-4）计算；

$\quad f$ ——钢材的抗弯强度设计值。

A_e、W_e 应取腹板屈曲后构件的有效截面进行计算，即翼缘取全部截面，腹板则取有效宽度截面。

(2) 对坡度大于 1∶5 的刚架斜梁和刚架柱，按工字形截面压弯构件验算在剪力 V、弯矩 M 和轴力 N 共同作用下的强度：

当 $V \leqslant 0.5V_d$ 时：

$$\frac{N}{A_e} + \frac{M}{W_e} \leqslant f \qquad\qquad (3\text{-}21a)$$

当 $0.5V_d < V \leqslant V_d$ 时：

$$M \leqslant M_f^N + (M_e^N - M_f^N)\left[1 - \left(\frac{V}{0.5V_d} - 1\right)^2\right] \qquad\qquad (3\text{-}21b)$$

$$M_e^N = M_e - NW_e/A_e \qquad\qquad (3\text{-}22)$$

式中 A_e ——有效截面面积；

$\quad M_f^N$ ——兼承压力 N 时两翼缘所能承受的弯矩，当截面为双轴对称时：

$$M_f^N = A_f(h_w + t)(f - N/A_e) \qquad\qquad (3\text{-}23)$$

变截面柱下端铰接时，还应验算柱端的受剪承载力。当不满足要求时，应对该处腹板进行加强。

3.3.3 斜梁整体稳定计算和隅撑设置

当门式刚架的屋面坡度较大时，轴力对斜梁稳定性的影响在刚架平面内外都不容忽视，但当屋面坡度较小（$\alpha \leqslant 10°$）时，因轴力很小，斜梁在刚架平面内可只按压弯构件计算强度，在平面外则按压弯构件计算整体稳定。斜梁在刚架平面内的计算长度可近似取竖向支承点间的距离，在平面外的计算长度应取侧向支承点间的距离，当斜梁两翼缘侧向支承点间的距离不等时，则应取受压翼缘侧向支撑点距离的最大值。

斜梁的侧向支承由檩条（或刚性系杆）配合支撑体系来提供，侧向支承点间的梁段是承受近似于线性变化弯矩的楔形变截面，其稳定性应按下列公式计算：

$$\frac{M_1}{\gamma_x \varphi_b W_{x1}} \leqslant f \qquad\qquad (3\text{-}24)$$

$$\varphi_b = \frac{1}{(1 - \lambda_{b0}^{2n} + \lambda_b^{2n})^{1/n}} \tag{3-25}$$

$$\lambda_{b0} = \frac{0.55 - 0.25 k_\sigma}{(1 + \gamma)^{0.2}} \tag{3-26}$$

$$n = \frac{1.51}{\lambda_b^{0.1}} \sqrt[3]{\frac{b_1}{h_1}} \tag{3-27}$$

$$k_\sigma = k_M \frac{W_{x1}}{W_{x0}} \tag{3-28}$$

$$\lambda_b = \sqrt{\frac{\gamma_x W_{x1} f_y}{M_{cr}}} \tag{3-29}$$

$$k_M = \frac{M_0}{M_1} \tag{3-30}$$

$$\gamma = (h_1 - h_0)/h_0 \tag{3-31}$$

式中　φ_b ——楔形变截面梁段的整体稳定系数，$\varphi_b \leqslant 1.0$；

　　　k_σ ——小端截面压应力与大端截面压应力的比值；

　　　k_M ——弯矩比，为较小弯矩除以较大弯矩；

　　　λ_b ——梁的通用长细比；

　　　γ_x ——截面塑性发展系数，按现行《钢结构设计标准》GB 50017 的规定取值；

　　b_1、h_1 ——弯矩较大截面的受压翼缘宽度和上、下翼缘中面之间的距离；

W_{x1}、W_{x0} ——构件大端、小端截面受压边缘的截面模量；

　　　γ ——变截面梁楔率；

　　　h_0 ——小端截面上、下翼缘中面之间的距离；

　M_0、M_1 ——小端、大端弯矩。

　　　M_{cr} ——楔形变截面梁弹性屈曲临界弯矩，按式（3-32）计算：

$$M_{cr} = C_1 \frac{\pi^2 E I_y}{L^2} \left[\beta_{x\eta} + \sqrt{\beta_{x\eta}^2 + \frac{I_{\omega\eta}}{I_y} \left(1 + \frac{G J_\eta L^2}{\pi^2 E I_{\omega\eta}}\right)} \right] \tag{3-32}$$

$$C_1 = 0.46 k_M^2 \eta_i^{0.346} - 1.32 k_M \eta_i^{0.132} + 1.86 \eta_i^{0.023} \tag{3-33}$$

$$\beta_{x\eta} = 0.45(1 + \gamma\eta) h_0 \frac{I_{yT} - I_{yB}}{I_y} \tag{3-34}$$

$$\eta = 0.55 + 0.04(1 - k_\sigma) \sqrt[3]{\eta_i} \tag{3-35}$$

$$I_{\omega\eta} = I_{\omega0}(1 + \gamma\eta)^2 \tag{3-36}$$

$$I_{\omega0} = I_{yT} h_{sT0}^2 + I_{yB} h_{sB0}^2 \tag{3-37}$$

$$J_\eta = J_0 + \frac{1}{3}\gamma\eta(h_0 - t_f) t_w^3 \tag{3-38}$$

$$\eta_i = \frac{I_{yB}}{I_{yT}} \tag{3-39}$$

式中　C_1 ——等效弯矩系数，$C_1 \leqslant 2.75$；

　　　η_i ——惯性矩比；

I_{yT}、I_{yB} ——弯矩最大截面受压翼缘和受拉翼缘绕弱轴的惯性矩；

　　　$\beta_{x\eta}$ ——截面不对称系数；

I_y ——变截面梁绕弱轴惯性矩；

$I_{\omega\eta}$ ——变截面梁的等效翘曲惯性矩；

$I_{\omega 0}$ ——小端截面的翘曲惯性矩；

J_η ——变截面梁等效圣维南扭转常数；

J_0 ——小端截面自由扭转常数；

h_{sT0}、h_{sB0} ——分别是小端截面上、下翼缘的中面到剪切中心的距离；

t_f ——翼缘厚度；

t_w ——腹板厚度；

L ——梁段平面外计算长度。

斜梁上翼缘有均匀布置的檩条，檩条上安装有屋面板，可以约束上翼缘的侧向位移，但是整个截面还可以产生绕上翼缘的扭转失稳，所以一般需要在屋面梁和檩条之间设置隅撑（图 3-9）。在梁的负弯矩区，斜梁下翼缘受压，梁的平面外计算长度可以考虑隅撑提供侧向支承，但需满足以下条件：

（1）当斜梁负弯矩区每一道檩条处两侧均设置隅撑时（图 3-9）；

（2）隅撑上支承点的位置不低于檩条形心线；

（3）符合对隅撑的设计要求，即能够承受被支撑翼缘极限轴力设计值 1/60 的压力（式 3-43），该压力由斜梁两侧隅撑共同承受，并分解到隅撑方向。

隅撑一般采用单根等边角钢，不能作为梁的固定支撑，仅能考虑作为弹性支座，在此基础上进行理论分析，得到隅撑支撑梁的弹性屈曲临界弯矩 M_{cr}，按下列公式计算：

$$M_{cr} = \frac{GJ + 2e\sqrt{k_b(EI_y e_1^2 + EI_\omega)}}{2(e_1 - \beta_x)} \tag{3-40}$$

$$k_b = \frac{1}{l_{kk}} \left[\frac{(1-2\beta)l_p}{2EA_p} + (a+h)\frac{(3-4\beta)}{6EI_p}\beta l_p^2 \tan\alpha + \frac{l_k^2}{\beta l_p EA_k \cos\alpha} \right]^{-1} \tag{3-41}$$

$$\beta_x = 0.45h\frac{I_1 - I_2}{I_y} \tag{3-42}$$

式中　J、I_y、I_ω ——大端截面自由扭转常数，绕弱轴惯性矩和翘曲惯性矩；

G ——斜梁钢材的剪切模量；

E ——斜梁钢材的弹性模量；

a ——檩条截面形心到梁上翼缘中心的距离；

h ——大端截面上、下翼缘中面间的距离；

α ——隅撑和檩条轴线夹角；

β ——隅撑与檩条连接点离开主梁的距离与檩条跨度的比值；

l_p ——檩条的跨度；

I_p ——檩条截面绕强轴的惯性矩；

A_p ——檩条的截面面积；

A_k ——隅撑杆的截面面积；

l_k ——隅撑杆的长度；

l_{kk} ——隅撑的间距；

e ——隅撑下支撑点到檩条形心线的垂直距离；

e_1 ——梁截面的剪切中心到檩条形心线的距离；

I_1 ——被隅撑支撑的翼缘绕弱轴的惯性矩；

I_2 ——与檩条连接的翼缘绕弱轴的惯性矩。

隅撑按轴心受压构件设计，轴力设计值 N 可按下式计算，当隅撑成对布置时，每根隅撑的计算轴力取计算值的一半：

$$N = Af/(60\cos\theta) \tag{3-43}$$

式中 A ——被支撑翼缘的截面面积；

f ——被支撑翼缘钢材的抗压强度设计值；

θ ——隅撑与檩条轴线的夹角。

隅撑通常采用单个螺栓连接在斜梁翼缘或腹板上，如图 3-9（a）所示。若腹板上配置有横向加劲肋时，也可焊在加劲肋上，如图 3-9（b）所示。隅撑另一端连在檩条上，加劲肋布置位置应与檩条对齐。

另外，在斜梁下翼缘与刚架柱的交接处，压应力一般最大，故是刚架的关键部位。为防止失稳，应在檐口位置，在斜梁与柱内翼缘交接点附近的檩条和墙梁处各设置一道隅撑，墙梁处隅撑一端连于墙梁，另一端连于柱内翼缘。

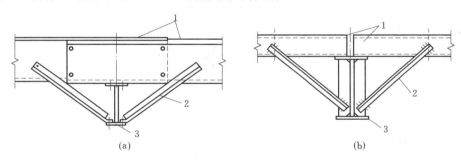

图 3-9 隅撑

1—檩条（或墙梁）；2—隅撑；3—斜梁（或柱）

3.3.4 刚架柱整体稳定计算

（1）变截面柱在刚架平面内的计算长度系数

等截面柱在刚架平面内的整体稳定计算方法在《钢结构基本原理》教材中已有叙述，当采用变截面门式刚架时，刚架柱为楔形，变截面柱的整体稳定计算仍可采用计算长度法，按压弯构件计算整体稳定。在确定刚架柱的计算长度时，需确定刚架梁对刚架柱的转动约束。由于刚架梁通常为变截面构件，其对刚架柱的转动约束与等截面梁有所不同。《门刚规范》依据刚架梁的楔形变截面区段数量的不同，给出了变截面梁对刚架柱的转动约束的计算方法，详见附录15。

小端铰接的变截面门式刚架柱有侧移弹性屈曲临界荷载及计算长度系数可按下列公式计算：

$$N_{cr} = \frac{\pi^2 EI_1}{(\mu H)^2} \tag{3-44a}$$

$$\mu = 2 \left(\frac{I_1}{I_0}\right)^{0.145} \sqrt{1 + \frac{0.38}{K}} \tag{3-44b}$$

$$K = \frac{K_z}{6i_{c1}} \left(\frac{I_1}{I_0}\right)^{0.29} \tag{3-44c}$$

式中　μ——变截面柱换算成以大端截面为准的等截面柱的计算长度系数；

H——楔形变截面柱的高度；

I_0——立柱小端截面惯性矩；

I_1——立柱大端截面惯性矩；

K_z——梁对柱的转动约束，参照《门刚规范》的规定计算；

i_{c1}——柱的线刚度，$i_{c1} = EI_1/H$。

（2）变截面柱在刚架平面内的稳定计算

变截面柱在弯矩作用平面内的整体稳定计算公式借用了等截面压弯构件相关公式的形式，但对其中一些参数的取值作了调整。变截面柱在刚架平面内的整体稳定应按下式计算：

$$\frac{N_1}{\eta_t \varphi_x A_{e1}} + \frac{\beta_{mx} M_1}{(1 - N_1/N_{cr})W_{e1}} \leqslant f \tag{3-45}$$

$$N_{cr} = \pi^2 E A_{e1}/\lambda_1^2 \tag{3-46}$$

当 $\overline{\lambda_1} \geqslant 1.2$ 时：$\qquad \eta_t = 1 \tag{3-47a}$

当 $\overline{\lambda_1} < 1.2$ 时：$\qquad \eta_t = \frac{A_0}{A_1} + \left(1 - \frac{A_0}{A_1}\right) \times \frac{\overline{\lambda_1}^2}{1.44} \tag{3-47b}$

$$\overline{\lambda_1} = \frac{\lambda_1}{\pi} \sqrt{\frac{f_y}{E}} \tag{3-48}$$

式中　N_1——大端的轴向压力设计值（N）；

A_{e1}——大端的有效截面面积（mm^2）；

A_0、A_1——小端和大端的毛截面面积（mm^2）；

M_1——大端的弯矩设计值（N·mm）；

W_{e1}——大端有效截面最大受压纤维的截面模量（mm^3），当柱的最大弯矩不出现在大端时，M_1 和 W_{e1} 取最大弯矩和该弯矩所在截面的有效截面模量；

β_{mx}——等效弯矩系数，对有侧移刚架柱 $\beta_{mx} = 1.0$；

φ_x——杆件轴心受压稳定系数，按计算长度系数由现行《钢结构设计标准》GB 50017 查得，计算长细比时取大端截面的回转半径；

$\lambda_1 = \dfrac{\mu H}{i_{x1}}$——按大端截面计算的长细比，$H$ 为柱高，i_{x1} 为大端截面绕强轴的回转半径，μ 为柱计算长度系数，按式（3-44b）计算；

$\overline{\lambda_1}$——通用长细比；

N_{cr}——欧拉临界力。

当柱的最大弯矩不出现在大端时，M_1 和 W_{e1} 分别取最大弯矩和该弯矩所在截面的有效截面模量。

（3）变截面柱在刚架平面外的稳定计算

变截面柱在刚架平面外的整体稳定应分段按下式计算：

$$\frac{N_1}{\eta_{ty}\varphi_y A_{el}f} + \left(\frac{M_1}{\varphi_b \gamma_x W_{el}f}\right)^{1.3-0.3k_\sigma} \leqslant 1 \qquad (3\text{-}49)$$

当 $\overline{\lambda}_{1y} \geqslant 1.3$ 时： $\qquad\qquad \eta_{ty} = 1 \qquad\qquad (3\text{-}50a)$

当 $\overline{\lambda}_{1y} < 1.3$ 时：

$$\eta_{ty} = \frac{A_0}{A_1} + \left(1 - \frac{A_0}{A_1}\right) \times \frac{\overline{\lambda}_{1y}^2}{1.69} \qquad (3\text{-}50b)$$

$$\overline{\lambda}_{1y} = \frac{\lambda_{1y}}{\pi}\sqrt{\frac{f_y}{E}} \qquad (3\text{-}51)$$

$$\lambda_{1y} = \frac{L}{i_{y1}} \qquad (3\text{-}52)$$

式中 $\overline{\lambda}_{1y}$、λ_{1y}——绕弱轴的通用长细比及长细比；

$\qquad i_{y1}$——大端截面绕弱轴的回转半径；

$\qquad \varphi_y$——轴心受压构件弯矩作用平面外的稳定系数，以大端为准，按现行《钢结构设计标准》GB 50017 的规定采用，计算长度取纵向柱间支撑点的间距；

$\qquad \varphi_b$——楔形截面梁的整体稳定系数，按公式（3-25）计算；

$\qquad L$——柱平面外计算长度，为纵向柱间支撑点的间距；

$k_\sigma = \dfrac{\sigma_0}{\sigma_1}$——小端截面压应力与大端截面压应力的比值。

当不满足式（3-49）的要求时，刚架柱在平面外的稳定可通过设置若干隅撑来保证，它对高度较大的柱尤其必要，这样在计算时可缩短构件段的长度。隅撑一端连于柱内受压翼缘，另一端连于墙梁，柱隅撑的构造和计算同横梁隅撑（图 3-9）。

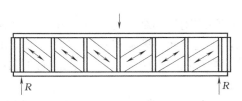

图 3-10　腹板的张力场作用

3.3.5　梁腹板加劲肋的配置

梁腹板应在中柱连接处、较大固定集中荷载作用处和翼缘转折处设置横向加劲肋，其他部位是否设置中间加劲肋，根据计算需要确定。

《门刚规范》规定，当利用腹板屈曲后抗剪强度时，横向加劲肋间距 a 宜取 $h_w \sim 2h_w$，h_w 为梁腹板高度。

当梁腹板在剪应力作用下发生屈曲后，将以拉力带的方式承受继续增加的剪力，即起类似桁架斜腹杆的作用，而横向加劲肋则相当于受压的桁架竖杆（图 3-10），因此，中间横向加劲肋除承受集中荷载和翼缘转折产生的压力外，还要承受拉力场产生的压力，该压力按下列公式计算：

$$N_s = V - 0.9\varphi_s h_w t_w f_v \qquad (3\text{-}53)$$

$$\varphi_s = \frac{1}{\sqrt[3]{0.738 + \lambda_s^6}} \qquad (3\text{-}54)$$

式中　N_s——拉力场产生的压力；

$\qquad V$——梁受剪承载力设计值；

$\qquad \varphi_s$——腹板剪切屈曲稳定系数，$\varphi_s \leqslant 1$；

λ_s——腹板剪切屈曲通用高厚比，按公式（3-9）计算；

h_w、t_w——梁腹板的高度和厚度。

加劲肋稳定性验算按轴心受力构件进行，计算长度取腹板高度 h_w，截面取加劲肋全部和其两侧各 $15t_w\varepsilon_k$ 宽度范围内的腹板面积，按两端铰接轴心受压构件进行计算。

当斜梁上翼缘承受集中荷载处不设横向加劲肋时，除应按现行《钢结构设计标准》GB 50017 的规定验算腹板上边缘正应力、剪应力和局部压应力共同作用下的折算应力外，尚应满足下列要求：

$$F \leqslant 15\alpha_m t_w^2 f\sqrt{\frac{t_f}{t_w}}\varepsilon_k \tag{3-55}$$

$$\alpha_m = 1.5 - M/(W_e f) \tag{3-56}$$

式中　F——上翼缘所受的集中荷载；

t_f、t_w——分别为斜梁翼缘和腹板的厚度；

α_m——参数，$\alpha_m \leqslant 1.0$，在斜梁负弯矩区取 1.0；

W_e——有效截面最大受压纤维的截面模量；

M——集中荷载作用处的弯矩。

3.4　连接和节点设计

门式刚架的结构构件一般在工厂制作，现场进行拼装，因此需要划分运送和安装单元，运送单元一般从梁柱节点及框架梁的跨中划分。因此，门式刚架结构中的节点主要有：梁与柱的连接节点、斜梁自身的拼接节点以及柱脚。当有桥式吊车时，刚架柱上还有牛腿。

3.4.1　斜梁与柱的连接和斜梁拼接

门式刚架斜梁与柱的连接及斜梁的拼接一般采用端板连接节点，即在构件端部焊一端板，然后再用高强度螺栓互相连接（图 3-11），构件的翼缘与端板应采用全焊透对接焊缝，腹板与端板可采用角焊缝。斜梁与柱的连接可采用端板竖放、端板平放和端板斜放三种形式，如图 3-11（a）、（b）、（c）所示，斜梁拼接的端板宜与构件外边缘垂直（图 3-11d）。端板竖放节点的构造及尺寸不需要放大样确定，螺栓比较容易排列，是最常采用的连接节点形式。端板平放受力合理，安装方便，亦常被采用。

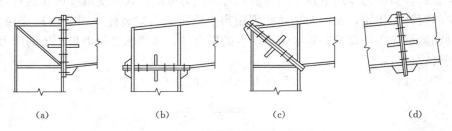

(a)　　　　　　　(b)　　　　　　　(c)　　　　　　　(d)

图 3-11　斜梁的拼接和与柱的连接节点

(a) 端板竖放；(b) 端板平放；(c) 端板斜放；(d) 斜梁拼接

连接节点按所受最大内力设计，当内力较小（小于节点处构件截面承载力的50%）时可按被连接截面极限承载力的一半设计。

连接节点必须按照刚性节点进行设计，即在保证必要的强度的同时，提供足够的转动刚度。《门刚规范》中关于端板厚度的计算公式，系按平面端板塑性分析方法得到，简化了计算和限制了变形。因此，端板连接螺栓必须采用高强度螺栓，以确保假定计算模型的成立。

高强度螺栓连接可以是摩擦型或承压型的，当有吊车时，应采用高强度螺栓摩擦型连接。摩擦型连接按剪力大小决定端板与柱翼缘接触面的处理方法，当剪力小于其抗滑移承载力（考虑涂刷防锈漆的干净表面情况，抗滑移系数按 $\mu = 0.2$ 计算）时，端板表面可不用专门处理。

端板连接的螺栓应成对对称布置。在斜梁的拼接处，应采用将端板两端伸出截面以外的外伸式连接（图 3-11d）。在斜梁与柱连接处的受拉区，宜采用端板外伸式连接（图 3-11a、b、c），且宜使翼缘螺栓群的中心与翼缘的中心重合或接近。图 3-11（b）的外伸式连接转动刚度是否满足刚性节点的要求需要通过计算加以检验。外伸式连接在节点负弯矩作用下，可假定转动中心位于下翼缘中心线上。如图 3-11（a）所示上翼缘两侧对称设置 4 个螺栓时，每个螺栓承受下面公式表达的拉力，并依此确定螺栓直径：

$$N_{\mathrm{t}} = \frac{M}{4h_1} \tag{3-57}$$

式中　　h_1——梁上下翼缘中至中距离。

力偶 M/h_1 的压力由端板与柱翼缘间承压面传递，端板从下翼缘中心伸出的宽度应不小于 $e = \frac{M}{h_1} \cdot \frac{1}{2bf}$，$b$ 为端板宽度。为了减小力偶作用下的局部变形，有必要在梁上、下翼缘中线处设柱加劲肋。有加劲肋的节点，转动刚度比不设加劲肋者大。

当受拉翼缘两侧各设一排螺栓不能满足承载力要求时，可以在翼缘内侧增设螺栓，如图 3-12（a）所示。按照绕下翼缘中心 A（图 3-12a）的转动保持在弹性范围内的原则，此第三排螺栓的拉力可以按 $N_{\mathrm{t}} \dfrac{h_3}{h_1}$ 计算，h_3 为 A 点至第三排螺栓的距离，两个螺栓可承受弯矩 $M = 2N_{\mathrm{t}} h_3^2 / h_1$。

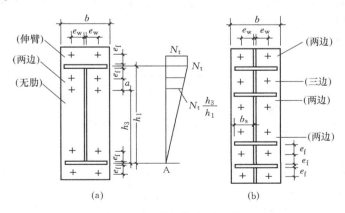

图 3-12　端板的支承条件

节点上剪力可以认为由上边两排抗拉螺栓以外的螺栓承受，第三排螺栓拉力未用足，可以和下面两排（或两排以上）螺栓共同抗剪。

对同时受拉和受剪的螺栓，应按拉剪螺栓设计。

高强度螺栓的直径通常采用 M16～M24。布置螺栓时，应满足拧紧螺栓时的施工要求，即螺栓中心至翼缘和腹板表面的距离均不宜小于 65mm（扭剪型用电动扳手）、60mm（大六角头型用电动扳手）或 45mm（采用手工扳手）。螺栓端距不应小于 $2d_0$，d_0 为螺栓孔径。两排螺栓之间的最小距离为 3 倍螺栓直径，端板上两对螺栓的中距不宜太大，若其最大距离大于 400mm，还应在端板的中部增设一对螺栓。

（1）节点端板设计

端板主要承受弯矩和轴向力，其厚度 t 的确定与螺栓受拉后产生的端板应力有关。端板受力过程中，梁翼缘和腹板构成一定的约束边界，在螺栓拉力作用下平板区格达到极限状态，板上形成了塑性铰线，采用极限平衡方法可推导出为了防止端板塑性破坏所需的厚度。可根据支承条件将端板划分为外伸板区、无加劲肋板区、两相邻支承板区和三边支承板区（图 3-12），分别计算各板区在特定屈服模式下螺栓达极限拉力、板区材料达到全截面屈服时的板厚。

① 伸臂类区格

$$t \geqslant \sqrt{\frac{6e_f N_t}{bf}} \tag{3-58}$$

② 无加劲肋类区格

$$t \geqslant \sqrt{\frac{3e_w N_t}{(0.5a + e_w)f}} \tag{3-59}$$

③ 两边支承类区格

当端板外伸时：

$$t \geqslant \sqrt{\frac{6e_f e_w N_t}{[e_w b + 2e_f(e_f + e_w)]f}} \tag{3-60a}$$

当端板平齐时：

$$t \geqslant \sqrt{\frac{12e_f e_w N_t}{[e_w b + 4e_f(e_f + e_w)]f}} \tag{3-60b}$$

端板外伸指端板外缘超出构件（或加劲肋）宽度，端板平齐时则是等宽。前者可视为固定边，而后者则只能视为简支边。

④ 三边支承类区格

$$t \geqslant \sqrt{\frac{6e_f e_w N_t}{[e_w(b + 2b_s) + 4e_f^2]f}} \tag{3-61}$$

式中　N_t——单个高强度螺栓的受拉承载力设计值；

e_w、e_f——分别为螺栓中心至腹板和翼缘表面的距离（图 3-12）；

b、b_s——分别为端板和加劲肋的宽度（图 3-12）；

a——螺栓的间距；

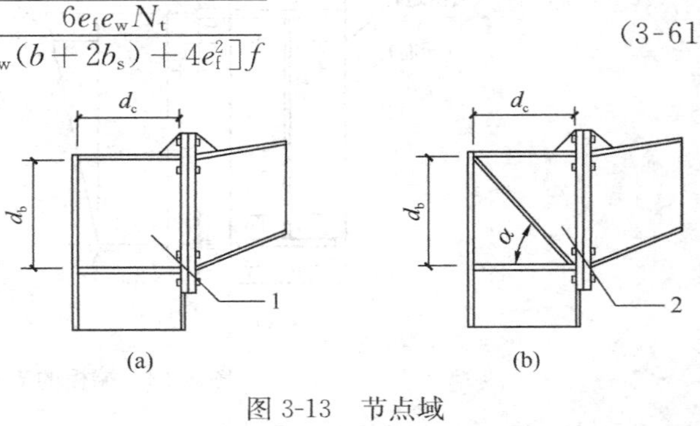

(a)　　　　　　(b)

图 3-13　节点域

1—节点域；2—使用斜向加劲肋补强的节点域

f——端板钢材的抗拉强度设计值。

端板的厚度取按式（3-58）～式（3-61）算得的最大值，但不应小于 16mm 及 0.8 倍的高强度螺栓直径。与斜梁端板连接的柱翼缘部分应与端板等厚度（图 3-13）。

（2）节点域的抗剪计算

在斜梁与柱相交的节点域，应按下式验算柱腹板的剪应力。若不满足，应加厚腹板或在其上设置斜加劲肋（图 3-13b）。

$$\tau = \frac{M}{d_b d_c t_c} \leqslant f_v \tag{3-62}$$

式中 M——节点承受的弯矩，对多跨刚架中间柱处，应取两侧斜梁端弯矩的代数和或柱端弯矩；

d_b——斜梁端部高度或节点域高度；

d_c、t_c——分别为节点域柱腹板的宽度和厚度；

f_v——节点域钢材的抗剪强度设计值。

同时，在端板设置螺栓处，还应按下式验算构件腹板的强度，若不满足，亦应加厚腹板或设置腹板加劲肋。

当 $N_{t2} \leqslant 0.4P$ 时：

$$\frac{0.4P}{e_w t_w} \leqslant f \tag{3-63a}$$

当 $N_{t2} > 0.4P$ 时：

$$\frac{N_{t2}}{e_w t_w} \leqslant f \tag{3-63b}$$

式中 N_{t2}——翼缘内第二排一个螺栓的轴向拉力设计值；

P——高强度螺栓的预拉力设计值；

e_w——螺栓中心至腹板表面的距离；

t_w——腹板厚度；

f——腹板钢材的抗拉强度设计值。

（3）端板连接的刚度计算

在进行刚架结构的内力分析时，一般假定梁柱节点为刚性连接。节点的转动刚度如与理想的刚接条件相差太大，按理想刚接计算内力和确定计算长度将导致结构的可靠度不足，形成安全隐患。因此，梁柱刚接节点的转动刚度 R 应满足下式要求：

$$R \geqslant 25EI_b/l_b \tag{3-64}$$

式中 I_b——刚架横梁跨间的平均截面惯性矩；

l_b——刚架横梁跨度，对于中间有摇摆柱的刚架，取摇摆柱与刚架柱距离的两倍。

造成梁和柱相对转动的因素主要有两方面：一是节点域的剪切变形角；二是端板和柱翼缘弯曲变形及螺栓拉伸变形引起的转动。

节点域的剪切变形刚度 R_1 由下式计算：

$$R_1 = Gh_1 d_c t_c \tag{3-65}$$

式中 h_1——梁翼缘中心至中心距离；

d_c——柱腹板宽度；

t_c——节点域腹板厚度；

G——钢材的剪切模量。

节点域设置斜加劲肋可使梁柱连接转动刚度明显提高，因此，当节点域设有斜加劲肋时（图3-13b），刚度 R_1 还应加上由斜加劲肋提供的剪切变形刚度，即

$$R_1 = Gh_1 d_c t_c + Ed_b A_{st} \cos^2\alpha \sin\alpha \tag{3-66}$$

式中　A_{st}——两条斜加劲肋的总截面积；

　　　α——斜加劲肋倾角。

连接的弯曲刚度 R_2 按以下方法计算。

当有弯矩 M 作用在梁端时（如图3-14），梁上翼缘承受拉力 $F = M/h_1$。把端板在上面两排螺栓之间的部分近似地看作是跨度等于 $2e_f$ 的简支梁，则此梁在 F 力作用点的挠度是：

$$\Delta = \frac{F(2e_f)^3}{48EI_e} = \frac{Fe_f^3}{6EI_e} \tag{3-67}$$

式中，I_e 为端板横截面惯性矩，e_f 见图3-14。

梁端截面转角为

$$\theta_b = \frac{\Delta}{h_1} = \frac{Fe_f^3}{6EI_e h_1} = \frac{Me_f^3}{6EI_e h_1^2} \tag{3-68}$$

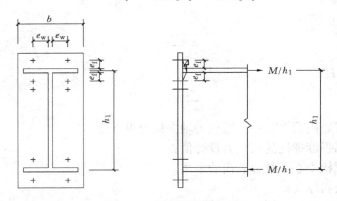

图 3-14　端板的弯曲变形

柱翼缘的弯曲变形和高强度螺栓的拉伸变形都很小，其值可以近似假定为 θ_b 的 1/10。增加此部分后，梁端截面转角为

$$\theta_b' = \frac{1.1Me_f^3}{6EI_e h_1^2} \tag{3-69}$$

相应的刚度为

$$R_2 = \frac{M}{\theta_b'} = \frac{6EI_e h_1^2}{1.1e_f^3} \tag{3-70}$$

得到节点的总转动刚度为

$$R = \frac{1}{1/R_1 + 1/R_2} = \frac{R_1 R_2}{R + R_2} \tag{3-71}$$

3.4.2　摇摆柱与斜梁的连接

图3-15为摇摆柱与斜梁的连接，柱两端都为铰接，不传递弯矩，因此，螺栓直径和布置由构造决定。节点加劲肋设置应考虑有效地传递支承反力，其截面按所承受的支承反力设计。

3.4.3 柱脚

门式刚架柱脚分为铰接柱脚和刚接柱脚两种。对于一般的门式刚架轻型钢结构厂房，常用平板式铰接柱脚。图 3-16（a）为采用两个锚栓的平板式铰接柱脚，锚栓布置在轴线上，当柱子绕 $x-x$ 轴有微小转动时，锚栓不承受拉力，是一种比较理想的铰接构造。

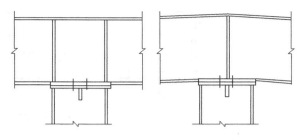

图 3-15　摇摆柱与斜梁的连接构造

图 3-16（b）是采用四个锚栓的平板式铰接柱脚。由于锚栓力臂较小，且锚栓受力后底板易发生变形，当柱子绕主轴 $x-x$ 转动时锚栓只能承受很小的力，这种柱脚构造接近于铰接，常用于横向刚度要求较大的门式刚架。

刚接柱脚用于设置有桥式吊车的门式刚架或大跨度刚架。刚接柱脚的特点是能承受弯矩，因此至少有四个锚栓对称布置在轴线两侧，并保证对主轴 $x-x$ 具有较大的距离。此外，柱脚还必须具有足够的刚度。图 3-17（a）为底板用加劲肋加强的刚接柱脚，图 3-17（b）为采用靴梁和加劲肋的刚接柱脚。

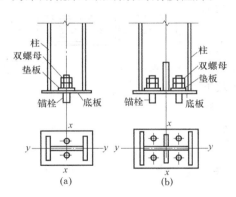

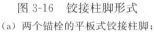

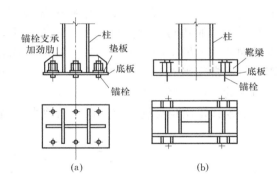

图 3-16　铰接柱脚形式
（a）两个锚栓的平板式铰接柱脚；
（b）四个锚栓的平板式铰接柱脚

图 3-17　刚接柱脚形式
（a）底板加劲的刚接柱脚；
（b）带靴梁的刚接柱脚

铰接柱脚要传递轴心压力和水平剪力，刚接柱脚除传递轴心压力和水平剪力外，还要传递弯矩。轴压力由底板传递，弯矩由锚栓和底板共同承受，剪力由底板与基础表面的摩擦传递。当剪力较大，摩擦力不能有效承受剪力时，可在柱脚底板下设置抗剪键（图3-18)，以承受和传递水平剪力。抗剪键可用方钢、短 T 字钢或 H 型钢做成。

柱脚底板的最小厚度为 14～20mm，柱脚底板、靴梁和肋板等的尺寸由计算或构造确定。

刚接柱脚的锚栓直径由计算确定，但不宜小于 24mm，且应采用双螺帽。受拉锚栓除直径应满足强度要求外，埋设深度应满足抗拔要求。底板上的锚栓孔直径应为 $d_0 = (2～2.5)d$（d 为锚栓直径），以便于安装时调整位置。垫板的厚度与底板相同，其孔径比锚栓直径大 1～2mm，当柱安装定位后，垫板应套在锚栓上与底板焊牢。

3.4.4 牛腿

当有桥式吊车时，需在刚架柱上设置牛腿，牛腿与柱焊接，其构造见图 3-19。牛腿

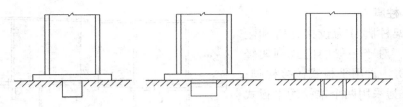

图 3-18　柱脚的抗剪键

根部所受剪力 V、弯矩 M 根据下式确定：

$$V = 1.3P_{\mathrm{D}} + 1.5D_{\max} \qquad (3\text{-}72)$$

$$M = Ve \qquad (3\text{-}73)$$

式中　P_{D}——吊车梁及轨道自重在牛腿上产生的反力（标准值）；

$D_{\max}$——吊车最大轮压在牛腿上产生的最大反力（标准值）。

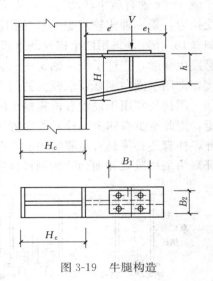

牛腿一般采用焊接工字形截面，根部截面尺寸根据剪力 V 和弯矩 M 确定，当采用变截面牛腿时，端部截面高度 h 不宜小于 $H/2$（H 为牛腿根部截面高度）。在吊车梁支座加劲肋下对应位置的牛腿腹板上，应设置支承加劲肋。吊车梁与牛腿的连接一般采用普通螺栓固定，通常采用 M16～M24 螺栓。牛腿上翼缘及下翼缘与柱的连接焊缝均采用焊透的对接焊缝。牛腿腹板与柱的连接采用角焊缝，焊脚尺寸由剪力 V 确定。

图 3-19　牛腿构造

3.5　围 护 构 件 设 计

3.5.1　檩条设计

3.5.1.1　檩条的截面形式

檩条的截面形式可分为实腹式和格构式两种。当檩条跨度（柱距）不超过 9m 时，应优先选用实腹式檩条。

实腹式檩条的截面形式如图 3-20 所示。

图 3-20（a）为普通热轧槽钢或轻型热轧槽钢截面，因板件较厚，用钢量较大，目前已很少在工程中采用。图 3-20（b）为高频焊接 H 型钢截面，具有抗弯性能好的特点，适用于檩条跨度较大的场合。图 3-20

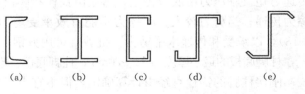

图 3-20　实腹式檩条的截面形式

(c)、(d)、(e) 是冷弯薄壁型钢截面，冷弯薄壁型钢是在常温下将薄钢板弯折成所需的截面形状，在工程中的应用都很普遍。卷边槽钢（图 3-20c，亦称 C 型钢）檩条适用于屋面坡度 $i \leqslant 1/3$ 的情况，直卷边（图 3-20d）和斜卷边（图 3-20e）Z 形檩条适用于屋面坡度

$i>1/3$的情况，斜卷边 Z 型钢存放时可叠层堆放，占地少。做成连续梁檩条时，构造上也很简单。这三类薄壁型钢的规格和截面特性见附录 12。

当屋面荷载较大或檩条跨度大于 9m 时，宜选用格构式檩条。格构式檩条的构造和支座相对复杂，侧向刚度较低，但用钢量较少。

本节介绍冷弯薄壁型钢实腹式檩条的设计内容，格构式檩条的设计内容可参见有关设计手册。

3.5.1.2　檩条的荷载和荷载组合

对于门式刚架轻型房屋钢结构，作用在檩条上的荷载和荷载组合有其自身的特点，一般考虑三种荷载组合：

（1）1.3×永久荷载＋1.5×max{屋面均布活荷载，雪荷载}

（2）1.3×永久荷载＋1.5×施工检修集中荷载换算值

（3）1.0×永久荷载＋1.5×风吸力荷载

在风荷载很大的地区，第三种组合很重要。而檩条和墙梁的风荷载系数不同于刚架，应按《门刚规范》采用。

3.5.1.3　檩条的内力分析

设置在刚架斜梁上的檩条在垂直于地面的均布荷载作用下，沿截面两个形心主轴方向都有弯矩作用，属于双向受弯构件。在进行内力分析时，首先要把均布荷载 q 分解为沿截面形心主轴方向的荷载分量 q_x、q_y，如图 3-21 所示：

$$q_x = q\sin\alpha_0 \tag{3-74a}$$
$$q_y = q\cos\alpha_0 \tag{3-74b}$$

式中　　α_0——竖向均布荷载设计值 q 和檩条形心主轴 y 轴的夹角。

由图 3-21 可见，在屋面坡度不大的情况下，卷边 Z 型钢的 q_x 指向上方（屋脊），而卷边槽钢和 H 型钢的 q_x 总是指向下方（屋檐）。

对设有拉条的简支檩条，由 q_y、q_x 分别引起的 M_x 和 M_y 可按表 3-3 计算。其中，在计算 M_x 时，按单跨简支梁计算；在计算 M_y 时，将拉条作为侧向支承点，按双跨或三跨连续梁计算。

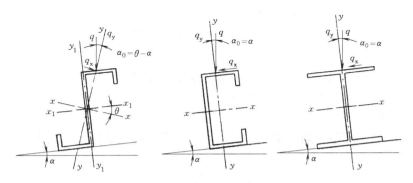

图 3-21　实腹式檩条截面的主轴和荷载

对于多跨连续檩条，在计算 M_x 时，可不考虑活荷载的不利组合，跨中和支座弯矩都近似取 $\dfrac{1}{10}q_y l^2$。

拉条设置情况	由 q_x 产生的内力		由 q_y 产生的内力	
	M_{ymax}	V_{ymax}	M_{xmax}	V_{xmax}
无拉条	$\dfrac{1}{8}q_x l^2$	$0.5q_x l$	$\dfrac{1}{8}q_y l^2$	$0.5q_y l$
跨中有一道拉条	拉条处负弯矩 $\dfrac{1}{32}q_x l^2$ 拉条与支座间正弯矩 $\dfrac{1}{64}q_x l^2$	$0.625q_x l$	$\dfrac{1}{8}q_y l^2$	$0.5q_y l$
三分点处各有一道拉条	拉条处负弯矩 $\dfrac{1}{90}q_x l^2$ 跨中正弯矩 $\dfrac{1}{360}q_x l^2$	$0.367q_x l$	$\dfrac{1}{8}q_y l^2$	$0.5q_y l$

3.5.1.4　檩条的截面选择

（1）强度计算

由于冷弯薄壁型钢不利用材料的塑性性能，当屋面能阻止檩条的失稳和扭转时，C 型钢檩条可按下列弹性强度公式验算截面：

$$\frac{M_x}{\gamma_x W_{enx}} + \frac{M_y}{\gamma_y W_{eny}} \leqslant f \tag{3-75a}$$

$$\frac{3V_{ymax}}{2h_0 t} \leqslant f_v \tag{3-75b}$$

式中　M_x、M_y——对截面 x 轴和 y 轴的弯矩；

W_{enx}、W_{eny}——对两个形心主轴的有效净截面模量（对冷弯薄壁型钢）或净截面模量（对热轧型钢），冷弯型钢的有效净截面，应按现行《冷弯薄壁型钢结构技术规范》GB 50018 的方法计算；

γ_x、γ_y——对主轴 x、y 的截面塑性发展系数，对冷弯薄壁型钢取 1.0；

V_{ymax}——腹板平面内的剪力；

h_0——檩条腹板扣除冷弯半径后的平直段高度；

t——檩条厚度；

f——钢材的抗拉、抗压和抗弯强度设计值；

f_v——钢材的抗剪强度设计值。

（2）整体稳定计算

当屋面不能阻止檩条的侧向变形和扭转时（如采用扣合式压型钢板屋面板），应按下列稳定公式验算截面：

$$\frac{M_x}{\varphi_{bx} W_{ex}} + \frac{M_y}{\gamma_y W_{ey}} \leqslant f \tag{3-76}$$

式中　W_{ex}、W_{ey}——檩条对两个形心主轴的有效截面模量（对冷弯薄壁型钢）或净截面模量（对热轧型钢）；

φ_{bx}——梁的整体稳定系数，热轧型钢构件按现行《钢结构设计标准》GB

50017 的规定计算；冷弯薄壁型钢构件按现行《冷弯薄壁型钢结构技术规范》GB 50018 的规定由下式计算：

$$\varphi_{bx} = \frac{4320Ah}{\lambda_y^2 W_x} \xi_1 \left(\sqrt{\eta^2 + \zeta} + \eta \right) \left(\frac{235}{f_y} \right) \tag{3-77}$$

$$\eta = 2\xi_2 e_a / h \tag{3-78}$$

$$\zeta = \frac{4I_\omega}{h^2 I_y} + \frac{0.156I_t}{I_y} \left(\frac{l_0}{h} \right)^2 \tag{3-79}$$

式中　λ_y ——梁在弯矩作用平面外的长细比；

　　　A ——毛截面面积；

　　　h ——截面高度；

　　　l_0 ——梁的侧向计算长度，$l_0 = \mu_b l$；

　　　μ_b ——梁的侧向计算长度系数，按表 3-4 采用；

　　　l ——梁的跨度；

　　ξ_1、ξ_2 ——系数，按表 3-4 采用；

　　　e_a ——横向荷载作用点到弯心的垂直距离：对于偏心压杆或当横向荷载作用在弯心时 $e_a = 0$；当荷载不作用在弯心且荷载方向指向弯心时 e_a 为负，而离开弯心时 e_a 为正；

　　　W_x ——对 x 轴的受压边缘毛截面模量；

　　　I_ω ——毛截面扇形惯性矩；

　　　I_y ——对 y 轴的毛截面惯性矩；

　　　I_t ——扭转惯性矩。

如按上列公式算得 φ_{bx} 值大于 0.7，则应以 φ'_{bx} 值代替 φ_{bx}，φ'_{bx} 值应按下式计算：

$$\varphi'_{bx} = 1.091 - \frac{0.274}{\varphi_{bx}} \tag{3-80}$$

均布荷载作用下简支檩条的 ξ_1、ξ_2 和 μ_b 系数　　　　　　　　　表 3-4

系数	跨间无拉条	跨中一道拉条	三分点两道拉条
μ_b	1.0	0.5	0.33
ξ_1	1.13	1.35	1.37
ξ_2	0.46	0.14	0.06

在风吸力作用下，若设置拉杆或撑杆防止下翼缘扭转时，可仅计算其强度。否则，受压下翼缘的稳定性应按式（3-76）计算。

对于冷弯薄壁型钢檩条，式（3-75）和式（3-76）中的截面模量都应按有效截面计算。但是檩条是双向受弯构件，翼缘的正应力非均匀分布，确定其有效宽度的计算比较复杂。对于和屋面板牢固连接并承受重力荷载的卷边槽钢、Z 型钢檩条，翼缘全部有效的范围大致如下，可供参考：

当 $h/b \leqslant 3.0$ 时：　　　　　$\dfrac{b}{t} \leqslant 31\sqrt{205/f}$ $\tag{3-81a}$

当 $3.0 < h/b \leqslant 3.3$ 时：　　$\dfrac{b}{t} \leqslant 28.5\sqrt{205/f}$ $\tag{3-81b}$

式中　h、b、t ——分别为檩条截面的高度、翼缘宽度和板件厚度。

附录 12 所附卷边槽钢和卷边 Z 型钢规格，多数都在上述范围之内。

(3) 变形计算

实腹式檩条只需验算垂直于屋面方向的挠度。单跨简支 C 型钢檩条和卷边 Z 型钢檩条垂直于屋面方向的挠度可分别按下列公式验算：

C 型钢檩条
$$\nu = \frac{5q_{ky}l^4}{384EI_x} \leqslant [\nu] \tag{3-82}$$

卷边 Z 型钢檩条
$$\nu = \frac{5q_k\cos\alpha l^4}{384EI_{x1}} \leqslant [\nu] \tag{3-83}$$

式中　q_{ky}——檩条的线荷载标准值沿 y 轴作用的分量；

　　　q_k——檩条的线荷载标准值；

　　　I_x——对 x 轴的毛截面惯性矩；

　　　I_{x1}——卷边 Z 形截面对平行于屋面形心轴的毛截面惯性矩；

　　　α——屋面坡度；

　　　l——檩条的跨度。

檩条的容许挠度 $[\nu]$ 按表 3-5 取值。

檩条的容许挠度限值　　　　　　　表 3-5

仅支承压型钢板屋面（承受活荷载雪荷载）	$l/150$
有吊顶	$l/240$

【例 3-1】 设计一支承压型钢板屋面的檩条，屋面坡度为 1/10，雪荷载为 0.25kN/m²，无积灰荷载。檩条跨度 12m，水平间距为 5m（坡向间距为 5.025m）。采用 H 型钢（图 3-22），材料 Q235B。

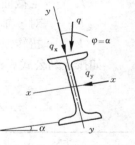

图 3-22　实腹式 H 型钢檩条

【解】

压型钢板屋面自重约为 0.15kN/m²（坡向）。檩条自重假设为 0.5kN/m。

檩条受荷水平投影面积为 $5 \times 12 = 60$m²，未超过 60m²，故屋面均布活荷载取 0.5kN/m²，大于雪荷载，故不考虑雪荷载。

檩条线荷载为

标准值：$q_k = 0.15 \times 5.025 + 0.5 + 0.5 \times 5 = 3.754$kN/m

设计值：$q = 1.3 \times (0.15 \times 5.025 + 0.5) + 1.5 \times 0.5 \times 5 = 5.38$kN/m

$$q_x = q\cos\varphi = 5.38 \times 10/\sqrt{101} = 5.35\text{kN/m}$$

$$q_y = q\sin\varphi = 5.38 \times 1/\sqrt{101} = 0.535\text{kN/m}$$

弯矩设计值：

$$M_x = \frac{1}{8} \times 5.35 \times 12^2 = 96.3\text{kN} \cdot \text{m}$$

$$M_y = \frac{1}{8} \times 0.535 \times 12^2 = 9.63\text{kN} \cdot \text{m}$$

采用紧固件（自攻螺钉、钢拉铆钉或射钉等）使压型钢板与檩条受压翼缘连牢，可不计算檩条的整体稳定。由抗弯强度要求的截面模量为

$$W_{nx} = \frac{M_x + \alpha M_y}{\gamma_x f} = \frac{(96.3 + 6 \times 9.63) \times 10^6}{1.05 \times 215} = 683 \ cm^3$$

选用 HN350×175×7×11，其 $I_x = 12980cm^4$，$W_x = 741.7cm^3$，$W_y = 112.4cm^3$，$i_x = 14.36cm$，$i_y = 3.95cm$。自重 0.494kN/m，加上连接压型钢板零件重量，与假设自重 0.5kN/m 基本相当。

验算强度（跨中无孔眼削弱，$W_{nx} = W_x$，$W_{ny} = W_y$）：

$$\frac{M_x}{\gamma_x W_{nx}} + \frac{M_y}{\gamma_y W_{ny}} = \frac{96.3 \times 10^6}{1.05 \times 741.7 \times 10^3} + \frac{9.63 \times 10^6}{1.2 \times 112.4 \times 10^3} = 195.1 \ N/mm^2 < f = 215 \ N/mm^2$$

檩条在垂直于屋面方向的挠度 υ（或相对挠度 υ/l）不能超过其容许值 $[\upsilon]$（对压型钢板屋面 $[\upsilon] = l/200$）：

$$\frac{\upsilon}{l} = \frac{5}{384} \cdot \frac{q_{kx} l^3}{EI_x} = \frac{5}{384} \cdot \frac{3.754 \times (10/\sqrt{101}) \times 12000^3}{206 \times 10^3 \times 12980 \times 10^4} = \frac{1}{318} < \frac{[\upsilon]}{l} = \frac{1}{200}$$

作为屋架上弦水平支撑横杆或刚性系杆的檩条，应验算其长细比（屋面坡向由于有压型钢板连牢，可不验算）：

$$\lambda_x = 1200/14.36 = 83.6 < [\lambda] = 200$$

【例 3-2】设计一支承夹芯板轻屋面的檩条，屋面坡度 1/8，无雪荷载和积灰荷载，檩条跨度为 6m，檩条间距 1.5m，两端简支，中间设置一道拉条，采用冷弯薄壁型钢斜卷边 Z 形截面（图 3-23），材料 Q235B。

【解】

屋面坡度 $\tan\alpha = 1/8$，$\alpha = 7.125°$；夹芯板（50mm 厚）自重 $0.065kN/m^2$（坡向），预估檩条（包括拉条）自重 0.08kN/m；可变荷载：基本雪压 $0.1kN/m^2$，基本风压 $0.3kN/m^2$，屋面均布活荷载为 $0.5kN/m^2$（水平投影面）。

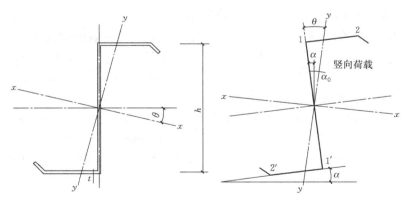

图 3-23　例 3-2 图

恒荷载标准值（夹芯板＋檩条）：

$$q_{Dk} = 0.065 \times 1.5/\cos 7.125° + 0.08 = 0.178kN/m$$

活荷载标准值：

$$q_{Lk} = 0.5 \times 1.5 = 0.75kN/m$$

雪荷载标准值：

积雪分布系数 $\mu_r = 1.00$，则

$$q_{sk} = 1.00 \times 0.1 \times 1.5 = 0.15 \text{kN/m}$$

风荷载标准值：

风压高度变化系数 $\mu_z = 1.00$，风荷载系数 $\mu_w = -1.08$，檩条基本风压调整系数 $\beta = 1.50$，则

$$q_{wk} = -1.50 \times 1.08 \times 1.00 \times 0.3 \times 1.5 = -0.729 \text{kN/m}$$

由于坡度较缓，可先按单向受弯预估檩条截面，冷弯薄壁型钢梁截面塑性发展系数 γ_x 取 1.0，由抗弯强度要求的截面模量近似值为

$$q = 1.3 \times 0.178 + 1.5 \times 0.75 = 1.356 \text{kN/m}$$

$$M = \frac{1}{8} \times 1.356 \times 6^2 = 6.102 \text{kN} \cdot \text{m}$$

$$W_n = \frac{M}{\gamma_x f} = \frac{6.102 \times 10^6}{1.0 \times 215} = 28.38 \text{ cm}^3$$

查表，初选冷弯 Z 型钢斜卷边截面：Z160×60×20×2.5，$W_{nx,min} = 36.445 \text{cm}^3$，大于 $28.38 \times 10^3 \text{mm}^3$，现列出其截面特性如下（按《冷弯薄壁型钢结构技术规范》GB 50018 附表斜卷边 Z 型钢表）：$\theta = 22.128°$；$I_x = 348.487 \text{cm}^4$，$W_{x1} = 50.132 \text{cm}^3$，$W_{x2} = 36.445 \text{cm}^3$，$i_x = 6.738 \text{cm}$，$I_y = 28.537 \text{cm}^4$，$W_{y1} = 9.834 \text{cm}^3$，$W_{y2} = 11.775 \text{cm}^3$，$i_y = 1.928 \text{cm}$；$I_t = 0.1599 \text{cm}^4$，$I_\omega = 3098.400 \text{cm}^6$；$A = 7.676 \text{cm}^2$，质量 6.025kg/m（重量 0.06kN/m，拉条较轻，加上拉条重量小于假定值 0.08kN/m）。

截面强度验算（本例题所选冷弯薄壁型钢 Z 形斜卷边截面，按照《冷弯薄壁型钢结构技术规范》GB 50018 的相关规定，经计算，各板件截面全部有效。另外，拉条孔离中和轴很近，对两个方向 I 和 W 影响很小，故忽略不计）：

$$\alpha_0 = \theta - \alpha = 22.128° - 7.125° = 15.003°$$

按最不利荷载效应组合，考虑以下 2 种基本组合：

工况 1：1.3×永久荷载＋1.5×max ｛活载、雪载｝，线荷载设计值为

$$q_x = (1.3 \times 0.178 + 1.5 \times 0.75) \times \sin 15.003° = 0.351 \text{kN/m}$$

$$q_y = (1.3 \times 0.178 + 1.5 \times 0.75) \times \cos 15.003° = 1.310 \text{kN/m}$$

工况 2：1.0×永久荷载＋1.5×风吸力荷载

$$q_x = 1.0 \times 0.178 \times \sin 15.003° - 1.5 \times 0.729 \times \sin 22.128° = -0.366 \text{kN/m}$$

$$q_y = 1.0 \times 0.178 \times \cos 15.003° - 1.5 \times 0.729 \times \cos 22.128° = -0.841 \text{kN/m}$$

对 x 轴弯曲按简支梁，对 y 轴弯曲按两跨连续梁，檩条弯矩设计值和剪力设计值见图 3-24。

工况 1：

$$M_x = \frac{1}{8} \times 1.310 \times 6^2 = 5.895 \text{kN} \cdot \text{m}$$

$$M_y = \frac{1}{8} \times 0.351 \times 3^2 = 0.395 \text{kN} \cdot \text{m}$$

$$V_{ymax} = \frac{1}{2} \times 1.310 \times 6000 = 3.930 \text{kN}$$

工况 2：

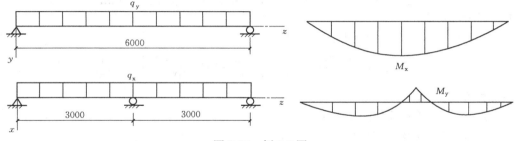

图 3-24 例 3-2 图

$$M_x = \frac{1}{8} \times 0.841 \times 6^2 = 3.785 \text{kN} \cdot \text{m}$$

$$M_y = \frac{1}{8} \times 0.366 \times 3^2 = 0.412 \text{kN} \cdot \text{m}$$

工况 1 弯矩最大，按式（3-75a）验算抗弯强度：

$$\frac{M_x}{\gamma_x W_{enx}} + \frac{M_y}{\gamma_y W_{eny}} = \frac{5.895 \times 10^6}{1.0 \times 36.445 \times 10^3} + \frac{0.395 \times 10^6}{1.0 \times 11.775 \times 10^3}$$
$$= 161.75 + 33.55 = 195.30 \text{N/mm}^2 < f = 215 \text{N/mm}^2$$

抗弯强度满足要求。

按式（3-75b）验算腹板平面的抗剪强度：

$$\tau_{max} = \frac{3V_{max}}{2h_0 t} = \frac{3 \times 3.930 \times 10^3}{2 \times 160 \times 2.5} = 14.74 \text{N/mm}^2 < f_v = 125 \text{N/mm}^2$$

抗剪强度满足要求。

验算檩条整体稳定性：

在工况 1 下，檩条上翼缘受压，因屋面板与檩条有可靠连接，可以不必验算整体稳定。

在工况 2 下，风吸力引起檩条下翼缘受压，应按式（3-76）验算整体稳定（本例题所选冷弯薄壁型钢 Z 形斜卷边截面，按照《冷弯薄壁型钢结构技术规范》GB 50018 的相关规定，经计算各板件截面全部有效）。

檩条的整体稳定系数：

$$\lambda_y = 3000/19.28 = 155.60$$

由表 3-5 查得

$$\xi_1 = 1.35, \xi_2 = 0.14$$

$$\eta = 2 \times 0.14 \times \frac{8}{16} = 0.14$$

$$\zeta = \frac{4 \times 3098.4}{16^2 \times 28.537} + \frac{0.156 \times 0.1599}{28.537} \times \left(\frac{300}{16}\right)^2 = 2.004$$

$$\varphi_{bx} = \frac{4320 \times 7.676 \times 16}{155.6^2 \times 36.445} \times 1.35 \times (\sqrt{0.14^2 + 2.004} + 0.14) \times \left(\frac{235}{235}\right)$$
$$= 1.268 > 0.7$$

$$\varphi'_{bx} = 1.091 - \frac{0.274}{1.268} = 0.875$$

$$\frac{M_x}{\varphi_{bx} W_{ex}} + \frac{M_y}{\gamma_y W_{ey}} = \frac{3.785 \times 10^6}{0.875 \times 36.445 \times 10^3} + \frac{0.412 \times 10^6}{1.0 \times 11.775 \times 10^3}$$

$$=118.69+34.99=153.68\text{N/mm}^2 < f=215\text{N/mm}^2$$

整体稳定满足要求。

验算垂直于屋面方向的挠度：

$$\frac{\upsilon}{l}=\frac{5}{384}\cdot\frac{q_{kx}l^3}{EI_x}=\frac{5}{384}\cdot\frac{(0.178+0.75)\times\cos15.003°\times6000^3}{206\times10^3\times348.487\times10^4}=\frac{1}{285}<\frac{[\upsilon]}{l}=\frac{1}{150}$$

挠度满足要求。

3.5.1.5 拉条和撑杆的布置及连接构造

(1) 斜拉条和撑杆的布置

檩条和檩间拉条的布置见图 3-25，对于没有风荷载或屋面风吸力小于重力荷载的情况，当檩条采用卷边槽钢时，横向力指向下方，斜拉条布置应如图 3-25（a）、（b）所示。当檩条为 Z 型钢而横向力向上时，斜拉条应布置于屋檐处（图 3-25c）。

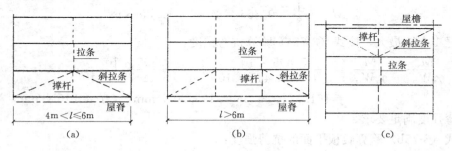

图 3-25　拉条和撑杆的布置

(a) 屋脊处斜拉条布置（4m<l≤6m）；(b) 屋脊处斜拉条布置（l>6m）；
(c) 屋檐处斜拉条布置

当风吸力超过屋面永久荷载时，横向力的指向正好相反。此时 Z 型钢檩条的斜拉条需要设置在屋脊处，而 C 型钢檩条则需设在屋檐处。因此，为了兼顾两种情况，在风荷载大的地区，或是在屋檐和屋脊处都设置斜拉条，或是把拉条都做成可以既承拉力又承压力的刚性杆。

拉条通常用圆钢做成，圆钢直径不宜小于 10mm。圆钢拉条可设在距檩条上翼缘 1/3 腹板高度范围内。当在风吸力作用下檩条下翼缘受压时，拉条宜设在下翼缘附近，屋面采用自攻螺钉直接与檩条连接。为了兼顾风压和风吸两种情况，拉条可在上、下翼缘附近交替布置。当采用扣合式屋面板时，拉条的设置根据檩条的稳定计算确定。刚性撑杆可采用钢管、方钢或角钢做成，通常按压杆的刚度要求 [λ]≤200 来选择截面。

(2) 连接构造

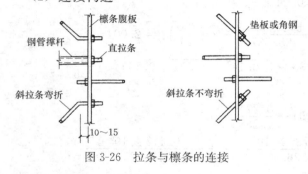

图 3-26　拉条与檩条的连接

拉条、撑杆与檩条的连接见图 3-26。斜拉条可弯折，也可不弯折。前一种方法要求弯折的直线长度不超过 15mm，后一种方法则需要通过斜垫板或角钢与檩条连接。

实腹式檩条可通过檩托与刚架斜梁连接，设置檩托的目的是为了阻止檩条端部截面的扭转，以增强其整体稳定性。檩托可用角钢（图 3-27a）和钢板（图 3-27b）做成，檩条与檩托的连接螺栓不应少于 2 个，并沿檩条高度方向布置，如图 3-27 所示。

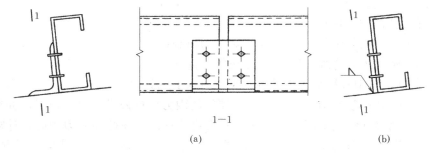

图 3-27　檩条与刚架的连接
（a）角钢檩托；（b）钢板檩托

C 型钢、槽钢檩条和 Z 型钢檩条上翼缘的肢尖（或卷边）应朝向屋脊方向，以减少荷载偏心引起的扭矩。

3.5.2　墙梁设计

3.5.2.1　墙梁及其与刚架的连接

墙梁一般采用冷弯卷边 C 型钢，有时也可采用卷边 Z 型钢。墙梁支承在框架柱及山墙抗风柱的支托上，并用螺栓连接（图 3-28）。当框架柱的柱距较大时，可在中间设置墙架柱，以减小墙梁跨度，也可利用隔撑作为墙梁的水平支承。

墙梁在其自重、墙体材料和水平风荷载作用下，也是双向受弯构件。墙板常做成落地式并与基础相连，墙板的重力直接传至基础，故应将墙梁的最大刚度平面设置在水平方向。当采用卷边 C 型钢墙梁时，为便于墙梁与刚架柱的连接而把槽口向上放置，单窗框下沿的墙梁则需槽口向下放置。

有保暖和隔热要求的门式刚架轻型房屋，常采用双层轻质墙板。通常将墙板挂在墙梁两侧，能有效地阻止墙梁的扭转变形，从而保证整体稳定。此时，拉条作为墙梁的竖向支承，宜设置在墙梁中央的竖向平面内（图 3-29b）。对于没有保暖和隔热要求的门式刚架轻型房屋，常采用单层墙板。墙板通常挂在墙梁外侧，在墙体自重作用下，墙梁将发生扭转，因此拉条应设置在靠墙板的一侧（图 3-29a），以支承墙板的重量，防止墙梁发生扭转。

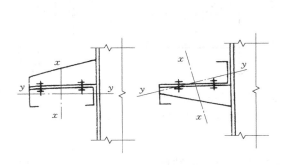

图 3-28　墙梁与柱连接示意图

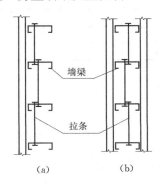

图 3-29　墙梁的拉条位置示意图
（a）单侧挂墙板；（b）双侧挂墙板

墙梁可根据柱距的大小做成跨越一个柱距的简支梁或两个柱距的连续梁，前者运输方便，节点构造相对简单；后者受力合理，省省材料。

3.5.2.2 墙梁的计算

墙梁的荷载组合有两种：

（1）1.3×竖向永久荷载＋1.5×水平风压力荷载；

（2）1.3×竖向永久荷载＋1.5×水平风吸力荷载。

在墙梁截面上，由外荷载产生的内力有：由水平风荷载 q_x 产生的弯矩 M_y 和剪力 V_y；由竖向荷载 q_y 产生的弯矩 M_x 和剪力 V_x。墙梁的内力计算公式与檩条相同，可参见表3-4。当墙板放在墙梁外侧且不落地时，其重力荷载没有作用在截面剪力中心，计算还应考虑双力矩 B 的影响，双力矩 B 的计算公式可参考《冷弯薄壁型钢结构技术规范》GB 50018 的相关规定。

3.5.3 支撑设计

轻型门式刚架支撑系统应能保证结构框架形成稳定的空间体系，支撑系统由屋盖支撑和柱间支撑构成。此处仅述及轻型门式刚架支撑系统的设置原则和概念，柱间支撑的截面、构造和计算参见第2章的相关内容。

3.5.3.1 屋面支撑

屋面支撑由交叉支撑杆件、纵向系杆以及刚架梁组成（图3-30）。一般设置在有柱间支撑的开间，此支撑形成沿刚架跨度方向（横向）的桁架体系，所以又称为屋面横向水平支撑。在一个独立的厂房区段的两端，需要布置横向水平支撑；此支撑可以布置在端部第一或第二个开间；但布置在第二个开间时，第一开间内连系于交叉支撑节点上的纵向系杆必须做成刚性系杆，也即能够有效抵抗压力的杆件，使得山墙面上的风压力能够经此系杆传递到屋面支撑上。在厂房中间，每隔40～60m需设置一道屋面支撑。在刚架梁轴线转折处，如屋脊、边柱柱顶等部位，应布置刚性系杆或连系梁。屋面支撑形式可选用圆钢或钢索交叉支撑；当屋面斜梁承受悬挂吊车荷载时，屋面横向支撑应选用型钢交叉支撑。圆钢或钢索应按拉杆设计，型钢可按拉杆设计，刚性系杆应按压杆设计。屋面横向交叉支撑节点布置应与抗风柱相对应，并应在屋面梁转折处布置节点。

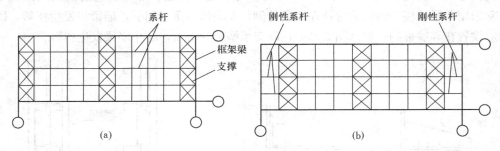

图 3-30　屋面支撑系统布置示意图
(a) 端支撑布置在第一个开间；(b) 端支撑布置在第二个开间

3.5.3.2 柱间支撑

柱间支撑与屋面支撑一般在同一开间布置，以形成结构的整体性。在厂房两端（有温度缝时则为温度区间的两端）开间或端头第二个开间，一般应设置柱间支撑。《门刚规范》

要求无吊车的厂房每隔 30～45m 设置一道支撑，当有吊车时，吊车牛腿下部支撑宜设置在温度区段中部，当温度区段较长时，宜设置在三分点内，且支撑间距不应大于 50m。牛腿上部支撑设置原则与无吊车时的柱间支撑设置相同。轻型厂房门式刚架的柱间支撑大多采用交叉布置形式，也称十字形支撑。设置桥式吊车的厂房中，一般以吊车梁为界，设上、下两道支撑。有些厂房有连续布置的设备，交叉支撑会影响生产工艺，在这种情况下可以采用其他形式的支撑，如人字形支撑、门形支撑等。

3.5.4 屋面板设计

屋面包括檐口到屋脊的范围，屋面结构包括屋面板、檩条及拉条、屋面支撑、女儿墙柱，刚架梁也可视作屋面结构的组成部分。图 3-31 显示了屋面结构的各个构成部分。

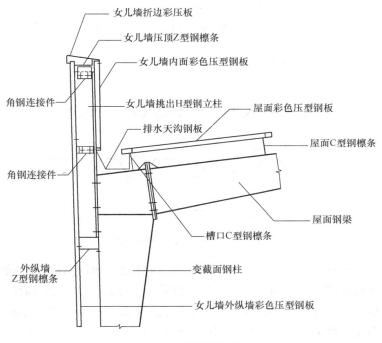

图 3-31 屋面结构组成

3.5.4.1 屋面板材料和类型

轻型门式刚架房屋采用的屋面板主要有以下形式：单层压型钢板（图 3-32a）、压型钢板夹芯板（图 3-32b）、填塞中间保温材料的双层压型板（图 3-32c）。无论哪种形式，其主要受力结构是压型钢板。

压型钢板的基材一般为 Q235 钢。基材的厚度不小于 0.4mm，也不厚于 2.0mm。正反面采用镀锌或镀铝锌方式在基材表面形成保护膜以防止锈蚀。镀锌或镀铝锌层可以有各种色彩，同时兼作外观美化。

所谓压型钢板，就是通过常温下的"冷轧"加工，将其制成波纹形状，从而具有一定的结构高度，以有效地抵抗面外弯曲。依照波纹的高低，可以分为深压型或浅压型的压型钢板（图 3-33）。

为了保温隔热的需要，同时提高板的刚度，可以在两层压型钢板中间填入具有较大热

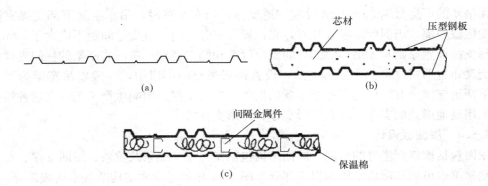

图 3-32　压型钢板和夹芯板

（a）单层压型钢板；（b）压型钢板夹芯板；（c）双层压型钢板夹保温层

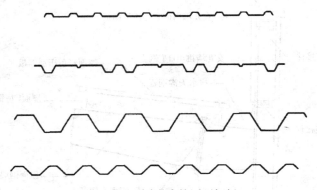

图 3-33　不同形式的压型钢板

阻系数的塑料发泡材料，如聚氨酯等，并用专门的胶粘剂与两边的压型钢板粘合在一起，就形成了压型钢板夹芯板。中间的保温隔热材料使得屋面板具有了必要的结构高度，因此可以采用平钢板或浅压型的压型钢板。但是受较大弯矩时，受压一侧的钢板会因为局部失稳引起的变形而使胶粘剂脱开，产生所谓的"脱层屈曲"。为提高夹芯板抵抗这种破坏的能力，也可在受压侧采用深压型的压型钢板。

采用双层压型钢板作屋面板，施工时，在其中填入保温隔热材料如玻璃纤维棉、纤维岩棉等，也是经常采用的屋面板形式之一。为了保证两层钢板之间的距离，需设置必要的间隔金属件（图 3-32c）。

3.5.4.2　连接构造

屋面板固定在檩条上，其连接构造需要解决如下问题：

① 防止被风掀起；

② 防止雨雪天时渗水；

③ 当房屋长度较长时，需考虑减少温度应力对下部结构的影响。

屋面板的连接普遍采用自攻螺钉，安装时用专用工具直接把螺钉穿透压型钢板并连接到檩条上，不需预制孔。自攻螺钉在檩条的厚度范围内仅有 1～2 个螺牙，在向上的风吸力作用下可能被拔出，因此应保证有足够的螺钉数来抵抗上拔力。

搭接连接的压型钢板连接方式，自攻螺钉需要穿透钢板，使得螺孔或钉孔处的压型钢板防腐镀层遭到破坏，并成为防渗水的薄弱环节，因此目前主要用于墙板，屋面板则主要采用如下两种典型形式。

一种方式是采用扣合式连接（图 3-34），制作一个基座，其侧壁翘起一对扣舌，压型钢板的波高侧壁则轧制一对通长的凹槽。屋面板安装时，先用自攻螺钉在檩条与压型钢板连接的部位固定基座，然后将压型钢板扣合上去，使得基座扣舌正好卡在压型钢板的凹槽中。屋面板受到的重力荷载通过压型钢板与基座的接触传递；在风吸力作用时，扣舌与凹槽的咬合可阻止压型板的滑脱。当压型板严重弯曲变形后波高侧壁凹槽如脱开扣舌，连接就处于失效状态。扣合式连接的优点是压型板表面镀层保持完整，且避免了因钉孔引起的渗水。采用扣合式连接时，压型钢板的材料应采用高强度钢材，如屈服强度为 $550\mathrm{N/mm^2}$ 的钢材等，否则压型钢板在风吸力作用下容易变形被拉脱。

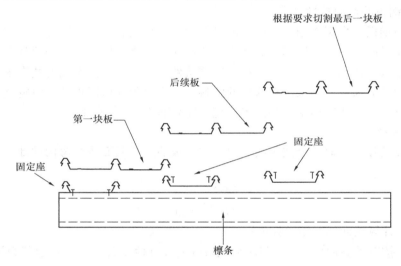

图 3-34　压型钢板的扣合式连接构造

另一种方式是采用 180°全咬合方式。特制的基座如图 3-35 所示。基座分为底座和滑

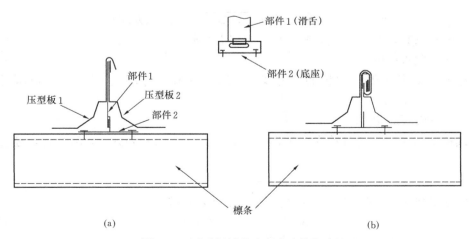

图 3-35　压型钢板的咬合式连接构造
（a）咬合前；（b）咬合后

舌两部分，将底座固定在檩条上。压型钢板的边侧与滑舌作 180°咬合（图 3-35b），能够有效地防止掀起。风吸力作用时，这种连接的极限状态一般表现为固定底座的螺钉失效。全咬合式连接也具有不损伤表面锁层和避免钉孔的优点。咬合式板还有一个优点是屋面板可以随滑舌沿压型板的纵向滑动，当大跨度屋面随温度变化发生一定范围的伸缩时，屋面的温度变形不会引起下部结构的温度应力。

3.5.4.3 单层压型钢板屋面板的计算要点

① 荷载与内力分析

屋面板承受的荷载主要为恒载、活荷载与雪荷载中的较大值、风荷载以及施工荷载。需要注意的是，屋面板作为围护材料，计算风荷载时所取的体型系数和计算刚架所取的体型系数不同。在上述屋面荷载作用下，屋面板可视为支承在檩条上的连续受弯构件。

② 压型钢板的截面特性计算

单层压型钢板在弯矩作用下受压一侧可能发生局部屈曲，这是因为压型钢板的板件宽厚比大，制作时即考虑了利用其屈曲后强度的性能。供货时生产厂家一般都应提供压型钢板的承载力参数，比如用于屋面时，在一定的条件下，按简支条件或连续支承条件压型钢板可以承受的最大荷载。如果没有这样的资料，压型钢板受压区板件有效宽度的计算方法可以根据现行《冷弯薄壁型钢结构技术规范》GB 50018 的相关规定进行计算。

③ 强度和挠度

压型钢板的强度可取一个波距或整块压型钢板的有效截面按受弯构件计算，满足下式的要求：

$$M/M_u \leqslant 1 \tag{3-84}$$
$$M_u = W_e f \tag{3-85}$$

式中　M——计算截面的弯矩设计值；

　　　M_u——按有效截面模量 W_e 和压型钢板强度设计值 f 计算的受弯承载力设计值；

　　　W_e——有效截面模量。

在支座处的腹板按下式验算局部受压承载力：

$$R/R_w \leqslant 1 \tag{3-86}$$
$$R_w = \alpha t^2 \sqrt{fE} \{0.5 + \sqrt{0.02 l_c/t} [2.4 + (\theta/90)^2]\} \tag{3-87}$$

式中　α——系数，对中间支座取 0.12，端部支座取 0.06；

　　　t——腹板厚度；

　　　l_c——支座处压型钢板的实际支承长度，$10\text{mm} \leqslant l_c \leqslant 200\text{mm}$，对端部支座取 10mm；

　　　θ——腹板倾角，$45° \leqslant \theta \leqslant 90°$。

连续檩条的支座处同时承受弯矩时，除满足式（3-84）和式（3-86）外，还需满足下式：

$$M/M_u + R/R_w \leqslant 1.25 \tag{3-88}$$

同时承受弯矩 M 和剪力 V 的截面，应满足下列要求：

$$(M/M_u)^2 + (V/V_u)^2 \leqslant 1 \tag{3-89}$$

式中　V_u——腹板的受剪承载力设计值：

$$V_u = ht\sin\theta \tau_{cr} \tag{3-90}$$

当 $h/t < 100$ $\qquad\qquad\tau_{cr} = \dfrac{8550}{h/t} \leqslant f_v$

当 $h/t \geqslant 100$ $\qquad\qquad\tau_{cr} = \dfrac{8550}{(h/t)^2} \leqslant f_v$

h、t——压型钢板的腹板高度（斜高）与厚度。

压型钢板屋面板的挠度与跨度之比不宜超过下列限值：

屋面坡度 小于 1/20 时：1/250

屋面坡度 大于等于 1/20 时：1/200

3.5.5 墙面结构设计

3.5.5.1 墙面体系

沿厂房纵向，墙面结构由如下部分组成：墙板、墙梁、拉条、框架柱。在山墙面，跨度较大时，还需要在框架柱中间设置一些中间柱，称为墙柱；墙柱要承受山墙面的风荷载并将其传递到基础，又称为抗风柱。对于较为高大的山墙面，为保持柱间的墙面结构有较大的面内刚度，也有设置支撑的做法。

3.5.5.2 墙板

轻型门式刚架房屋的墙板普遍采用压型钢板或夹芯板，墙板布置在墙梁靠厂房外部的一侧，当采用双层墙板时，则在墙梁两侧布置，墙板通过自攻螺钉与墙梁连接。

墙板通常处理成自承重式，安装后的墙板主要承受水平向的风荷载作用，风荷载引起墙板受弯，计算方法与屋面板类似。

3.5.5.3 墙梁

（1）墙梁布置

墙梁可设计成简支梁或连续梁，主要承受墙板传递来的水平风荷载。

墙梁采用冷弯薄壁型钢，其腹板平行于地面。当墙梁为 C 形或卷边 C 形截面时，横向水平风荷载仅引起构件绕强轴的弯矩；当墙梁为 Z 形或卷边 Z 形截面时，由于截面主轴与腹板有一交角，故墙梁是双向受弯的。

当墙板自承重时，墙梁上可不设拉条；否则，跨度为 4～6m 的墙梁，一般在中间需设置一道拉条，大于 6m 时，在梁跨三分点处各设置一道拉条，且在最上层墙梁处宜设置斜拉条把拉力传递至柱。

（2）墙梁计算

简支墙梁如两侧挂墙板或一侧挂墙板、一侧设有可阻止其扭转变形的拉杆，可以不计弯扭双力矩的影响，其抗弯强度计算采用公式（3-75a），抗剪强度按下式计算：

$$\frac{3V_{x'max}}{4b_0 t} \leqslant f_v \qquad\qquad (3-91)$$

$$\frac{3V_{y'max}}{2h_0 t} \leqslant f_v \qquad\qquad (3-92)$$

式中　$V_{x'max}$、$V_{y'max}$——分别为竖向荷载和水平荷载产生的剪力，当墙板底部端头自承重时，$V_{x'max} = 0$；

b_0、h_0——分别为墙梁在竖向和水平方向的计算高度，取板件弯折处两圆弧起点之间的距离；

t——墙梁的壁厚。

当构造不能保证墙梁的整体稳定时，尚需计算其稳定性，计算方法可详见《冷弯薄壁型钢结构技术规范》GB 50018。

墙梁的容许挠度与其跨度之比可按下列规定采用：

1）压型钢板、瓦楞铁墙面（水平方向）：1/150

2）窗洞顶部的墙梁（水平方向和竖向）：1/200

且其竖向挠度不得大于10mm。

（3）墙梁与柱的连接构造

柱上设置梁托，通过螺栓与墙梁相连。处理细部尺寸时需要注意，连于墙梁外侧的墙板应能包覆住柱。图3-36（a）和图3-36（b）分别表示了墙梁连在柱腹板和翼缘上时的构造。

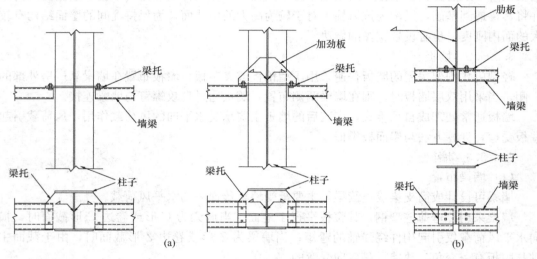

图 3-36　墙梁与柱子的连接
（a）墙梁与柱子腹板的连接；（b）墙梁与柱子翼缘的连接

3.5.5.4　抗风柱设计

对均匀柱距的门式刚架结构，因为屋面重力荷载由端部刚架承受，因而山墙面抗风柱不需要承受屋面的重力荷载。为了避免因刚架受荷后下挠使抗风柱受压，抗风柱柱顶与刚架梁的下翼缘可采用一折板（亦称板铰）连接（图3-37）。折板面外刚度很小，不能有效承受面外荷载即竖向荷载，但是，折板在平面内具有足够的刚度，可以将墙面受到的水平力传递到屋盖平面。设计时，也可以让抗风柱参与竖向承重，以减小山墙面框架的用钢量。若抗风柱不参与竖向承重，因其自重引起的轴力以及墙梁竖向荷载都很小，

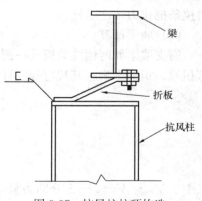

图 3-37　抗风柱柱顶构造

所以可以视为一竖直放置的受弯构件。当抗风柱竖向承重时，则按压弯构件计算。

3.6 单跨双坡门式刚架设计例题

3.6.1 设计资料

一单跨双坡门式刚架，刚架跨度 24m，柱距 6m，柱高 6m，屋面坡度为 1/15；刚架平面布置见图 3-38，刚架采用变截面梁和柱，其形式及几何尺寸见图 3-41。

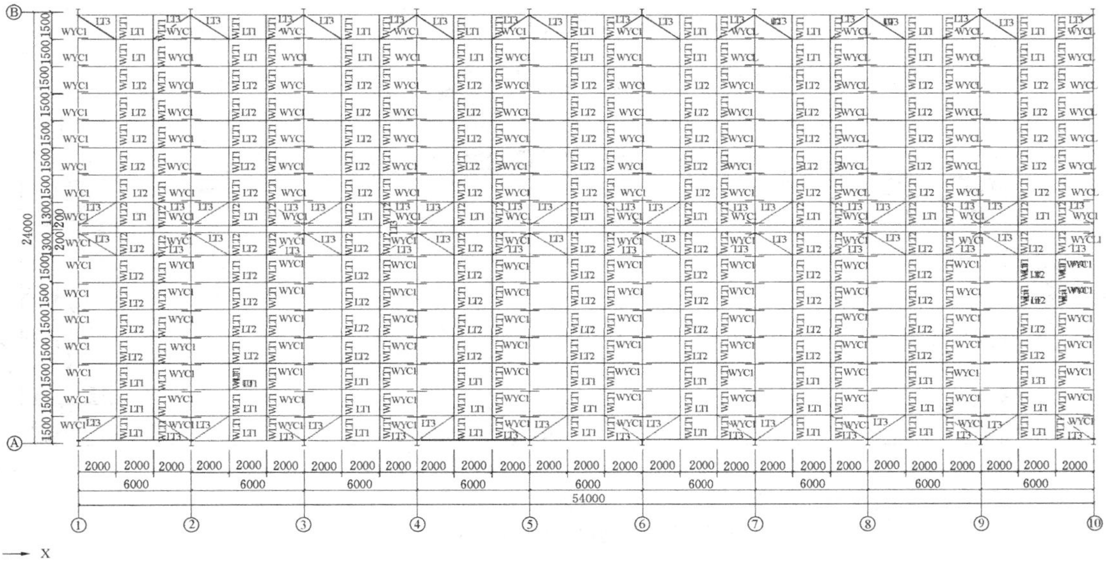

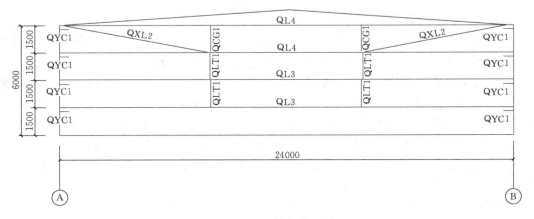

图 3-38 刚架平面及屋面檩条布置图

图 3-39 墙面檩条布置图

屋面恒载 $0.2kN/m^2$，屋面活荷载 $0.3kN/m^2$，雪荷载 $0.25kN/m^2$，基本风压 $0.5kN/m^2$，B 类场地；抗震设防烈度为 7 度区（0.10g），Ⅱ 类场地。

该房屋屋面及墙面板采用岩棉夹芯彩色钢板，夹芯板型号 JXB42-333-1000，夹芯面板厚度 0.50mm，板厚为 80mm。

屋面檩条采用冷弯薄壁 Z180×70×20×2.2 型钢、墙面檩条采用冷弯薄壁卷边 C180

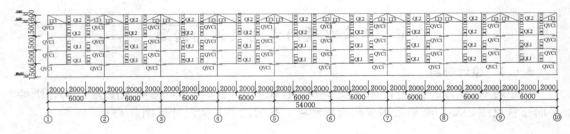

图 3-40　墙面檩条布置图

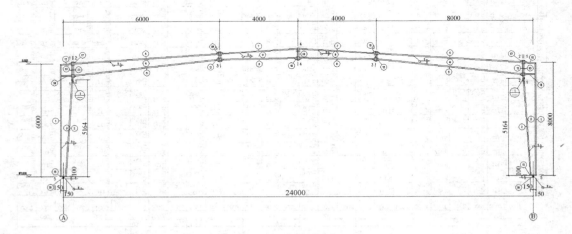

图 3-41　刚架形式及几何尺寸

×70×20×2.2 型钢，间距 1.5m，跨中设拉条一道。檩条布置见图 3-38～图 3-40。

主要受力结构钢材采用 Q355 钢，焊条 E50 型。

3.6.2　荷载计算

（1）屋面恒载标准值：$q_{GK} = 0.2 \times 6 = 1.2 kN/m^2$，墙板、墙梁等墙面荷载标准值为 $0.45 kN/m^2$，檩条、刚架梁及刚架柱自重在设计软件计算内力时计入。

（2）屋面活载标准值：由于刚架的受荷水平投影面积为 $24 \times 6 = 144 m^2 > 60 m^2$，故取屋面活荷载标准值为 $0.3 kN/m^2$，由于该地区雪荷载为 $0.25 kN/m^2$，小于屋面均布活荷载，故取屋面活荷载与雪荷载中较大值 $0.3 kN/m^2$，$q_{QK} = 0.3 \times 6 = 1.8 kN/m^2$。

（3）对于地震烈度为 7 度区（0.10g）的简单门式刚架，可不考虑抗震设计。

（4）风荷载：基本风压标准值依据根据《门刚规范》中 4.2.1 条计算，当计算主体刚架时取 $\beta = 1.1$，风压高度变化系数 $\mu_z = 1.0$，则

迎风柱：$q_{wk1} = 1.1 \times 1.0 \times 0.22 \times 0.5 \times 6 = 0.73 kN/m$

迎风屋面：$q_{wk2} = 1.1 \times 1.0 \times (-0.87) \times 0.5 \times 6 = -2.87 kN/m$

背风屋面：$q_{wk3} = 1.1 \times 1.0 \times (-0.55) \times 0.5 \times 6 = -1.82 kN/m$

背风柱：$q_{wk4} = 1.1 \times 1.0 \times (-0.47) \times 0.5 \times 6 = -1.55 kN/m$

3.6.3　屋面支撑设计

屋面水平支撑间距 6m，见图 3-38。屋面支撑斜杆采用张紧的圆钢，按柔性杆设计，支撑计算简图见图 3-42。屋面支撑传递一半的山墙风荷载，其风荷载体型系数取 $\mu_w =$

0.58，则

节点荷载标准值：$F_{wk} = 1.1 \times 1.0 \times 0.58 \times 0.5 \times 6.0 \times 6.8/2 = 6.51kN$

节点荷载设计值：$F_w = 1.5 \times 6.51 = 9.77kN$

斜杆拉力设计值：$N = \left(\dfrac{3}{2} \times 9.77\right)/\cos 45° = 20.73kN$

支撑斜杆选用 $\phi 12$ 的圆钢，截面面积：$A = 113.0mm^2$

强度校核：$\dfrac{N}{A} = \dfrac{20730}{113} = 183.45N/mm^2 < f = 215N/mm^2$

刚度校核：张紧的圆钢不需要考虑长细比的要求，但从构造上考虑采用 $\phi 16$ 为宜。

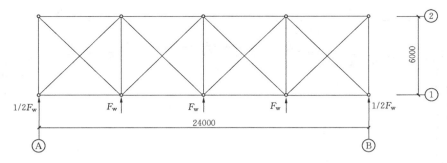

图 3-42　屋面支撑计算简图

3.6.4　柱间支撑设计

柱间支撑布置见图 3-44，柱间支撑直杆由檩条兼用，因檩条留有一定的应力余量，可不再验算。柱间支撑斜杆采用张紧的圆钢，支撑计算简图见图 3-43。

柱间支撑承受作用于两侧山墙顶部节点的风荷载。山墙高度取 6.8m，风荷载体型系数取 $\mu_w = 0.79$ ，则作用于山墙面的总的风荷载为

$w_1 = 1.1 \times 1.0 \times 0.79 \times 0.5 \times 24 \times 6.8/2 = 35.46kN$

按一半山墙面作用风载的 1/3 考虑节点荷载标准值为

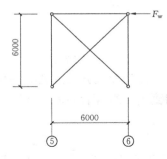

图 3-43　柱间支撑计算简图

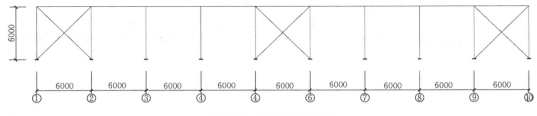

图 3-44　柱间支撑布置

$$F_{wk} = 1/3 \times 1/2 \times 35.46 = 5.91kN$$

节点荷载设计值：$F_w = 5.91 \times 1.4 = 8.27kN$

斜杆拉力设计值：$N = 8.27/\cos 45° = 11.70kN$

斜杆选用 $\phi 12$ 的圆钢，截面面积：$A = 113.0mm^2$

强度校核：$N/A = 11700/113 = 103.54N/mm^2 < f = 215N/mm^2$

刚度校核：张紧的圆钢不需要考虑长细比的要求，但从构造考虑采用$\phi 16$为宜。

3.6.5 刚架内力计算

3.6.5.1 计算简图

门式刚架柱底全部采用底板外露式锚栓铰接柱脚，柱顶与屋盖梁全部采用端板式高强度螺栓刚接。

边柱用 H300-700×180×6×8，梁为三段变截面梁，与边柱连接段采用 H700-350×180×5×8，中间段采用 H350-550×180×5×8 及 H550-350×180×5×8，梁柱连接与梁梁连接均采用端板式高强度螺栓刚接，钢材选用 Q355，如图 3-45 所示。

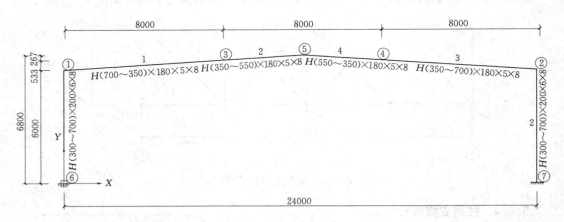

图 3-45 门式刚架构件截面形式及尺寸

3.6.5.2 内力计算

刚架荷载分布图见图 3-46 和图 3-47；利用 PKPM 工程计算软件中的 STS 模块，可以得到内力组合后的内力（M、V、N），见图 3-48～图 3-50。

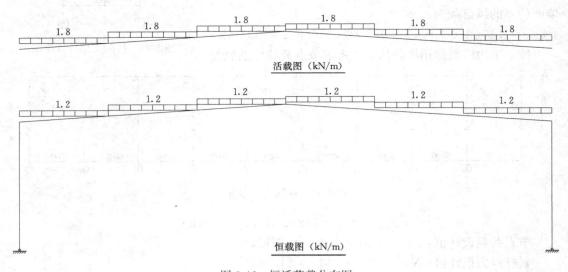

图 3-46 恒活荷载分布图

238

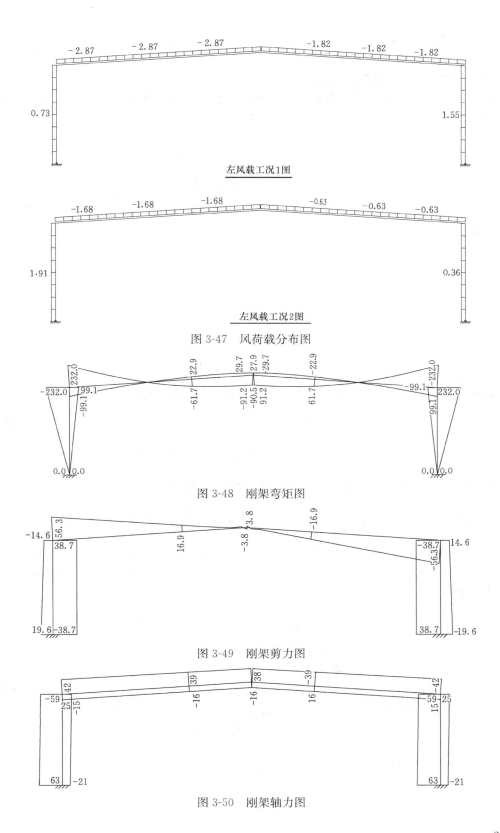

-2.87 -2.87 -2.87 -1.82 -1.82 -1.82

0.73 1.55

左风载工况1图

-1.68 -1.68 -1.68 -0.63 -0.63 -0.63

1.91 0.36

左风载工况2图

图 3-47 风荷载分布图

232.0 22.9 29.7 27.9 29.7 -22.9 -232.0
-232.0 99.1 -61.7 -91.2 -90.5 91.2 61.7 -99.1 232.0
-99.1 -99.1

0.0 0.0 0.0 0.0

图 3-48 刚架弯矩图

-14.6 56.3 3.8 -16.9 14.6
38.7 16.9 -3.8 -38.7
-56.3

19.6 -38.7 38.7 -19.6

图 3-49 刚架剪力图

-59 42 39 38 -39 -42
25 -15 -16 -16 16 15 25 -59

63 -21 63 -21

图 3-50 刚架轴力图

239

3.6.6 构件截面设计

3.6.6.1 刚架柱的承载力验算

(1) 钢梁对柱子顶部的转动约束

如图 3-51 所示为刚架梁变截面模型，根据《门刚规范》附录 A.0.3，变截面梁按下列公式计算：

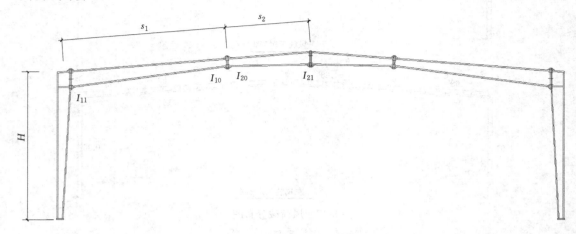

图 3-51 刚架梁变截面模型

变截面梁第一段：H700-350×180×5×8，第二段 H350-550×180×5×8

$$s_1 = \sqrt{8^2 + 0.533^2} = 8.018\text{m}, s_2 = \sqrt{4^2 + 0.267^2} = 4.009\text{m}, s = s_1 + s_2 = 12.027\text{m}$$

$$I_{11} = 478136400\text{mm}^4, I_{10} = 99754300\text{mm}^4, R_1 = \frac{I_{10}}{I_{11}} = 0.209$$

$$I_{20} = I_{10} = 99754300\text{mm}^4, I_{21} = 274972600\text{mm}^4, R_2 = \frac{I_{20}}{I_{21}} = 0.363$$

$$i_{11} = \frac{EI_{11}}{s_1} = 1.23 \times 10^{10}\text{N} \cdot \text{mm}, i_{21} = \frac{EI_{21}}{s_2} = 1.41 \times 10^{10}\text{N} \cdot \text{mm}$$

$$K_{11.1} = 3i_{11}R_1^{0.2} = 2.70 \times 10^{10}\text{N} \cdot \text{m}, K_{12.1} = 6i_{11}R_1^{0.44} = 3.71 \times 10^{10}\text{N} \cdot \text{m}$$

$$K_{22.1} = 3i_{11}R_1^{0.712} = 1.21 \times 10^{10}\text{N} \cdot \text{m}, K_{22.2} = 3i_{21}R_2^{0.712} = 2.06 \times 10^{10}\text{N} \cdot \text{m}$$

代入下式：

$$\frac{1}{K_z} = \frac{1}{K_{11.1}} + \frac{2s_2}{s}\frac{1}{K_{12.1}} + \left(\frac{s_2}{s}\right)^2\frac{1}{K_{22.1}} + \left(\frac{s_2}{s}\right)^2\frac{1}{K_{22.2}}$$

得到
$$K_z = 1.44 \times 10^{10}\text{N} \cdot \text{mm}$$

(2) 柱平面内的计算长度系数

立柱截面采用 H300-700×200×6×8，根据《门刚规范》附录 A.0.1，小端铰接的变截面门式刚架柱有侧移弹性屈曲，临界荷载及计算长度系数可按下列公式计算：

$$I_1 = 543115000\text{mm}^4, I_0 = 79681400\text{mm}^4, H = 6000\text{m}$$

$$i_{c1} = \frac{EI_1}{H} = 1.86 \times 10^{10}\text{N} \cdot \text{mm}, K = \frac{K_z}{6i_{c1}}\left(\frac{I_1}{I_0}\right)^{0.29} = 0.2251$$

计算长度系数：$\mu = 2\left(\frac{I_1}{I_0}\right)^{0.145}\sqrt{1 + \frac{0.38}{K}} = 4.33$

弹性临界荷载：$N_{cr} = \dfrac{\pi^2 EI_1}{(\mu H)^2} = 1634.3 \text{kN}, A_1 = 7304 \text{mm}^2, A_0 = 4904 \text{mm}^2$

$i_{x1} = 272.7 \text{mm}, f_y = 355 \text{N/mm}^2, \lambda = \dfrac{\mu H}{i_{x1}} = \dfrac{4.33 \times 6000}{272.7} = 95.3, \varphi = 0.452$

$\bar{\lambda}_1 = \dfrac{\lambda_1}{\pi} \sqrt{\dfrac{f_y}{E}} = 1.26 > 1.2, \eta_t$ 取 1.0

（3）柱弯矩最大截面的有效截面

$$H700 \times 200 \times 6 \times 8, M = 232 \text{kN} \cdot \text{m}, N = 63 \text{kN}$$

$$\left.\begin{array}{r}\sigma_c \\ \sigma_t\end{array}\right\} = \dfrac{N}{A} \pm \dfrac{M}{W_x} = \dfrac{63 \times 10^3}{7304} \pm \dfrac{232 \times 10^6}{1551750} = \left\{\begin{array}{r}158.13 \\ -140.88\end{array}\right. \text{N/mm}^2$$

腹板高度 $h_w = 684 \text{mm}$，腹板受压区高度 $h_c = 361.73 \text{mm}$，腹板受拉区高度 $h_t = 322.27 \text{mm}$，由于仅腹板高度均匀变化，取变截面柱最大截面 $H700 \times 200 \times 6 \times 8$ 验算满足即可，柱受压翼缘自由外伸宽度 b 与其厚度 t 之比：

$$\dfrac{b}{t} = \dfrac{(200-6)/2}{8} = 12.1 < 15\sqrt{\dfrac{235}{355}} = 12.2$$

柱的腹板高度 h_w 与其厚度 t_w 之比：

$$\alpha_0 = \dfrac{\sigma_{max} - \sigma_{min}}{\sigma_{max}} = \dfrac{158.13 + 140.88}{158.13} = 1.89$$

$$(45 + 25\alpha_0^{1.66})\varepsilon_k = (45 + 25 \times 1.89^{1.66}) \times \sqrt{235/355} = 95.13$$

由于 $\dfrac{h_w}{t_w} = \dfrac{700 - 2 \times 8}{6} = 114 > 95.13$，应进行屈曲后强度验算。

根据《门刚规范》第 7.1.1 条，板件屈曲后强度利用应符合下列规定，有效宽度系数 ρ 按下列公式进行计算：

$$\beta = \dfrac{\sigma_t}{\sigma_c} = \dfrac{-140.88}{158.13} = -0.8909$$

$$
\begin{aligned}
k_\sigma &= \dfrac{16}{[(1+\beta)^2 + 0.112 \times (1-\beta)^2]^{0.5} + 1 + \beta} \\
&= \dfrac{16}{[(1-0.8909)^2 + 0.112 \times (1+0.8909)^2]^{0.5} + 1 - 0.8909} = 21.30
\end{aligned}
$$

$$\lambda_p = \dfrac{h_w/t_w}{28.1\sqrt{k_\sigma}\sqrt{235/f_y}} = \dfrac{684/6}{28.1 \times \sqrt{21.30} \times \sqrt{235/355}} = 1.08$$

$$\rho = \dfrac{1}{(0.243 + \lambda_p^{1.25})^{0.9}} = \dfrac{1}{(0.243 + 1.08^{1.25})^{0.9}} = 0.766 < 1$$

$h_e = \rho h_c = 0.766 \times 361.73 = 277.09 \text{mm}$

$h_{e1} = 0.4h_e = 0.4 \times 277.09 = 110.84 \text{mm}, h_{e2} = 0.6h_e = 0.6 \times 277.09 = 166.25 \text{mm}$

$h_{w1} = h_{e1} = 110.84 \text{mm}, h_{w2} = h_{e2} + h_t = 166.25 + 322.27 = 488.52 \text{mm}$

有效截面面积：

$A_{e1} = A_1 - t_w(h_w - h_{w1} - h_{w2}) = 7304 - 6 \times (684 - 110.84 - 488.52) = 6796 \text{mm}^2$

（4）柱刚架平面内的稳定

有效截面的形心位置：

$$\Delta y_c = \frac{\sum A y_c}{A_e} = \frac{6 \times 342^2/2 - 6 \times (488.52 - 342)^2/2 - 6 \times 110.84 \times (342 - 110.84/2)}{6796}$$
$$= 14.11$$

离开腹板受拉边缘的距离（图 3-52）：
$$h_w/2 - \Delta y = 342 - 14.11 = 327.89\text{mm}$$

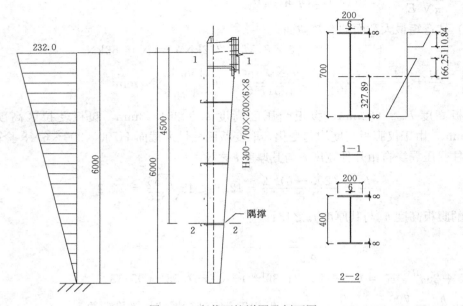

图 3-52　变截面柱详图及剖面图

根据《门刚规范》第 7.1.3 条，变截面柱在刚架平面内的稳定应按下列公式计算：
$$I_{xe} = 524252577\text{mm}^4, W_{ex,c} = W_{el} = 1439819.2\text{mm}^3, W_{ex,t} = 1561454.26\text{mm}^3$$

$$\frac{N_1}{\eta_t \varphi_x A_{el}} + \frac{\beta_{mx} M_1}{(1 - N_1/N_{cr})W_{el}}$$
$$= \frac{63 \times 10^3}{1.0 \times 0.452 \times 6796} + \frac{1.0 \times 232 \times 10^6}{(1 - 63/1634.3) \times 1439819.2}$$
$$= 188.1\text{N/mm}^2 < f = 305\text{N/mm}^2$$

（5）柱刚架平面外稳定

边柱的稳定性，通过设置隔撑来保证柱的平面外稳定，下面计算隔撑对立柱的约束。墙檩跨度 $l_P = 6000\text{mm}$，隔撑间距为 1500mm，隔撑支撑点到中心距离 600mm，墙檩规格 C180×70×20×2.2，柱与檩条隔撑的布置详见图 3-52。

有隔撑支撑的构件，其受弯时的弹性屈曲临界弯矩计算如下：
$$A_p = 752\text{mm}^2, I_p = 3749000\text{mm}^4, e_1 = 90 + 350 = 440\text{mm}$$

$$e_2 = 350 - 20 = 330\text{mm}, e = e_1 + e_2 = 770\text{mm}$$

$$\beta = \frac{600}{6000} = 0.1, l_{kk} = 1500\text{mm}$$

由式（3-41）得：$k_b = 0.320$

弹性屈曲临界弯矩计算：

242

$$I_y = 10678900 \text{mm}^4, I_\omega = 1.31 \times 10^{12} \text{mm}^6, J = 117514.7 \text{mm}^4, \beta_x = 0$$

$$M_{cr} = \frac{GJ + 2e\sqrt{k_b(EI_y e_1^2 + EI_\omega)}}{2(e_1 - \beta_x)}$$

$$= \frac{79 \times 10^3 \times 117514.7 + 2 \times 770 \times \sqrt{\begin{array}{c}0.320 \times (206000 \times 10678900 \times 440^2 \\ + 206000 \times 1.31 \times 10^{12})\end{array}}}{2 \times (440 - 0)}$$

$$= 836.3 \text{kN} \cdot \text{m}$$

根据《门刚规范》第7.1.4条，变截面刚架柱的稳定性应符合下列规定：

受压纤维边缘屈服弯矩：$M_y = W_{ex1}f_y = 1439819.2 \times 355 = 511.1 \text{kN} \cdot \text{m}$

$$\lambda_b = \sqrt{\frac{\gamma_x M_y}{M_{cr}}} = \sqrt{\frac{1 \times 511.10}{836.3}} = 0.782$$

三倍檩距处的截面详见图3-52：H400×200×6×8

$$k_M = \frac{M_0}{M_1} = 0.25, k_\sigma = k_M \frac{W_{x1}}{W_{x0}} = 0.25 \times \frac{1439819.2}{756299} = 0.476$$

$$\gamma = \frac{h_1 - h_0}{h_0} = \frac{684 - 384}{384} = 0.78$$

$$\lambda_{b0} = \frac{0.55 - 0.25k_\sigma}{(1 + \gamma)^{0.2}} = \frac{0.55 - 0.25 \times 0.476}{(1 + 0.78)^{0.2}} = 0.384$$

$$n = \frac{1.51}{\lambda_b^{0.1}} \sqrt[3]{\frac{b_1}{h_1}} = \frac{1.51}{0.782^{0.1}} \sqrt[3]{\frac{200}{684}} = 1.027$$

$$\varphi_b = \frac{1}{(1 - \lambda_{b0}^{2n} + \lambda_b^{2n})^{1/n}} = \frac{1}{(1 - 0.384^{2 \times 1.029} + 0.782^{2 \times 1.027})^{1/1.027}} = 0.690$$

根据《门刚规范》第7.1.5条，变截面柱的平面外稳定应分段按下列公式计算：

$$i_{y1} = 39.64, \lambda_y = \frac{L}{i_{y1}} = 151.4, \overline{\lambda}_y = \frac{\lambda_y}{\pi}\sqrt{\frac{f_y}{E}} = 2.002 > 1.3$$

$$\eta_{ty} = 1, \varphi_y = 0.213$$

$$\frac{N_1}{\eta_{ty}\varphi_y A_{e1}f} + \left(\frac{M_1}{\gamma_x \varphi_b W_{x1}f}\right)^{1.3 - 0.3k_\sigma}$$

$$= \frac{63 \times 10^3}{1 \times 0.213 \times 6796 \times 305} + \left(\frac{232 \times 10^6}{1 \times 0.690 \times 1439819.2 \times 305}\right)^{1.3 - 0.3 \times 0.476}$$

$$= 0.877 < 1$$

（6）刚架柱的强度

取加劲肋间距：$a = 1150 \text{mm}$，$\alpha = \frac{a}{h_{w1}} = 1.643$

$$\gamma_p = \frac{h_{w1}}{h_{w0}} - 1 = \frac{700}{623.33} - 1 = 0.123$$

$$\chi_{tap} = 1 - 0.35 \times 1.643^{0.2} \times 0.123^{2/3} = 0.904$$

$$\omega_1 = 0.41 - 0.897\alpha + 0.363\alpha^2 - 0.041\alpha^2 = -0.266$$

$$\eta_s = 1 - \omega_1 \sqrt{\gamma_p} = 1 - (0.266) \times \sqrt{0.123} = 1.093$$

$$k_r = \eta_s[5.34 + 4/(a/h_{w1})^2] = 1.093 \times (5.34 + 4/1.643^2) = 7.456$$

$$\lambda_s = \frac{h_{w1}/t_w}{37\sqrt{k_r}\varepsilon_k} = \frac{700/6}{37 \times \sqrt{7.456} \times \sqrt{235/355}} = 1.419$$

$$\varphi_{ps} = \frac{1}{(0.51 + \lambda_s^{3.2})^{1/2.6}} = \frac{1}{(0.51 + 1.419^{3.2})^{1/2.6}} = 0.613$$

$$V_d = \chi_{tap}\varphi_{ps}h_{w1}t_wf_v = 0.904 \times 0.613 \times 700 \times 6 \times 175 = 407.3kN$$

$$< h_{w0}t_wf_v = 623.33 \times 6 \times 175 = 654.5kN$$

因剪力 $V = 38.7kN < 0.5V_d = 203.7kN$

故刚架柱的强度验算如下：

$$\frac{N}{A_e} + \frac{M_x}{W_{el}} = \frac{63 \times 10^3}{6796} + \frac{232 \times 10^6}{1439819.2} = 170.4N/mm^2 < f = 305N/mm^2$$

刚架柱的抗剪强度：

小端截面最大剪力 $V = 38.7kN$，$\tau = 1.1\dfrac{V}{h_wt_w} = 1.1 \times \dfrac{38.7 \times 10^3}{284 \times 6} = 25.0N/mm^2$，剪应力太小，不再进行屈曲抗剪承载力验算。

3.6.6.2　钢梁的强度和稳定性计算

钢梁截面 H700——350×180×5/8，屋面檩条采用 Z180×70×20×2.2，檩条跨度 l_P =6000mm，隔撑支撑点到中心距离 700mm，檩条冷弯型钢弹性模量 $E = 200000N/mm^2$，梁与檩条隔撑的布置详见图 3-53。

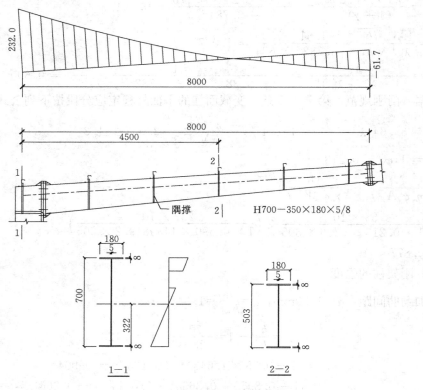

图 3-53　变截面梁详图及剖面图

（1）变截面钢梁弹性屈曲临界弯矩计算

变截面钢梁弹性屈曲临界弯矩应根据《门刚规范》第 7.1.6-7 条计算：

$A_p = 752mm^2$，$I_p = 3749000mm^4$

$e_1 = 90 + 350 = 440\text{mm}, e_2 = 350 - 20 = 330\text{mm}, e = e_1 + e_2 = 770\text{mm}$

$\beta = \dfrac{700}{6000} = 0.1167, l_{kk} = 1500\text{mm}$

$k_b \approx \dfrac{6EI_p}{(3-4\beta)e^2 l_{kk} l_p} = \dfrac{6 \times 200000 \times 3749000}{(3-4 \times 0.1167) \times 770^2 \times 1500 \times 6000} = 0.3328$

弹性屈曲临界弯矩计算:

$I_y = 7788300\text{mm}^4, I_\omega = 9.54 \times 10^{11}\text{mm}^6, J = 110688\text{mm}^4, \beta_x = 0$

$$M_{cr} = \dfrac{GJ + 2e\sqrt{k_b(EI_y e_1^2 + EI_\omega)}}{2(e_1 - \beta_x)}$$

$$= \dfrac{79 \times 10^3 \times 110688 + 2 \times 770 \times \sqrt{0.3328 \times (200000 \times 7788300 \times 440^2 + 200000 \times 9.54 \times 10^{11})}}{2 \times (440 - 0)}$$

$= 718.32\text{kN} \cdot \text{m}$

大端截面的有效截面计算:H700×180×5×8,$M = 232\text{kN} \cdot \text{m}, N = 42\text{kN}$

$\left.\begin{array}{c}\sigma_c \\ \sigma_t\end{array}\right\} = \dfrac{N}{A} \pm \dfrac{M}{W_x} = \dfrac{42 \times 10^3}{6300} \pm \dfrac{232 \times 10^6}{1366100} = \left\{\begin{array}{c}176.49 \\ -163.16\end{array}\right. \text{N/mm}^2$

腹板高度 $h_w = 684\text{mm}$,腹板受压区高度 $h_c = 355.43\text{mm}$,腹板受拉区高度 $h_t = 328.57\text{mm}$。

(2)变截面钢梁截面组成板件局部稳定性验算

由于仅腹板高度均匀变化,取变截面梁最大截面 H700×180×5×8 验算满足即可,梁受压翼缘自由外伸宽度 b 与其厚度 t 之比:

$$\dfrac{b}{t} = \dfrac{(180-5)/2}{8} = 10.9 < 15\sqrt{\dfrac{235}{355}} = 12.2$$

梁的腹板高度 h_w 与其厚度 t_w 之比:

$$\alpha_0 = \dfrac{\sigma_{max} - \sigma_{min}}{\sigma_{max}} = \dfrac{176.49 + 163.16}{176.49} = 1.92$$

$$124\varepsilon_k = 124 \times \sqrt{235/355} = 100.89$$

由于 $\dfrac{h_w}{t_w} = \dfrac{700 - 2 \times 8}{5} = 136.8 > 100.89$,则应进行屈曲后强度计算。

根据《门刚规范》第 7.1.1 条,板件屈曲后强度利用应符合下列规定,有效宽度系数 ρ 按下列公式进行计算:

$$\beta = \dfrac{\sigma_t}{\sigma_c} = \dfrac{-163.16}{176.49} = -0.9245$$

$$k_\sigma = \dfrac{16}{[(1+\beta)^2 + 0.112(1-\beta)^2]^{0.5} + 1 + \beta}$$

$$= \dfrac{16}{[(1-0.9245)^2 + 0.112(1+0.9245)^2]^{0.5} + 1 - 0.9245} = 22.10$$

$$\lambda_p = \dfrac{h_w/t_w}{28.1\sqrt{k_\sigma}\sqrt{235/f_y}} = \dfrac{684/5}{28.1 \times \sqrt{22.10} \times \sqrt{235/355}} = 1.273$$

$$\rho = \dfrac{1}{(0.243 + \lambda_p^{1.25})^{0.9}} = \dfrac{1}{(0.243 + 1.273^{1.25})^{0.9}} = 0.657 < 1, h_e = \rho h_c = 0.657 \times$$

$355.43 = 233.54mm$

$h_{e1} = 0.4h_e = 0.4 \times 233.54 = 93.42mm, h_{e2} = 0.6h_e = 0.6 \times 233.54 = 140.12mm$

$h_{w1} = h_{e1} = 93.42mm, h_{w2} = h_{e2} + h_t = 140.12 + 328.57 = 468.69mm$

有效截面面积：

$A_e = A_1 - t_w(h_w - h_{w1} - h_{w2}) = 6300 - 5 \times (684 - 93.42 - 468.69) = 5690.57mm^2$

有效截面的形心位置：

$$\Delta y_c = \frac{\sum A y_c}{A_e} = \frac{5 \times 342^2/2 - 5 \times (468.69 - 342)^2/2 - 5 \times 93.42 \times (342 - 93.42/2)}{5690.57}$$

$= 20.09$

离开腹板受拉边缘的距离（详见图 3-53）：

$h_w/2 - \Delta y = 342 - 20.09 = 321.91mm \approx 322mm$

抗剪强度设计：

梁截面的最大剪力 $V = 56.3kN$, $\tau = 1.1\dfrac{V}{h_w t_w} = 1.1 \times \dfrac{56.3 \times 10^3}{684 \times 5} = 18.11N/mm^2$，剪应力太小，不再进行屈曲抗剪承载力的验算。

（3）变截面钢梁整体稳定性验算

根据《门刚规范》第 7.1.4 条，变截面刚架梁的稳定性应符合下列规定：

$I_{xe} = 456464503.7mm^4, W_{xe,c} = 1291052.45mm^3, W_{xe,t} = 1381383.92mm^3$

受压纤维边缘屈服弯矩：$M_y = W_{xe,c} f_y = 1291052.45 \times 355 = 458.32kN \cdot m$

正则化长细比：$\lambda_b = \sqrt{\dfrac{M_y}{M_{cr}}} = \sqrt{\dfrac{458.32}{718.32}} = 0.799$

三倍檩距处的截面详见图 3-54：H503×180×5/8

$M_0 \approx 0, k_M = 0, k_\sigma = 0, \gamma = \dfrac{h_1 - h_0}{h_0} = \dfrac{700 - 503}{503} = 0.39$

$\lambda_{b0} = \dfrac{0.55 - 0.25k_\sigma}{(1 + \gamma)^{0.2}} = \dfrac{0.55}{(1 + 0.39)^{0.2}} = 0.515$

$n = \dfrac{1.51}{\lambda_b^{0.1}} \sqrt[3]{\dfrac{b_1}{h_1}} = \dfrac{1.51}{0.799^{0.1}} \sqrt[3]{\dfrac{180}{700}} = 0.983$

$\varphi_b = \dfrac{1}{(1 - \lambda_{b0}^{2n} + \lambda_b^{2n})^{1/n}} = \dfrac{1}{(1 - 0.515^{2 \times 0.983} + 0.799^{2 \times 0.983})^{1/0.983}} = 0.725$

$i_{y1} = \sqrt{\dfrac{I_{y1}}{A_e}} = 36.93, \lambda_y = \dfrac{L}{i_{y1}} = 216.61, \bar{\lambda}_y = \dfrac{\lambda_y}{\pi}\sqrt{\dfrac{E}{f_y}} = 2.822 > 1.3$

$\eta_{ty} = 1, \varphi_y = 0.1534$

$\dfrac{N_1}{\eta_{ty}\varphi_y A_{e1} f} + \left(\dfrac{M_1}{\gamma_x \varphi_b W_{x1} f}\right)^{1.3 - 0.3k_\sigma}$

$= \dfrac{42 \times 10^3}{1 \times 0.1534 \times 5690.57 \times 305} + \left(\dfrac{232 \times 10^6}{1 \times 0.725 \times 1291052.45 \times 305}\right)^{1.3 - 0.3 \times 0}$

$= 0.921 < 1$

$\dfrac{M_{x1}}{\gamma_x \varphi_b W_{ex1}} = \dfrac{232 \times 10^6}{1 \times 0.725 \times 1291052.45} = 247.86N/mm^2 < f$

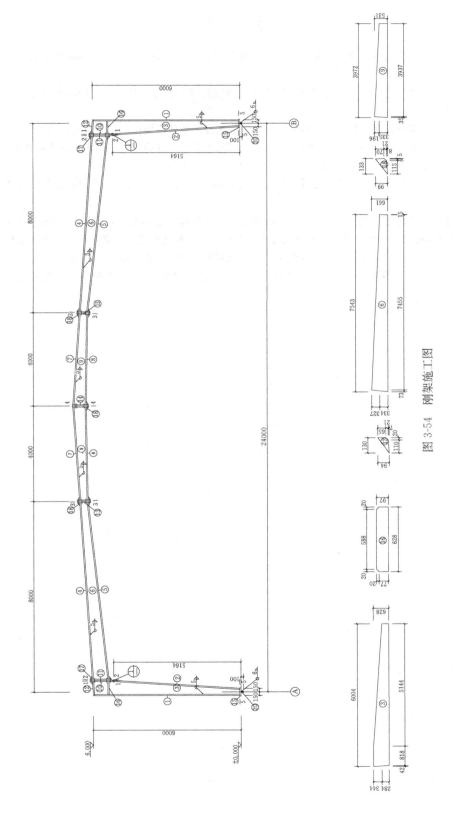

图 3-54 刚架施工图

247

习　题

3.1　门式刚架需要在哪些位置布置支撑？什么位置需布置刚性系杆？支撑和刚性系杆一般采用什么截面？

3.2　什么叫作摇摆柱？多跨门式刚架的中柱设计成摇摆柱有什么优点？其两端的铰接节点在构造上如何保证？

3.3　门式刚架计算时怎样考虑荷载效应组合？应选择哪些截面做控制截面进行计算？

3.4　与普通框架结构中的梁柱构件设计比较，门式刚架梁、柱的强度和整体稳定验算有什么特点？

3.5　门式刚架梁、柱腹板是否需要进行局部稳定验算？为什么？

3.6　隅撑在结构体系中的作用是什么？除了门式刚架斜梁需考虑设置隅撑外，刚架柱是否也需要设置隅撑？为什么？

3.7　什么叫作冷弯薄壁型钢檩条的屈曲后强度？一个翼缘带卷边的冷弯薄壁 C 型钢和一个翼缘不带卷边的槽型钢相比，若两个构件的截面尺寸完全相同，哪一种截面的有效截面更大？为什么？

3.8　试设计一支承压型钢板屋面的檩条，压型钢板自重为 $0.15kN/m^2$，屋面坡度为 1/10，活荷载为 $0.5kN/m^2$，积灰荷载为 $0.25kN/m^2$。檩条跨度 6m，水平间距 1.5m，于跨中设一道拉条，钢材采用 Q235B。

4 大跨及空间钢结构

4.1 绪 论

大跨度房屋钢结构主要用于影剧院、展览馆、音乐厅、体育馆、加盖体育场、火车站、航空港等大型公共建筑，这些建筑为了满足使用功能或建筑造型，往往需要较大的结构跨度。

大跨度房屋钢结构也常用于工业建筑。特别是在航空工业和造船工业中，大跨度结构常用于飞机制造厂的总装配车间、飞机库、造船厂的船体结构车间等。这些建筑采用大跨结构是受装配机器（如船舶、飞机）的大型尺寸或工艺过程要求所决定的。

大跨度结构主要是在自重荷载下工作，主要难度是减轻结构自重，故最适宜采用钢结构。大跨结构中宜采用高强度钢材或轻质铝合金材料作为承重结构的主材。

从减小结构自重考虑，在大跨度屋盖中应尽可能使用轻质屋面材料，如彩色涂层压型钢板、压型铝合金板等。作为承重的屋面板应采用钢筋泡沫混凝土板、钢丝网水泥板，而作为保温层应采用岩棉、纤维板以及其他新型轻质高效材料。

近 20 年，国内大跨度结构得到快速发展，设计与施工手段逐步完善，全国各地陆续设计建造了一大批反映我国大跨度结构技术水平的建筑物。如四川省体育馆 73.7m×79.4m 索网屋盖结构、哈尔滨速滑馆 85m×190m 三向桁架结构、北京奥林匹克中心英东游泳馆 78m×118m 斜拉组合结构；建筑面积 38200m² 的中国远洋南通船务三期船体车间（连续 4 跨 36m）、建筑面积 41000m² 的上海外高桥船厂曲形分段车间（4 跨：48m＋45m＋42m＋36m）和建筑面积 29952m² 的山东小松山推联合厂房（设置悬挂吊车 73 台）均采用了网架屋盖结构；上海大剧院钢屋盖（100.4m×94m）采用由箱形和工形截面制成的两榀纵向主桁架和两榀次桁架与 12 榀横向上反拱月牙形桁架及连系梁组成空间框架屋盖结构；还有上海浦东国际机场张弦结构（图 4-1）、北京首都国际机场 T3 航站楼变厚度双曲面三角锥网架结构（图 4-2）等。

图 4-1 上海浦东国际机场

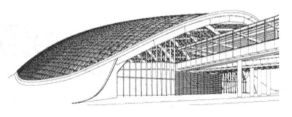

图 4-2 北京首都国际机场 T3 航站楼

大跨度建筑物的用途、其使用条件以及对建筑造型方面要求的差异性，决定了采用结构方案的多样性——梁式的、框架式的、拱式的、空间式的及悬挂-悬索式的。按其受力性质，大跨度结构主要分为两大类：平面结构体系和空间结构体系，如图4-3所示。

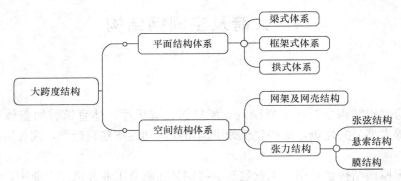

图4-3　大跨度结构体系

4.1.1　平面结构体系

平面结构体系中，梁式（图4-4）及框架式（图4-5）体系较常用于矩形平面的大跨建筑屋盖；拱式体系（图4-6）具有建筑造型方面的优点，跨度在80m和更大时这种体系在平面结构中是比较经济的。

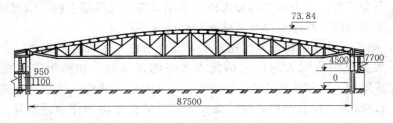

图4-4　某飞机库梁式屋盖结构

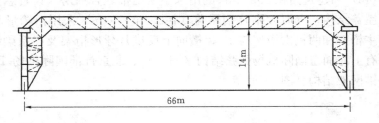

图4-5　某飞机库框架屋盖结构

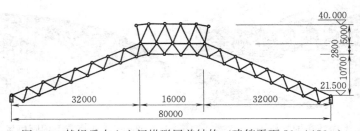

图4-6　某娱乐中心空间拱形屋盖结构（建筑平面80m×80m）

(1) 大跨度梁式钢结构

梁式大跨度结构因具有制造和安装方便等优点，广泛应用于房屋承重结构。在平面结构体系中，梁式大跨度结构属于用钢量较大的一种体系，如采用预应力桁架可降低结构的用钢量。大跨度梁式钢结构的节点多采用板式节点和直接焊接的相关节点。

梁式大跨度结构的屋盖，根据跨度和间距的不同，采用普通式或复式的梁格布置。为保证主桁架的平面外稳定，应在屋盖体系中设置纵、横向水平支撑，如图4-7所示。

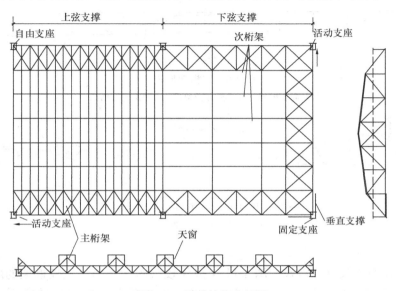

图4-7 梁式结构布置图

次桁架根据跨度大小可采用实腹式或格构式。次桁架的跨度小于6～10m时宜用实腹式（图4-8a），跨度大于10m时宜用桁架式（图4-8b）或空腹桁架（图4-8c）。

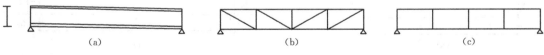

图4-8 次桁架形式
(a) 实腹式；(b) 桁架式；(c) 空腹桁架式

大跨度梁式结构的主梁不宜采用实腹式，宜采用桁架式。主桁架与下部支承结构宜做成铰接。主桁架可以做成简支外伸桁架和多跨连续桁架，如图4-9所示。

主桁架按外形划分，可分为直线型和曲线型，如图4-10所示；按截面划分，可分为平面式和空间式，如图4-10的1-1剖面。

(2) 大跨度框架式结构

大跨度框架式钢结构的用钢量要比大跨度梁式钢结构省，且刚度较好，横梁高度较小。它适用于采用吊车梁的全钢结构单层工业厂房。

大跨度框架式钢结构有实腹式和格构式两种。实腹式框架虽然外形美观，制造和架设比较省工，但用钢量较大，在轻型单层工业厂房采用较多。

格构式框架的刚度大，自重轻，用钢量省。在大跨度结构中应用较广，其横梁高度可

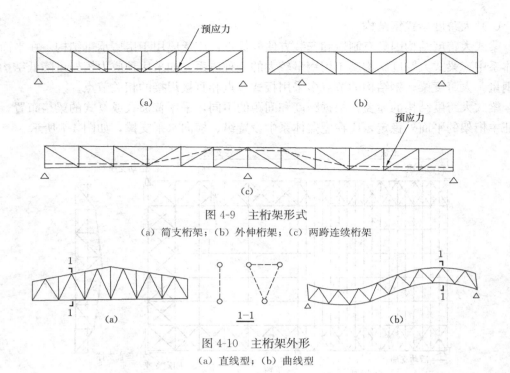

图 4-9 主桁架形式

(a) 简支桁架；(b) 外伸桁架；(c) 两跨连续桁架

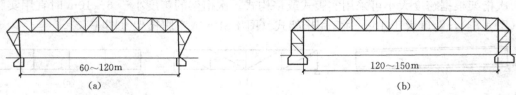

图 4-10 主桁架外形

(a) 直线型；(b) 曲线型

采用跨度的 1/20~1/13。

格构式框架可以设计成双铰（图 4-11a）或无铰（图 4-11b）。双铰框架的刚度比无铰框架小，但受温度的影响较小，基础设计较方便。无铰框架的用钢量比较经济，但需很大的基础（图 4-11b），用于跨度为 120~150m 时比较经济。

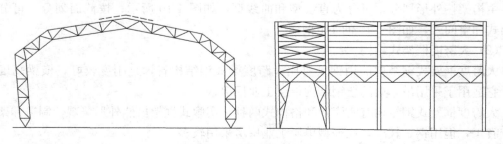

图 4-11 格构式框架体系

(a) 双铰格构式框架；(b) 无铰格构式框架

在高度较高的建筑物中，格构式框架也可采用多折线的外形（图 4-12），这种框架都做成双铰。横梁与柱身的高度通常相等，约为 1/25~1/15。

图 4-12 折线型的框架结构

（3）大跨度拱式钢结构

在跨度大于 $80 \sim 100m$ 的大跨度结构中，拱式体系的用钢量要比框架式体系省得多，且外形也比较美观。拱式结构按静力图式分为无铰拱、单铰拱、两铰拱、三铰拱等。其中以两铰拱最为常见，因为它的制造和安装都较方便，温度应力不大，用钢量也较省。

三铰拱是静定结构，受力比较明确，安装亦较容易，但由于顶铰的存在，构造比较复杂，结构也容易变形，因此三铰拱用得并不广泛。

无铰拱最省钢材，但却需要强大的支座结构（基础）。单铰拱的支座弯矩比无铰拱还要大。因此，这两种体系并不一定经济。

拱的矢高对用钢量有很大的影响。增加矢高可以减小推力和雪荷载，因而也减小支座尺寸，但是风荷载要增加。矢高 f 和跨度 l 的最有利的比值一般为 $f/l = 1/5$。

直接做在地面上的拱支座，其大小在极大程度上决定于土的承载能力。当土的性质很差时，拱的推力宜由置于地面下拉杆来承受，或者借助拉杆施加预应力。但拱的跨度大于 $100m$ 时，采用拉杆方案很难实现，可采用环形刚性基础来承受拱的水平推力，也可将拱支承在周围建筑物上，如看台等（图 4-13）。

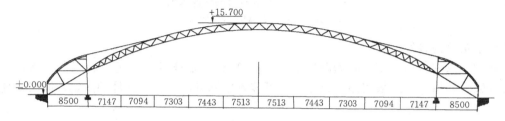

图 4-13　搁在周围建筑物上的拱

拱的外形宜使拱轴接近压力线以减少拱轴弯矩。常用拱轴线形状有抛物线、悬链线和圆弧线。在较平坦的拱中，主要承受对称的均布荷载，宜采用抛物线，但为了简化制造，工程上常采用圆弧线代替。对于高拱，在大的自重作用下，宜采用悬链线，如果作用在高拱上的风荷载较大时，由于风向的改变，会使压力线有很大变化，宜采用两极限压力线的中间线（图 4-14）。

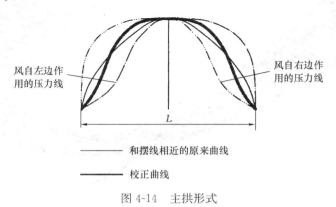

图 4-14　主拱形式

当拱成对布置时，可将成对拱间的主檩条搁置在拱的下弦平面内，在拱的上、下弦之间装置垂直的或倾斜的窗户（图 4-15）。这种横向天窗的采光和通风都很好，而且使拱间

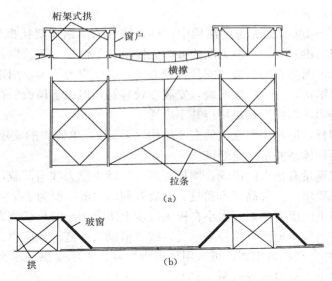

图 4-15　拱成对放置时的横向天窗

(a) 窗户垂直布置；(b) 窗户倾斜布置

的屋顶结构大为轻便。

　　格构式拱的截面高度一般为跨度的 $1/60 \sim 1/30$，弦杆可由双角钢、双槽钢组成，对于跨度较大的拱，一般采用圆管或方管，可节省用钢量，有利于杆件的防锈，同时也比较美观。

　　图 4-16 表示南京奥体中心主体育场主拱，采用桁架式无铰拱，跨度 $L = 361.582\text{m}$，矢高 64m。

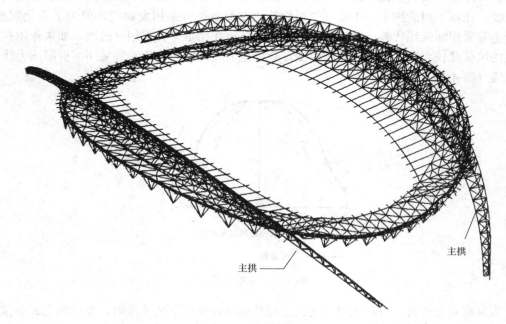

图 4-16　主拱轴测图

4.1.2 空间结构体系

空间结构体系能适应不同跨度、不同支承条件的各种建筑要求。形状上也能适应正方形、矩形、多边形、圆形、扇形、三角形以及由此组合而成的各种形状的建筑平面，同时，又有建筑造型轻巧、美观、便于建筑处理和装饰等特点。

在传统平面结构体系（如梁式、框架式及拱式体系）中，屋面荷载的传递路线是顺着次檩、主檩、屋架的顺序层层传递，最后传至基础。每一构件在传递荷载过程中的任务是从比自己次要一级的构件接过荷载，再向比自己重要一级的构件传过去。各类构件所负担荷载的大小和范围随上述传递顺序增加，它们的截面大小、分担职能的轻重，相互间形成了鲜明的主次关系。

空间结构的特点是以整个结构的形体来承受外来荷载，空间结构里每一构件均是整体结构的一部分，按照空间的几何特性分担承受荷载的任务，没有平面结构体系中构件之间那种主次关系。因其三维结构体形和多向受力计算特征，空间结构将平面结构体系的受力杆件与支撑体系有机融合在一起，整体性好，能适应各种均布荷载、局部集中荷载、非对称荷载以及悬挂吊车、地震作用等动力荷载，而且在荷载作用下为三向受力，呈空间工作状态并以面内力或轴力为主。这一鲜明特征使得空间结构的杆件截面远较平面结构的小。除了优良的力学性能以外，大多数空间结构还具有良好的抗震性能。此外，空间结构一般是高次超静定结构，良好的内力重分布能力使其具有额外的安全储备，可靠程度较高。

目前应用较多的大跨度空间结构主要有钢管桁架结构、网架结构、网壳结构和张拉结构等。

4.2 钢管桁架结构

4.2.1 钢管桁架结构的概念和特点

钢管桁架结构（也称管桁结构）是指由钢管制成的桁架结构体系。近年来，管桁结构在大跨空间结构中得到了广泛应用，管桁结构的结构体系为平面或空间桁架，与一般桁架的区别在于连接节点的方式不同。网架结构采用螺栓球或空心球节点，过去的屋架经常采用板型节点，而管桁结构在节点处采用与杆件直接焊接的相贯节点（或称管节点）。在相贯节点处，只有在同一轴线上的两个主管贯通，其余杆件（即支管）通过端部相贯线加工后，直接焊接在贯通杆件（即主管）的外表面上，非贯通杆件在节点部位可能有一定间隙（间隙型节点），也可能部分重叠（搭接型节点）。相贯线切割曾被视为是难度较高的制造工艺，因为交汇钢管的数量、角度、尺寸的不同使得相贯线形态各异，而且坡口处理困难。但随着多维数控切割技术的发展，这些难点已被克服。目前国内很多企业都装备了这一技术设备，相贯节点管桁结构在大跨度建筑中得到了前所未有的应用。

管桁结构具有以下优点：

（1）节点形式简单，结构轻巧，可适用于多种结构造型。

（2）杆件刚度大，几何特性好。钢管为闭口截面，管壁一般较薄，截面回转半径较大，故抗压和抗扭性能好。

（3）施工简单，节省材料。管桁结构由于在节点处摒弃了传统的连接构件，而将各杆件直接焊接，因而具有施工简单、节省材料的优点。

（4）有利于防锈与维护清洁。钢管和大气接触表面积小，易于防护。在节点处各杆件直接焊接，没有难于清刷油漆、积留湿气及大量灰尘的死角和凹槽，维护更为方便。管形构件在全长和端部封闭后，内部不易生锈。

（5）圆管截面的流体动力特性好。承受风力或水流等荷载作用时，荷载对圆管结构的作用效应比其他截面形式结构的效应要低得多。

然而，由于节点采用相贯焊接，对工艺和加工设备有一定的要求，管桁结构也存在如下局限性：

（1）相贯节点弦杆方向一般设计成与钢管外径一致，对于不同内力的杆件往往采用相同钢管外径但壁厚不同，否则钢管间拼接量太大。因此，材料强度不能充分发挥，从而增加了用钢量。这也是管桁结构往往比网架结构用钢量大的原因之一。

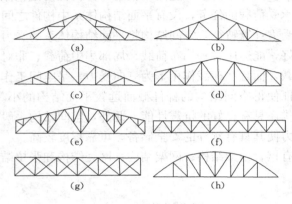

图 4-17 桁架形式

（a）芬克式腹杆三角形屋架；（b）人字形腹杆三角形屋架；
（c）单向斜杆式腹杆三角形屋架；（d）人字形腹杆梯形屋架；
（e）再分式腹杆梯形屋架；（f）人字形腹杆平行弦屋架；
（g）交叉式腹杆平行弦屋架；（h）单向斜式腹杆拱形屋架

（2）相贯节点的加工与放样复杂，相贯线上的坡口又是变化的，而手工切割很难做到，因此对机械的要求很高，要求施工单位有数控的五维切割机床设备。

（3）管桁结构均为焊接节点，需要控制焊接收缩量，对焊接质量要求较高，而且均为现场施焊，焊接工作量大。

4.2.2 钢管桁架结构的结构形式

（1）基本形式

管桁结构以桁架结构为基础，因此其结构形式与桁架的形式基本相同，外形与其用途有关。就屋架来说，外形一般为三角形（图 4-17a、b、c）、梯形（图 4-17d、e）、平行弦（图 4-17f、g）

及拱形桁架（图 4-17h）。桁架的腹杆形式常用的有芬克式（图 4-17a）、人字式（图 4-17b、d、f）、单向斜杆式（图 4-17c、h）、再分式（图 4-17e）和交叉式（图 4-17g）。

（2）按受力特性分类

管桁结构根据受力特性和杆件布置不同可分为：平面管桁结构和空间管桁结构，如图 4-18 所示。

平面管桁结构的上弦、下弦和腹杆都在同一平面内，结构平面外刚度较差，一般需要通过侧向支撑保证结构的侧向稳定。在现有管桁结构的工程中，多采用华伦（Warren）式桁架（图 4-19a）和普腊（Pratt）式桁架（图 4-19b）。Warren 桁架一般是最经济的布置，与 Pratt 桁架相比，Warren 桁架腹杆下料长度统一，节点数少，可节约材料与加工工时。如果弦杆上所有的加载点都需要支承（例如为降低无支承长度），可采用图 4-19（a）中增加竖杆的修正 Warren 桁架，而不采用

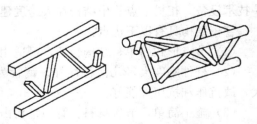

图 4-18 平面桁架和空间桁架

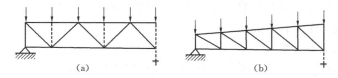

图 4-19 平面 Warren 桁架和 Pratt 桁架形式

(a) Warren 桁架（有竖杆的为修正 Warren 桁架）；(b) Pratt 桁架（弦杆可为平行）

Pratt 桁架。此外 Warren 桁架较容易使用有间隙的接头，这种接头容易布置。同样，形状规则的 Warren 桁架具有更大的空间去满足放置机械、电气及其他设备的需要。

空间管桁结构通常为三角形截面，又称三角形立体桁架。与平面管桁结构相比，空间管桁结构提高了侧向稳定性和扭转刚度。可以减少侧向支撑构件，对于小跨度结构，可以不布置侧向支撑。

三角形截面分正三角形和倒三角形截面两种（图 4-20），两种截面形式的桁架各有优缺点。倒三角形截面（B-B）中，上弦有两根杆件，而通常上弦是受压杆件，从杆件的稳定性考虑，上弦受压容易失稳，下弦受拉不存在稳定问题，因而倒三角的截面形式比较合理。这种截面形式，支座支点多在上弦处，由两根上弦杆通过腹杆与下弦杆连接后，再加上在节点处设置水平连杆，从而构成上弦侧向刚度较大的屋架；另外，这种屋架上弦贴靠屋面，下弦只有一根杆件，使人感觉屋架更轻巧。除此之外，这种倒三角截面形式会减少檩条的跨度。因此，实际工程中大量采用的是倒三角形截面形式的桁架。

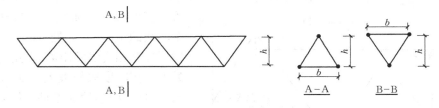

图 4-20　立体桁架形式

正三角截面的主要优点是由于上弦杆是一根杆件，檩条和天窗支架与上弦的连接比较简单，多用于屋架及输管栈道。

（3）按连接构件的截面形式分类

可分为 C-C 型桁架、R-R 型桁架和 R-C 型桁架：

① C-C 型桁架：即主管和支管均为圆管相贯的桁架结构。

C-C 型桁架是目前国内运用最为广泛的一种，一方面因为圆管出现及对其的研究比较早，运用比较成熟，除了具有空心管材普遍的优点外，圆钢管与其他截面管材相比具有较高的惯性半径及有效的抗扭截面。圆管相交的节点相贯线为空间的马鞍形曲线，设计、加工、放样比较复杂，但是钢管相贯自动切割机的发明使用，促进了管桁结构的发展应用。

② R-R 型桁架：即主管和支管均为方钢管或矩形管相贯的桁架结构。

方钢管和矩形钢管用作抗压、抗扭构件有突出的优点，用其直接焊接组成的方管桁架具有节点形式简单、外形美观的优点，在国外得以广泛的应用。

③ R-C 型桁架：即矩形截面主管与圆形截面支管直接相贯焊接的桁架结构。

由圆管与矩形管的杂交形管节点构成的桁架形式新颖，其中圆形截面管作轴心受力构件，矩形截面管作压弯和拉压构件。矩形管与圆管相交的节点相贯线均为椭圆曲线，比圆管相贯的空间曲线易于设计和施工。

（4）按桁架的外形分类

按桁架的外形可分为：直线型管桁结构与曲线型管桁结构。

直线型桁架多用于一般的平板型屋架，然而随着社会对美学要求的不断提高，为了满足空间造型的多样性，管桁结构多做成各种曲线形状，丰富了结构的立体效果。

在设计曲线型管桁结构时，有时为了降低加工成本，杆件仍然加工成直杆，由折线近似代替曲线。如果要求较高，则可以采用弯管机将钢管弯成曲管，这样建筑效果会更好。

4.2.3 钢管桁架结构的杆件设计

（1）分析模型

管桁结构在进行计算分析时所采用的模型主要与节点的刚度有关，根据杆端弯矩情况及节点刚度的大小不同分为三种分析模型。

① 假设所有杆件均为铰接。在大多数结构中，相贯节点仅作为铰接节点处理，原因在于细长杆件的端部约束弯矩不大，有些情况下由于弦杆的端部约束弯矩不大，有些情况下则由于弦杆管壁抗弯刚度较小，忽略了杆件弯矩的影响，各杆件受力均为二力杆。铰接模型的前提是在设计施工时尽量保证各个杆件的中心线在节点处交于一点。

② 假设所有杆件均为刚接，杆件都按梁单元考虑。该模型能够同时反映由于节点刚度、偏心以及杆件上横向荷载引起的弯矩影响。

③ 假设主管为刚接梁单元，支管与主管间为铰接，支管只承受轴力。该模型可将主管看作连续杆件而腹杆铰接在距弦杆中心线的 $+e$ 或 $-e$ 处（e 为主管中心线到支管相交线的距离），主管到铰接处的连接刚度取得很大（如图 4-21 所示）。这一模型的优点是：如果需要在主管设计中计入弯矩，则整个桁架的弯矩分布可通过对此模型进行分析而得出。

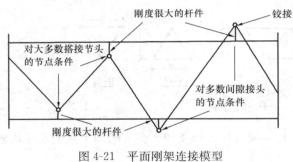

图 4-21　平面刚架连接模型

（2）杆件设计

对结构正常使用和极限状态下的安全而言，节点的重要性毋庸置疑。而钢管桁架结构设计的一个重要问题是必须合理选择钢管的几何尺寸，使得杆件设计和节点设计之间达到平衡。

例如在同等面积之下，应选择径厚比或宽厚比较大的钢管以获得尽可能大的截面回转半径，有利于提高杆件稳定承载力；但是板壁较薄的弦杆可能无法在无加劲板条件下保证节点有足够的刚度和强度，而填设加劲板则造成制作成本增加和工期延长，其综合效果往往抵消了杆件钢材节约带来的全部好处。

基于结构分析基础上的杆件设计可参照以下过程：

① 确定桁架几何尺寸时应使节点数目最小化；

② 计算杆件轴力时按铰接杆系结构考虑；

③ 选择弦杆截面时综合考虑承受轴力、防锈蚀（外表面不应太大）、节点几何尺寸及强度等要求，通常可选径厚比为 20～30，受压弦杆平面内外计算长度系数可按 0.9 考虑，

可能情况下采用强度较高的钢材；

④ 选择腹杆截面时，其厚度最好小于相连弦杆的厚度，宽度（直径）不应大于弦杆的宽度（直径），计算长度系数可取 0.75；腹杆截面的种类不宜取得太多，最好取外径（截面宽度或高度）相同而壁厚变化规则的钢管以使外观协调；

⑤ 调整节点部位的几何尺寸，便于制作时能控制在前述的允许偏心内；

⑥ 校核节点强度，若不能满足要求，则调整弦杆和腹杆的截面尺寸（当少量节点不能满足要求时，也可采用弦杆外部贴板的方式予以局部增强）；

⑦ 在节点有偏心时，应计算弦杆中的弯矩，并校核弦杆在轴力和弯矩共同作用下的强度。

4.2.4 钢管桁架结构的节点形式

在节点处直接焊接的钢管结构，一般称其弦杆为主管，腹杆为支管。过去由于主管与支管的连接构造未能很好解决及相关研究缺乏，因而钢管结构没有得到合理的应用。近年来，由于焊接技术的发展，特别是出现自动切管机后，圆管结构中主管与支管在相贯连接节点处的焊接质量得到了保证，同时国内外也完成了不少有关的理论分析和试验研究工作，使圆钢管结构的应用日益增加。而直接焊接的方钢管结构，由于支管与主管连接节点的交线在一个或两个平面内，支管杆端的加工制作只需一次或两次平面切割即可完成，因此较圆钢管结构具有施工上的优势，近几年也得到广泛应用。

（1）钢管结构的节点形式

钢管结构的节点形式主要分为平面节点和空间节点两大类。平面节点包括 X 形、T 形（或 Y 形）、K 形（或 N 形）以及 DY 形、DK 形、KT 形等（图 4-22）。空间节点包括

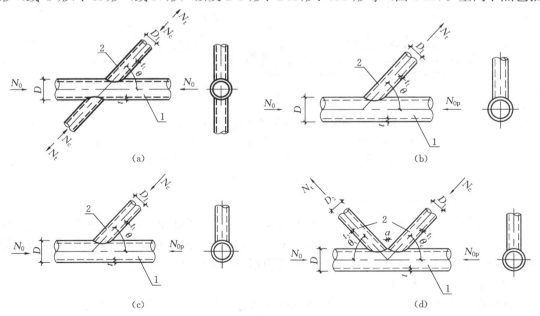

图 4-22　直接焊接平面圆管结构的节点形式（一）

（a）平面 X 形节点；（b）平面 T 形（或 Y 形）受拉节点；

（c）平面 T 形（或 Y 形）受压节点；（d）平面 K 形间隙节点

1—主管；2—支管

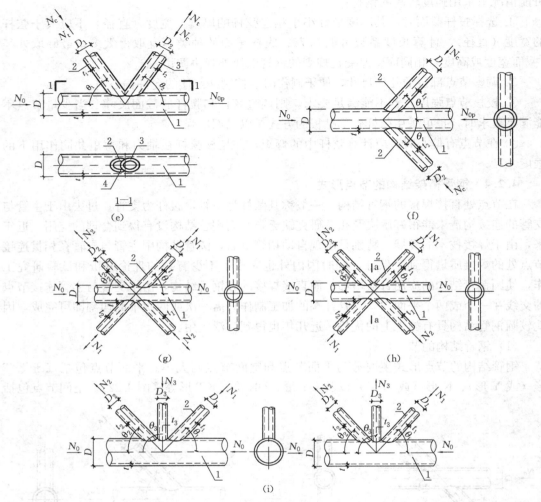

图 4-22 直接焊接平面圆管结构的节点形式（二）

（e）平面 K 形搭接节点；（f）平面 DY 形节点；（g）荷载正对称平面 DK 形节点；
（h）荷载反对称平面 DK 形节点；（i）平面 KT 形节点

1—主管；2—支管

TT 形、KK 形和 KT 形等（图 4-23）。

根据支管与支管间的相对关系（不搭接或搭接），又可以分为有搭接的节点（图 4-22 e，图 4-24b、c）和有间隙的节点（图 4-22d、图 4-24a）。根据主管截面形状又可分为主管为圆钢管的节点（图 4-22、图 4-23）和主管为矩形管的节点（图 4-25）。

（2）管节点的破坏形式

直接焊接的钢管结构，在节点处是空间封闭的薄壳结构，其传力特点是支管将荷载直接传给主管，受力比较复杂。因支管的轴向刚度较大，而主管的横向刚度却相对较小，在支管拉力或压力作用下，对于不同的节点形式、几何尺寸和受力状态，主管可能出现多种破坏形式。在保证支管轴向强度（不被拉断）、支管整体稳定、支管与主管间连接焊缝强度、主管局部稳定、主管壁不发生层状撕裂的前提下，节点的主要破坏形式有下列几种：

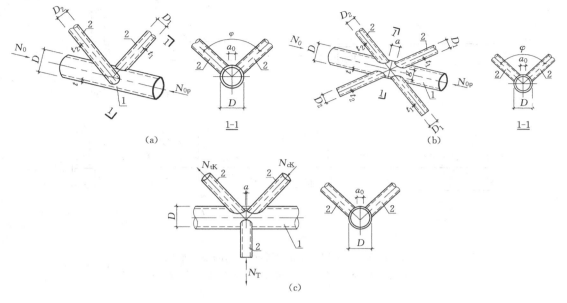

图 4-23　直接焊接空间圆管结构的节点形式

（a）空间 TT 形节点；（b）空间 KK 形节点；（c）空间 KT 形节点

1—主管；2—支管

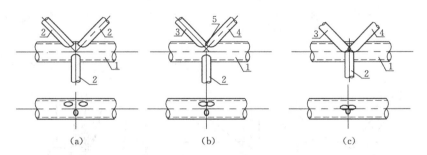

图 4-24　空间 KT 形节点分类

（a）空间 KT 形间隙节点；（b）空间 KT 形平面内搭接节点；（c）空间 KT 形全搭接节点

1—主管；2—支管；3—贯通支管；4—搭接支管；5—内隐蔽部分

① 主管壁因受压局部压溃（图 4-26a）或因受拉主管壁被拉断（图 4-26b）；

② 主管壁因冲切或剪切出现裂缝导致冲剪破坏（图 4-26c）；

③ 有间隙的 K、N 形节点中，主管在间隙处被剪切破坏（图 4-26d）；

④ 受压支管管壁在节点处的局部屈曲（图 4-26e）；

⑤ 矩形管结构支管与主管不等宽时，与支管相连的主管壁因形成塑性铰线而失效（图 4-26f）。

（3）管节点的计算方法

管节点的破坏过程为：在支管与主管的连接焊缝附近往往某些局部区域有很大的应力集中，受力时该区域首先屈服，随着支管内力增加，塑性区逐渐扩展并使应力重分布，直到节点出现显著的塑性变形或出现初裂缝以后，才会最后破坏。因此，到底以何种情况作

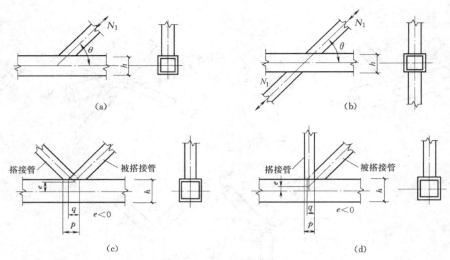

图 4-25　直接焊接平面矩形管结构的节点形式

（a）T、Y 形节点；（b）X 形节点；（c）搭接的 K 形节点；（d）搭接的 N 形节点

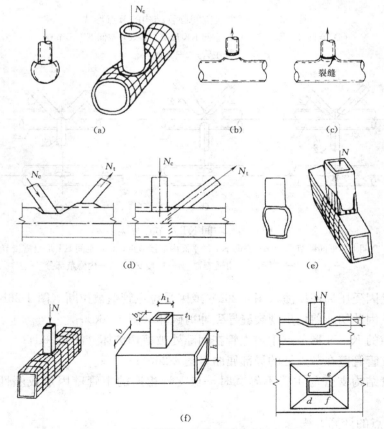

图 4-26　直接焊接钢管结构的节点破坏形式

（a）主管壁因受压局部压溃；（b）主管壁被拉断；（c）主管壁冲剪破坏；

（d）主管在间隙处被剪切破坏；（e）受压支管管壁局部屈曲；（f）与支管相连的主管壁形成塑性铰线

为管节点的破坏准则颇有争论。一般认为有下列破坏准则：

① 极限荷载准则——节点产生破坏、断裂。

② 极限变形准则——变形过大。

③ 初裂缝准则——出现肉眼可见的宏观裂缝。

节点的几种破坏形式，有时会同时发生。从理论上确定主管的最大承载力非常复杂，目前主要通过大量试验再结合理论分析，采用数理统计方法得出经验公式来控制支管的轴心力。我国现行《钢结构设计标准》GB 50017 中有关钢管结构的计算公式及构造要求，就是在比较分析国内外有关试验资料的基础上，通过回归分析归纳得出经验公式，然后采用校准法换算得到的。针对不同的节点形式及破坏模式，规范给出了钢管结构支管在管节点处的承载力限制值，具体计算公式可参见《钢结构设计标准》GB 50017。

从大量试验现象中，归纳总结出影响圆管节点承载力的主要因素有：

① 主管的壁厚（t）：壁厚越大，节点承载力也越高，且呈平方关系，提高节点承载力效果较好。

② 支管与主管夹角（θ）：夹角越大，主管承受垂直于轴线方向力越大，节点承载力越低。

③ 主管的直径（d）与主管的壁厚（t）之比，即径厚比 d/t：径厚比越大，节点承载力也越低。

④ 支管的外径（d_1）与主管的外径（d）之比，即外径比 d_1/d：外径比越小，对主管节点受力越不利，节点承载力也越低。

⑤ K 形节点中，两支管之间的相对间隙 a（图 4-22d）与主管外径之比：比值越大，节点承载力也越低，两支管搭接时，节点承载力最高。

⑥ 主管材料的强度设计值 f 和应力比 σ/f，σ 是指主管承受的轴向应力：主管的强度设计值越高，节点承载力也越高。

（4）节点的局部加劲

无加劲直接焊接方式不能满足承载力要求时，可在主管内设置横向加劲。支管以承受轴力为主时，可在主管内设 1 道或 2 道加劲板（图 4-27a、b）；节点需满足抗弯连接要求时，应设 2 道加劲板；加劲板中面宜垂直于主管轴线；当主管为圆管，设置 1 道加劲板时，加劲板宜设置在支管与主管相贯面的鞍点处，设置 2 道加劲板时，加劲板宜设置在距相贯面冠点 $0.1D_1$ 附近（D_1 为支管外径）；主管为方管时，加劲肋宜设置 2 块（图 4-28）。

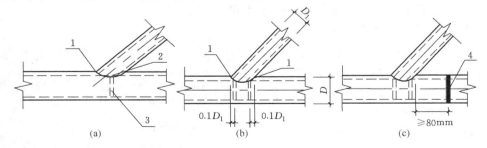

图 4-27 主管为圆管时横向加劲板的位置

（a）主管内设 1 道加劲板；（b）主管内设 2 道加劲板；（c）主管拼接焊缝位置

1—冠点；2—鞍点；3—加劲板；4—主管拼缝

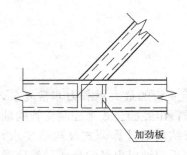

图 4-28　主管为方管或矩形管时横向加劲板的位置

加劲板厚度不得小于支管壁厚，也不宜小于主管壁厚的 2/3 和主管内径的 1/40；加劲板中央开孔时，环板宽度与板厚的比值不宜大于 $15\varepsilon_k$。

加劲板宜采用部分熔透焊缝焊接，主管为方管的加劲板靠支管一边与两侧边宜采用部分熔透焊接，与支管连接反向一边可不焊接；当主管直径较小，加劲板的焊接必须断开主管钢管时，主管的拼接焊缝宜设置在距支管相贯焊缝最外侧冠点 80mm 以外处（图 4-27c）。

钢管直接焊接节点还可以采用主管表面贴加强板的方法加强主管。当主管为圆管时，加强板宜包覆主管半圆，如图 4-29（a）所示，长度方向两侧均应超过支管最外侧焊缝 50mm 以上，但不宜超过支管直径的 2/3，加强板厚度不宜小于 4mm。

当主管为方（矩）形管且在与支管相连表面设置加强板（图 4-29b）时，加强板长度可按规范计算确定，加强板宽度宜接近主管宽度，并预留适当的焊缝位置，加强板厚度不宜小于支管最大厚度的 2 倍。

主管为方（矩）形管且在主管两侧表面设置加强板（图 4-29c）时，加强板长度按规范计算确定。加强板与主管应采用四周围焊。对 K、N 形节点焊缝有效高度不应小于腹杆壁厚。焊接前宜在加强板上先钻一个排气小孔，焊后应用塞焊将孔封闭。

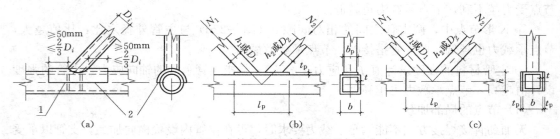

图 4-29　主管外表面贴加强板的加劲方式
(a) 圆管表面的加强板；(b) 矩形主管与支管连接表面加强板；(c) 矩形主管侧表面加强板
1—四周围焊；2—加强板；
h_i 或 D_i—矩形管高度或圆管外径；b—矩形管宽度；t_p—加强板厚度

4.2.5　工程实例——甘肃会展中心屋面钢管桁架结构

甘肃会展中心包括展览中心、大剧院兼会议中心、五星级酒店、市民广场及地下配套服务设施四部分（图 4-30），建筑面积 17.8 万 m^2，总投资 12 亿元。其中会展中心工程采用曲线型钢管立体桁架，室内建筑效果见图 4-31。该工程长 236.1m，宽 84.7m，地上两层，地下一层，建筑物总高 29.5m，总建筑面积 60000m^2。局部单元平面见图 4-32，剖面如图 4-33 所示。

图 4-30　甘肃会展中心全景

该屋盖结构为由 6 道主桁架＋2 道纵向支座桁架组合而成的空间钢管桁架体系，屋盖共有 8 个支座点，位于支座桁架下弦节点上。屋盖钢结构的主要受力体系是南北向的倒三角形截面的主桁架，其中，两侧各两榀，均直接坐落在支座上，而中间的两榀则需通过支座桁架将荷载传递给柱顶支座。故从概念上讲，支座桁架（尤其是中间段）的强度和刚度对整个屋盖的安全是至关重要的。计算模型采用梁、杆单元混合的方式，其中，桁架（主桁架、支座

图 4-31　甘肃会展中心内景

桁架、支撑桁架）上、下弦均采用考虑节点刚度的梁单元，其余腹杆均采用两端铰接的杆单元。考虑到腹杆的长细比较大，因此，模型是相对合理的。

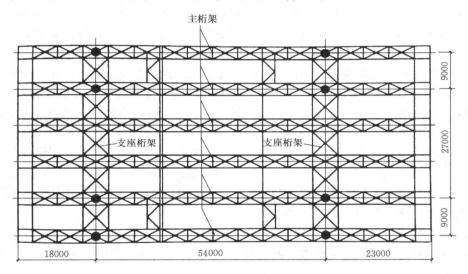

图 4-32　甘肃会展中心单元平面图

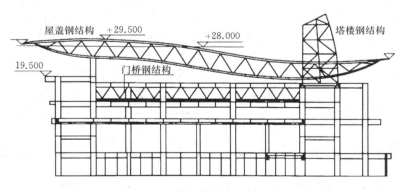

图 4-33　甘肃会展中心剖面图

4.3 网 架 结 构

网架结构是由多根杆件按一定规律组成的网格状高次超静定空间杆系结构。网架多向传力，空间刚度大，整体性好，有良好的抗震性能，既适用于大跨度建筑，也适用于中、小跨度的房屋，能覆盖各种形状的平面。它具有如下特点：

（1）杆件组成灵活多样但又有高度的规律性，并可适应各种建筑造型的要求；

（2）节点连接简便可靠；

（3）分析计算方法成熟，可采用计算机辅助设计；

（4）加工制作机械化程度高，已全部实现工厂化生产，适应建筑工业化、商品化的要求；

（5）用料经济，能用较少的材料跨越较大的跨度。

4.3.1 网架结构形式

空间网架结构是空间网格结构的一种，它是以大致相同的格子或尺寸较小的单元重复组成的。目前我国空间结构中以网架结构发展最快，应用最广。在近年来兴建的大型公共建筑特别是体育建筑中，大多数都采用了网架结构。

平板型的空间网格结构简称为网架，曲面型的空间网格结构简称为网壳。网架一般是双层的（以保证必要的刚度），在某些情况下也可做成三层，而网壳有单层和双层两种。平板网架无论在设计、计算、构造还是施工制作等方面均较为简便，因此是适用于大、中、小跨度屋盖体系的一种良好的结构形式。

网架结构的形式较多，按结构组成，通常分为双层或三层网架；按支承情况分，有周边支承、点支承、周边支承与点支承混合、三边支承一边开口等形式；按网架组成情况，可分为由两向或三向平面桁架组成的交叉桁架体系、由三角锥体或四角锥体组成的空间桁架角锥体系等，这里只介绍最常用的几种。

（1）按结构组成分类

网架按弦杆层数不同可分为双层网架和三层网架。双层网架是由上弦、下弦和腹杆组成的空间结构（图4-34），是最常用的网架形式。三层网架是由上弦、中弦、下弦、上腹杆和下腹杆组成的空间结构（图4-35），其特点是增加网架高度，减小弦杆内力，减小网格尺寸和腹杆长度。当网架跨度较大时，三层网架用钢量比双层网架用钢量省。但节点和杆件数量增多，尤其是中层节点所连杆件较多，构造复杂，造价有所提高。

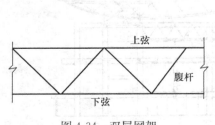

图 4-34　双层网架

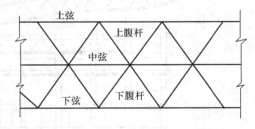

图 4-35　三层网架

① 双层网架

双层网架由上、下两个平放的平面桁架及层间杆件相互联系组成。上、下表层的杆件分别称为网架的上弦杆、下弦杆，位于两层之间的杆件称为腹杆，网架通常采用双层，如图 4-34 所示。

② 三层网架

三层网架由三个平放的平面桁架及层间杆件组成，三层网架的采用应根据建筑和结构的要求而定，如图 4-35 所示。

（2）按支承情况分类

① 周边支承网架

周边支承网架（图 4-36）的所有节点均搁置在柱或梁上，传力直接，受力均匀，是采用较多的一种网架形式。当网架周边支承于柱顶时，网格宽度可与柱距一致（图 4-36a）。为保证柱的侧向刚度，沿柱间侧向应设置边桁架或刚性系杆。当网架周边支承于圈梁时，网格的划分比较灵活，可不受柱距的约束（图 4-36b）。

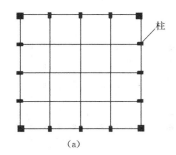

图 4-36　周边支承网架
(a) 柱支承；(b) 圈梁支承

② 点支承网架

点支承网架（图 4-37）可置于四个或多个支承上。前者称为四点支承网架（图 4-37a），而后者称为多点支承网架（图 4-37b）。

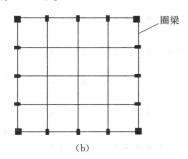

图 4-37　点支承网架
(a) 四点支承；(b) 多点支承

点支承网架主要用于大柱距工业厂房、仓库以及展览厅等大型公共建筑。这种网架由于支承点较少，因此支点反力较大。为了使通过支点的主桁架及支点附近的杆件内力不致过大，宜在支承点处设置柱帽以扩散反力。通常将柱帽设置于下弦平面之下（图 4-38a），或设置于下弦平面之上（图 4-38b），也可将上弦节点通过短钢柱直接搁置于

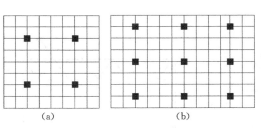

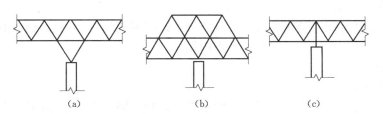

图 4-38　点支承网架的柱帽
(a) 柱帽设置于下弦平面之下；(b) 柱帽设置于下弦平面之上；(c) 上弦节点通过短钢柱直接搁置于柱顶

柱顶（图 4-38c）。点支承网架周边应有适当悬挑以减少网架跨中挠度与杆件的内力。

③ 周边支承与点支承混合网架

在点支承网架中，当周边设有维护结构和抗风柱时，可采用周边支承与点支承混合的形式（图 4-39）。这种支承方式适用于工业厂房和展览厅等公共建筑。

④ 三边支承或两边支承网架

在矩形平面的建筑中，由于考虑扩建的可能性或由于建筑功能的要求，需要在一边或两对边上开口，因而使网架仅在三边或两对边上支承，另一边或两对边处理成自由边（图 4-40）。自由边的存在对网架的受力是不利的，为此一般应对自由边做出特殊处理。普遍的做法是，在自由边附近增加网架的层数（图 4-41a），或者在自由边加设托梁、托架（图 4-41b）。对中、小型网架亦可选择增加网架高度或局部加大杆件截面等方法予以改善和加强。

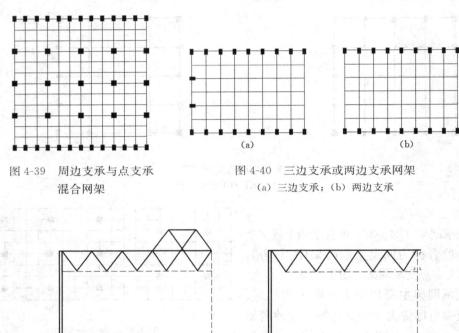

图 4-39　周边支承与点支承
混合网架

图 4-40　三边支承或两边支承网架
(a) 三边支承；(b) 两边支承

图 4-41　自由边的处理
(a) 自由边附近增加网架的层数；(b) 自由边加设托梁或托架

⑤ 单边支承网架

单边支承在悬挑网架结构中常常可以遇到，这时网架的受力与悬挑板相似，支承沿悬挑根部设置，且必须在网架上、下弦平面内均设置。

（3）按网格组成分类

1）交叉桁架体系

这类网架由若干相互交叉的竖向平面桁架所组成。竖向平面桁架的形式与一般平面桁架相似：腹杆的布置一般应使斜腹杆受拉、竖腹杆受压，斜腹杆与弦杆的夹角宜为 40°～60°。桁架的节间长度即为网格尺寸。平面桁架可沿两个方向或三个方向布置，当为两向交叉时其交角可为 90°（正交）或任意角度（斜交）；当为三向交叉时其交角为 60°。这些相互交叉的竖向平面桁架当与边界方向平行（或垂直）时称为正放，与边界方向斜交时称为斜放。因此随桁架之间交角的变化和边界相对位置的不同，构成了一些各具特点的网架形式。

① 两向正交正放网架

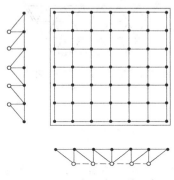

两向正交正放网架（图 4-42）的构成特点是：两个方向的竖向平面桁架垂直交叉，且分别与边界方向平行。因此不仅上、下弦的网格尺寸相同，而且在同一方向的平面桁架长度一致，使制作、安装较为简便。这种网架的上、下弦平面呈正方形的网格，它的基本单元为一不全由三角形组成的六面体，属几何可变。为保证结构的几何不变性以及增加空间刚度使网架能有效地传递水平荷载，应适当设置水平支撑。对周边支承网架，水平支撑宜在上弦或下弦网格内沿周边设置；对点支承网架，水平支撑则应在通过支承的主桁架附近的四周设置。

图 4-42　两向正交正放网架

两向正交正放网架的受力状况与其平面尺寸及支承情况关系很大。对于周边支承、正方形平面的网架，其受力类似于双向板，两个方向的杆件内力差别不大，受力比较均匀。但随着边长比的变化，单向传力作用渐趋明显，两个方向的杆件内力差别也随之加大。对于点支承网架，支承附近的杆件及主桁架跨中弦杆的内力最大，其他部位杆件的内力很小，两者差别较大。

两向正交正放网架适用于正方形或接近正方形的建筑平面。

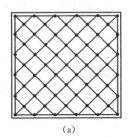 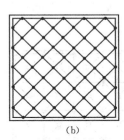

(a) 　　　　　　　　(b)

图 4-43　两向正交斜放网架

(a) 有角柱；(b) 无角柱

② 两向正交斜放网架

两向正交斜放网架（图 4-43）的构成特点是：两个方向的竖向平面桁架垂直交叉，且与边界呈 45°夹角。

两向正交斜放网架中平面桁架与边界斜交，各片桁架长短不一，而其高度又基本相同，因此靠近角部的短桁架相对刚度较大，对与其垂直的长桁架有一定的弹性支承作用，从而减小了长桁架中部的正弯矩。因此，在周边支承情况下，它较两向正交正放网架刚度大、用料省。对矩形平面其受力也比较均匀。当长桁架直通角柱时（图 4-43a），四个角支座会产生较大的向上拉力，设计中应予注意。如采用图 4-43（b）所示的布置方式，因角部拉力由两个支座分担则可避免过大的角支座拉力。

在周边支承情况下，若对支座节点沿边界切线方向加以约束，则设计时应考虑在与支座连接的圈梁中因此而产生的拉力。

两向正交斜放网架适用于正方形或长方形的建筑平面。

③ 三向网架

三向网架（图 4-44）的构成特点是：三个方向的竖向平面桁架互呈 60°角斜向交叉。

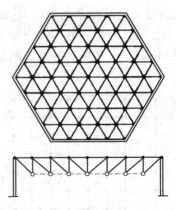

图4-44 三向网架

在三向网架中，上、下弦平面的网格均为正三角形，因此这种网架是由若干以稳定的三棱体作为基本单元所组成的几何不变体系。三向网架受力性能好，空间刚度大，并能把力均匀地传至支承系统。不过其汇交于一个节点的杆件可多达13根，使节点构造比较复杂，一般以采用圆钢管杆件和焊接空心球节点连接为好。

三向网架适用于三角形、六边形、多边形和圆形且跨度较大的建筑平面。当用于圆形平面时，周边将出现一些不规则网格，需另行处理。三向网架的节间距一般较大，有时可达6m以上。

2）四角锥体系

这类网架以四角锥为组成单元。网架的上、下弦平面均为正方形网格，上、下弦网格相互错开半格使下弦平面正方形的4个顶点对应于上弦平面正方形的形心，并以腹杆连接上、下弦节点，即形成若干四角锥体。若改变上、下弦错开的平行移动量或相对地旋转上、下弦（一般旋转45°）并适当地抽去一些弦杆和腹杆，即可获得各种形式的四角锥网架。这类网架的腹杆一般不设竖杆，只有斜杆。仅当部分上、下弦节点在同一竖直直线上时，才需要设置竖腹杆。

① 正放四角锥网架

正放四角锥网架（图4-45）的构成特点是：以倒四角锥体为组成单元，锥底的四边为网架的上弦杆，锥棱为腹杆，各锥顶相连即为下弦杆，它的上、下弦杆均与相应边界平行。正放四角锥网架的上、下弦节点均分别连接8根杆件。当取腹杆与下弦平面夹角为45°时，网架的所有杆件（上、下弦杆和腹杆）等长，便于制成统一的预制单元，制造、安装都比较方便。

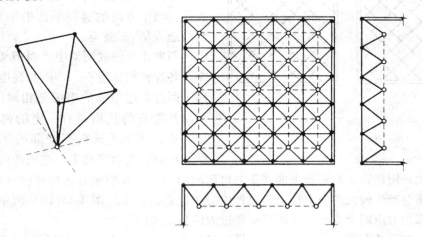

图4-45 正放四角锥网架

正放四角锥网架的杆件受力比较均匀，空间刚度较其他类型四角锥网架及两向网架好。当采用钢筋混凝土板作屋面板时，板的规格单一，便于起拱，屋面排水相对容易处理。但因杆件数目较多其用钢量可能略高。

270

正放四角锥网架一般适用于建筑平面呈正方形或接近于正方形的周边支承、点支承（有柱帽或无柱帽）结构，亦可用于大柱距、设有悬挂吊车的工业厂房以及有较大屋面荷载的情况。

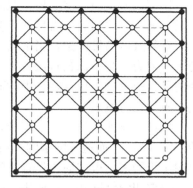

② 正放抽空四角锥网架

正放抽空四角锥网架（图 4-46）的构成特点是：在正放四角锥网架的基础上，除周边网格不动外，适当抽掉一些四角锥单元中的腹杆和下弦杆，使下弦网格尺寸比上弦网格尺寸大一倍。如果将一列锥体视为一根梁，则其受力与正交正放交叉梁系相似。正放抽空四角锥网架的杆件数目较少，构造简单，经济效果好，起拱比较

图 4-46　正放抽空四角锥网架

方便。不过抽空以后，下弦杆内力的均匀性较差，刚度比未抽空的正放四角锥网架要小。

正放抽空四角锥网架适用于中、小跨度或屋面荷载较轻的周边支承、点支承以及周边支承与点支承混合等情况。

③ 斜放四角锥网架

斜放四角锥网架（图 4-47）的构成特点是：以倒四角锥体为组成单元，由锥底构成的上弦杆与边界呈 45°夹角，而连接各锥顶的下弦杆则与相应边界平行。这样，它的上弦网格呈正交斜放，下弦网格呈正交正放。

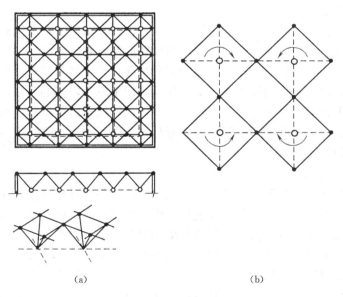

(a)　　　　　　　　　　　　　(b)

图 4-47　斜放四角锥网架
(a) 斜放四角锥网架；(b) 四角锥体绕 Z 旋转

斜放四角锥网架上弦杆长度比下弦杆长度小，在周边支承的情况下，通常是上弦杆受压，下弦杆受拉，因而杆件受力合理。此外，节点处汇交的杆件（上弦节点 6 根，下弦节点 8 根）相对较少，用钢量较省。但是，当选用钢筋混凝土作屋面板时，因上弦网格呈正交斜放使屋面板的规格较多，屋面排水坡的形成较为困难；若采用金属板材如彩色压型钢

板、压型铝合金板作屋面板，此问题要容易处理一些。安装斜放四角锥网架时宜采用整体吊装，如欲分块吊装，需另加设辅助链杆以防止分块单元几何可变。

对斜放四角锥网架，当平面长宽比在 $1\sim2.25$ 之间时，长跨跨中的下弦内力大于短跨跨中的内力；当平面长宽比大于 2.5 时则正相反。当平面长宽比在 $1\sim1.5$ 之间时，上弦杆的最大内力并不出现在跨中，而是在网架 1/4 平面的中部，这些都完全不同于对普通简支平板的已有概念。

周边支承的斜放四角锥网架，在支承沿周边切向无约束时，四角锥体可能绕 Z 轴旋转（图 4-47b）而造成网架的几何可变，因此必须在网架周边布置刚性边梁；点支承的斜放四角锥网架，可在周边设置封闭的边桁架以保持网架的几何不变。

斜放四角锥网架一般适用于中、小跨度的周边支承、周边支承与点支承混合情况下的矩形建筑平面。

4.3.2 网架结构的计算要点

（1）一般计算原则

网架结构上作用的外荷载按静力等效原则，将节点所辖区域内的荷载汇集到该节点上，结构分析时可忽略节点刚度的影响而假定节点为铰接，杆件只受轴向力。但当杆件上作用有局部荷载时，则应另外考虑局部弯矩的影响。

网架结构的内力和位移可按弹性阶段进行计算。网架的最大挠度限值 $[\nu] = L_2/250$，L_2 为网架短向跨度。

（2）计算方法及特点

网架结构是一种高次超静定的空间杆系结构，在计算机尚未普及的时期，要完全精确地分析其内力和变形相当复杂，常需采用一些计算假定，忽略某些次要因素以使计算工作得以简化。所采用的计算假定越接近结构的实际情况，计算结果的精确程度就越高，但其分析一般较复杂，计算工作量较大。如果在计算假定中忽略较多的因素，可使结构计算得到进一步简化，但计算结果会存在一定的误差。按计算结果的精确程度可将网架结构的计算方法分为精确法（如空间桁架位移法）和近似法（如差分法与拟夹层板法），当然这种精确与近似是相对的。

① 空间桁架位移法

空间桁架位移法又称矩阵位移法，它取网架结构的各杆件作为基本单元，以节点三个线位移作为基本未知量，先对杆件单元进行分析，根据虎克定律建立单元杆件内力与位移之间的关系，形成单元刚度矩阵；然后进行结构整体分析，根据各节点的变形协调条件和静力平衡条件建立节点荷载与节点位移之间的关系，形成结构总刚度矩阵和结构总刚度方程。这样的结构总刚度方程是一组以节点位移为未知量的线性代数方程组。引进给定的边界条件，利用计算机求得各节点的位移值，进而即可由单元杆件的内力与位移关系求得各杆件内力 N。

空间桁架位移法是一种应用于空间杆系结构的精确计算方法，理论和实践都证明这种方法的计算结果最接近于结构的实际受力状况，具有较高的计算精度。它的适用范围广泛，不仅可用以计算各种类型、各种平面形状、不同边界条件、不同支承方式的网架，还能考虑网架与下部支承结构间共同工作。它除了可以计算网架在通常荷载下产生的内力和位移以外，还可以根据工程需要计算由于地震作用、温度变化、支座升降等因素引起的内力与变形。目前，有多种较为完善的基于空间桁架位移法编制的空间网架结构商业软件可供设计选用。

② 差分法与拟夹层板法

网架结构的近似计算方法一般以某些特定形式的网架为计算对象，根据不同的对象采用不同的计算假定，因此存在适合不同类型网架的各种近似计算方法。一般说来，这些近似计算方法的适用范围与计算结果的精度均不及空间桁架位移法，但近似法的未知数少，辅以相应的计算图表情况下，其计算比较简便。而这些近似方法所产生的误差，在某些工程设计中或工程设计的某些阶段里还是可以接受的。因而它们在无法利用计算机或者在计算机还未被广泛使用的情况下，曾经是一类具有实用价值的计算方法。

差分法经惯性矩折算，将网架简化为交叉梁系进行差分计算，它适用于跨度 $L \leqslant 40$m 由平面桁架系组成的网架、正放四角锥网架。一般按图表计算，其计算误差小于等于 20%。

拟夹层板法将网架简化成正交异性或者各向同性的平板进行计算，它适用于跨度 $L \leqslant 40$m 由平面桁架系或角锥体组成的网架。一般按图表计算，其计算误差小于等于 10%。

（3）网架结构选型

网架的形式很多，如何结合具体工程合理地选择网架形式是首先面临的问题。网架的选型应根据建筑平面形状和跨度大小、网架的支承方式、荷载大小、屋面构造和材料、制作安装方法等，结合实用与经济的原则综合分析确定。一般情况应选择几个方案经优化设计而确定。在优化设计中，不能单纯考虑耗钢量，应考虑杆件与节点间的造价差别、屋面材料与围护结构费用、安装费用、结构的整体刚度、网架的外观效果等综合经济指标。网架杆件的布置还必须保证不出现结构几何可变的情况。

对于矩形平面周边支承情况，当其边长比小于或等于 1.5 时，宜选用斜放四角锥网架、棋盘形四角锥网架、正放抽空四角锥网架，也可考虑选用两向正交斜放网架、两向正交正放网架。正放四角锥网架耗钢量较其他网架高，但杆件标准化程度比其他网架好，结构的整体刚度及网架的外观效果好，是目前大量采用的一种网架形式。对于中小跨度，也可选用星形四角锥网架和蜂窝形三角锥网架。当边长比大于 1.5 时，宜选用两向正交正放网架、正放四角锥网架和正放抽空四角锥网架。当平面狭长时，可采用单向折线形网架。

对于矩形平面点支承情况，宜采用两向正交正放网架、正放四角锥网架、正放抽空四角锥网架。

对于平面形状为圆形、多边形等，宜选用三向网架、三角锥网架、抽空三角锥网架。由于三角锥网架的整体刚度及网架的外观效果好，也是目前采用较多的一种网架形式。

对于大跨度建筑，尤其是当跨度近百米时，实际工程的经验证明，三角锥网架和三向网架其耗钢量反而比其他网架省。因此，对于这样大跨度的屋盖，三角锥网架和三向网架是较为适宜的选型。

（4）网架结构的主要几何尺寸

网架的标准网格多采用正方形或长方形，网格尺寸可取 $(1/20 \sim 1/6) L_2$，网架高度 H（称为网架矢高）可取 $(1/20 \sim 1/10) L_2$，这里，L_2 为网架的短向跨度。表 4-1 给出了网格尺寸和网架高度的建议取值。

网架的短向跨度 L_2(m)	上弦网格尺寸	网架高度 H
<30	$(1/12 \sim 1/6)L_2$	$(1/14 \sim 1/10)L_2$
30~60	$(1/16 \sim 1/10)L_2$	$(1/16 \sim 1/12)L_2$
>60	$(1/20 \sim 1/12)L_2$	$(1/20 \sim 1/14)L_2$

① 网架高度

与平面形状有关：当平面形状为圆形、正方形或接近正方形的矩形时，网架高度可取小些；狭长平面时，单向作用越加明显，网架应选高些；

与跨度有关：为了满足网架刚度要求，跨度大时，网架高跨比可选用小些；

与屋面荷载有关：当屋面满载较大时，应选择较厚的刚架，反之可薄些；

与支承条件有关：点支承比周边支承的网架高度要大；

与设备有关：当网架中需要穿行通风管道时，网架高应满足相应的空间尺寸要求。

② 网格尺寸

与屋面材料有关：钢筋混凝土板（包括钢丝网水泥板）尺寸不宜过大，否则安装有困难，一般不超过 3m，当采用有檩体系构造方案时，檩条长度一般不超过 6m。网格尺寸应和屋面材料相适应。当网格大于 6m 时斜腹杆应再分，这时应注意出平面方向的杆件屈曲问题。

（5）网架结构体系的屋面

屋面材料的选用直接影响到施工进度、用钢量指标、下部结构（包括基础）及整个房屋的性能，不宜仅考虑某一方面，而应以综合指标权衡确定。目前常用屋面材料有：带肋钢丝网水泥板、预应力钢筋混凝土屋面板、压型钢板、隔热夹心板等。目前采用得较多的有檩体系与轻质屋面防水材料方案可大大减轻网架结构自身以及梁、柱、墙体、基础构件的荷载，而且跨度越大综合影响越大；各种混凝土屋面板、钢丝网水泥板则用于无檩体系中，因为这种体系制作屋面构造层手续多，施工时间长，自重也较大，采用已越来越少。

网架结构的屋面面积都较大，屋面中间起坡高度也比较大，屋面排水问题显得非常重要。网架屋面排水常采用如下几种方式。

① 整个网架起拱

采用整个网架起拱形成屋面排水坡的做法，就是使网架的上、下弦杆仍保持平行，只将整个网架在跨中抬高，如图 4-48 所示。起拱高度应根据屋面排水坡度而定。适用于双坡排水。如起拱度过高，对杆件内力有影响，应按实际几何尺寸进行内力分析。这种做法抗震性能好。

② 网架变高度

在网架跨中高度增加，使上弦杆形成坡度，下弦杆仍平行于地面（图 4-49）。由于跨中高度增加，可降低网架上、下弦杆内力，使网架内力趋于均匀，但使上弦杆和腹杆种类增多，给网架制作带来一定困难。这种做法也将提高网架抗震性能。

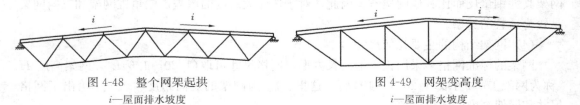

图 4-48　整个网架起拱   图 4-49　网架变高度

i—屋面排水坡度 i—屋面排水坡度

③ 在上弦杆上加小立柱

在上弦节点上加小立柱形成排水坡的方法比较灵活，只要改变小立柱的高度即可形成双坡、四坡或其他复杂的多坡排水系统（图 4-50）。采用这种方法时，随网架跨度增大，小立柱高度也增大，将屋面荷载集中在小立柱顶端，在

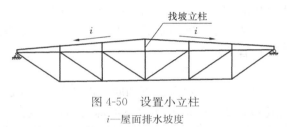

图 4-50 设置小立柱
i—屋面排水坡度

地震作用下，靠小立柱与节点连接来传递水平力，显然不够合理。因此，对有抗震要求的地区，如一定要采用小立柱找坡方法，应对小立柱进行抗震和稳定的验算。

此外，也可采用网架变高度和加小立柱相结合的方法，以解决屋面排水问题。这在大跨度网架上采用更为有利；它一方面可降低小立柱高度，增加其稳定性；另一方面又可使网架的高度变化不大。

（6）网架杆件的截面设计

网架杆件的截面形式有圆管、双角钢（等肢或不等肢双角钢组成 T 形截面）、单角钢、H 型钢、方管等。目前国内应用最广泛的是圆钢管和双角钢杆件，其中圆钢管因其具有回转半径大、截面特性无方向性、抗压承载能力高等特点而成为最常用截面。圆钢管截面有高频电焊钢管和无缝钢管两种，适用于球节点连接。双角钢截面杆件适用于板节点连接，因其安装时工地焊接工作量大，制作复杂，应用渐少。

网架中的弦杆和腹杆为轴心受力杆件，其中的拉杆以强度即 $N \leqslant Af$ 控制截面设计，而压杆一般按整体稳定即 $N \leqslant \varphi Af$ 进行设计验算。确定网架杆件的长细比时，计算长度 l_0 可按表 4-2 采用。杆件的计算长度 l_0 对螺栓球节点网架，取等于杆件的几何长度 l（因节点接近于铰接），即 $l_0 = l$；对焊接球节点网架，因节点有一定的转动刚度且焊接球直径接近于弦杆长度的 $1/10$，其弦杆及支座腹杆取 $l_0 = 0.9l$，而腹杆取 $l_0 = 0.8l$。

对受压杆件，其长细比限值 $[\lambda]=180$；对受拉杆件，支座处及支座附近的杆件长细比限值 $[\lambda]=300$，一般杆件 $[\lambda]=250$，直接承受动力荷载的杆件 $[\lambda]=250$。

网架杆件计算长度 表 4-2

结构体系	杆件形式	节点形式				
		螺栓球	焊接空心球	板节点	毂节点	相贯节点
网架	弦杆及支座腹杆	1.0l	0.9l	1.0l	—	—
	腹杆	1.0l	0.8l	0.8l		

为了保证网架杆件的承载力并使其具有必要的刚度，应限制杆件的截面规格不得小于钢管 $\phi48 \times 3$，角钢 L50×3，薄壁型钢的壁厚不应小于 2mm。在选择杆件截面时，应避免最大截面弦杆与最小截面腹杆同交于一个节点的情况，否则容易造成腹杆弯曲（特别是螺栓球节点网架）。

4.3.3 网架结构的节点设计

网架通过节点把杆件联系在一起组成空间形体，节点的数目随网格大小的变化而变化，节点的重量一般为网架总重量的 $20\% \sim 25\%$，所占比重较大，因节点破坏而造成工

程事故的例子也不少，所以应予充分重视。

网架的常用节点形式有焊接空心球节点、螺栓球节点，有时也采用焊接钢板节点、焊接短钢管节点等。

① 焊接空心球节点

空心球节点可分为不加肋（图 4-51b）和加肋（图 4-51c）两种，所用材料为 Q235B 钢或 Q355B、Q355C 钢。空心球的制作工艺为：首先按 1.414 倍的球直径将钢板下料成圆板，再将圆板压制成型做成半球，最后由两个半球对焊而形成一个空心钢球。

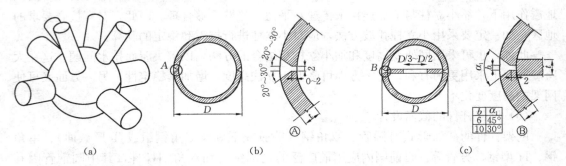

图 4-51　焊接空心球

(a) 空心球节点；(b) 不加肋；(c) 加肋

焊接空心球节点适用于连接钢管杆件，节点构造是将钢管杆件直接焊接连接于空心球体上，具有自动对中和万向性质，因而适应性很强。

直径 D 为 $120 \sim 900$mm 的焊接空心球其受压和受拉的承载力设计值 N_R 可按公式 (4-1) 计算：

$$N_R \leqslant \eta_0 \left(0.29 + 0.54 \frac{d}{D} \right) \pi t d f \tag{4-1}$$

式中　D——空心球外径；

　　　t——空心球壁厚；

　　　d——与空心球相连的主钢管的外径；

　　　f——钢材的抗拉强度设计值；

　　　η_0——大直径空心球节点承载力调整系数，空心球直径小于等于 500mm 时，$\eta_0 = 1.0$；空心球直径大于 500mm 时，$\eta_0 = 0.9$。

对加肋空心球，当仅承受轴力或轴力与弯矩共同作用但以轴力为主（$\eta_m \geqslant 0.8$，η_m 见 4.3.3 节）且轴力方向和加肋方向一致时，其承载力可乘以加肋空心球承载力提高系数 η_d，受压球取 $\eta_d = 1.4$，受拉球取 $\eta_d = 1.1$。

网架和双层网壳空心球的外径与壁厚之比宜取 $25 \sim 45$；单层网壳空心球的外径与壁厚之比宜取 $20 \sim 35$；空心球外径与主钢管外径之比宜取 $2.4 \sim 3.0$；空心球壁厚与主钢管的壁厚之比宜取 $1.5 \sim 2.0$；空心球壁厚不宜小于 4mm。

在确定空心球外径时，球面上网架相邻杆件之间的缝隙 a 不宜小于 10mm。为了保证缝隙 a，空心球直径也可初步按公式（4-2）估算（图 4-52）：

$$D = (d_1 + d_2 + 2a)/\theta \tag{4-2}$$

式中 θ——汇集于空心球节点任意两钢管
杆件间的夹角（rad）；

d_1、d_2——组成 θ 角的钢管外径；

a——d_1 与 d_2 两钢管间净距离，一
般 $a \geqslant 10 \sim 20$mm。

② 螺栓球节点

螺栓球节点由螺栓、钢球、销子（或
止紧螺钉）、套筒和锥头或封板组成
（图 4-53），适用于连接钢管杆件。

螺栓是节点中最关键的传力部件，一
根钢管杆件的两端各设置一颗螺栓。螺栓
由标准件厂家供货。在同一网架中，连接
弦杆所采用的高强度螺栓可以是一种统一

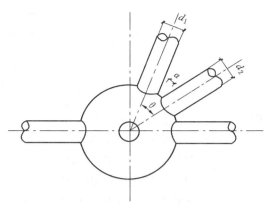

图 4-52 空心球直径的确定
θ—钢管杆件间夹角；d_1、d_2—钢管外径；
a—钢管间净距离

的直径，而连接腹杆所采用的高强度螺栓可以是另一种统一的直径，即通常情况下同一网
架采用的高强度螺栓的直径规格大于等于 2 种。但在小跨度的轻型网架中，连接球体的弦
杆和腹杆可以采用同一规格的直径。螺栓直径一般由网架中最大受拉杆件的内力控制，高
强度螺栓受拉承载力设计值按式（4-3）计算：

$$N_t^b \leqslant A_{eff} f_t^b \tag{4-3}$$

式中 A_{eff}——高强度螺栓的有效截面面积，即螺栓螺纹处的截面积，当螺栓上钻有销孔
或键槽时，A_e 应取螺纹处或销孔键槽处二者中的较小值；

f_t^b——高强度螺栓经热处理后的抗拉强度设计值，对 10.9 级螺栓，取 430N/mm²；
对 9.8 级螺栓，取 385N/mm²。

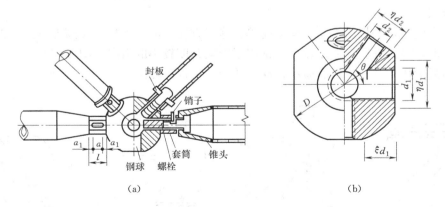

图 4-53 螺栓球节点
（a）节点连接构造；（b）螺栓球

钢球的加工成型分为锻压球和铸钢球两种。钢球的直径大小要满足按要求拧入球体的
任意相邻两个螺栓不相碰的条件。螺栓直径根据计算确定后，钢球直径 D 取下面两式
（式 4-4 和式 4-5）中的较大值：

$$D \geqslant \sqrt{\left(\frac{d_s^b}{\sin\theta} + d_1^b \cdot \cot\theta + 2\xi d_1^b\right)^2 + \lambda^2 \cdot (d_1^b)^2} \qquad (4\text{-}4)$$

$$D \geqslant \sqrt{\left(\frac{\lambda d_s^b}{\sin\theta} + \lambda d_1^b \cdot \cot\theta\right)^2 + \lambda^2 \cdot (d_1^b)^2} \qquad (4\text{-}5)$$

式中　D——钢球直径；

　　θ——两个螺栓之间的最小夹角；

d_1^b——两相邻螺栓的较大直径；

d_s^b——两相邻螺栓的较小直径；

　　ξ——螺栓拧进钢球长度与螺栓直径的比值，可取 1.1；

　　λ——套筒外接圆直径与螺栓直径的比值，可取 1.8。

套筒是六角形的无纹螺母，主要用以拧紧螺栓和传递杆件轴向压力。套筒壁厚按网架最大压杆内力计算确定，需要验算开槽处截面承压强度。

止紧螺钉是套筒与螺栓联系的媒介，使能通过旋转套筒去拧紧螺栓。为了减少钉孔对螺栓有效截面的削弱，螺钉直径应尽可能小一些，但不得小于 3mm。

锥头和封板主要起连接钢管和螺栓的作用，承受杆件传来的拉力或压力。它既是螺栓球节点的组成部分又是网架杆件的组成部分。当网架钢管杆件直径小于 76mm 时，一般采用封板；当钢管直径大于等于 76mm 时，一般采用锥头。

③ 支座节点

空间网格结构的支座节点必须具有足够的强度和刚度，在荷载作用下不应先于杆件和其他节点而破坏，也不得产生不可忽略的变形。支座节点构造形式应传力可靠、连接简单，并应符合计算假定。空间网格结构的支座节点应根据其主要受力特点，分别选用压力支座节点、拉力支座节点、可滑移与转动的弹性支座节点以及兼受轴力、弯矩与剪力的刚性支座节点。

压力支座中，平板压力支座构造简单、施工方便，但支承板下摩擦力较大，支座不能转动或移动，与计算假定差距较大，常用于网架跨度较小的情况（图 4-54）。

单面弧形压力支座可以有微小移动，适用于中等跨度网架（图 4-55）。

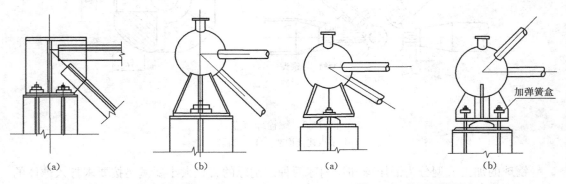

图 4-54　平板压力支座　　　　　　图 4-55　单面弧形压力支座

（a）角钢杆件；（b）钢管杆件　　　（a）两个螺栓连接；（b）四个螺栓连接

双面弧形压力支座又称摇摆支座（图 4-56），它是在支座底板与柱顶板之间设一块上、下均为弧形的铸钢块，在它两侧从支座底板与支承面顶板上分别焊两块带椭圆孔的梯形钢板，然后用螺栓将它们连成整体。这种节点既可沿弧形转动，又可产生水平移动。但其构造较复杂，加工麻烦，造价较高，对下部结构抗震不利，适用于大跨度且下部支承结构刚度较大的网架。

球铰压力支座由一个置于支承面上半圆球与一个连于节点底板上凹形半球相互嵌合，用 4 个螺栓相连而成，并在螺帽下设弹簧（图 4-57）。这种节点可沿两个方向转动，不产生线位移，比较符合球铰支承的约束条件，但构造复杂，有利于抗震，可用于大跨度且带悬伸的四支点或多支点网架。

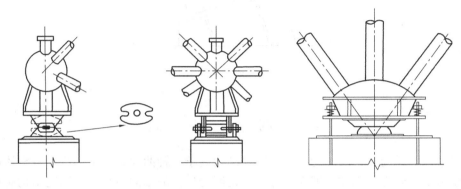

图 4-56　双面弧形压力支座　　　　　图 4-57　球铰压力支座

拉力支座中，较常用的有平板拉力支座和单面弧形拉力支座（图 4-58）。这种节点的构造类似于压力支座节点。为了更好地传力，在承受拉力的锚栓附近，节点板应加肋，以增强节点刚度，弧形板可用铸钢或厚钢板加工而成。这种节点可用于大、中跨度的网架。支座出现拉力情况不多，但在越来越多地采用轻质屋面维护材料以后，反号荷载效应情况应予充分重视。

板式橡胶支座节点不仅可以沿切向及法向位移，还可以绕两向转动，可用于支座反力较大、有抗震要求、温度影响、水平位移较大与有转动要求的大、中跨度空间网格结构（图 4-59）。这种节点构造简单、安装方便、节省钢材、造价低，可构成系列产品，工厂化大量生产，是目前使用最广泛的一种支座节点。

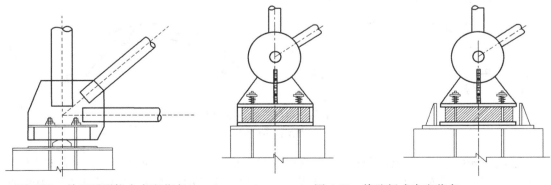

图 4-58　单面弧形拉力支座节点　　　　　图 4-59　橡胶板式支座节点

刚接支座节点可用于中、小跨度空间网格结构中承受轴力、弯矩与剪力（图 4-60）。支座节点竖向支承板厚度应大于焊接空心球节点球壁厚度 2mm，球体置入深度应大于 2/3 球径。

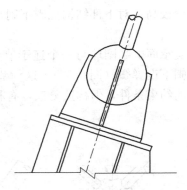

图 4-60　刚接支座节点

4.4　网　壳　结　构

网架结构的受力是平板的受弯，而网壳结构属于一种曲面型网格结构，就整体而言是一个主要承受膜内力的壳体，即大部分荷载由网壳杆件的轴向力承受。网壳结构有杆系结构构造简单和薄壳结构受力合理的特点。

在大多数情况下，网壳被设计为四边简支，其边界效应就更小，因此，同等条件下，一般网壳结构较网架结构可节约钢材约 20%。此外，不同曲面的网壳可以提供各种新颖的建筑造型，能适应各种复杂的建筑造型需要。

但是网壳杆件和节点几何尺寸的偏差以及曲面的偏离对网壳的内力、整体稳定性和施工精度影响较大，这就给结构设计带来了困难。另外，为减小初始缺陷，对于杆件和节点的加工精度应提出较高的要求，这就给制作加工增加了困难。这些缺点在大跨度网壳中显得更加突出。

4.4.1　网壳结构形式

网壳的分类通常有按照层数划分、按高斯曲率划分和按网壳曲面形式划分三种方式。按层数划分有单层网壳和双层网壳两种（图 4-61）。

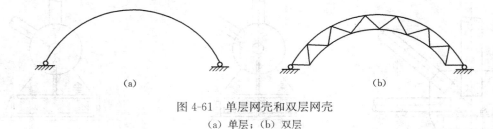

(a)　　　　　　　　　　　　　　　(b)

图 4-61　单层网壳和双层网壳

(a) 单层；(b) 双层

通过网壳曲面 S 上的任意点 P，作垂直于切平面的法线 P_n。通过法线 P_n 可以作无穷多个法截面，法截面与曲面 S 相交可获得许多曲线，这些曲线在 P 点处的曲率称为法曲率，用 k_n 表示，如图 4-62 所示。

在 P 点处所有法曲率中，有两个取极值的曲率（即最大与最小的曲率）称为 P 点主曲率，用 k_1、k_2 表示。两个主曲率是正交的，对应于主曲率的曲率半径用 R_1 及 R_2 表示，它们之间关系为

$$k_1 = \frac{1}{R_1}$$

$$k_2 = \frac{1}{R_2}$$

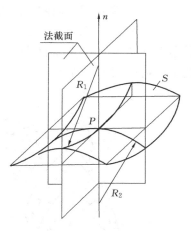

图 4-62　曲线坐标

曲面的两个主曲率之积称为曲面在该点的高斯曲率，用 K 表示

$$K = k_1 \cdot k_2 = \frac{1}{R_1} \cdot \frac{1}{R_2}$$

按高斯曲率划分有：

① 零高斯曲率的网壳

零高斯曲率是指曲面一个方向的主曲率半径 $R_1 = \infty$，而另一个主曲率半径 $R_2 = a$，故又称为单曲网壳。零高斯曲率的网壳有柱面网壳、圆锥形网壳等（图 4-63a）。

② 正高斯曲率的网壳

正高斯曲率是指曲面的两个方向主曲率同号，均为正或均为负。正高斯曲率的网壳有球面网壳、双曲扁网壳、椭圆抛物面网壳等（图 4-63b）。

③ 负高斯曲率的网壳

负高斯曲率是指曲面的两个方向主曲率异号。这类曲面一个方向是凸面，一个方向是凹面。负高斯曲率的网壳有双曲抛物面网壳、单块扭网壳等（图 4-63c）。

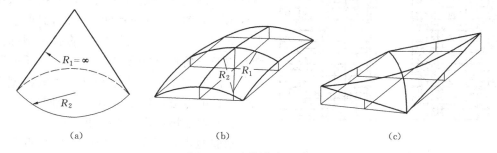

（a）　　　　　　　　　（b）　　　　　　　　　（c）

图 4-63　高斯曲率网壳

(a) 圆锥网壳；(b) 双曲扁网壳；(c) 单块扭网壳

网壳结构按曲面外形划分，有柱面网壳（包括圆柱面和非圆柱面网壳）、回转面网壳（包括锥面、球面与椭球面网壳）、双曲扁网壳以及双曲抛物面鞍型网壳（包括单块扭网壳，三块、四块、六块组合型扭网壳）等。其中柱面网壳、球面网壳、双曲抛物面网壳以及由这 3 种基本几何形式切割组合形成的结构是最常用的网壳结构形式。

（1）柱面网壳

柱面网壳可由不同的几何曲线组成，最常用的是圆弧形，也可以是椭圆形、抛物线、双曲线等。柱面网壳当跨度较小时可以采用单层，一般情况采用双层。

图 4-64 是单层柱面网壳的常用网格形式，其中联方型柱面网壳（图 4-64a）仅用于跨度较小的情况，当跨度较大时，可以通过增加竖向杆件形成三向格子型（图 4-64b）。弗普尔型（图 4-64c）柱面网壳亦称人字形柱面网壳，结构形式简单，用钢量省，多用于小跨度或荷载较小的情况。

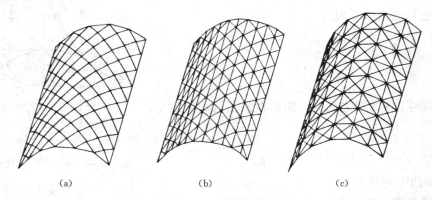

(a)　　　　　　　　(b)　　　　　　　　(c)

图 4-64　单层柱面网壳的常用网格形式
(a) 联方型；(b) 三向格子型；(c) 弗普尔型

双层柱面网壳的网格形式则比较多，在平板网架结构中曾经讨论过的交叉桁架体系、四角锥以及三角锥体系都是双层柱面网壳的常用网格划分形式。如图 4-65 所示就是四角锥体系用于柱面网壳的例子。

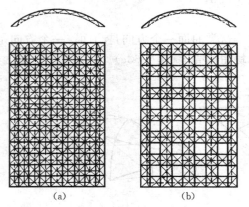

(a)　　　　　　　(b)

图 4-65　正放四角锥双层柱面网壳
(a) 正放四角锥；(b) 抽空四角锥

（2）球面网壳

球面网壳当跨度较小时也可以采用单层，跨度较大时整体稳定不易保证，应采用双层。球面网壳的网格分割方法很多，网格形状主要有梯形（如图 4-66a 所示肋环形球面网壳）、菱形（如图 4-66b 所示无纬向杆的联方型球面网壳）以及三角形（如图 4-66c、d、e、f 所示有纬向杆的联方型、施威德勒型、凯威特型等），从受力性能考虑，最好采用三角形网格。

（3）双曲抛物面网壳（扭壳）

双曲抛物面网壳在几何学上的特点是其曲面的形成方式属移动式，具有直纹性，即其曲面是由无数根斜交的直线组成。通过一定的组合，双曲抛物面网壳还可以发展出不同的造型，如图 4-67 所示。

4.4.2　网壳结构的计算要点

（1）网壳结构选型

网壳结构的选型主要应综合考虑建筑造型、结构跨度、平面形状、支承条件、制作安装及技术经济指标等因素。选型时应注意：

① 单层网壳结构仅用于中、小跨度，其节点为刚性连接，因此只能采用焊接球。

② 网壳的几何尺寸（平面尺寸、矢高、厚度等）应保证受力合理及刚度要求。

282

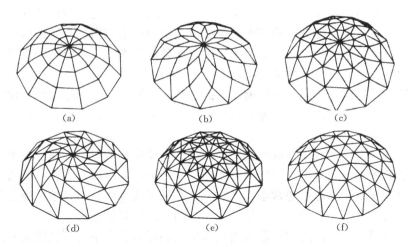

图 4-66　球面网壳的常用网格形式

（a）肋环形；（b）无纬向杆的联方型；（c）有纬向杆的联方型；

（d）施威德勒型Ⅰ；（e）施威德勒型Ⅱ；（f）凯威特型

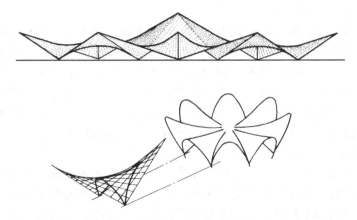

图 4-67　双曲抛物面网壳及其组合造型

③ 网壳结构的支座处常有较大的水平反力，应注意边缘构件及支座的设计，如球面网壳的外环梁、圆柱面网壳的端部横格及扭网壳四周的边桁架等。

④ 网壳结构以承受膜内力为主，稳定问题比较突出。为了保证整体结构的刚度从而提高其整体稳定性，应控制单层网壳结构的最大位移不超过短跨的 1/400 及悬挑长度的 1/200，双层网壳结构的最大位移不超过短跨的 1/250 及悬挑长度的 1/125。

（2）结构分析

网壳结构的发展与建筑材料和计算理论的发展紧密相连，其总的趋势是跨度越来越大，厚度越来越薄。跨度大、厚度薄、重量轻可以看作是结构优化的成果。影响网壳结构静力特性的因素很多，如结构的几何外形、荷载类型及边界条件等。网壳的类型和形式很多，形式不同的网壳，结构的变形规律及内力分布规律相差甚远。即使是同一种形式的网壳，当几何外形尤其是矢跨比不同时，都将有不同的结构反映。此外，网壳结构是一类边界条件敏感型的结构，边界约束条件的细微变化将有可能使结构的静力性能产生相当大的变化。网壳结构分析的主要目的是计算结构在各种荷载工况和边界约束条件下的变形和构件内力，为杆件、节点设计和结构变形控制提供定量的数值依据。网壳结构的分析不仅仅是强度的分析，通常还必须包括刚度和稳定性。在某些条件下，稳定性分析已成为网壳结构尤其是单层网壳结构设计中的关键问题。

结构分析的过程实际上是一个数值计算的过程。如何将一个实际结构合理地抽象为一个数学计算模型是网壳结构分析首先面临的问题，也是影响分析结果是否符合结构实际受力状态的关键因素。

计算分析表明：对于双层（或多层）网壳结构，无论其节点采用螺栓球节点，还是具有一定抗弯刚度的焊接球节点，只要荷载作用在节点上，构件内力主要以轴力为主，而考虑节点刚度所引起的构件弯矩通常很小。因此，双层（或多层）网壳结构通常采用空间杆单元模型，其结构分析方法采用与网架结构相同的空间桁架位移法。

而对于单层网壳，构件之间通常采用以焊接空心球节点为主的刚性连接方式。同时从结构受力性能上来看，单层网壳构件中的弯矩和轴力相比往往不能忽略，而且可能成为控制构件设计的主要内力，因此单层网壳的结构分析通常采用空间梁单元模型。

网壳结构分析的基础是经典弹性理论，其力学模型的假定一般有以下两种方法。

① 连续化假定——拟壳法

连续化假定方法是将网壳结构比拟为一连续的光面实体薄壳，亦称为拟壳法。拟壳法的基本思路是将格构式的球面、柱面或双曲抛物面网壳等代为连续的光面实体球壳、柱壳或双曲抛物面薄壳，然后按弹性薄壳理论分析求得壳体的内力和位移，再根据各截面的应力值折算为球面或柱面网壳的杆件内力。因此，此法须经过连续化再离散化的过程。

拟壳法的局限性在于确定合理的等代刚度较困难，特别是当两方向网格划分不均匀时。同时，等厚度薄壳也不能真实反映各截面杆件的不同变化情况。

② 离散化假定——矩阵位移法或有限单元法

离散化假定方法一般采用杆系结构的矩阵位移法或有限单元法。矩阵位移法或有限单元法的基本思路是将网格结构离散为各个单元，然后分别求得各单元刚度矩阵及结构的总刚度矩阵，再根据边界条件修正总刚度矩阵后求解基本方程，通过求解基本方程，可以得到各单元节点的位移，进而得到杆件的内力。

离散性的有限元模型更符合网壳结构本身离散构造的特点，且不受结构形式、荷载条件及边界条件等的限制，大型通用有限元软件还能提供多种工况下的最不利内力计算等功能。随着建筑结构计算技术的发展，目前我国已有一批成熟的专业化软件可供设计使用。

（3）初始缺陷的影响

实际网壳结构不可避免地具有各种初始缺陷，如杆件的初弯曲、初始内应力（如残余应力）、杆件对节点初始偏心等。从实用角度出发，在按规范规定选择杆件截面时实际上已作了适当考虑。这样设计出来的网壳结构，杆件稳定性与整个网壳结构稳定性的耦合作用不是一个主要因素。对网壳结构的整体稳定性来说，曲面形状的安装偏差，即各节点位置的偏差就成为起主要影响作用的初始缺陷。网壳结构的整体稳定性计算可采用"一致缺陷模态法"来考虑这类初始缺陷的影响，即认为初始缺陷按最低阶屈曲模态分布时可能具有最不利影响。

（4）杆件设计与构造

网壳结构的杆件可采用普通型钢或薄壁型钢。管材宜采用高频焊管或无缝钢管，当有条件时应采用薄壁管型截面。杆件长细比不宜超过表 4-3 的限值。

网壳杆件长细比限值 表 4-3

结构体系	杆件形式	杆件受拉	杆件受压	杆件受压与压弯	杆件受拉与拉弯
网架 立体桁架 双层网壳	一般杆件	300	180	—	—
	支座附近杆件	250		—	—
	直接承受动力荷载杆件	250		—	—
单层网壳	一般杆件	—	—	150	250

确定长细比时采用的计算长度按表 4-4 取用。

网壳杆件计算长度取值 表 4-4

结构体系	杆件形式	节点形式				
		螺栓球	焊接空心球	板节点	毂节点	相贯节点
网架	弦杆及支座腹杆	$1.0l$	$0.9l$	$1.0l$	—	—
	腹杆	$1.0l$	$0.8l$	$0.8l$		
双层网壳	弦杆及支座腹杆	$1.0l$	$1.0l$	$1.0l$	—	—
	腹杆	$1.0l$	$0.9l$	$0.9l$		
单层网壳	壳体曲面内	—	$0.9l$		$1.0l$	$0.9l$
	壳体曲面外	—	$1.6l$		$1.6l$	$1.6l$

注：l 为杆件长度。

网壳结构在完成内力分析求出每根杆件的内力之后，就可以进行杆件截面设计。对于双层网壳，因为内力分析时杆件一般按空间杆单元考虑，所以杆件的内力为轴向受拉或轴向受压。此时杆件的截面设计计算与网架结构相同，不再赘述。

对于单层网壳，在进行内力分析时，杆件一般按空间梁单元考虑，所以杆件为压弯或拉弯受力；无论是压弯受力还是拉弯受力，杆件必须满足强度要求，而对于压弯受力杆还必须满足稳定性要求。

4.4.3 网壳结构的节点设计

① 一般节点

网壳结构的节点主要有焊接空心球节点、螺栓球节点和嵌入式毂节点等，其中应用最为广泛的是前两种，对于网壳结构中的螺栓球节点和焊接空心球节点，设计与网架结构基本相同，在此不再赘述。

对于单层网壳结构的杆件，由于节点刚接，其组成杆件要承受附加弯矩，因此应按拉弯或压弯杆件设计。单层网壳结构的连接节点只能采用焊接空心球，考虑承受节点附加弯矩，其承载力按公式（4-6）计算：

$$N_m = \eta_m N_R \tag{4-6}$$

$$N_R \leqslant \eta_0 \left(0.29 + 0.54 \frac{d}{D} \right) \pi t d f \tag{4-7}$$

式中　N_R——空心球受压和受拉承载力设计值；

　　η_m——考虑空心球受压弯或拉弯作用的影响系数，按图 4-68 确定。

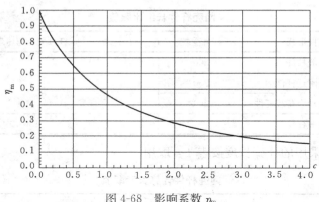

图 4-68　影响系数 η_m

图 4-68 中偏心系数 c 应按 $c = 2M/(Nd)$ 计算，M 为杆件作用于空心球节点的弯矩，N 为杆件作用于空心球节点的轴力，d 为杆件的外径。

② 支座节点

网壳结构的支座节点设计应保证传力可靠、连接简单，并应符合计算假定：通常支座节点的形式有固定铰支座、弹性支座、刚性支座以及可以沿指定方向产生线位移的滚轴支座等。

网壳支座节点的节点板、支座垫板和锚栓的设计计算及构造等可以参考网架结构的支座节点。

4.5　张　力　结　构

张力结构是一种古老而又新颖的结构形式，作为一种古老传统的结构形式，它在古代就得到广泛而成功的应用；作为一种新颖的结构，它体现了各种先进的科学技术。可以说，张力结构的设计和建造综合反映了一个国家的基础理论、应用技术、材料科学、建筑设计施工等诸方面的水平。广义地讲，张力结构包含了各种悬挂结构、张力集成体系和膜结构，国内外尤其是一些技术发达国家的学者对各种形式的张力结构做了大量系统的研究，研究的范围涉及数学、力学、结构理论、计算机方法、材料、施工等多个领域。

由于张力结构可以充分发挥材料的强度，具有很高的结构效率，尤其适合于大跨度的空间结构。自 20 世纪 60 年代以来，现代张力结构就得到了广泛的应用，在国内外大跨度的体育建筑、交通建筑、会展中心等都有很多成功的范例。从而成为驰名世界的经典之作，有些建筑物也成为标志性的建筑。张力结构除了成功地应用于大跨度空间结构以外，还以其优美的体形经常出现于中、小跨度的建筑乃至建筑小品中，因此建筑师、结构师对于张力结构的青睐经久不衰。

4.5.1　张弦结构

（1）定义与特点

张弦结构是 20 世纪末期发展起来的一种大跨度预应力空间结构体系，张弦结构最早的得名来自于张弦梁，该结构体系的受力特点是"弦通过撑杆对梁进行张拉"，但是随着张弦结构的不断发展，其结构形式趋于多样化。20 世纪 80 年代，日本的 M. Saitoh 教授将张弦梁定义为：用撑杆连接抗弯受压构件与抗拉构件而形成的自平衡体系。拉索作为一个比较活跃的单元体，具有与各类结构进行广泛组合的可能性，在张弦结构体系中，柔性的索可以充分发挥其高强度钢的作用来承受主要荷载，而刚度则通过组合具有抗弯刚度的结构得到改善，从而形成了一种受力合理、施工方便的空间结构形式，如图 4-69 所示。

梁　　　　　　　　　　索　　　　　　　　　　张弦梁

图 4-69　张弦梁示意图

随着对张弦结构的深入理解及对其受力特点的探究，又出现其他形式，如图 4-70 所示。但各种形式张弦结构在组成上具有共同点，那就是均通过撑杆连接抗弯受压构件（如梁、拱）和抗拉构件（如弦）。经过一段时间的研究探索及工程实践，"张弦"已经发展成为一个结构概念，人们对该类结构的组成特点也已经形成以下共识：

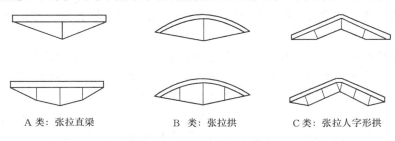

A 类：张拉直梁　　　　　B 类：张拉拱　　　　　C类：张拉人字形拱

图 4-70　张弦结构基本形式

① 由可以承受弯矩和压力的上弦刚性构件（或结构）与高强度柔性索结合成的一种预应力复合结构；

② 撑杆是结构中的必要构件，上弦与下弦之间通过撑杆连接；

③ 刚性构件（或结构）与柔性索必须要合理组合形成自平衡体系。

张弦结构的受力机理为：通过在下弦拉索中施加预应力使上弦压弯构件产生反挠度，使结构在荷载作用下的最终挠度得以减小，而撑杆对上弦的压弯构件提供弹性支撑，改善结构的受力性能。上弦的压弯构件一般采用拱梁或桁架拱，在荷载作用下拱的水平推力由下弦的抗拉构件承受，减轻拱对支座产生的负担，减小滑动支座的水平位移。由此可见，张弦结构可充分利用高强索的强抗拉性改善整体结构受力性能，使压弯构件和抗拉构件取长补短，协同工作，达到自平衡，充分发挥了每种构件材料的作用，是大跨度空间结构中典型的刚柔结合的混合结构体系。

这种经优化组合后的杂交结构体系，充分利用一种类型结构的长处来避免或抵消另一种与之组合的结构的短处，从而可以改进整个结构体系的受力性能，可以比组合前的原型结构更经济、更合理地跨越更大的空间。

但是张弦结构作为一种风敏感结构，对于设计风荷载较大且用轻屋面系统的结构，在风吸力作用下可能出现下弦拉索受压退出工作的情况，设计时要特别注意。

从目前工程应用来看，张弦结构的上弦构件通常采用实腹式构件（如矩形钢管、H型钢等）、格构式构件、平面桁架或立体桁架等。从构件材料上看，上弦构件基本采用钢构件，但也可采用混凝土构件；撑杆通常采用圆钢管；下弦拉索以采用高强平行钢丝束居多，也可采用钢绞线。在形式上，张弦结构的工程应用大多采用平面张弦结构。因为平面张弦结构的形式简洁，建筑师乐于采用。同时平面张弦结构受力明确，制作加工、施工安装均较为方便。平面张弦结构也可以根据建筑平面及结构受力的需要采用双向或多向布置，是目前大跨度结构形式中一种可行的方案。

由于张弦结构是一种自平衡体系，其梁端推力由下弦拉索负担而不是由支座来承受，故张弦结构一般设计为一端固支、一端简支。考虑到下弦拉索张拉时结构要发生很大变位，支座可在张拉完毕后再进行处理。从施工角度来看，张弦梁可以在地面组装完毕后实施整体提升就位。因此对于张弦结构特别是应用广泛的单向张弦结构，施工安装比较方便，而且安全可靠。

（2）张弦结构的分类

根据其传力及受力方式，张弦结构可分为平面张弦结构和空间张弦结构。

① 平面张弦结构

张弦结构的基本类型有三种，如图 4-70 所示，分别为张拉直梁、张拉拱和张拉人字形拱。

在这三类基本类型中，弦和撑杆产生的作用是不尽相同的。张拉直梁主要是通过撑杆提供弹性支撑，从而减小梁上的弯矩，主要适用于楼面梁和小坡度屋面结构；张拉拱则是通过撑杆减小拱上弯矩的同时，由弦抵消拱端推力，从而充分发挥了拱型的结构优势和高强索的高抗拉强度的材料优点，适合用于屋盖结构；张拉人字形拱则主要利用弦来抵消拱端的推力，但是因其起拱较高，所以只适用于跨度较小的屋盖结构，比较容易形成东方传统的坡屋顶建筑结构造型。

② 空间张弦结构

空间张弦结构是以单榀张弦结构为基本组成单元，通过不同形式的空间布置所形成的以空间受力为主的张弦结构。空间张弦结构可以分为以下五种形式。

单向张弦结构：单向张弦结构（图 4-71a）是在平行布置的单榀平面张弦结构之间设置纵向支承索。纵向支承索一方面可以提高整体结构的纵向稳定性，保证每榀平面张弦梁的平面外稳定，同时通过对纵向支承索进行张拉，为平面张弦梁提供弹性支承，因此此类张弦结构属于空间受力体系。当然也可以在每榀张弦梁上弦之间设置各种支撑和系杆，以代替纵向支承索的作用。该结构形式适用于矩形平面的屋盖。

在单向张弦结构中，连接构件为各榀平面张弦结构提供纵向支点，屋面荷载主要由各榀平面张弦结构单向传递，整体结构呈平面传力体系；纵向连接构件往往采用高强索，并对其施加预应力，而预应力的施加和锚固都是在高空进行，施工有难度。单向张弦结构与膜材结合时，两榀间膜的谷底深度受限制。虽然单向张弦结构有以上不足，但由于轻屋面单向张弦结构自重轻，各榀张弦结构需传递的荷载也不大，故所需的平面张弦结构的榀数相比传统平面重屋盖体系（如平面桁架体系）所需的榀数少，并且单榀张弦结构相比桁架节点少，所以整体结构具有构造简单、运输和施工较方便、造价低等优点。

双向张弦结构：双向张弦结构（图 4-71b）是鉴于单向张弦结构侧向稳定性难以保证

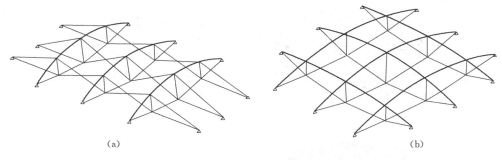

图 4-71　单向和双向张弦结构

(a) 单向张弦结构；(b) 双向张弦结构

的缺点而提出的另一种形式，由单榀平面张弦结构沿纵横向交叉布置而成。两个方向的交叉平面张弦梁相互提供弹性支承，因此该体系属于纵横向受力的空间受力体系。由于拱梁交叉连接，侧向约束比单向张弦结构明显增强，但节点处理要变得复杂一些。由于撑杆对拱梁的作用力，拱梁竖向稳定性增强；该结构形式适用于矩形、圆形及椭圆形等多种平面的屋盖。

多向张弦结构：多向张弦结构（图 4-72）是将平面张弦结构沿多个方向交叉布置而成，结构呈空间传力体系。其撑杆对上弦梁起的作用和单根张弦结构的相同，上弦梁交叉连接，侧向约束相比单向张弦结构得到加强，相对于单、双向张弦结构节点构造更为复杂。该结构形式适用于圆形平面和多边形平面的屋盖。

辐射式张弦结构：辐射式张弦结构（图 4-73）由中央按辐射状放置上弦梁拱，梁下设置撑杆，撑杆用环向索或斜索连接，具有传力直接、易于施工和刚度大的优点。该结构形式适用于圆形平面或椭圆形平面的屋盖。辐射式张弦结构是张弦结构在研究和应用中进一步发展的新形式。

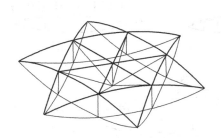

图 4-72　多向张弦结构

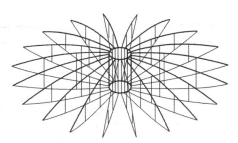

图 4-73　辐射式张弦结构

张弦穹顶结构：图 4-74 所示为北京奥运会羽毛球馆张弦穹顶结构布置图，以上四类结构均是将单榀张弦结构按单向、双向、多向和辐射式布置形成的，其中抗压弯构件均采用平面构件（拱）。从张弦结构的定义出发，抗压弯构件也可直接采用空间结构，如网壳、网架、实体板、实体梁等，张弦穹顶是以空间结构作为压弯构件，将空间结构、撑杆和高强索组合而成一种新的杂交结构。张弦穹顶通过对索施加预应力，改善抗压弯构件上的应力分布，增强整体刚度，减小变形，提高抗屈曲性能，降低对边界条件的要求，从而使矢高低的单层网壳能够经济地用于大跨结构中。

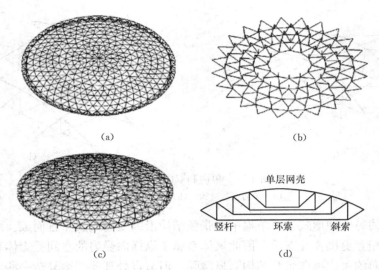

(a)　　　　　　　　　　　　　　　　　(b)

单层网壳

竖杆　　　环索　　　斜索

(c)　　　　　　　　　　　　　　　　　(d)

图 4-74　北京奥运会羽毛球馆张弦穹顶结构布置图
(a) 上部单层网壳；(b) 下部撑杆和钢索；(c) 完整的模型；(d) 剖面图

（3）分析方法

张弦梁结构是由上弦刚性构件和下弦柔性拉索两类不同单元组合而成的一种结构体系，通常将其归于"杂交体系"范畴。从受力性态上来看，张弦梁结构又通常被认为是种"半刚性"结构。与悬索结构等柔性结构一样，根据张弦梁结构在加工、施工及使用阶段的受力特点，通常将其结构形态定义为零状态、初始态和荷载态三种（图 4-75）。其中零状态是拉索张拉前的状态，是构件的加工和放样形态（通常也称结构放样态）；初始态是拉索张拉完毕且屋面结构施工结束后的形态（通常也称预应力态），是建筑设计所明确的结构外形；而荷载态是外荷载作用在初始态结构上发生变形后的平衡状态。

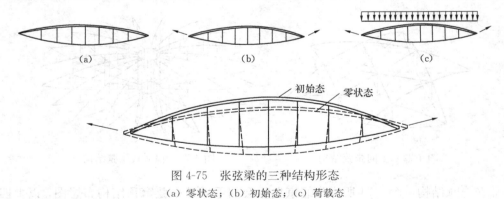

(a)　　　　　　　　　　　　(b)　　　　　　　　　　　　(c)

初始态　　　零状态

图 4-75　张弦梁的三种结构形态
(a) 零状态；(b) 初始态；(c) 荷载态

以上三种状态的定义，对张弦结构设计具有现实意义。对于张弦梁结构零状态，主要涉及结构构件的加工放样问题。张弦梁结构的初始形态是建筑设计所给定的基本形态，即结构竣工后的验收状态。如果张弦梁结构的上弦构件按照初始形态给定的几何参数进行加工放样，那么在张拉拉索时，由于上弦构件刚度较弱，拉索的张拉势必引导撑杆使上弦构件产生向上的变形（图 4-75）。当拉索张拉完毕后，结构上弦构件的形状将不同于初始形状，从而不满足建筑设计的要求。因此，张弦梁结构上弦构件的加工放样通常要考虑拉索张拉产生的变形影响，这也是张弦梁这类半刚性结构须进行零状态定义的原因。

从目前已建成的张弦梁结构工程的施工程序来看，通常是每榀张弦梁张拉完毕后再进行整体吊装就位，然后铺设屋面板和安装吊顶。因此，该类结构的变形控制应该像悬索结构那样，以初始态为参考形状。也就是说，只有可变荷载在该状态下产生的结构变形才是正常使用极限状态所要求控制的变形，结构变形不应该计入拉索张拉对结构提供的反拱效应。

由于张弦梁结构属于通常定义的半刚性结构，因此人们担心该类结构的分析是否应该考虑几何非线性影响。但是相关研究表明，在张弦梁荷载态分析时，考虑几何非线性效应的分析结果和线性分析结果非常接近，因此该类结构荷载态的分析可不考虑几何非线性的影响，即符合小变形的假定。但是如前所述，对于跨度较大的张弦梁结构，在下弦拉索的张拉阶段，即结构由零状态变化到初始态的过程中，结构会出现较大的变形。因此在保证上弦构件加工精度的前提下，有些研究结论建议考虑几何非线性影响。

张弦梁结构设计中涉及以下几类计算分析问题：

1）结构预应力分布的计算；

2）荷载态各工况作用下的结构变形和构件内力分析；

3）零状态结构加工放样形状分析。

考虑到张弦结构满足小变形假定，因此结构荷载态各工况下的结构分析可以采用线性叠加原则，即先计算各单项荷载作用下的节点位移和构件内力，然后按照荷载组合原则将单项荷载效应乘以荷载分项系数和组合系数后相加，最终求得各荷载工况作用下的节点位移和构件内力。

张弦结构放样形态分析的目的就是求解结构零状态形状，以保证拉索张拉完毕，其变形后的形状为建筑设计所给定的结构形状，即初始态形状。这类问题实际上是与常规结构分析相对应的"逆分析"问题。

张弦结构放样形态分析逆迭代法的基本思想是首先假设一零状态几何形状（通常第一步迭代就取初始态的形状），然后在该零状态几何形状上施加预应力，并求出对应的结构变形后形状，将其与初始态形状比较，如果差别比较微小，就可以认为此时的零状态就是要求的放样状态；如果差别超过一定范围，则修正前一步的零状态几何形状，并再次进行迭代计算，直到求得的变形后形状与初始态形状的差别满足要求的精度为止。

（4）工程应用

张弦结构在建筑中的应用始于 20 世纪 80 年代，当时的工程应用主要集中在日本。在国内，张弦结构早在 20 世纪 80 年代就有了工程实践，在这一时期，结构以采用重屋面覆盖材料为特点，并且一般为平行布置，结构呈平面受力体系，所以用钢指标高。到了 20 世纪 90 年代，由于轻型彩色压型钢板和彩色夹心保温板的广泛应用，屋面自重大幅度降低，使得近年来张弦结构得到了越来越多的运用。

① 上海浦东国际机场候机楼

上海浦东国际机场候机楼是我国首次采用大跨度张弦结构，一期航站楼由航站主楼（402m×128m）和登机廊（1374m×37m）组成，两者之间以两条宽 54m 的廊道相连。航站楼的屋盖跨越结构采用预应力张弦梁。航站楼共有 4 种跨度的张弦梁，覆盖进厅、办票厅、商场和登机廊四个大空间，分别简称为 R1、R2、R3 以及 R4，其支点水平投影跨度依次为 49.3m、82.6m、44.4m 和 54.3m。张弦梁的上、下弦均为圆弧形，其上弦由三根平行方管组成，中间主弦为 400mm×600mm 焊接方管，两侧副弦为 300mm×300mm 方管，由两个冷弯槽钢焊成。主副弦之间以短管相连，腹杆为圆钢管，如图 4-76 所示。上弦与腹杆均采用 Q345 低合金钢，下弦为一根钢索，采用高强冷拔镀锌钢丝，外包高密度聚乙烯，两端通过特殊的热铸锚组件与上弦连接。腹杆上端以销轴与上弦连接，下端通过索球与钢索连接。张弦梁纵向间距 9m，通过纵向桁架将荷载传给倾斜的钢柱或直接支承在混凝土剪力墙上。钢柱为双腹板工字柱，按 18m 轴线间距成对布置，且与张弦梁不在同一平面内，形成一种特殊的韵律。纵向桁架为空间桁架，宽 1700mm，高 1300mm，上、下弦及腹杆均为焊接方管。为了保持结构的稳定或增加抗侧刚度，结构中还较多地使用了不同方式布置的钢索，成为本工程的一大特色。图 4-77 为张弦梁 R4 中采用的群索的上、下端锚具。

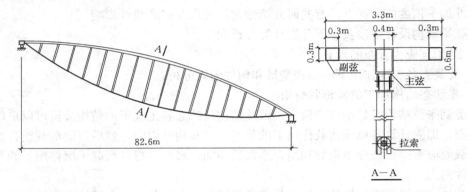

图 4-76　上海浦东国际机场候机楼张弦梁屋盖结构示意图

② 广州国际会展中心

广州国际会展中心位于广州市海珠区琶洲岛，博览区占地面积 38 万 m²，北临珠江，西连华南快速干线、南新港东路等交通主干道，是广州市 21 世纪的标志性建筑。上部结构由钢筋混凝土框架和钢结构屋盖两部分组成。主展览厅共 5 个单元，每个单元的屋面结构如图 4-78 所示，共由 6 榀一端为固定铰支座，另一端为水平滑动支座的张弦桁架结

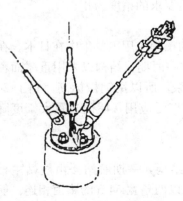

图 4-77　群索上、下端锚具

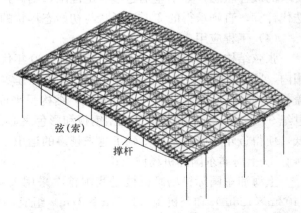

图 4-78　展厅一个单元的钢结构轴测图

292

构构成，跨度为 126.6m，是目前国内跨度最大的张弦桁架。

结构计算简图如图 4-79 所示，腹杆与弦杆、撑杆与弦杆的连接均为铰接。所有桁架杆件均采用圆钢管，节点均为空间相贯节点，钢材采用 Q345B。考虑到每榀张弦桁架的一端为固定铰支座，另一端为水平滑动支座，且屋面板的构造亦允许与桁架及檩条有一定程度的滑动，故温度的作用可以不计。每榀张弦桁架的中心间距为 15m。

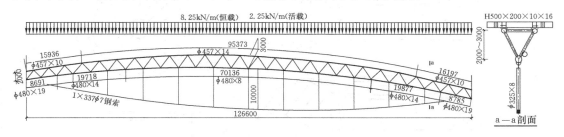

图 4-79 张弦桁架构件图

主檩条为 H500×200×10×16，水平投影檩距为 5m。屋面支撑为 219×6.5，满堂布置在檩条所在平面内。张弦桁架端部支座采用铸钢节点，如图 4-80 所示。

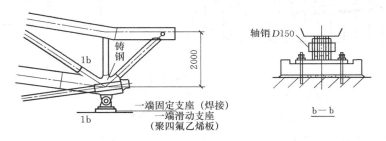

图 4-80 支座铸钢节点示意图

4.5.2 悬索结构

悬索结构是一种理想的大跨度屋盖结构形式，它是以只能受拉的钢索（钢丝、钢绞线或钢丝绳）作为主要承重构件，通过索的轴向拉力抵抗外荷载。悬索结构最早用于桥梁，20 世纪 50 年代开始用于房屋建筑。因为受拉构件的承载能力决定于强度而不是稳定性，因此受拉构件中高强材料能得到最充分地利用，加之材料的强度高，使承重结构的重量较小，因而悬索结构使用的效果随跨度增大而提高。

（1）主要形式

常用的悬索结构有单层悬索体系（图 4-81）、双层悬索体系（图 4-83）、交叉悬索体系以及各种组合悬挂体系。

1）单层悬索体系

单层悬索体系的结构组成特点是由许多平行的单根拉索组成（图 4-81a、b、c），拉索两端悬挂在稳定的支承结构上。单层悬索的工作与单根悬索相似，是一种可变体系，在恒载作用下呈悬链线形式，在不对称荷载或局部荷载作用下产生大的位移（机构性位移）。索的张紧程度与索的稳定性（抵抗机构位移的能力）成正比。单层悬索结构的抗风能力差，在风吸力作用下悬索内的拉力下降，稳定性进一步降低。

悬索结构的拉索在安装时必须牵拉张紧，因此会产生较大的横向反力，需设置较强的

293

支承结构以承受此支座力。支承结构可以是钢筋混凝土支柱（图 4-81a、b），也可以是设置于房屋端部的水平桁架（图 4-81c），由于支承结构的受力较大，其造价可能占整个房屋造价的很大部分。

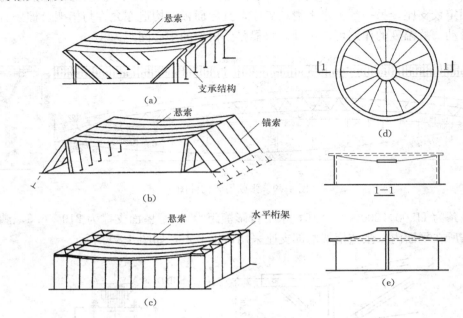

图 4-81　单层悬索体系
(a) 拉索悬挂于支承结构；(b) 设置锚索；(c) 拉索悬挂于端部水平结构；
(d) 圆形悬索结构；(e) 伞形悬索结构

为了保证在风吸力的作用下悬索的拉力不至于下降太多，单层悬索结构宜采用重屋面，如装配式钢筋混凝土板。另一种方法是设置横向加劲梁。加劲梁的作用是分配局部荷载及将索连成整体（图 4-82）。

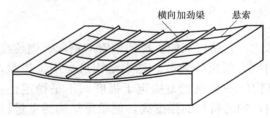

图 4-82　单层悬索体系中设置横向加劲梁

2）双层悬索体系

双层悬索体系由一系列承重索和相反曲率的稳定索组成。每对索之间通过受拉钢索或受压撑杆连系，构成如桁架形式的平面体系，称为索桁架（图 4-83）。

双层悬索体系中的稳定索可以抵抗风吸力的作用，同时，相反曲率的稳定索和相应的索杆能对体系施加预应力，使每对索均保持足够大的张紧力，提高了整个结构的稳定性。

3）交叉悬索体系

交叉索网体系也称为鞍形索网，它是由两组相互正交、曲率相反的拉索直接交叠组成，形成负高斯曲率的双曲抛物面，如图 4-84 所示。两组拉索中，下凹者为承重索，上凸者为稳定索，稳定索应在承重索之上。交叉索网结构通常施加预应力，以增强屋盖结构的稳定性和刚度。由于存在曲率相反的两组索，对其中任意一组或同时对两组进行张拉，均可实现预应力。交叉索网体系需设置强大的边缘构件，以锚固不同方向的两组拉索。由

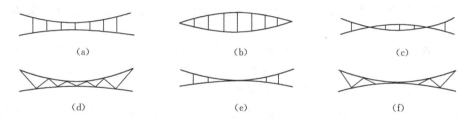

图 4-83 双层悬索体系的一般形式

(a) 承重索布置在稳定索之上且联系杆竖向布置；(b) 承重索布置在稳定索之下且联系杆竖向布置；
(c) 承重索稳定索相互交叉且联系杆竖向布置；(d) 承重索布置在稳定索之上且联系杆斜向布置；
(e) 承重索稳定索跨中相连且联系杆竖向布置；(f) 承重索稳定索跨中相连且联系杆斜向布置

于交叉索网中每根索的拉力大小，方向均不一样，使得边缘构件受力大而复杂，易产生相当大的弯矩、扭矩，因此边缘构件需要有较大的截面，常需耗费较多的材料。边缘构件过于纤小，对索网的刚度影响较大。交叉索网体系中边缘构件的形式很多，根据建筑造型的要求一般有以下几种布置方式（图 4-84）。分别为

① 边缘构件为闭合曲线形环梁（图 4-84a）；
② 边缘构件为落地交叉拱（图 4-84b）；
③ 边缘构件为不落地交叉拱（图 4-84c、d）；
④ 边缘构件为一对不相交的落地拱（图 4-84e）；
⑤ 边缘构件为拉索结构（图 4-84f）。

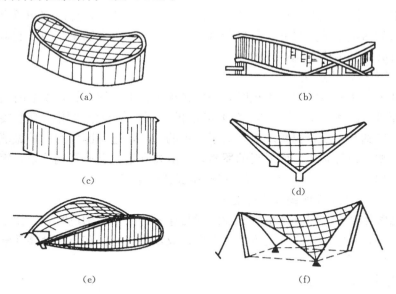

图 4-84 交叉索网体系及其边缘构件

(a) 边缘构件为闭合曲线形环梁；(b) 边缘构件为落地交叉拱；(c)、(d) 边缘构件为不落地交叉拱；
(e) 边缘构件为一对不相交的落地拱；(f) 边缘构件为拉索结构

（2）受力特点

① 结构索通常采用钢丝束、钢绞线或钢丝绳等柔性材料，这些材料的基本特性是只能承受拉力。从常规结构构成原则来看属于几何可变的不稳定体系，当预应力较小（或为

零）时，其形状将随荷载分布而发生变化，属大变形受力状态，通常将其定义为"柔性结构"。

② 悬索结构的计算一般按弹性理论，假定索是理想柔性的，既不能受压，也不能抗弯，但承重索和稳定索之间的连杆绝对刚性。在基本假定的基础上可建立索曲线的平衡微分方程，再根据荷载及边界条件求出索的张力。

③ 悬索结构在荷载作用下的变形与变形前的结构相比不能认为是小量，导致结构的位移与构件应变之间不再呈线形关系，需考虑几何非线形的影响。因此，小变形假定不再成立，悬索结构的荷载效应分析不再满足线形叠加原则，同时，结构分析的基本方程式是非线性方程，需要迭代求解。

④ 由于属几何可变体系，按照小变形假定进行结构分析将带来结构刚度的奇异。为保证其成为稳定的受力体系，就必须通过施加预应力以对结构位移的高阶分量效应产生几何刚度（即二阶效应），来控制结构变形和保证结构的稳定性。因此，悬索结构自身能否维持预应力是确定结构体系首先要考虑的问题。一般双层悬索结构是可以维持预应力的结构，而单层悬索结构的预应力通常需与支承结构共同工作才能维持。

由于悬索结构的竖向刚度主要来自于预应力所提供的几何刚度，因此在进行悬索结构设计时，预应力的合理取值是关键。如果预应力的取值过小使结构的变形过大，有可能使索在某些荷载工况下退出工作。预应力过大又会增加支承系统的负担，直接影响到周边构件的安全性和经济性。

（3）节点构造

设计悬索结构的节点时，应注意节点构造要与结构分析的计算简图相符合，在满足受力和构造要求的前提下节点尺寸应尽量紧凑，节点构造应力求简单，便于制造和安装。受力节点应进行必要的强度、承载能力计算。

① 索与屋面构件的连接

屋面构件采用预制钢筋混凝土板时，一般在预制板上预埋挂钩，安装时直接将屋面板挂在悬索上即可（图 4-85a）。图 4-85（b）表示的是屋面板与索采用夹板连接，连接时将夹板先用螺栓连到悬索上，再将屋面板搭于夹板的角处，这是国外的一种做法。

对采用压型钢板等轻质屋面材料的屋盖，一般要在钢索上放置钢檩条，钢檩条与索的连接构造做法如图 4-86 所示，也可直接将压型板置于钢索上。

② 钢索与连系杆或其他劲性构件的连接

在双层悬索体系中，设计承重索和稳定索与连系杆的连接构造时，为使索不致承受可能的局部弯曲，宜将索与连系杆的连接节点设计成铰接，使杆在节点处能随索的变形而自由转动（图 4-87～图 4-89）。

③ 钢索与中心环的连接

圆形索屋盖中若钢索作辐射式布置，钢索要与中心环相连接。图 4-90 表示钢索在圆形平面的中心环处断开并与中心环连接。图 4-90（a）所示为在中心环梁上用钢板夹具卡紧，将钢索固定在中心环上。图 4-90（a）设置钢销，钢索端部绕过钢销，用钢板夹具卡紧，将钢索固定在中心环上。图 4-90（b）表示在钢索端部采用螺杆式锚具将钢索固定在中心环上。亦可以采用钢索在中心环直通节点的构造（图 4-91），这种连接不但改善了中心环的受力，而且简化了节点构造。

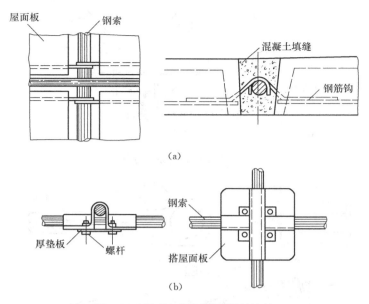

图 4-85 钢索与预制屋面板的连接

（a）屋面板与索采用预埋挂钩的连接；（b）屋面板与索采用夹板的连接

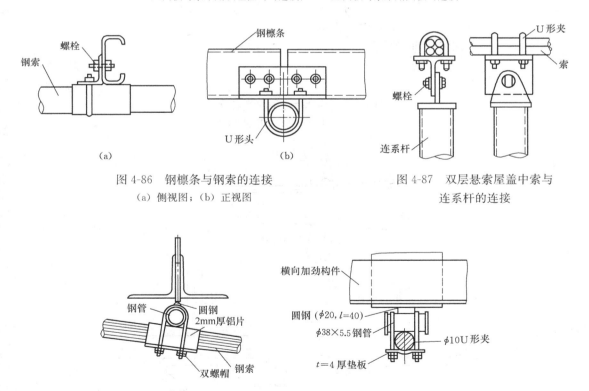

图 4-86 钢檩条与钢索的连接

（a）侧视图；（b）正视图

图 4-87 双层悬索屋盖中索与
连系杆的连接

图 4-88 安徽省体育馆横向加劲构件与索的连接

④ 钢索与钢索的连接

在正交钢索中，两个方向的钢索在交叉处须采用夹具连接在一起，使两索在此节点处

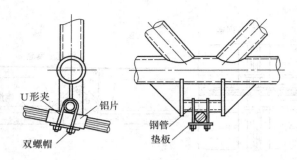

图 4-89 圆管与索的连接

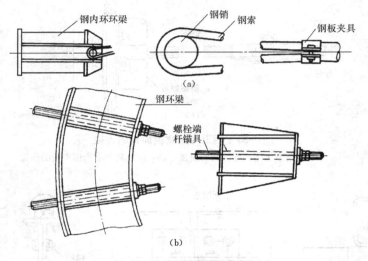

图 4-90 钢索与中心环的连接之一
(a) 采用钢板夹具；(b) 采用螺杆式锚具

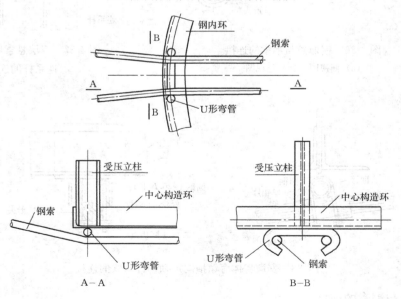

图 4-91 钢索与中心环的连接之二

不相互错动。一般采用的夹具形式为压制或铸制的钢板夹具或 U 形夹具,如图 4-92 所示。如图 4-93 所示为索网采用柔性的边索时,索网与边索的连接构造。图 4-94 则给出了一些用于悬索结构的工具式锚夹具和应用这些锚夹具的连接构造。

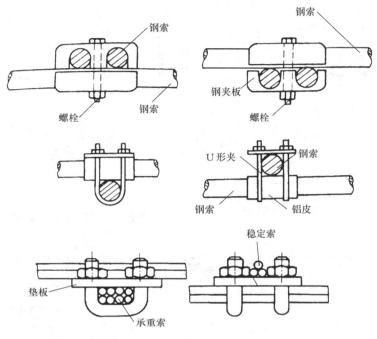

图 4-92　正交索网的两个方向索的连接

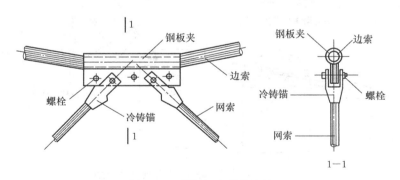

图 4-93　索网与边索的连接

（4）工程实例

① 美国雷里体育馆

美国雷里体育馆于 1953 年建成,平面尺寸 92m×97m,屋盖采用鞍形正交索网体系（图 4-95a）。索网支承在两个相对倾斜的平面抛物线拱上,拱与地面夹角 21.8°。两抛物线拱脚由倒置的 V 形架提供支撑,支架两腿与拱连接形成两个拱的延伸部分,在 V 形架两腿之间设置预应力钢筋混凝土拉杆（图 4-95d、g）。斜拱的周边以间距 2.4m 的钢柱支承,立柱兼作门窗的竖框,形成了以竖向分隔为主、节奏感很强的建筑造型。中央承重索垂度 10.3m,垂跨比约 1/9,中央稳定索拱度 9.04m,拱跨比约 1/10。承重索直径 19～

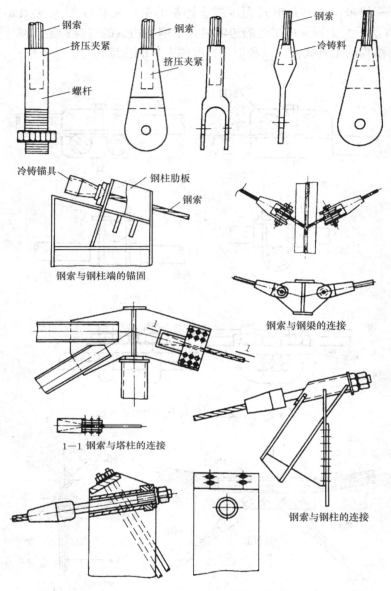

图 4-94 一些其他形式的锚夹具及其应用

22mm，稳定索直径 12～19mm，索网网格 1.83m×1.83m。屋面由 22mm 的波形石棉防护金属板组成，上覆 38mm 厚隔热层。这种以一对平面拱作为边缘构件的鞍形曲面，其特点是在靠近高端部分比较平坦，曲面刚度较小。加之屋面自重不到 30kg/m²，而最大风吸力可达 0.77kN/m²。为了解决由此带来的风振问题，在屋面与周边构件之间设置了钢牵索作为阻尼器，以增强屋面的稳定性（图 4-95f）。除基础外，整个建筑造价仅为 141.5 美元/m²。该结构的特点在于形式简捷、受力明确。在拱脚设置预应力拉杆大大减小了推力，基础较小，施工方便。此索网结构被公认为第一个具有现代意义的大跨度索网屋盖结构，对其后的悬索结构发展起到了重要的推动作用。

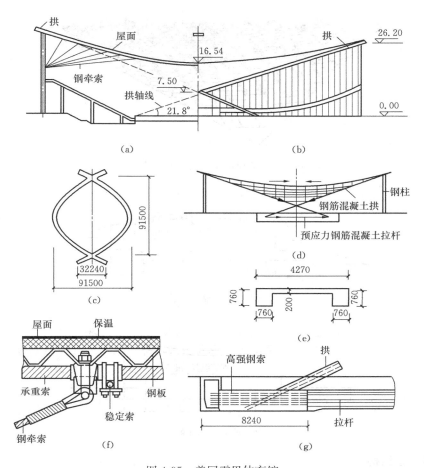

图 4-95　美国雷里体育馆

(a) 剖面；(b) 立面；(c) 平面；(d) 索水平力的传递；(e) 拱截面；
(f) 屋面做法与钢牵索；(g) 拱脚处预应力混凝土拉杆

② 广东潮州体育馆

广东潮州体育馆建筑面积 1260m², 由华南理工大学建筑设计院设计, 该项目是一座多功能的体育馆, 主体分两层, 下层为训练大厅, 上层为比赛大厅, 可容纳 3310 名观众。体育馆平面呈正方形, 边长 61.4m, 而屋面近正方形的一组对角向上翘, 形成一个空间四边形, 使立面呈 V 字形。

广东潮州体育馆屋面结构设计采用了横向加筋的单向索系。它由一组平行的悬索和架在悬索上与悬索垂直的桁架组成。近正方形屋面的两条对角线平行的方向, 分别布置了24 根悬索和 24 榀桁架。索和桁架结构的上、下弦设计成两个平行的双曲抛物面。图 4-96为广东潮州体育馆屋面结构透视图, 桁架为拱形, 两端铰接, 上、下弦为两条平行的抛物线 (图 4-97)。桁架高 2.2m, 间距为 3.95m 和 4.96m, 桁架的跨度不等, 最小 23.8m, 最大 51.4m, 矢高最小 0.562m, 最大 2.632m。与桁架正交的悬索是一组与悬链线十分接近的开口向上的抛物线 (图 4-98, 悬索间距为 2m, 跨度不等, 最小 32.31m, 最大 60.4m)。

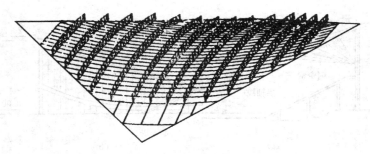

图 4-96 广东潮州体育馆屋面结构透视图

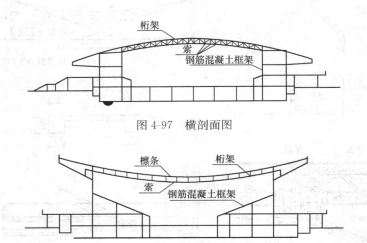

图 4-97 横剖面图

图 4-98 纵剖面图

4.5.3 膜结构

膜结构是伴随着当代高新材料的不断创新而发展起来的一种新的大跨度空间结构形式，是现代高科技在建筑领域中的体现。其特点在于一般钢结构屋顶的屋面材料皆不承受结构力，但膜结构中的膜材本身就承受活荷载（包括风压、温度应力等），因此膜既是覆盖物，亦是结构的一部分。

膜建筑之所以能满足大跨度自由空间的技术要求，最关键的一点就是其有效的空间预张力系统。有人把索膜建筑称为"预应力软壳"，预张力使"软壳"各个部分（索、膜）在各种最不利荷载下的内力始终大于零，即永远处于拉伸状态，使膜材的强度能得到充分的利用。

各类膜结构在受力分析、设计制造、制作安装等方面难易程度有很大不同，应用上也不尽相同，但它们的特点主要体现在：

自重轻。在建造大跨度结构时，单位面积的结构自重与造价不会随跨度的增加而明显增加。

艺术性。膜结构突破传统的建筑结构形式，易做成各种造型，且色彩丰富，富有时代气息。

透光性好，可减少能源消耗。膜材料自身透光性较好，自然漫射光照明室内，白天使用无需人工照明，节约运营中的能源消耗。晚上的室内灯光透过膜面给夜空增添梦幻般的夜景效果，有明显的"建筑可识别性"和商业效应。

施工快。膜材的裁剪和黏合等工作在工厂完成，现场主要是将膜成品张拉就位。

自洁性好。膜材表面涂层，具有良好的非黏着性，大气中灰尘不易附着渗透，而表面的灰尘会被雨水冲刷干净，使得建筑物洁净美观。

使用安全可靠。膜结构由于自重轻，抗震性能好，且膜材一般都是阻燃材料，也不易造成火灾，因此具有较高的安全度。

应用范围广。膜建筑可以应用在综合性体育运动设施、商业建筑、文化娱乐设施、交通设施、工业设施、景观设施等。

膜结构也存在缺点和问题，如耐久性差（一般膜材使用寿命15～25年）；保温隔热性能差，建筑的透光性与保温隔热做到平衡并不容易；普通膜建筑隔声性能差，回声重，需要特殊设计才能满足声学要求；膜建筑设计、制作、安装和管理等各环节的技术性要求比较高；膜材的不可再生带来的环境问题以及抵抗局部荷载的能力差等。

（1）膜结构的分类

膜结构从结构方式上可以分为张拉式、骨架式、充气式三大类。

① 张拉式薄膜结构

张拉式薄膜结构亦称帐篷结构或预应力薄膜结构。

张拉膜结构就是一种通过给膜材直接施加预拉力使之具有刚度并承担外荷载的结构形式。当结构覆盖空间的跨度较小时，可通过膜面内力直接将荷载传递给边缘构件，即整体式张拉膜结构。当跨度较大时，由于既轻且薄的膜材本身抵抗局部荷载的能力较差，难以单独受力，需要与钢索结合，形成索—膜组合单元。当跨度更大时，可将结构划分成多个较小单元，形成多个整体式张拉膜单元或索膜组合单元的组合结构。当然多个单元的组合有时是建筑功能和造型上的要求，而非结构上的必需。由于膜材很轻，为了保证结构的稳定性，必须在薄膜内施加较大的预应力，因此，薄膜曲面总有负高斯曲率。

张拉膜结构的边界可以是刚性边缘构件，也可以是柔性索。张拉式索膜体系富于表现力、结构性能强，但造价稍高，施工精度要求也高。图4-99是张拉式薄膜结构在工程中应用的一些实例。

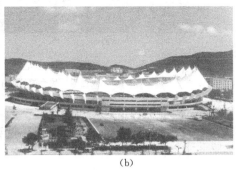

(a)   (b)

图 4-99　张拉式薄膜结构的工程应用
（a）慕尼黑奥林匹克公园；（b）威海体育场

② 骨架式薄膜结构

骨架式膜结构是把一定形状的刚性骨架（如空间网格结构）作为膜材的支承体系，从而使得结构形成整体，承受外荷载，膜材主要起围护作用。在这种结构体系的计算分析中通常只考虑膜材张拉预应力对局部杆件的影响，因此骨架支承膜结构与常规结构比较接近。膜材自身的强大结构作用发挥不足，因此又被称为二次重复结构。但膜材重量轻，较之于其他屋面材料，可以减轻下部钢结构的自重。我国为 2008 年奥林匹克运动会建造的国家体育场"鸟巢"就是采用了骨架式薄膜结构。

就膜结构本身而言，骨架式膜结构体系的造价低于张拉式膜结构体系。

③ 充气式薄膜结构

充气式薄膜结构是利用薄膜内外的空气压力差来稳定薄膜以承受外荷载。

充气式膜结构是以柔性膜材在某种有压差的气体（通常为空气）作用下，形成的一种具有稳定形状及一定刚度的结构形式。充气式膜结构建筑历史较长，但因其在使用功能上明显的局限性，如形象单一、空间要求气闭等，使其应用面较窄。但充气式膜结构体系造价较低，施工速度快，在特定的条件下又有其明显的优势。

充气膜结构通常分为气承式膜结构（air supported structures）和气肋（气囊）式膜结构（air inflated structures）。气肋式膜结构通过向一特定形状的封闭式气囊内充气，使之形成具有一定刚度的结构或构件。而气承式膜结构则是靠不断地向膜内鼓风，靠气压差支承膜材，气压一般为 200～300Pa，属低压体系。气肋式膜结构其使用空间不需要施加压力，但充气肋工作压力为 0.02～0.07MPa，属高压体系。

充气式膜结构无疑是展览会、博览会等临时性场馆很好的选择，同一结构可以重复多次使用，而且是非常具有代表性的建筑结构形式。此外，气承式膜结构在建筑业、农业、航空航天等领域也有很广阔的发展前景。

图 4-100 是充气式膜结构在工程中的应用。

(a)　　　　　　　　　　　　　　　　(b)

图 4-100　充气式膜结构的工程应用

(a) 大阪世界博览会富士馆；(b) 国家游泳中心"水立方"

(2) 膜结构常用膜材及其特性

以材质分类，结构用膜材主要有以下两种。

① 平面不织膜

平面不织膜是由各种塑料在加热液化状态下挤出的膜，它有不同厚度、透明度及颜色，最通用的是聚乙烯膜，或以聚乙烯和聚氯乙烯热熔后制成的复合膜，其抗紫外线及自洁性强。但此种膜张力强度不大，属于半结构性膜材。

② 织布合成膜

织布合成膜以织物纤维织成基布，双面再用热熔法覆盖上涂层材料构成（图 4-101）。因布心的张力强度较大，跨度可达 8～10m，织布合成膜可以使用于多种的张拉型结构。

织布合成膜基层常用织物纤维，多采用聚酯丝纤维（极限抗拉强度约为 $1000\sim1300N/mm^2$）和玻璃纤维（极限强度抗拉可达 $3400\sim3700N/mm^2$），表面所用涂层材料多为聚氯乙烯（PVC）和聚四氟乙烯（PTFE），前者的稳定期较低，一般在 10 年以下，而后者则可高达 30 年以上。

（3）分析方法

膜结构设计分析主要包括三大方面：找形分析、荷载态分析和裁剪分析。

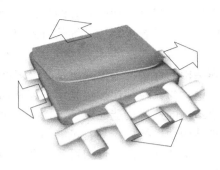

图 4-101　织布合成膜的构成

即首先求得一个所需的几何外形，在此基础上进行荷载态的分析。其次，在分析过程中，对出现压应力的单元采取暂时剔除其对刚度矩阵的贡献，直至其重新受拉的处理方法。最后通过裁剪分析，求出裁剪线。膜结构的形状判定、荷载态分析和裁剪分析是相互联系、相互制约的，必须从全过程、一体化的角度来考虑。

① 找形分析

找形分析是工程师应用专业计算软件对建筑师提出的初步建筑形式和概念设计进行数值分析，进行膜结构初始形态的判定以及初始预应力分布情况分析的一个过程，为后续其他分析提供必要的条件。

找形分析与建筑师的关系主要为建筑特色与技术实现的统一，具体考虑因素包括：基本的形式与体系，膜建筑物理指标，防火、使用年限；由于不同膜具有不同的经济张拉跨度，还需要考虑跨度、柱距、拱壳矢高、膜面曲率、拉索曲率等。膜结构的找形分析一般采用动力松弛法、力密度法、有限元法、支座移动法、杆长修改法、控制点通过法等。

② 荷载态分析

在经过形状判定、确定了结构几何形状、相应的预应力分布及预应力数值后，就可以进行膜结构的荷载态分析。荷载分析包括静力分析和动力分析两种，主要分析结构在风载、雪载、自重等作用下的响应。膜结构的荷载分析目前研究比较多的是有限元法与力密度法两种。

③ 裁剪分析

裁剪分析的实质是膜结构施工之前的下料分析。膜结构由于其几何外形的复杂性及膜材本身宽度的限制，结构的表面要由不同几何形状的单片膜材通过高频焊接或缝合而成，即由二维的膜材通过拼接、张拉来构成三维空间曲面。由于单片膜材的裁剪和连接是在无应力状态下进行的，而结构张成后膜材必须处于全张拉状态。为保证结构表面不出现皱折而退出工作，必须选定合适的裁剪式样并确定精确的连接坐标，这就需要进行裁剪分析。现有研究裁剪的工作是基于形状和荷载态分析之后的特定几何外形进行的，即在此特定几何形态上考虑膜材的幅宽并控制裁剪线最短来寻求一个适宜的裁剪式样。

由于裁剪分析与整个膜结构的形状、大小、曲率以及材料性质（幅宽、松弛情况）等诸多因素有关，同时，一个既定的形状未必就有合适的裁剪式样，而裁剪式样及裁剪线的改变又将导致曲面的几何外形、材料的主轴方向及单元划分的相应改变（膜材并非各向同性，材料的弹性主轴方向应与主拉应力方向尽量一致；裁剪线应作为单元划分的公共边），直接影响到形状判定和荷载态的分析。膜结构的裁剪分析有测地线法、无约束极值法、平面热应力法、动态规划法、等效有限单元法等。

（4）连接方式

膜结构的连接构造主要包括膜材之间的连接以及膜材与支承骨架、钢索、边缘构件的连接，钢索与其端部连接。膜结构连接构造的一般原则如下：

膜结构的连接构造应保证连接的安全、合理、美观；

膜结构的连接件应具有足够的强度、刚度和耐久性；

膜结构的连接件应传力可靠，并能减少连接处应力集中；

膜结构的节点构造应符合计算假定。

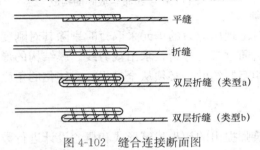

图 4-102　缝合连接断面图

① 膜材之间的连接

膜材连接是指几片裁剪膜片的连接，常用的方法有焊接、缝合、黏合或螺栓连接。

平缝膜材缝合是一种古老的连接方法，可采用平缝、折缝、双层折缝等方式，如图 4-102所示。缝合连接较其他连接方法更经济，质量更容易控制。缝合连接通过缝合线及摩擦力传递荷载，传递荷载的大小与缝合线、母材的撕裂强度、缝合线数、缝合宽度有关。

黏合连接就是通过膜片之间的黏合剂或化学溶解的涂层来传递膜内力，有搭接、单覆层对接、双覆层对接等多种方式，如图 4-103 所示。黏合连接主要适用于强度要求较低、现场临时补修、无法采用其他方式或采用其他方式不经济的情况。

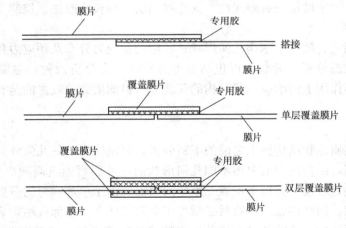

图 4-103　黏合连接

热合是将膜边搭接区内两膜材上的涂层加热使其融合，并对其施加一定时间的压力，使两片膜材牢固地连接在一起。加热方式有热气焊（即由热空气加热）和高频热合（焊机电极高频加热）两种，目前后者应用较多。热合连接也有搭接、单覆层对接、双覆层对接和双覆层错开对接等多种形式（图 4-104）。双覆层错开对接可降低荷载传递的不连续性，适用于应力较高的情形。一些实验表明，当热合缝的宽度大于 5cm 时，连接强度可达到母材

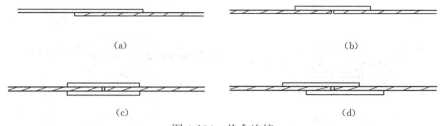

图 4-104 热合连接

(a) 搭接连接；(b) 单覆层对接连接；(c) 双覆层对接连接；(d) 双覆层错接连接

强度，且能满足防水要求，使得高频热合连接成为目前应用最多的一种膜材连接方式。

当结构规模较大时，需将结构分成几部分运至现场后进行拼接。施工现场不具备热合条件时可采用螺栓连接，如图 4-105 所示。膜内拉力主要通过边绳挤压从一侧传至另一侧，金属垫板与膜材之间的摩擦亦可传递部分荷载。边绳一般为 PVC 纤维丝，直径为 5～8mm，若采用钢质边绳需加护套管。为了使金属板能将边绳卡住，需对其施加一定的压力，故螺栓直径不宜太小，可取 8mm 或 12mm，间距一般为 50～70cm。为了将螺栓施加的压力均匀分布在膜面上，金属板需具有一定的刚度，其宽度可为 30～50mm，厚度一般为 5～8mm。由于膜材与金属连接件在荷载作用下的变形是不同的，金属垫板不宜太大，长度应小于 150cm，当连接线曲率较大时需采用长度不大于 80mm 的垫板。金属垫板间宜留有 6～10mm 的空隙以防止垫板之间的挤压和摩擦而导致膜材破损。另外，为了防止膜材在螺栓孔处由于应力集中而被撕裂，膜材上预留的螺栓孔应比螺栓杆的直径大。为了使金属垫板与膜材能紧密接触，可增加膜材垫片或弹簧压片（图 4-106、图 4-107）；图 4-108 为另外一种螺栓连接方式。由于螺栓连接本身防水性较差，对于防水要求较高的建筑可在螺栓连接处另加防水膜条（图 4-109）。

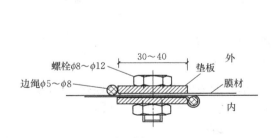

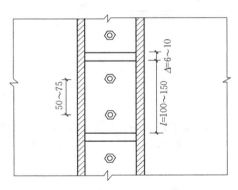

图 4-105　螺栓连接

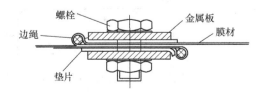

图 4-106　加垫片的螺栓连接

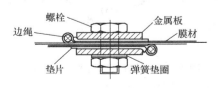

图 4-107　加垫片及弹簧垫圈的螺栓连接

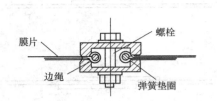

图 4-108　扣式螺栓连接

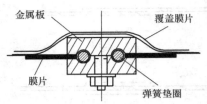

图 4-109　螺栓连接防水处理

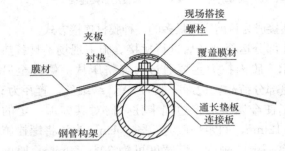

图 4-110　膜材与支承骨架的连接

② 膜材与支承骨架、钢索、边缘构件的连接

对骨架支承式膜结构，膜材间的接缝可设在支承骨架上，并用夹具固定（图 4-110）。

膜材与钢索的连接可采用单边连接或双边连接。当钢索一侧有膜材而需做单边连接时，可使钢索穿入膜套连成整体（图 4-111a），或采用夹具夹住膜材绳边并通过连接件使钢索与膜材连成整体（图 4-111b）。当钢索两边有膜材需做双边连接时，可采用膜套、束带（图 4-112a）或夹具（图 4-112b）连成整体。

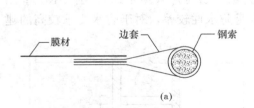

(a)

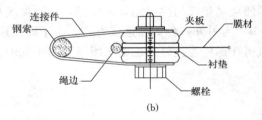

(b)

图 4-111　膜材与钢索单边连接

(a) 膜套连接；(b) 夹具连接

膜材与刚性边缘构件如混凝土、钢构件之间的连接可以采用夹合连接（图 4-113、图 4-114）。夹具应连续可靠地夹住膜材。膜、边索与撑杆的连接见图 4-115。

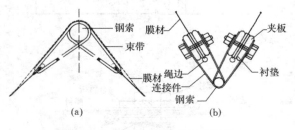

图 4-112　膜材与钢索的双边连接

(a) 束带；(b) 夹具

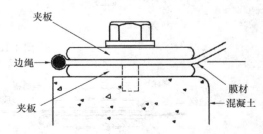

图 4-113　膜材与混凝土构件的连接

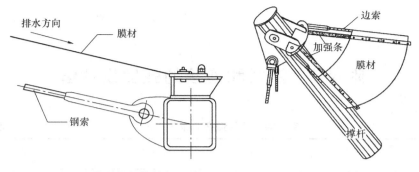

图 4-114　膜材与钢构件的连接　　　图 4-115　膜材、边索与撑杆的连接

习　题

4.1　平面结构和空间结构各有什么特点？

4.2　钢管桁架结构与一般桁架结构有哪些异同？

4.3　管节点有哪些典型的破坏方式？

4.4　影响管节点承载能力的因素有哪些？

4.5　平板网架结构的性能和应用有什么特点？

4.6　平板网架几何不变的条件是什么？

4.7　平板网架的不同支承方式对其内力有什么影响？

4.8　如何确定螺栓球节点中高强度螺栓的直径？对压杆情况应如何处理？

4.9　当网架中杆件内力较大时，应该选择哪种球节点？为什么？

4.10　网架结构和网壳结构有什么异同？分析它们各自的优缺点。

4.11　影响网壳结构整体稳定的主要因素有哪些？为什么单层网壳更容易失稳？

4.12　张弦结构受力有什么特点？

4.13　张弦结构有哪三种结构形态？分别如何定义？

4.14　按照受力特点和组成方式可以将悬索结构分为哪几类？分别有什么特点？

4.15　膜结构有哪些分类？简述它们分别适用于什么情况并说明理由。

4.16　简述膜结构的结构设计分析方法。

4.17　某网架结构，采用不加肋焊接空心球节点，材料为 Q345 钢，空心球外径 200mm，壁厚 5mm，球体上受力最大的钢管外径为 50mm，受拉力设计荷载值为 100kN。计算说明该焊接球节点是否安全。

附录 1　钢材和连接的强度设计值

钢材的设计用强度指标（N/mm²）

附表 1-1

钢材牌号		钢材厚度或直径（mm）	强度设计值			屈服强度 f_y	抗拉强度 f_u
			抗拉、抗压、抗弯 f	抗剪 f_v	端面承压（刨平顶紧）f_{ce}		
碳素结构钢	Q235	≤16	215	125	320	235	370
		>16，≤40	205	120		225	
		>40，≤100	200	115		215	
低合金高强度结构钢	Q355	≤16	305	175	400	355	470
		>16，≤40	295	170		345	
		>40，≤63	290	165		335	
		>63，≤80	280	160		325	
		>80，≤100	270	155		315	
	Q390	≤16	345	200	415	390	490
		>16，≤40	330	190		380	
		>40，≤63	310	180		360	
		>63，≤100	295	170		340	
	Q420	≤16	375	215	440	420	520
		>16，≤40	355	205		410	
		>40，≤63	320	185		390	
		>63，≤100	305	175		370	
	Q460	≤16	410	235	470	460	550
		>16，≤40	390	225		450	
		>40，≤63	355	205		430	
		>63，≤100	340	195		410	
建筑结构用钢板	Q345GJ	>16，≤50	325	190	415	345	490
		>50，≤100	300	175		335	

注：1. 表中直径指实芯棒材直径，厚度系指计算点的钢材或钢管壁厚度，对轴心受拉和轴心受压构件系指截面中较厚板件的厚度；
　　2. 冷弯型材和冷弯钢管，其强度设计值应按现行有关国家标准的规定采用。

焊接方法和焊条型号	构件钢材		对接焊缝强度设计值				角焊缝强度设计值	对接焊缝抗拉强度 f_u^w	角焊缝抗拉、抗压和抗剪强度 f_u^f
	牌号	厚度或直径（mm）	抗压 f_c^w	焊缝质量为下列等级时，抗拉 f_t^w		抗剪 f_v^w	抗拉、抗压和抗剪 f_f^w		
				一级、二级	三级				
自动焊、半自动焊和 E43 型焊条手工焊	Q235	≤16	215	215	185	125	160	415	240
		>16，≤40	205	205	175	120			
		>40，≤100	200	200	170	115			
自动焊、半自动焊和 E50、E55 型焊条手工焊	Q355	≤16	305	305	260	175	200	480(E50) 540(E55)	280(E50) 315(E55)
		>16，≤40	295	295	250	170			
		>40，≤63	290	290	245	165			
		>63，≤80	280	280	240	160			
		>80，≤100	270	270	230	155			
	Q390	≤16	345	345	295	200	200(E50) 220(E55)		
		>16，≤40	330	330	280	190			
		>40，≤63	310	310	265	180			
		>63，≤100	295	295	250	170			
自动焊、半自动焊和 E55、E60 型焊条手工焊	Q420	≤16	375	375	320	215	220(E55) 240(E60)	540(E55) 590(E60)	315(E55) 340(E60)
		>16，≤40	355	355	300	205			
		>40，≤63	320	320	270	185			
		>63，≤100	305	305	260	175			
自动焊、半自动焊和 E55、E60 型焊条手工焊	Q460	≤16	410	410	350	235	220(E55) 240(E60)	540(E55) 590(E60)	315(E55) 340(E60)
		>16，≤40	390	390	330	225			
		>40，≤63	355	355	300	205			
		>63，≤100	340	340	290	195			
自动焊、半自动焊和 E50、E55 型焊条手工焊	Q345GJ	>16，≤35	310	310	265	180	200	480(E50) 540(E55)	280(E50) 315(E55)
		>35，≤50	290	290	245	170			
		>50，≤100	285	285	240	165			

注：表中厚度系指计算点的钢材厚度，对轴心受拉和轴心受压构件系指截面中较厚板件的厚度。

螺栓的性能等级、锚栓和构件钢材的牌号		强度设计值										高强度螺栓的抗拉强度 f_u^b
		普通螺栓						锚栓	承压型连接或网架用高强度螺栓			
		C 级螺栓			A 级、B 级螺栓							
		抗拉 f_t^b	抗剪 f_v^b	承压 f_c^b	抗拉 f_t^b	抗剪 f_v^b	承压 f_c^b	抗拉 f_t^a	抗拉 f_t^b	抗剪 f_v^b	承压 f_c^b	
普通螺栓	4.6 级、4.8 级	170	140	—	—	—	—	—	—	—	—	—
	5.6 级	—	—	—	210	190	—	—	—	—	—	—
	8.8 级	—	—	—	400	320	—	—	—	—	—	—
锚栓	Q235	—	—	—	—	—	—	140	—	—	—	—
	Q355	—	—	—	—	—	—	180	—	—	—	—
	Q390	—	—	—	—	—	—	185	—	—	—	—
承压型连接高强度螺栓	8.8 级	—	—	—	—	—	—	—	400	250	—	830
	10.9 级	—	—	—	—	—	—	—	500	310	—	1040
螺栓球节点用高强度螺栓	9.8 级	—	—	—	—	—	—	—	385	—	—	—
	10.9 级	—	—	—	—	—	—	—	430	—	—	—
构件钢材牌号	Q235	—	—	305	—	—	405	—	—	—	470	—
	Q355	—	—	385	—	—	510	—	—	—	590	—
	Q390	—	—	400	—	—	530	—	—	—	615	—
	Q420	—	—	425	—	—	560	—	—	—	655	—
	Q460	—	—	450	—	—	595	—	—	—	695	—
	Q345GJ	—	—	400	—	—	530	—	—	—	615	—

注：1. A 级螺栓用于 $d \leqslant 24mm$ 和 $L \leqslant 10d$ 或 $L \leqslant 150mm$（按较小值）的螺栓；B 级螺栓用于 $d > 24mm$ 和 $L > 10d$ 或 $L > 150mm$（按较小值）的螺栓；d 为公称直径，L 为螺栓公称长度；

2. A、B 级螺栓孔的精度和孔壁表面粗糙度，C 级螺栓孔的允许偏差和孔壁表面粗糙度，均应符合现行国家标准《钢结构工程施工质量验收标准》GB 50205—2020 的要求；

3. 用于螺栓球节点网架的高强度螺栓，M12～M36 为 10.9 级，M39～M64 为 9.8 级。

项次	情　　况	折减系数
1	桁架的单角钢腹杆当以一个肢连接于节点板时（除弦杆亦为单角钢，并位于节点板同侧者外）	
	（1）按轴心受力计算强度和连接	0.85
	（2）按受压计算稳定性	
	等边角钢	$0.6 + 0.0015\lambda$，但不大于 1.0
	短边相连的不等边角钢	$0.5 + 0.0025\lambda$，但不大于 1.0
	长边相连的不等边角钢	0.70
2	无垫板的单面施焊对接焊缝	0.85
3	施工条件较差的铆钉连接和高空安装焊缝	0.90
4	沉头和半沉头铆钉连接	0.80

注：λ 为单角钢杆件的长细比，对中间无连系的单角钢压杆，应按最小回转半径计算，当 $\lambda < 20$ 时，取 $\lambda = 20$。

附录 2 受拉、受压构件的容许长细比

附 2.1 受拉构件的容许长细比

验算容许长细比时，在直接或间接承受动力荷载的结构中，计算单角钢受拉构件的长细比时，应采用角钢的最小回转半径，但计算在交叉点相互连接的交叉杆件平面外的长细比时，可采用与角钢肢边平行轴的回转半径。受拉构件的容许长细比宜符合下列规定：

1. 除对腹杆提供平面外支点的弦杆外，承受静力荷载的结构受拉构件，可仅计算竖向平面内的长细比。

2. 中、重级工作制吊车桁架下弦杆的长细比不宜超过 200。

3. 在设有夹钳或刚性料耙等硬钩起重机的厂房中，支撑的长细比不宜超过 300。

4. 受拉构件在永久荷载与风荷载组合作用下受压时，其长细比不宜超过 250。

5. 跨度等于或大于 60m 的桁架，其受拉弦杆和腹杆的长细比，承受静力荷载或间接承受动力荷载时不宜超过 300，直接承受动力荷载时，不宜超过 250。

6. 受拉构件的长细比不宜超过附表 2-1 规定的容许值。柱间支撑按拉杆设计时，竖向荷载作用下柱的轴力应按无支撑时考虑。

受拉构件的容许长细比　　　　　　　　　　　　　　　　附表 2-1

构件名称	承受静力荷载或间接承受动力荷载的结构			直接承受动力荷载的结构
	一般建筑结构	对腹杆提供平面外支点的弦杆	有重级工作制起重机的厂房	
桁架的构件	350	250	250	250
吊车梁或吊车桁架以下柱间支撑	300	—	200	
除张紧的圆钢外的其他拉杆、支撑、系杆等	400	—	350	—

附 2.2 受压构件的容许长细比

验算容许长细比时，可不考虑扭转效应，计算单角钢受压构件的长细比时，应采用角钢的最小回转半径，但计算在交叉点相互连接的交叉杆件平面外的长细比时，可采用与角钢肢边平行轴的回转半径。轴心受压构件的容许长细比宜符合下列规定：

1. 跨度等于或大于 60m 的桁架，其受压弦杆、端压杆和直接承受动力荷载的受压腹杆的长细比不宜大于 120。

2. 轴心受压构件的长细比不宜超过附表 2-2 规定的容许值，但当杆件内力设计值不大于承载能力的 50% 时，容许长细比值可取 200。

受压构件的长细比容许值 　　　　　　　　　　　　　　　　　　　　附表 2-2

构件名称	容许长细比
轴心受压柱、桁架和天窗架中的压杆	150
柱的缀条、吊车梁或吊车桁架以下的柱间支撑	150
支撑	200
用以减小受压构件计算长度的杆件	200

附录 3 轴心受压构件的截面分类

轴心受压构件的截面分类(板厚 $t < 40\text{mm}$)　　　　　　　　　　　附表 3-1

截面形式		对 x 轴	对 y 轴
轧制		a 类	a 类
轧制	$b/h \leqslant 0.8$	a 类	b 类
	$b/h > 0.8$	a* 类	b* 类
轧制等边角钢		a* 类	a* 类
焊接、翼缘为焰切边　　焊接 轧制 轧制、焊接(板件宽厚比>20)　　轧制或焊接 焊接	轧制截面和翼缘为焰切边的焊接截面	b 类	b 类
格构式	焊接、板件边缘焰切		

截面形式			对 x 轴	对 y 轴
焊接、翼缘为轧制或剪切边			b 类	c 类
焊接、板件边缘轧制或剪切		轧制、焊接(板件宽厚比≤20)	c 类	c 类

注：1. a* 类含义为 Q235 钢取 b 类，Q355、Q390、Q420 和 Q460 钢取 a 类；b* 类含义为 Q235 钢取 c 类，Q355、Q390、Q420 和 Q460 钢取 b 类；

2. 无对称轴且剪心和形心不重合的截面，其截面分类可按有对称轴的类似截面确定，如不等边角钢采用等边角钢的类别；当无类似截面时，可取 c 类。

轴心受压构件的截面分类(板厚 $t \geqslant 40$mm)   附表 3-2

截面形式		对 x 轴	对 y 轴
轧制工字形或 H 形截面	$t < 80$mm	b 类	c 类
	$t \geqslant 80$mm	c 类	d 类
焊接工字形截面	翼缘为焰切边	b 类	b 类
	翼缘为轧制或剪切边	c 类	d 类
焊接箱形截面	板件宽厚比>20	b 类	b 类
	板件宽厚比≤20	c 类	c 类

附录 4   受压板件的宽厚比

附 4.1   实腹式轴心受压构件板件宽厚比限值

附 4.1.1   实腹轴心受压构件要求不出现局部失稳者，其板件宽厚比应符合下列规定：

（1）H 形截面腹板：

$$h_0/t_w \leqslant (25 + 0.5\lambda)\varepsilon_k \qquad\qquad 附（4-1）$$

式中 λ——构件的较大长细比，当 $\lambda < 30$ 时，取为 30；当 $\lambda > 100$ 时，取为 100；

h_0、t_w——分别为腹板计算高度和厚度，按附表 4-1 注 2 取值。

（2）H 形截面翼缘：

$$b/t_f \leqslant (10 + 0.1\lambda)\varepsilon_k \qquad\qquad 附（4-2）$$

式中 b、t_f——分别为翼缘板自由外伸宽度和厚度，按附表 4-1 注 2 取值。

（3）箱形截面壁板：

$$b/t \leqslant 40\varepsilon_k \qquad\qquad 附（4-3）$$

式中 b——壁板的净宽度，当箱形截面设有纵向加劲肋时，为壁板与加劲肋之间的净宽度。

（4）T 形截面翼缘宽厚比限值应按附式（4-2）确定。

T 形截面腹板宽厚比限值为

热轧剖分 T 型钢：

$$h_0/t_w \leqslant (15 + 0.2\lambda)\varepsilon_k \qquad\qquad 附（4-4）$$

焊接 T 型钢：

$$h_0/t_w \leqslant (13 + 0.17\lambda)\varepsilon_k \qquad\qquad 附（4-5）$$

对焊接构件 h_0 取腹板高度 h_w；对热轧构件，h_0 取腹板平直段长度，简要计算时可取 $h_0 = h_w - t_f$，但不小于 $h_w - 20$mm。

（5）等边角钢轴心受压构件的肢件宽厚比限值：

当 $\lambda \leqslant 80\varepsilon_k$ 时：

$$w/t \leqslant 15\varepsilon_k \qquad\qquad 附（4-6）$$

当 $\lambda > 80\varepsilon_k$ 时：

$$w/t \leqslant 5\varepsilon_k + 0.125\lambda \qquad\qquad 附（4-7）$$

式中 w、t——分别为角钢的平板宽度和厚度，简要计算时 w 可取为 $b - 2t$，b 为角钢宽度；

λ——按角钢绕非对称主轴回转半径计算的长细比。

（6）圆管压杆的外径与壁厚之比不应超过 $100\varepsilon_k^2$。

附 4.1.2   当轴心受压构件的压力小于稳定承载力 $\varphi A f$ 时，可将其板件宽厚比限值由附 4.1.1 条相关公式算得后乘以放大系数 $\alpha = \sqrt{\varphi A f / N}$ 确定。

附4.2 受弯和压弯构件截面板件宽厚比等级及限值

进行受弯和压弯构件计算时，截面板件宽厚比等级及限值应符合附表4-1的规定，其中参数 α_0 应按下式计算：

$$\alpha_0 = \frac{\sigma_{max} - \sigma_{min}}{\sigma_{max}} \qquad\qquad 附(4-8)$$

式中　σ_{max}——腹板计算边缘的最大压应力（N/mm²）；

σ_{min}——腹板计算高度另一边缘相应的应力（N/mm²），压应力取正值，拉应力取负值。

压弯和受弯构件的截面板件宽厚比等级及限值　　　　附表 4-1

构件	截面板件宽厚比等级		S1 级	S2 级	S3 级	S4 级	S5 级
压弯构件（框架柱）	H 形截面	翼缘 b/t	$9\varepsilon_k$	$11\varepsilon_k$	$13\varepsilon_k$	$15\varepsilon_k$	20
		腹板 h_0/t_w	$(33+13\alpha_0^{1.3})\varepsilon_k$	$(38+13\alpha_0^{1.39})\varepsilon_k$	$(40+18\alpha_0^{1.5})\varepsilon_k$	$(45+25\alpha_0^{1.66})\varepsilon_k$	250
	箱形截面	壁板（腹板）间翼缘 b_0/t	$30\varepsilon_k$	$35\varepsilon_k$	$40\varepsilon_k$	$45\varepsilon_k$	—
	圆钢管截面	径厚比 D/t	$50\varepsilon_k^2$	$70\varepsilon_k^2$	$90\varepsilon_k^2$	$100\varepsilon_k^2$	—
受弯构件（梁）	工字形截面	翼缘 b/t	$9\varepsilon_k$	$11\varepsilon_k$	$13\varepsilon_k$	$15\varepsilon_k$	20
		腹板 h_0/t_w	$65\varepsilon_k$	$72\varepsilon_k$	$93\varepsilon_k$	$124\varepsilon_k$	250
	箱形截面	壁板（腹板）间翼缘 b_0/t	$25\varepsilon_k$	$32\varepsilon_k$	$37\varepsilon_k$	$42\varepsilon_k$	—

注：1. ε_k 为钢号修正系数，其值为 235 与钢材牌号中屈服点数值的比值的平方根；

2. b 为工字形、H 形截面的翼缘外伸宽度，t、h_0、t_w 分别是翼缘厚度、腹板净高和腹板厚度，对轧制型截面，腹板净高不包括翼缘腹板过渡处圆弧段；对于箱形截面，b_0、t 分别为壁板间的距离和壁板厚度；D 为圆管截面外径；

3. 箱形截面梁及单向受弯的箱形截面柱，其腹板限值可参考 H 形截面腹板采用；

4. 腹板的宽厚比可通过设置加劲肋减小；

5. 当按国家标准《建筑抗震设计规范》GB 50011—2010 第 9.2.14 条第 2 款的规定设计，且 S5 级截面的板件宽厚比小于 S4 级经 ε_σ 修正的板件宽厚比时，可视作 C 类截面，ε_σ 为应力修正因子，$\varepsilon_\sigma = \sqrt{f_y/\sigma_{max}}$。

附录 5　轴心受压构件的稳定系数

a 类截面轴心受压构件的稳定系数 φ　　　　　　　　　　　　　　　附表 5-1

λ/ε_k	0	1	2	3	4	5	6	7	8	9
0	1.000	1.000	1.000	1.000	0.999	0.999	0.998	0.998	0.997	0.996
10	0.995	0.994	0.993	0.992	0.991	0.989	0.988	0.986	0.985	0.983
20	0.981	0.979	0.977	0.976	0.974	0.972	0.970	0.968	0.966	0.964
30	0.963	0.961	0.959	0.957	0.954	0.952	0.950	0.948	0.946	0.944
40	0.941	0.939	0.937	0.934	0.932	0.929	0.927	0.924	0.921	0.918
50	0.916	0.913	0.910	0.907	0.903	0.900	0.897	0.893	0.890	0.886
60	0.883	0.879	0.875	0.871	0.867	0.862	0.858	0.854	0.849	0.844
70	0.839	0.834	0.829	0.824	0.818	0.813	0.807	0.801	0.795	0.789
80	0.783	0.776	0.770	0.763	0.756	0.749	0.742	0.735	0.728	0.721
90	0.713	0.706	0.698	0.691	0.683	0.676	0.668	0.660	0.653	0.645
100	0.637	0.630	0.622	0.614	0.607	0.599	0.592	0.584	0.577	0.569
110	0.562	0.555	0.548	0.541	0.534	0.527	0.520	0.513	0.507	0.500
120	0.494	0.487	0.481	0.475	0.469	0.463	0.457	0.451	0.445	0.439
130	0.434	0.428	0.423	0.417	0.412	0.407	0.402	0.397	0.392	0.387
140	0.382	0.378	0.373	0.368	0.364	0.360	0.355	0.351	0.347	0.343
150	0.339	0.335	0.331	0.327	0.323	0.319	0.316	0.312	0.308	0.305
160	0.302	0.298	0.295	0.292	0.288	0.285	0.282	0.279	0.276	0.273
170	0.270	0.267	0.264	0.261	0.259	0.256	0.253	0.250	0.248	0.245
180	0.243	0.240	0.238	0.235	0.233	0.231	0.228	0.226	0.224	0.222
190	0.219	0.217	0.215	0.213	0.211	0.209	0.207	0.205	0.203	0.201
200	0.199	0.197	0.196	0.194	0.192	0.190	0.188	0.187	0.185	0.183
210	0.182	0.180	0.178	0.177	0.175	0.174	0.172	0.171	0.169	0.168
220	0.166	0.165	0.163	0.162	0.161	0.159	0.158	0.157	0.155	0.154
230	0.153	0.151	0.150	0.149	0.148	0.147	0.145	0.144	0.143	0.142
240	0.141	0.140	0.139	0.137	0.136	0.135	0.134	0.133	0.132	0.131
250	0.130	—	—	—	—	—	—	—	—	—

b 类截面轴心受压构件的稳定系数 φ 附表 5-2

λ/ε_k	0	1	2	3	4	5	6	7	8	9
0	1.000	1.000	1.000	0.999	0.999	0.998	0.997	0.996	0.995	0.994
10	0.992	0.991	0.989	0.987	0.985	0.983	0.981	0.978	0.976	0.973
20	0.970	0.967	0.963	0.960	0.957	0.953	0.950	0.946	0.943	0.939
30	0.936	0.932	0.929	0.925	0.921	0.918	0.914	0.910	0.906	0.903
40	0.899	0.895	0.891	0.886	0.882	0.878	0.874	0.870	0.865	0.861
50	0.856	0.852	0.847	0.842	0.837	0.833	0.828	0.823	0.818	0.812
60	0.807	0.802	0.796	0.791	0.785	0.780	0.774	0.768	0.762	0.757
70	0.751	0.745	0.738	0.732	0.726	0.720	0.713	0.707	0.701	0.694
80	0.687	0.681	0.674	0.668	0.661	0.654	0.648	0.641	0.634	0.628
90	0.621	0.614	0.607	0.601	0.594	0.587	0.581	0.574	0.568	0.561
100	0.555	0.548	0.542	0.535	0.529	0.523	0.517	0.511	0.504	0.498
110	0.492	0.487	0.481	0.475	0.469	0.464	0.458	0.453	0.447	0.442
120	0.436	0.431	0.426	0.421	0.416	0.411	0.406	0.401	0.396	0.392
130	0.387	0.383	0.378	0.374	0.369	0.365	0.361	0.357	0.352	0.348
140	0.344	0.340	0.337	0.333	0.329	0.325	0.322	0.318	0.314	0.311
150	0.308	0.304	0.301	0.297	0.294	0.291	0.288	0.285	0.282	0.279
160	0.276	0.273	0.270	0.267	0.264	0.262	0.259	0.256	0.253	0.251
170	0.248	0.246	0.243	0.241	0.238	0.236	0.234	0.231	0.229	0.227
180	0.225	0.222	0.220	0.218	0.216	0.214	0.212	0.210	0.208	0.206
190	0.204	0.202	0.200	0.198	0.196	0.195	0.193	0.191	0.189	0.188
200	0.186	0.184	0.183	0.181	0.179	0.178	0.176	0.175	0.173	0.172
210	0.170	0.169	0.167	0.166	0.164	0.163	0.162	0.160	0.159	0.158
220	0.156	0.155	0.154	0.152	0.151	0.150	0.149	0.147	0.146	0.145
230	0.144	0.143	0.142	0.141	0.139	0.138	0.137	0.136	0.135	0.134
240	0.133	0.132	0.131	0.130	0.129	0.128	0.127	0.126	0.125	0.124
250	0.123	—	—	—	—	—	—	—	—	—

c 类截面轴心受压构件的稳定系数 φ

附表 5-3

λ/ε_k	0	1	2	3	4	5	6	7	8	9
0	1.000	1.000	1.000	0.999	0.999	0.998	0.997	0.996	0.995	0.993
10	0.992	0.990	0.988	0.986	0.983	0.981	0.978	0.976	0.973	0.970
20	0.966	0.959	0.953	0.947	0.940	0.934	0.928	0.921	0.915	0.909
30	0.902	0.896	0.890	0.883	0.877	0.871	0.865	0.858	0.852	0.845
40	0.839	0.833	0.826	0.820	0.813	0.807	0.800	0.794	0.787	0.781
50	0.774	0.768	0.761	0.755	0.748	0.742	0.735	0.728	0.722	0.715
60	0.709	0.702	0.695	0.689	0.682	0.675	0.669	0.662	0.656	0.649
70	0.642	0.636	0.629	0.623	0.616	0.610	0.603	0.597	0.591	0.584
80	0.578	0.572	0.565	0.559	0.553	0.547	0.541	0.535	0.529	0.523
90	0.517	0.511	0.505	0.499	0.494	0.488	0.483	0.477	0.471	0.467
100	0.462	0.458	0.453	0.449	0.445	0.440	0.436	0.432	0.427	0.423
110	0.419	0.415	0.411	0.407	0.402	0.398	0.394	0.390	0.386	0.383
120	0.379	0.375	0.371	0.367	0.363	0.360	0.356	0.352	0.349	0.345
130	0.342	0.338	0.335	0.332	0.328	0.325	0.322	0.318	0.315	0.312
140	0.309	0.306	0.303	0.300	0.297	0.294	0.291	0.288	0.285	0.282
150	0.279	0.277	0.274	0.271	0.269	0.266	0.263	0.261	0.258	0.256
160	0.253	0.251	0.248	0.246	0.244	0.241	0.239	0.237	0.235	0.232
170	0.230	0.228	0.226	0.224	0.222	0.220	0.218	0.216	0.214	0.212
180	0.210	0.208	0.206	0.204	0.203	0.201	0.199	0.197	0.195	0.194
190	0.192	0.190	0.189	0.187	0.185	0.184	0.182	0.181	0.179	0.178
200	0.176	0.175	0.173	0.172	0.170	0.169	0.167	0.166	0.165	0.163
210	0.162	0.161	0.159	0.158	0.157	0.155	0.154	0.153	0.152	0.151
220	0.149	0.148	0.147	0.146	0.145	0.144	0.142	0.141	0.140	0.139
230	0.138	0.137	0.136	0.135	0.134	0.133	0.132	0.131	0.130	0.129
240	0.128	0.127	0.126	0.125	0.124	0.123	0.123	0.122	0.121	0.120
250	0.119	—	—	—	—	—	—	—	—	—

d 类截面轴心受压构件的稳定系数 φ　　　　　　　　　附表 5-4

λ/ε_k	0	1	2	3	4	5	6	7	8	9
0	1.000	1.000	0.999	0.999	0.998	0.996	0.994	0.992	0.990	0.987
10	0.984	0.981	0.978	0.974	0.969	0.965	0.960	0.955	0.949	0.944
20	0.937	0.927	0.918	0.909	0.900	0.891	0.883	0.874	0.865	0.857
30	0.848	0.840	0.831	0.823	0.815	0.807	0.798	0.790	0.782	0.774
40	0.766	0.758	0.751	0.743	0.735	0.727	0.720	0.712	0.705	0.697
50	0.690	0.682	0.675	0.668	0.660	0.653	0.646	0.639	0.632	0.625
60	0.618	0.611	0.605	0.598	0.591	0.585	0.578	0.571	0.565	0.559
70	0.552	0.546	0.540	0.534	0.528	0.521	0.516	0.510	0.504	0.498
80	0.492	0.487	0.481	0.476	0.470	0.465	0.459	0.454	0.449	0.444
90	0.439	0.434	0.429	0.424	0.419	0.414	0.409	0.405	0.401	0.397
100	0.393	0.390	0.386	0.383	0.380	0.376	0.373	0.369	0.366	0.363
110	0.359	0.356	0.353	0.350	0.346	0.343	0.340	0.337	0.334	0.331
120	0.328	0.325	0.322	0.319	0.316	0.313	0.310	0.307	0.304	0.301
130	0.298	0.296	0.293	0.290	0.288	0.285	0.282	0.280	0.277	0.275
140	0.272	0.270	0.267	0.265	0.262	0.260	0.257	0.255	0.253	0.250
150	0.248	0.246	0.244	0.242	0.239	0.237	0.235	0.233	0.231	0.229
160	0.227	0.225	0.223	0.221	0.219	0.217	0.215	0.213	0.211	0.210
170	0.208	0.206	0.204	0.202	0.201	0.199	0.197	0.196	0.194	0.192
180	0.191	0.189	0.187	0.186	0.184	0.183	0.181	0.180	0.178	0.177
190	0.175	0.174	0.173	0.171	0.170	0.168	0.167	0.166	0.164	0.163
200	0.162	—	—	—	—	—	—	—	—	—

附录6 结构或构件的变形容许值

附6.1 受弯构件的挠度容许值

附 6.1.1 吊车梁、楼盖梁、屋盖梁、工作平台梁以及墙架构件的挠度不宜超过附表 6-1 所列的容许值。

受弯构件的挠度容许值 　　　　　　　　　　　　　　　　　　　　　　　　　附表 6-1

项次	构件类别	挠度容许值	
		$[\nu_T]$	$[\nu_Q]$
1	吊车梁和吊车桁架（按自重和起重量最大的一台吊车计算挠度） （1）手动起重机和单梁起重机（含悬挂起重机） （2）轻级工作制桥式起重机 （3）中级工作制桥式起重机 （4）重级工作制桥式起重机	$l/500$ $l/750$ $l/900$ $l/1000$	—
2	手动或电动葫芦的轨道梁	$l/400$	—
3	有重轨（重量等于或大于 38kg/m）轨道的工作平台梁 有轻轨（重量等于或小于 24kg/m）轨道的工作平台梁	$l/600$ $l/400$	—
4	楼（屋）盖梁或桁架、工作平台梁（第3项除外）和平台板 （1）主梁或桁架（包括设有悬挂起重设备的梁和桁架） （2）仅支承压型金属板屋面和冷弯型钢檩条 （3）除支承压型金属板屋面和冷弯型钢檩条外，尚有吊顶 （4）抹灰顶棚的次梁 （5）除（1）～（4）款外的其他梁（包括楼梯梁） （6）屋盖檩条 　支承压型金属板屋面者 　支承其他屋面材料者 　有吊顶 （7）平台板	$l/400$ $l/180$ $l/240$ $l/250$ $l/250$ $l/150$ $l/200$ $l/240$ $l/150$	$l/500$ $l/350$ $l/300$ —
5	墙架构件（风荷载不考虑阵风系数） （1）支柱（水平方向） （2）抗风桁架（作为连续支柱的支承时，水平位移） （3）砌体墙的横梁（水平方向） （4）支承压型金属板的横梁（水平方向） （5）支承其他墙面材料的横梁（水平方向） （6）带有玻璃窗的横梁（竖直和水平方向）	— — — — — $l/200$	$l/400$ $l/1000$ $l/300$ $l/100$ $l/200$ $l/200$

注：1. l 为受弯构件的跨度（对悬臂梁和伸臂梁为悬臂长度的 2 倍）；
　　2. $[\nu_T]$ 为永久和可变荷载标准值产生的挠度（如有起拱应减去拱度）的容许值，$[\nu_Q]$ 为可变荷载标准值产生的挠度的容许值；
　　3. 当吊车梁或吊车桁架跨度大于 12m 时，其挠度容许值 $[\nu_T]$ 应乘以 0.9 的系数；
　　4. 当墙面采用延性材料或与结构采用柔性连接时，墙架构件的支柱水平位移容许值可采用 $l/300$，抗风桁架（作为连续支柱的支承时）水平位移容许值可采用 $l/800$。

附 6.1.2 冶金厂房或类似车间中设有工作级别为 A7、A8 级起重机的车间，其跨间每侧吊车梁或吊车桁架的制动结构，由一台最大起重机横向水平荷载（按荷载规范取值）所产生的挠度不宜超过制动结构跨度的 1/2200。

附 6.2 结构的位移容许值

附 6.2.1 单层钢结构水平位移限值宜符合下列规定。

（1）在风荷载标准值作用下，单层钢结构柱顶水平位移宜符合下列规定：

1）单层钢结构柱顶水平位移不宜超过附表 6-2 的数值；

2）无桥式起重机时，当围护结构采用砌体墙，柱顶水平位移不应大于 $H/240$，当围护结构采用轻型钢墙板且房屋高度不超过 18m，柱顶水平位移可放宽至 $H/60$；

3）有桥式起重机时，当房屋高度不超过 18m，采用轻型屋盖，吊车起重量不大于 20t，工作级别为 A1～A5 且吊车由地面控制时，柱顶水平位移可放宽至 $H/180$。

风荷载作用下单层钢结构柱顶水平位移容许值   附表 6-2

结构体系	吊车情况	柱顶水平位移
排架、框架	无桥式起重机	$H/150$
	有桥式起重机	$H/400$

注：H 为柱高度，当围护结构采用轻型钢墙板时，柱顶水平位移要求可适当放宽。

（2）在冶金厂房或类似车间中设有 A7、A8 级吊车的厂房柱和设有中级和重级工作制吊车的露天栈桥柱，在吊车梁或吊车桁架的顶面标高处，由一台最大吊车水平荷载（按《建筑结构荷载规范》GB 50009 取值）所产生的计算变形值，不宜超过附表 6-3 所列的容许值。

吊车水平荷载作用下柱水平位移（计算值）容许值   附表 6-3

项 次	位移的种类	按平面结构图形计算	按空间结构图形计算
1	厂房柱的横向位移	$H_c/1250$	$H_c/2000$
2	露天栈桥柱的横向位移	$H_c/2500$	—
3	厂房和露天栈桥柱的纵向位移	$H_c/4000$	—

注：1. H_c 为基础顶面至吊车梁或吊车桁架顶面的高度；

2. 计算厂房或露天栈桥柱的纵向位移时，可假定吊车的纵向水平制动力分配在温度区段内所有的柱间支撑或纵向框架上；

3. 在设有 A8 级吊车的厂房中，厂房柱的水平位移（计算值）容许值不宜大于表中数值的 90%；

4. 在设有 A6 级吊车的厂房中，柱的纵向位移宜符合表中的要求。

附 6.2.2 多层钢结构层间位移角限值宜符合下列规定：

（1）在风荷载标准值作用下，有桥式起重机时，多层钢结构的弹性层间位移角不宜超过 1/400。

（2）在风荷载标准值作用下，无桥式起重机时，多层钢结构的弹性层间位移角不宜超过附表 6-4 的数值。

层间位移角容许值 附表 6-4

结 构 体 系			层间位移角
框架、框架-支撑			1/250
框-排架	侧向框-排架		1/250
	竖向框-排架	排架	1/150
		框架	1/250

注：1. 对室内装修要求较高的建筑，层间位移角宜适当减小；无墙壁的建筑，层间位移角可适当放宽；
  2. 当围护结构可适应较大变形时，层间位移角可适当放宽；
  3. 在多遇地震作用下多层钢结构的弹性层间位移角不宜超过 1/250。

附 6.2.3　高层建筑钢结构在风荷载和多遇地震作用下弹性层间位移角不宜超过 1/250。

附 6.2.4　大跨度钢结构位移限值宜符合下列规定。

（1）在永久荷载与可变荷载的标准组合下，结构挠度宜符合下列规定：

1）结构的最大挠度值不宜超过附表 6-5 中的容许挠度值；

2）网架与桁架可预先起拱，起拱值可取不大于短向跨度的 1/300；当仅为改善外观条件时，结构挠度可取永久荷载与可变荷载标准值作用下的挠度计算值减去起拱值，但结构在可变荷载下的挠度不宜大于结构跨度的 1/400；

3）对于设有悬挂起重设备的屋盖结构，其最大挠度值不宜大于结构跨度的 1/400，在可变荷载下的挠度不宜大于结构跨度的 1/500。

（2）在重力荷载代表值与多遇竖向地震作用标准值下的组合最大挠度值不宜超过附表 6-6 的限值。

非抗震组合时大跨度钢结构容许挠度值 附表 6-5

结 构 类 型		跨中区域	悬挑结构
受弯为主的结构	桁架、网架、斜拉结构、张弦结构等	$L/250$（屋盖） $L/300$（楼盖）	$L/125$（屋盖） $L/150$（楼盖）
受压为主的结构	双层网壳	$L/250$	$L/125$
	拱架、单层网壳	$L/400$	—
受拉为主的结构	单层单索屋盖	$L/200$	
	单层索网、双层索系以及横向加劲索系的屋盖、索穹顶屋盖	$L/250$	

注：1. 表中 L 为短向跨度或者悬挑跨度；
  2. 索网结构的挠度为施加预应力之后的挠度。

地震作用组合时大跨度钢结构容许挠度值 附表 6-6

结 构 类 型		跨中区域	悬挑结构
受弯为主的结构	桁架、网架、斜拉结构、张弦结构等	$L/250$（屋盖） $L/300$（楼盖）	$L/125$（屋盖） $L/150$（楼盖）
受压为主的结构	双层网壳、弦支穹顶	$L/300$	$L/150$
	拱架、单层网壳	$L/400$	—

注：表中 L 为短向跨度或者悬挑跨度。

附录7 截面塑性发展系数

截面塑性发展系数 γ_x、γ_y 附表 7-1

项次	截面形式	γ_x	γ_y
1			1.2
2		1.05	1.05
3		$\gamma_{x1}=1.05$ $\gamma_{x2}=1.2$	1.2
4			1.05
5		1.2	1.2
6		1.15	1.15
7		1.0	1.05
8			1.0

326

附录 8   梁的整体稳定系数

附 8.1   等截面焊接工字形和轧制 H 型钢简支梁

等截面焊接工字形和轧制 H 型钢（附图 8-1）简支梁的整体稳定系数 φ_b 应按下列公式计算：

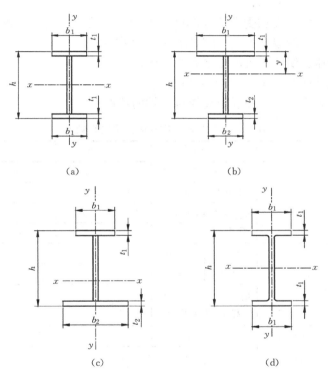

(a)   (b)

(c)   (d)

附图 8-1   焊接工字形和轧制 H 型钢
（a）双轴对称焊接工字形截面；（b）加强受压翼缘的单轴对称焊接工字形截面；
（c）加强受拉翼缘的单轴对称焊接工字形截面；（d）轧制 H 型钢截面

$$\varphi_b = \beta_b \frac{4320}{\lambda_y^2} \cdot \frac{Ah}{W_x} \left[\sqrt{1 + \left(\frac{\lambda_y t_1}{4.4h} \right)^2} + \eta_b \right] \varepsilon_k \qquad \text{附（8-1）}$$

$$\lambda_y = \frac{l_1}{i_y} \qquad \text{附（8-2）}$$

截面不对称影响系数 η_b 应按下列公式计算：
对双轴对称截面（附图 8-1a、d）：

$$\eta_b = 0 \qquad \text{附（8-3）}$$

对单轴对称工字形截面（附图 8-1b、c）：

加强受压翼缘：
$$\eta_b = 0.8(2\alpha_b - 1) \qquad\qquad 附（8-4）$$

加强受拉翼缘：
$$\eta_b = 2\alpha_b - 1 \qquad\qquad 附（8-5）$$

$$\alpha_b = \frac{I_1}{I_1 + I_2} \qquad\qquad 附（8-6）$$

当按式附（8-1）算得的 φ_b 值大于 0.6 时，应用下式计算的 φ'_b 代替 φ_b 值：

$$\varphi'_b = 1.07 - \frac{0.282}{\varphi_b} \leqslant 1.0 \qquad\qquad 附（8-7）$$

式中　β_b——梁整体稳定的等效弯矩系数，应按附表 8-1 采用；

　　　λ_y——梁在侧向支承点间对截面弱轴 y-y 的长细比；

　　　A——梁的毛截面面积；

h、t_1——梁截面的全高和受压翼缘厚度，等截面铆接（或高强度螺栓连接）简支梁，其受压翼缘厚度 t_1 包括翼缘角钢厚度在内；

　　　l_1——梁受压翼缘侧向支承点之间的距离；

　　　i_y——梁毛截面对 y 轴的回转半径；

I_1、I_2——分别为受压翼缘和受拉翼缘对 y 轴的惯性矩。

H 型钢和等截面工字形简支梁的系数 β_b

附表 8-1

项次	侧向支承	荷载		$\xi \leqslant 2.0$	$\xi > 2.0$	适用范围
1	跨中无侧向支承	均布荷载作用在	上翼缘	$0.69 + 0.13\xi$	0.95	附图 8-1 (a)、(b)、(d) 的截面
2			下翼缘	$1.73 - 0.20\xi$	1.33	
3		集中荷载作用在	上翼缘	$10.73 + 0.18\xi$	1.09	
4			下翼缘	$2.23 - 0.28\xi$	1.67	
5	跨中点有一个侧向支承点	均布荷载作用在	上翼缘	1.15		附图 8-1 中的所有截面
6			下翼缘	1.40		
7		集中荷载作用在截面高度的任意位置		1.75		
8	跨中有不少于两个等距离侧向支承点	任意荷载作用在	上翼缘	1.20		
9			下翼缘	1.40		
10	梁端有弯矩，但跨中无荷载作用			$1.75 - 1.05\left(\dfrac{M_2}{M_1}\right) + 0.3\left(\dfrac{M_2}{M_1}\right)^2$ 但 $\leqslant 2.3$		

注：1. ξ 为参数，$\xi = \dfrac{l_1 t_1}{b_1 h}$，其中 b_1 为受压翼缘的宽度；

　2. M_1 和 M_2 为梁的端弯矩，使梁产生同向曲率时 M_1 和 M_2 取同号，产生反向曲率时取异号，$|M_1| \geqslant |M_2|$；

　3. 表中项次 3、4 和 7 的集中荷载是指一个或少数几个集中荷载位于跨中央附近的情况，对其他情况的集中荷载，应按表中项次 1、2、5、6 内的数值采用；

　4. 表中项次 8、9 的 β_b，当集中荷载作用在侧向支承点处时，取 $\beta_b = 1.20$；

　5. 荷载作用在上翼缘系指荷载作用点在翼缘表面，方向指向截面形心；荷载作用在下翼缘系指荷载作用点在翼缘表面，方向背向截面形心；

　6. 对 $\alpha_b > 0.8$ 的加强受压翼缘工字形截面，下列情况的 β_b 值应乘以相应的系数：

　　项次 1：当 $\xi \leqslant 1.0$ 时，乘以 0.95；

　　项次 3：当 $\xi \leqslant 0.5$ 时，乘以 0.90；当 $0.5 < \xi \leqslant 1.0$ 时，乘以 0.95。

附 8.2 轧制普通工字钢简支梁

轧制普通工字形简支梁的整体稳定系数 φ_b 应按附表 8-2 采用，当所得的 φ_b 值大于 0.6 时，应按附式（8-7）算得的值代替。

轧制普通工字钢简支梁的 φ_b 附表 8-2

项次	荷载情况		工字钢型号	自由长度 l_1（m）								
				2	3	4	5	6	7	8	9	10
1	跨中无侧向支承点的梁	集中荷载作用于	上翼缘	10~20	2.00	1.30	0.99	0.80	0.68	0.58	0.53	0.48	0.43
				22~32	2.40	1.48	1.09	0.86	0.72	0.62	0.54	0.49	0.45
				36~63	2.80	1.60	1.07	0.83	0.68	0.56	0.50	0.45	0.40
2			下翼缘	10~20	3.10	1.95	1.34	1.01	0.82	0.69	0.63	0.57	0.52
				22~40	5.50	2.80	1.84	1.37	1.07	0.86	0.73	0.64	0.56
				45~63	7.30	3.60	2.30	1.62	1.20	0.96	0.80	0.69	0.60
3		均布荷载作用于	上翼缘	10~20	1.70	1.12	0.84	0.68	0.57	0.50	0.45	0.41	0.37
				22~40	2.10	1.30	0.93	0.73	0.60	0.51	0.45	0.40	0.36
				45~63	2.60	1.45	0.97	0.73	0.59	0.50	0.44	0.38	0.35
4			下翼缘	10~20	2.50	1.55	1.08	0.83	0.68	0.56	0.52	0.47	0.42
				22~40	4.00	2.20	1.45	1.10	0.85	0.70	0.60	0.52	0.46
				45~63	5.60	2.80	1.80	1.25	0.95	0.78	0.65	0.55	0.49
5	跨中有侧向支承点的梁（不论荷载作用点在截面高度上的位置）			10~20	2.20	1.39	1.01	0.79	—0.66	0.57	0.52	0.47	0.42
				22~40	3.00	1.80	1.24	0.96	0.76	0.65	0.56	0.49	0.43
				45~63	4.00	2.20	1.38	1.01	0.80	0.66	0.56	0.49	0.43

注：1. 同附表 8-1 的注 3、5；

2. 表中的 φ_b 适用于 Q235 钢；对其他钢号，表中数值应乘以 ε_k^2。

附 8.3 轧制槽钢简支梁

轧制槽钢简支梁的整体稳定系数，不论荷载的形式和荷载作用点在截面高度上的位置，均可按下式计算：

$$\varphi_b = \frac{570bt}{l_1 h} \cdot \varepsilon_k^2 \qquad\qquad 附（8-8）$$

式中 h、b、t——分别为槽钢截面的高度、翼缘宽度和平均厚度。

当按附式（8-8）算得的 φ_b 值大于 0.6 时，应按附式（3-7）算得相应的 φ'_b 代替 φ_b 值。

附 8.4 双轴对称工字形等截面悬臂梁

双轴对称工字形等截面悬臂梁的整体稳定系数，可按附式（8-1）计算，但式中系数 β_b 应按附表 8-3 查得，当按附式（8-2）计算长细比 λ_y 时，l_1 为悬臂梁的悬伸长度。当求得的 φ_b 值大于 0.6 时，应按附式（8-7）算得的 φ_b' 代替 φ_b 值。

双轴对称工字形等截面悬臂梁的系数 β_b　　　　　　　　　　　　　　附表 8-3

项　次	荷载形式		$0.60 \leqslant \xi \leqslant 1.24$	$1.24 < \xi \leqslant 1.96$	$1.96 < \xi \leqslant 3.10$
1	自由端一个集中荷载作用在	上翼缘	$0.21 + 0.67\xi$	$0.72 + 0.26\xi$	$1.17 + 0.03\xi$
2		下翼缘	$2.94 - 0.65\xi$	$2.64 - 0.40\xi$	$2.15 - 0.15\xi$
3	均布荷载作用在上翼缘		$0.62 + 0.82\xi$	$1.25 + 0.31\xi$	$1.66 + 0.10\xi$

注：1. 本表是按支承端为固定的情况确定的，当用于由邻跨延伸出来的伸臂梁时，应在构造上采取措施加强支承处的抗扭能力；

　　2. 表中 ξ 见附表 8-1 注 1。

附 8.5 受弯构件整体稳定系数的近似计算

均匀弯曲的受弯构件，当 $\lambda_y \leqslant 120\varepsilon_k$ 时，其整体稳定系数 φ_b 可按下列近似公式计算：

（1）工字形截面：

双轴对称：

$$\varphi_b = 1.07 - \frac{\lambda_y^2}{44000\varepsilon_k^2} \qquad\qquad 附（8-9）$$

单轴对称：

$$\varphi_b = 1.07 - \frac{W_x}{(2\alpha_b + 0.1)Ah} \cdot \frac{\lambda_y^2}{14000\varepsilon_k^2} \qquad\qquad 附（8-10）$$

（2）弯矩作用在对称轴平面，绕 x 轴的 T 形截面：

1）弯矩使翼缘受压时：

双角钢 T 形截面：

$$\varphi_b = 1 - 0.0017\lambda_y/\varepsilon_k \qquad\qquad 附（8-11）$$

剖分 T 型钢和组合 T 形截面：

$$\varphi_b = 1 - 0.0022\lambda_y/\varepsilon_k \qquad\qquad 附（8-12）$$

2）弯矩使翼缘受拉且腹板宽厚比不大于 $18\varepsilon_k$ 时：

$$\varphi_b = 1 - 0.0005\lambda_y/\varepsilon_k \qquad\qquad 附（8-13）$$

当按附式（8-9）和附式（8-10）算得的 φ_b 值大于 1.0 时，取 $\varphi_b = 1.0$。

附录 9　柱的计算长度系数

（1）无侧移框架柱的计算长度系数 μ 应按附表 9-1 取值，同时符合下列规定：

① 当横梁与柱铰接时，取横梁线刚度为零。

② 对低层框架柱，当柱与基础铰接时，应取 $K_2=0$，当柱与基础刚接时，应取 $K_2=10$，平板支座可取 $K_2=0.1$。

③ 当与柱刚接的横梁所受轴心压力 N_b 较大时，横梁线刚度折减系数 α_N 应按下列公式计算：

横梁远端与柱刚接和横梁远端与柱铰接时：

$$\alpha_N = 1 - N_b/N_{Eb} \qquad\qquad 附(9\text{-}1)$$

横梁远端嵌固时：

$$\alpha_N = 1 - N_b/(2N_{Eb}) \qquad\qquad 附(9\text{-}2)$$

$$N_{Eb} = \pi^2 EI_b/l^2 \qquad\qquad 附(9\text{-}3)$$

式中　I_b——横梁截面惯性矩；

　　　 l——横梁长度。

无侧移框架柱的计算长度系数 μ 　　　　　　附表 9-1

K_2 \ K_1	0	0.05	0.1	0.2	0.3	0.4	0.5	1	2	3	4	5	≥10
0	1.000	0.990	0.981	0.964	0.949	0.935	0.922	0.875	0.820	0.791	0.773	0.760	0.732
0.05	0.990	0.981	0.971	0.955	0.940	0.926	0.914	0.867	0.814	0.784	0.766	0.754	0.726
0.1	0.981	0.971	0.962	0.946	0.931	0.918	0.906	0.860	0.807	0.778	0.760	0.748	0.721
0.2	0.964	0.955	0.946	0.930	0.916	0.903	0.891	0.846	0.795	0.767	0.749	0.737	0.711
0.3	0.949	0.940	0.931	0.916	0.902	0.889	0.878	0.834	0.784	0.756	0.739	0.728	0.701
0.4	0.935	0.926	0.918	0.903	0.889	0.877	0.866	0.823	0.774	0.747	0.730	0.719	0.693
0.5	0.922	0.914	0.906	0.891	0.878	0.866	0.855	0.813	0.765	0.738	0.721	0.710	0.685
1	0.875	0.867	0.860	0.846	0.834	0.823	0.813	0.774	0.729	0.704	0.688	0.677	0.654
2	0.820	0.814	0.807	0.795	0.784	0.774	0.765	0.729	0.686	0.663	0.648	0.638	0.615
3	0.791	0.784	0.778	0.767	0.756	0.747	0.738	0.704	0.663	0.640	0.625	0.616	0.593
4	0.773	0.766	0.760	0.749	0.739	0.730	0.721	0.688	0.648	0.625	0.611	0.601	0.580
5	0.760	0.754	0.748	0.737	0.728	0.719	0.710	0.677	0.638	0.616	0.601	0.592	0.570
≥10	0.732	0.726	0.721	0.711	0.701	0.693	0.685	0.654	0.615	0.593	0.580	0.570	0.549

注：表中的计算长度系数 μ 值系按下式算得：

$$\left[\left(\frac{\pi}{\mu}\right)^2 + 2(K_1+K_2) - 4K_1K_2\right]\frac{\pi}{\mu}\cdot\sin\frac{\pi}{\mu} - 2\left[(K_1+K_2)\left(\frac{\pi}{\mu}\right)^2 + 4K_1K_2\right]\cos\frac{\pi}{\mu} + 8K_1K_2 = 0$$

式中，K_1、K_2 分别为相交于柱上端、柱下端的横梁线刚度之和与柱线刚度之和的比值。当梁远端为铰接时，应将横梁线刚度乘以 1.5；当横梁远端为嵌固时，则将横梁线刚度乘以 2。

（2）有侧移框架柱的计算长度系数 μ 应按附表9-2取值，同时符合下列规定：

① 当横梁与柱铰接时，取横梁线刚度为零。

② 对低层框架柱，当柱与基础铰接时，应取 $K_2=0$，当柱与基础刚接时，应取 $K_2=10$，平板支座可取 $K_2=0.1$。

③ 当与柱刚接的横梁所受轴心压力 N_b 较大时，横梁线刚度折减系数 α_N 应按下列公式计算：

横梁远端与柱刚接时：

$$\alpha_N = 1 - N_b/(4N_{Eb}) \qquad\qquad 附(9\text{-}4)$$

横梁远端与柱铰接时：

$$\alpha_N = 1 - N_b/N_{Eb} \qquad\qquad 附(9\text{-}5)$$

横梁远端嵌固时：

$$\alpha_N = 1 - N_b/(2N_{Eb}) \qquad\qquad 附(9\text{-}6)$$

有侧移框架柱的计算长度系数 μ   附表 9-2

K_2 \ K_1	0	0.05	0.1	0.2	0.3	0.4	0.5	1	2	3	4	5	≥10
0	∞	6.02	4.46	3.42	3.01	2.78	2.64	2.33	2.17	2.11	2.08	2.07	2.03
0.05	6.02	4.16	3.47	2.86	2.58	2.42	2.31	2.07	1.94	1.90	1.87	1.86	1.83
0.1	4.46	3.47	3.01	2.56	2.33	2.20	2.11	1.90	1.79	1.75	1.73	1.72	1.70
0.2	3.42	2.86	2.56	2.23	2.05	1.94	1.87	1.70	1.60	1.57	1.55	1.54	1.52
0.3	3.01	2.58	2.33	2.05	1.90	1.80	1.74	1.58	1.49	1.46	1.45	1.44	1.42
0.4	2.78	2.42	2.20	1.94	1.80	1.71	1.65	1.50	1.42	1.39	1.37	1.37	1.35
0.5	2.64	2.31	2.11	1.87	1.74	1.65	1.59	1.45	1.37	1.34	1.32	1.32	1.30
1	2.33	2.07	1.90	1.70	1.58	1.50	1.45	1.32	1.24	1.21	1.20	1.19	1.17
2	2.17	1.94	1.79	1.60	1.49	1.42	1.37	1.24	1.16	1.14	1.12	1.12	1.10
3	2.11	1.90	1.75	1.57	1.46	1.39	1.34	1.14	1.14	1.10	1.10	1.09	1.07
4	2.08	1.87	1.73	1.55	1.45	1.37	1.32	1.20	1.12	1.10	1.08	1.08	1.06
5	2.07	1.86	1.72	1.54	1.44	1.37	1.32	1.19	1.12	1.09	1.08	1.07	1.05
≥10	2.03	1.83	1.70	1.52	1.42	1.35	1.30	1.17	1.10	1.07	1.06	1.05	1.03

注：表中的计算长度系数 μ 值系按下式算得：

$$\left[36K_1K_2 - \left(\frac{\pi}{\mu}\right)^2\right]\sin\frac{\pi}{\mu} + 6(K_1+K_2)\frac{\pi}{\mu}\cdot\cos\frac{\pi}{\mu} = 0$$

式中，K_1、K_2 分别为相交于柱上端、柱下端的横梁线刚度之和与柱线刚度之和的比值。当横梁远端为铰接时，应将横梁线刚度乘以 0.5；当横梁远端为嵌固时，则应乘以 2/3。

（3）柱上端为自由的单阶柱下段的计算长度系数 μ_2 应按附表9-3取值。

332

柱上端为自由的单阶柱下段的计算长度系数 μ_2 附表 9-3

$K_1=\dfrac{I_1}{I_2}\cdot\dfrac{H_2}{H_1}$

$\eta_1=\dfrac{H_1}{H_2}\sqrt{\dfrac{N_1}{N_2}\cdot\dfrac{I_2}{I_1}}$

N_1——上段柱的轴心力；

N_2——下段柱的轴心力

η_1 \\ K_1	0.06	0.08	0.10	0.12	0.14	0.16	0.18	0.20	0.22	0.24	0.26	0.28	0.3	0.4	0.5	0.6	0.7	0.8
0.2	2.00	2.01	2.01	2.01	2.01	2.01	2.01	2.02	2.02	2.02	2.02	2.02	2.03	2.04	2.05	2.06	2.06	2.07
0.3	2.01	2.02	2.02	2.02	2.03	2.03	2.03	2.04	2.04	2.05	2.05	2.05	2.06	2.08	2.10	2.12	2.13	2.15
0.4	2.02	2.03	2.04	2.04	2.05	2.06	2.07	2.07	2.08	2.09	2.09	2.10	2.11	2.14	2.18	2.21	2.25	2.28
0.5	2.04	2.05	2.06	2.07	2.09	2.10	2.11	2.12	2.13	2.15	2.16	2.17	2.18	2.24	2.29	2.35	2.40	2.45
0.6	2.06	2.08	2.10	2.12	2.14	2.16	2.18	2.19	2.21	2.23	2.25	2.26	2.28	2.36	2.44	2.52	2.59	2.66
0.7	2.10	2.13	2.16	2.18	2.21	2.24	2.26	2.29	2.31	2.34	2.36	2.38	2.41	2.52	2.62	2.72	2.81	2.90
0.8	2.15	2.20	2.24	2.27	2.31	2.34	2.38	2.41	2.44	2.47	2.50	2.53	2.56	2.70	2.82	2.94	3.06	3.16
0.9	2.24	2.29	2.35	2.39	2.44	2.48	2.52	2.56	2.60	2.63	2.67	2.71	2.74	2.90	3.05	3.19	3.32	3.44
1.0	2.36	2.43	2.48	2.54	2.59	2.64	2.69	2.73	2.77	2.82	2.86	2.90	2.94	3.12	3.29	3.45	3.59	3.74
1.2	2.69	2.76	2.83	2.89	2.95	3.01	3.07	3.12	3.17	3.22	3.27	3.32	3.37	3.59	3.80	3.99	4.17	4.34
1.4	3.07	3.14	3.22	3.29	3.36	3.42	3.48	3.55	3.61	3.66	3.72	3.78	3.83	4.09	4.33	4.56	4.77	4.97
1.6	3.47	3.55	3.63	3.71	3.78	3.85	3.92	3.99	4.07	4.12	4.18	4.25	4.31	4.61	4.88	5.14	5.38	5.62
1.8	3.88	3.97	4.05	4.13	4.21	4.29	4.37	4.44	4.52	4.59	4.66	4.73	4.80	5.13	5.44	5.73	6.00	6.26
2.0	4.29	4.39	4.48	4.57	4.65	4.74	4.82	4.90	4.99	5.07	5.15	5.22	5.30	5.66	6.00	6.32	6.63	6.92
2.2	4.71	4.81	4.91	5.00	5.10	5.19	5.28	5.37	5.46	5.54	5.63	5.71	5.80	6.19	6.57	6.92	7.26	7.58
2.4	5.13	5.24	5.34	5.44	5.54	5.64	5.74	5.84	5.93	6.03	6.12	6.21	6.30	6.73	7.14	7.52	7.89	8.24
2.6	5.55	5.66	5.77	5.88	5.99	6.10	6.20	6.31	6.41	6.51	6.61	6.71	6.80	7.27	7.71	8.13	8.52	8.90
2.8	5.97	6.09	6.21	6.33	6.44	6.55	6.67	6.78	6.89	6.99	7.10	7.21	7.31	7.81	8.28	8.73	9.16	9.57
3.0	6.39	6.52	6.64	6.77	6.89	7.01	7.13	7.25	7.37	7.48	7.59	7.71	7.82	8.35	8.86	9.34	9.80	10.24

注：表中的计算长度系数 μ_2 值系按下式计算：

$$\eta_1 K_1\cdot\tan\frac{\pi}{\mu_2}\cdot\tan\frac{\pi\eta_1}{\mu_2}-1=0$$

（4）柱上端可移动但不转动的单阶柱下段的计算长度系数 μ_2 应按附表 9-4 取值。

柱上端可移动但不转动的单阶柱下段的计算长度系数 μ_2 附表 9-4

$K_1=\dfrac{I_1}{I_2}\cdot\dfrac{H_2}{H_1}$

$\eta_1=\dfrac{H_1}{H_2}\sqrt{\dfrac{N_1}{N_2}\cdot\dfrac{I_2}{I_1}}$

N_1——上段柱的轴心力；

N_2——下段柱的轴心力

η_1 \\ K_1	0.06	0.08	0.10	0.12	0.14	0.16	0.18	0.20	0.22	0.24	0.26	0.28	0.3	0.4	0.5	0.6	0.7	0.8
0.2	1.96	1.94	1.93	1.91	1.90	1.89	1.88	1.86	1.85	1.84	1.83	1.82	1.81	1.76	1.72	1.68	1.65	1.62
0.3	1.96	1.94	1.93	1.92	1.91	1.89	1.88	1.87	1.86	1.85	1.84	1.83	1.82	1.77	1.73	1.70	1.66	1.63
0.4	1.96	1.95	1.94	1.92	1.91	1.90	1.89	1.88	1.87	1.86	1.85	1.84	1.83	1.79	1.75	1.72	1.68	1.66
0.5	1.96	1.95	1.94	1.93	1.92	1.91	1.90	1.89	1.88	1.87	1.86	1.85	1.85	1.81	1.77	1.74	1.71	1.69
0.6	1.97	1.96	1.95	1.94	1.93	1.92	1.91	1.90	1.90	1.89	1.88	1.87	1.87	1.83	1.80	1.78	1.75	1.73
0.7	1.97	1.97	1.96	1.95	1.94	1.94	1.93	1.92	1.92	1.91	1.90	1.90	1.89	1.86	1.84	1.82	1.80	1.78
0.8	1.98	1.97	1.97	1.96	1.96	1.95	1.94	1.94	1.93	1.93	1.92	1.91	1.90	1.88	1.87	1.86	1.85	1.84
0.9	1.99	1.99	1.98	1.98	1.98	1.97	1.97	1.97	1.97	1.96	1.96	1.96	1.96	1.95	1.94	1.93	1.92	1.92
1.0	2.00	2.00	2.00	2.00	2.00	2.00	2.00	2.00	2.00	2.00	2.00	2.00	2.00	2.00	2.00	2.00	2.00	2.00
1.2	2.03	2.04	2.04	2.05	2.06	2.07	2.07	2.08	2.08	2.09	2.10	2.10	2.11	2.13	2.15	2.17	2.18	2.20
1.4	2.07	2.09	2.11	2.12	2.14	2.16	2.17	2.19	2.21	2.22	2.23	2.24	2.25	2.29	2.33	2.37	2.40	2.42
1.6	2.12	2.16	2.19	2.22	2.25	2.27	2.30	2.32	2.34	2.36	2.37	2.39	2.41	2.48	2.54	2.59	2.63	2.67
1.8	2.18	2.22	2.27	2.31	2.35	2.39	2.42	2.45	2.48	2.50	2.53	2.55	2.57	2.69	2.76	2.83	2.88	2.93
2.0	2.35	2.41	2.46	2.50	2.55	2.59	2.62	2.66	2.69	2.72	2.75	2.77	2.80	2.91	3.00	3.08	3.14	3.20
2.2	2.51	2.57	2.63	2.68	2.73	2.77	2.81	2.85	2.89	2.92	2.95	2.98	3.01	3.14	3.25	3.33	3.41	3.47
2.4	2.68	2.75	2.81	2.87	2.92	2.97	3.01	3.05	3.09	3.13	3.17	3.20	3.24	3.38	3.50	3.59	3.68	3.75
2.6	2.87	2.94	3.00	3.06	3.12	3.17	3.22	3.27	3.31	3.35	3.39	3.43	3.46	3.62	3.75	3.86	3.95	4.03
2.8	3.06	3.14	3.20	3.27	3.33	3.38	3.43	3.48	3.53	3.58	3.62	3.66	3.70	3.87	4.01	4.13	4.23	4.32
3.0	3.26	3.34	3.41	3.47	3.54	3.60	3.65	3.70	3.75	3.80	3.85	3.89	3.93	4.12	4.27	4.40	4.51	4.61

注：表中的计算长度系数 μ_2 值系按下式计算：

$$\tan\frac{\pi\eta_1}{\mu_2}+\eta_1 K_1\cdot\tan\frac{\pi}{\mu_2}=0$$

(5) 柱上端为自由的双阶柱下段的计算长度系数 μ_3 应按附表 9-5 取值。

柱上端为自由的双阶柱下段的计算长度系数 μ_3

附表 9-5

$K_1 = \dfrac{I_1}{I_3}$

$K_2 = \dfrac{I_2}{I_3}$

$\eta_1 = \dfrac{H_1}{H_3} \cdot \sqrt{\dfrac{N_1}{N_3} \cdot \dfrac{I_3}{I_1}}$

$\eta_2 = \dfrac{H_2}{H_3} \cdot \sqrt{\dfrac{N_2}{N_3} \cdot \dfrac{I_3}{I_2}}$

N_1——上段柱的轴心力;

N_2——中段柱的轴心力;

N_3——下段柱的轴心力。

η_1	K_2 / η_2	0.05											0.10										
		0.2	0.3	0.4	0.5	0.6	0.7	0.8	0.9	1.0	1.1	1.2	0.2	0.3	0.4	0.5	0.6	0.7	0.8	0.9	1.0	1.1	1.2
0.2	0.2	2.02	2.03	2.04	2.05	2.05	2.06	2.07	2.08	2.09	2.10	2.10	2.03	2.03	2.04	2.05	2.06	2.07	2.08	2.08	2.09	2.10	2.11
	0.4	2.08	2.11	2.15	2.19	2.22	2.25	2.29	2.32	2.35	2.39	2.42	2.09	2.12	2.16	2.19	2.23	2.26	2.29	2.33	2.36	2.39	2.42
	0.6	2.20	2.29	2.37	2.45	2.52	2.60	2.67	2.73	2.80	2.87	2.93	2.21	2.30	2.38	2.46	2.53	2.60	2.67	2.74	2.81	2.87	2.93
	0.8	2.42	2.57	2.71	2.83	2.95	3.06	3.17	3.27	3.37	3.47	3.56	2.44	2.58	2.71	2.84	2.96	3.07	3.17	3.28	3.37	3.47	3.56
	1.0	2.75	2.95	3.13	3.30	3.46	3.60	3.74	3.87	4.00	4.13	4.25	2.76	2.96	3.14	3.30	3.46	3.60	3.74	3.88	4.00	4.13	4.25
	1.2	3.13	3.38	3.60	3.80	4.00	4.18	4.36	4.51	4.67	4.82	4.97	3.15	3.39	3.61	3.81	4.00	4.18	4.35	4.52	4.68	4.83	4.98
0.4	0.2	2.04	2.05	2.05	2.06	2.07	2.08	2.09	2.09	2.10	2.11	2.12	2.07	2.07	2.08	2.08	2.09	2.10	2.11	2.12	2.12	2.13	2.14
	0.4	2.10	2.14	2.17	2.21	2.25	2.27	2.31	2.34	2.37	2.40	2.43	2.17	2.19	2.20	2.23	2.26	2.30	2.33	2.36	2.39	2.42	2.46
	0.6	2.24	2.32	2.40	2.47	2.54	2.62	2.68	2.75	2.82	2.88	2.94	2.28	2.36	2.43	2.50	2.57	2.64	2.71	2.77	2.84	2.90	2.96
	0.8	2.47	2.60	2.73	2.85	2.97	3.08	3.19	3.29	3.38	3.48	3.57	2.53	2.65	2.77	2.88	3.00	3.10	3.21	3.31	3.40	3.50	3.59
	1.0	2.79	2.98	3.15	3.32	3.47	3.62	3.75	3.89	4.02	4.14	4.26	2.85	3.02	3.19	3.34	3.49	3.64	3.77	3.91	4.03	4.16	4.28
	1.2	3.18	3.41	3.62	3.82	4.01	4.19	4.36	4.52	4.68	4.83	4.98	3.24	3.45	3.65	3.85	4.03	4.21	4.38	4.54	4.70	4.85	4.99
0.6	0.2	2.09	2.09	2.10	2.10	2.11	2.12	2.13	2.13	2.14	2.15	2.15	2.19	2.18	2.18	2.17	2.18	2.18	2.19	2.19	2.20	2.20	2.21
	0.4	2.17	2.19	2.22	2.25	2.28	2.31	2.34	2.37	2.41	2.44	2.47	2.30	2.30	2.31	2.33	2.35	2.38	2.41	2.44	2.47	2.49	2.52
	0.6	2.32	2.38	2.45	2.52	2.59	2.66	2.72	2.79	2.85	2.91	2.97	2.49	2.49	2.54	2.60	2.66	2.72	2.78	2.84	2.90	2.96	3.02
	0.8	2.56	2.67	2.79	2.90	3.01	3.11	3.22	3.32	3.41	3.50	3.60	2.72	2.78	2.87	2.97	3.07	3.17	3.27	3.36	3.46	3.54	3.64
	1.0	2.88	3.04	3.21	3.36	3.50	3.65	3.78	3.91	4.04	4.16	4.26	3.04	3.15	3.28	3.42	3.56	3.70	3.83	3.95	4.08	4.20	4.31
	1.2	3.26	3.47	3.66	3.86	4.04	4.22	4.38	4.54	4.70	4.85	5.00	3.36	3.49	3.65	3.85	4.03	4.21	4.38	4.54	4.70	4.85	5.03
0.8	0.2	2.21	2.22	2.22	2.21	2.21	2.22	2.22	2.22	2.23	2.23	2.24	2.37	2.36	2.37	2.37	2.38	2.37	2.37	2.36	2.36	2.37	2.37
	0.4	2.37	2.34	2.34	2.36	2.38	2.40	2.43	2.45	2.48	2.51	2.54	2.54	2.59	2.55	2.54	2.54	2.55	2.57	2.59	2.61	2.63	2.65
	0.6	2.52	2.52	2.56	2.61	2.67	2.73	2.79	2.85	2.91	2.96	3.02	2.78	2.76	2.76	2.78	2.82	2.86	2.91	2.96	3.01	3.07	3.12
	0.8	2.74	2.79	2.88	2.97	3.06	3.16	3.27	3.35	3.44	3.53	3.63	3.00	3.01	3.06	3.13	3.20	3.29	3.37	3.46	3.54	3.63	3.71
	1.0	3.04	3.15	3.28	3.42	3.56	3.69	3.82	3.95	4.05	4.19	4.31	3.33	3.37	3.44	3.55	3.67	3.79	3.90	4.03	4.15	4.26	4.37
	1.2	3.39	3.55	3.73	3.91	4.08	4.25	4.42	4.58	4.73	4.88	5.02	3.65	3.73	3.74	3.86	4.02	4.18	4.34	4.49	4.64	4.79	4.94
1.0	0.2	2.48	2.51	2.51	2.48	2.46	2.45	2.45	2.44	2.44	2.44	2.44	2.66	2.67	2.68	2.70	2.73	2.70	2.68	2.67	2.66	2.65	2.65
	0.4	2.69	2.64	2.60	2.59	2.59	2.59	2.60	2.63	2.63	2.65	2.67	2.85	2.84	2.85	2.85	2.85	2.84	2.84	2.84	2.85	2.86	2.87
	0.6	2.86	2.78	2.77	2.79	2.83	2.87	2.91	2.96	3.01	3.06	3.10	3.08	3.16	3.09	3.07	3.08	3.09	3.12	3.15	3.19	3.23	3.27
	0.8	3.04	3.01	3.05	3.11	3.19	3.27	3.35	3.44	3.52	3.61	3.69	3.36	3.37	3.34	3.36	3.41	3.46	3.53	3.60	3.67	3.75	3.82
	1.0	3.29	3.32	3.41	3.52	3.64	3.76	3.89	4.01	4.13	4.25	4.35	3.52	3.64	3.67	3.74	3.83	3.93	4.03	4.14	4.25	4.35	4.46
	1.2	3.60	3.69	3.83	3.99	4.15	4.31	4.47	4.62	4.77	4.92	5.10	3.74	3.97	4.05	4.17	4.31	4.45	4.59	4.73	4.87	5.01	5.14
1.2	0.2	2.81	2.92	2.87	2.84	2.81	2.80	2.80	2.79	2.78	2.77	2.77	3.03	3.05	3.08	3.12	3.17	3.26	3.20	3.19	3.19	3.19	3.19
	0.4	2.92	2.94	2.90	2.87	2.87	2.87	2.88	2.90	2.90	2.91	2.92	3.16	3.21	3.30	3.31	3.26	3.22	3.20	3.19	3.23	3.48	3.50
	0.6	3.08	3.05	3.08	3.11	3.19	3.10	3.12	3.15	3.18	3.23	3.26	3.45	3.43	3.43	3.43	3.42	3.42	3.42	3.43	3.45	3.48	3.98
	0.8	3.33	3.32	3.30	3.33	3.37	3.43	3.49	3.56	3.63	3.71	3.78	3.62	3.57	3.57	3.63	3.69	3.72	3.76	3.81	3.86	3.92	3.98
	1.0	3.62	3.57	3.57	3.63	3.68	3.87	3.87	3.75	3.81	3.86	3.92	3.87	3.89	3.97	4.07	4.04	4.04	4.06	4.08	4.12	4.16	4.58
	1.2	3.88	3.88	3.98	4.05	3.96	4.04	4.12	4.22	4.31	4.41	4.51	4.02	4.05	4.13	4.32	4.34	4.38	4.43	4.50	4.39	4.48	5.24
1.4	0.2	3.16	3.46	3.36	3.29	3.25	3.23	3.20	3.19	3.18	3.17	3.16	3.45	3.47	3.51	3.49	3.63	3.58	3.54	3.51	3.49	3.47	3.45
	0.4	3.21	3.50	3.40	3.35	3.31	3.29	3.27	3.26	3.26	3.58	3.57	3.70	3.53	3.58	3.59	3.60	3.63	3.66	3.63	3.59	3.58	3.57
	0.6	3.30	3.58	3.49	3.43	3.43	3.43	3.43	3.45	3.45	3.80	3.81	3.91	3.64	3.71	3.81	3.83	3.80	3.79	3.79	3.79	3.80	3.81
	0.8	3.62	3.70	3.64	3.63	3.64	3.67	3.70	3.75	3.81	3.87	3.92	4.04	4.02	3.97	3.89	4.04	4.04	4.06	4.08	4.12	4.16	4.21
	1.0	3.88	3.89	3.87	3.90	3.96	4.04	4.12	4.22	4.31	4.41	4.51	4.05	4.28	4.35	4.45	4.38	4.43	4.50	4.58	4.39	4.48	4.74
	1.2	4.23	4.15	4.19	4.27	4.39	4.51	4.64	4.77	4.91	5.04	5.17	4.59	4.69	4.63	4.65	4.72	4.80	4.90	5.10	5.13	5.24	5.36

334

注：表中的计算长度系数 μ_3 值按下式算得：

$$\frac{\eta_1 K_1}{\eta_2 K_2}\cdot\tan\frac{\pi\eta_1}{\mu_3}\cdot\tan\frac{\pi\eta_2}{\mu_3}+\eta_1 K_1\cdot\tan\frac{\pi\eta_1}{\mu_3}+\eta_2 K_2\cdot\tan\frac{\pi\eta_2}{\mu_3}\cdot\tan\frac{\pi}{\mu_3}-1=0$$

简图及符号说明：

$K_1=\dfrac{I_1}{I_3}\cdot\dfrac{H_3}{H_1}$

$K_2=\dfrac{I_2}{I_3}\cdot\dfrac{H_3}{H_2}$

$\eta_1=\dfrac{H_1}{H_3}\sqrt{\dfrac{N_1}{N_3}\cdot\dfrac{I_3}{I_1}}$

$\eta_2=\dfrac{H_2}{H_3}\sqrt{\dfrac{N_2}{N_3}\cdot\dfrac{I_3}{I_2}}$

N_1——上段柱的轴心力；

N_2——中段柱的轴心力；

N_3——下段柱的轴心力。

（简图为三段变截面柱，自上而下分别为 I_1,H_1；I_2,H_2；I_3,H_3，柱底固定。）

表 0.20（K_1 取 0.2～1.2）

η_1	K_2	0.2	0.3	0.4	0.5	0.6	0.7	0.8	0.9	1.0	1.1	1.2
0.2	0.2	2.04	2.04	2.05	2.06	2.07	2.08	2.08	2.09	2.10	2.11	2.12
	0.4	2.10	2.13	2.17	2.20	2.24	2.27	2.30	2.34	2.37	2.40	2.43
	0.6	2.23	2.31	2.39	2.47	2.54	2.61	2.68	2.75	2.82	2.88	2.94
	0.8	2.46	2.60	2.73	2.85	2.97	3.08	3.18	3.29	3.38	3.48	3.57
	1.0	2.79	2.98	3.15	3.33	3.47	3.61	3.75	3.89	4.02	4.14	4.26
	1.2	3.18	3.41	3.62	3.82	4.01	4.19	4.36	4.52	4.68	4.83	4.98
0.4	0.2	2.13	2.13	2.13	2.14	2.14	2.15	2.15	2.16	2.17	2.17	2.18
	0.4	2.24	2.24	2.26	2.29	2.32	2.35	2.38	2.41	2.44	2.47	2.50
	0.6	2.40	2.44	2.50	2.56	2.63	2.69	2.76	2.82	2.88	2.94	2.99
	0.8	2.66	2.74	2.84	2.95	3.05	3.15	3.25	3.35	3.44	3.53	3.62
	1.0	2.98	3.12	3.25	3.40	3.54	3.68	3.81	3.94	4.07	4.19	4.30
	1.2	3.35	3.53	3.71	3.90	4.08	4.25	4.42	4.57	4.73	4.87	5.02
0.6	0.2	2.86	2.64	2.54	2.49	2.46	2.44	2.43	2.42	2.42	2.45	2.45
	0.4	2.95	2.74	2.66	2.63	2.62	2.66	2.67	2.69	2.70	2.72	2.74
	0.6	3.10	2.93	2.88	2.88	2.90	2.96	2.90	3.01	3.01	3.06	3.12
	0.8	3.30	3.18	3.16	3.20	3.26	3.45	3.41	3.48	3.57	3.63	3.72
	1.0	3.56	3.49	3.53	3.62	3.72	3.98	3.93	4.04	4.15	4.34	4.50
	1.2	3.86	3.84	3.94	4.06	4.19	4.36	4.50	4.64	4.80	4.94	5.08
0.8	0.2	3.70	3.32	3.13	3.01	2.93	2.88	2.85	2.82	2.80	2.78	2.77
	0.4	3.77	3.40	3.22	3.12	3.07	3.04	3.02	3.01	3.01	3.01	3.01
	0.6	3.88	3.54	3.40	3.33	3.30	3.29	3.30	3.32	3.35	3.38	3.41
	0.8	4.03	3.74	3.63	3.60	3.61	3.65	3.70	3.75	3.81	3.88	3.95
	1.0	4.22	3.98	3.92	3.95	4.00	4.08	4.16	4.25	4.34	4.43	4.53
	1.2	4.47	4.28	4.29	4.35	4.44	4.56	4.68	4.80	4.96	5.05	5.18
1.0	0.2	4.60	4.08	3.79	3.62	3.51	3.43	3.37	3.33	3.30	3.27	3.25
	0.4	4.64	4.13	3.86	3.71	3.61	3.54	3.48	3.48	3.48	3.44	3.43
	0.6	4.73	4.26	4.01	3.88	3.80	3.76	3.74	3.74	3.74	3.75	3.76
	0.8	4.85	4.41	4.21	4.11	4.07	4.06	4.07	4.10	4.13	4.17	4.22
	1.0	5.00	4.61	4.45	4.39	4.39	4.42	4.47	4.53	4.61	4.68	4.76
	1.2	5.19	4.86	4.75	4.73	4.80	4.85	4.96	5.07	5.18	5.28	5.38
1.2	0.2	5.48	4.84	4.48	4.26	4.12	4.01	3.93	3.88	3.83	3.80	3.77
	0.4	5.53	4.89	4.56	4.35	4.21	4.12	4.05	4.00	3.96	3.94	3.91
	0.6	5.60	4.99	4.66	4.47	4.35	4.28	4.23	4.20	4.18	4.17	4.19
	0.8	5.70	5.11	4.81	4.65	4.56	4.51	4.49	4.48	4.49	4.51	4.57
	1.0	5.83	5.28	5.02	4.90	4.85	4.84	4.85	4.88	4.93	4.99	5.07
	1.2	6.00	5.49	5.27	5.20	5.19	5.22	5.27	5.34	5.42	5.51	5.71
1.4	0.2	6.38	5.62	5.20	4.92	4.75	4.62	4.52	4.44	4.38	4.33	4.28
	0.4	6.42	5.66	5.24	4.99	4.82	4.69	4.60	4.53	4.48	4.44	4.40
	0.6	6.47	5.74	5.34	5.10	4.94	4.84	4.76	4.71	4.67	4.65	4.67
	0.8	6.57	5.85	5.48	5.25	5.12	5.02	4.96	4.94	5.03	5.09	5.15
	1.0	6.68	6.00	5.64	5.44	5.34	5.29	5.28	5.30	5.44	5.47	5.51
	1.2	6.80	6.19	5.89	5.76	5.70	5.68	5.71	5.76	5.89	5.95	6.03

表 0.30（K_1 取 0.2～1.2）

η_1	K_2	0.2	0.3	0.4	0.5	0.6	0.7	0.8	0.9	1.0	1.1	1.2
0.2	0.2	2.05	2.05	2.06	2.07	2.08	2.09	2.09	2.10	2.11	2.12	2.13
	0.4	2.12	2.15	2.18	2.21	2.25	2.28	2.31	2.35	2.38	2.41	2.44
	0.6	2.25	2.33	2.41	2.48	2.56	2.63	2.69	2.76	2.83	2.89	2.95
	0.8	2.49	2.62	2.75	2.87	2.98	3.10	3.20	3.30	3.39	3.49	3.58
	1.0	2.82	3.00	3.17	3.33	3.48	3.63	3.76	3.90	4.02	4.15	4.27
	1.2	3.20	3.43	3.64	3.83	4.02	4.20	4.37	4.53	4.69	4.84	4.99
0.4	0.2	2.26	2.21	2.20	2.19	2.19	2.20	2.20	2.21	2.21	2.22	2.23
	0.4	2.36	2.33	2.33	2.35	2.38	2.40	2.43	2.46	2.49	2.51	2.54
	0.6	2.54	2.54	2.58	2.63	2.69	2.75	2.81	2.87	2.93	2.99	3.04
	0.8	2.79	2.83	2.91	3.01	3.10	3.20	3.30	3.39	3.48	3.57	3.66
	1.0	3.11	3.20	3.32	3.46	3.59	3.72	3.85	3.98	4.10	4.22	4.33
	1.2	3.47	3.60	3.77	3.95	4.12	4.28	4.45	4.60	4.75	4.90	5.04
0.6	0.2	2.93	2.68	2.57	2.52	2.49	2.47	2.46	2.45	2.45	2.45	2.45
	0.4	3.02	2.79	2.71	2.67	2.66	2.66	2.67	2.69	2.70	2.72	2.74
	0.6	3.17	2.98	2.93	2.93	2.95	2.98	3.02	3.07	3.11	3.16	3.21
	0.8	3.37	3.24	3.23	3.27	3.33	3.41	3.48	3.56	3.64	3.72	3.80
	1.0	3.63	3.56	3.60	3.69	3.79	3.90	4.01	4.12	4.23	4.34	4.45
	1.2	3.94	3.92	4.02	4.15	4.29	4.43	4.58	4.72	4.87	5.01	5.14
0.8	0.2	3.78	3.38	3.18	3.06	2.98	2.93	2.89	2.86	2.84	2.83	2.82
	0.4	3.85	3.47	3.28	3.18	3.12	3.09	3.07	3.06	3.06	3.06	3.06
	0.6	3.96	3.61	3.46	3.39	3.36	3.35	3.36	3.38	3.41	3.44	3.47
	0.8	4.12	3.82	3.70	3.67	3.68	3.72	3.76	3.82	3.88	3.94	4.01
	1.0	4.32	4.07	4.01	4.03	4.08	4.16	4.24	4.33	4.43	4.52	4.62
	1.2	4.57	4.38	4.38	4.44	4.54	4.66	4.78	4.90	5.03	5.16	5.29
1.0	0.2	4.68	4.15	3.86	3.69	3.57	3.49	3.43	3.38	3.35	3.32	3.30
	0.4	4.73	4.21	3.94	3.78	3.68	3.61	3.54	3.54	3.54	3.50	3.49
	0.6	4.82	4.33	4.08	3.95	3.87	3.83	3.80	3.80	3.80	3.81	3.83
	0.8	4.94	4.49	4.28	4.18	4.14	4.13	4.14	4.17	4.20	4.25	4.29
	1.0	5.10	4.70	4.53	4.48	4.48	4.51	4.56	4.62	4.70	4.77	4.85
	1.2	5.29	4.95	4.84	4.83	4.96	4.94	5.06	5.15	5.26	5.37	5.48
1.2	0.2	5.58	4.93	4.57	4.35	4.20	4.10	4.01	3.95	3.90	3.86	3.83
	0.4	5.62	4.98	4.64	4.43	4.29	4.19	4.12	4.07	4.03	4.01	3.98
	0.6	5.70	5.08	4.75	4.56	4.44	4.37	4.32	4.29	4.27	4.26	4.26
	0.8	5.80	5.21	4.91	4.75	4.66	4.62	4.60	4.59	4.60	4.62	4.65
	1.0	5.93	5.38	5.12	5.00	4.95	4.94	4.95	4.99	5.03	5.09	5.15
	1.2	6.10	5.59	5.38	5.31	5.30	5.33	5.39	5.46	5.54	5.63	5.73
1.4	0.2	6.49	5.72	5.30	5.03	4.85	4.72	4.62	4.54	4.48	4.43	4.38
	0.4	6.53	5.77	5.35	5.10	4.93	4.80	4.71	4.64	4.59	4.55	4.51
	0.6	6.59	5.85	5.45	5.21	5.05	4.95	4.87	4.82	4.78	4.76	4.74
	0.8	6.68	5.96	5.59	5.37	5.24	5.15	5.10	5.08	5.06	5.06	5.07
	1.0	6.79	6.10	5.76	5.58	5.48	5.43	5.41	5.41	5.44	5.47	5.51
	1.2	6.93	6.28	5.98	5.84	5.78	5.76	5.79	5.83	5.89	5.95	6.03

(6) 柱顶可移动但不转动的双阶柱下段的计算长度系数 μ_3，应按附表 9-6 取值。

柱顶可移动但不转动的双阶柱下段的计算长度系数 μ_3

η_1	η_2	$K_1=0.05$											$K_1=0.10$										
	$K_2=$	0.2	0.3	0.4	0.5	0.6	0.7	0.8	0.9	1.0	1.1	1.2	0.2	0.3	0.4	0.5	0.6	0.7	0.8	0.9	1.0	1.1	1.2
0.2	0.2	1.99	1.99	2.00	2.00	2.01	2.02	2.02	2.03	2.04	2.05	2.06	1.96	1.96	1.97	1.97	1.98	1.98	1.99	2.00	2.00	2.01	2.02
	0.4	2.03	2.06	2.09	2.12	2.16	2.19	2.22	2.25	2.29	2.32	2.35	2.00	2.02	2.05	2.08	2.11	2.14	2.17	2.20	2.23	2.26	2.29
	0.6	2.12	2.20	2.28	2.36	2.43	2.50	2.57	2.64	2.71	2.77	2.83	2.07	2.14	2.22	2.29	2.36	2.43	2.50	2.56	2.63	2.69	2.75
	0.8	2.28	2.43	2.57	2.70	2.82	2.94	3.04	3.15	3.25	3.34	3.43	2.20	2.35	2.48	2.61	2.73	2.84	2.94	3.05	3.14	3.24	3.33
	1.0	2.53	2.76	2.96	3.13	3.29	3.44	3.59	3.72	3.85	3.98	4.10	2.41	2.64	2.83	3.01	3.17	3.32	3.46	3.59	3.72	3.85	3.97
	1.2	2.86	3.15	3.39	3.61	3.80	3.99	4.16	4.33	4.49	4.64	4.79	2.70	2.99	3.23	3.45	3.65	3.84	4.01	4.18	4.34	4.49	4.64
0.4	0.2	1.99	1.99	2.00	2.01	2.01	2.02	2.03	2.04	2.04	2.05	2.06	1.96	1.97	1.97	1.98	1.98	1.99	2.00	2.01	2.01	2.02	2.03
	0.4	2.03	2.06	2.09	2.13	2.16	2.19	2.23	2.26	2.29	2.32	2.35	2.00	2.03	2.06	2.09	2.12	2.15	2.18	2.21	2.24	2.27	2.30
	0.6	2.13	2.21	2.29	2.36	2.44	2.51	2.58	2.64	2.71	2.77	2.84	2.08	2.15	2.23	2.30	2.37	2.44	2.51	2.57	2.64	2.70	2.76
	0.8	2.29	2.44	2.58	2.71	2.83	2.94	3.05	3.15	3.25	3.35	3.44	2.21	2.36	2.49	2.62	2.73	2.85	2.95	3.05	3.15	3.24	3.34
	1.0	2.54	2.77	2.96	3.14	3.30	3.45	3.59	3.73	3.85	3.98	4.10	2.43	2.65	2.84	3.02	3.18	3.33	3.47	3.60	3.73	3.85	3.97
	1.2	2.87	3.15	3.40	3.62	3.81	3.99	4.17	4.33	4.49	4.64	4.79	2.71	3.00	3.24	3.46	3.66	3.85	4.02	4.19	4.34	4.49	4.64
0.6	0.2	2.00	2.01	2.01	2.02	2.03	2.03	2.04	2.05	2.06	2.07	2.08	1.97	1.98	1.99	1.99	2.00	2.00	2.01	2.02	2.03	2.04	2.06
	0.4	2.04	2.07	2.10	2.14	2.17	2.20	2.23	2.27	2.30	2.33	2.36	2.01	2.04	2.07	2.10	2.13	2.16	2.19	2.22	2.26	2.29	2.34
	0.6	2.13	2.21	2.29	2.37	2.45	2.52	2.59	2.65	2.72	2.78	2.84	2.09	2.17	2.24	2.32	2.39	2.46	2.52	2.59	2.67	2.73	2.79
	0.8	2.30	2.45	2.59	2.72	2.84	2.95	3.06	3.16	3.26	3.36	3.44	2.23	2.38	2.51	2.64	2.75	2.86	2.97	3.07	3.16	3.26	3.35
	1.0	2.56	2.78	2.97	3.16	3.32	3.46	3.60	3.73	3.86	3.99	4.11	2.45	2.68	2.86	3.03	3.19	3.34	3.48	3.61	3.74	3.86	3.98
	1.2	2.89	3.17	3.41	3.62	3.83	4.00	4.17	4.34	4.50	4.65	4.80	2.74	3.02	3.26	3.48	3.67	3.86	4.03	4.20	4.35	4.50	4.65
0.8	0.2	2.00	2.01	2.02	2.02	2.03	2.04	2.05	2.05	2.06	2.07	2.08	1.99	1.99	2.00	2.01	2.01	2.02	2.03	2.04	2.04	2.05	2.06
	0.4	2.05	2.08	2.12	2.15	2.18	2.21	2.25	2.28	2.31	2.34	2.37	2.03	2.06	2.09	2.12	2.16	2.19	2.22	2.25	2.28	2.31	2.34
	0.6	2.15	2.23	2.31	2.39	2.46	2.53	2.60	2.67	2.73	2.79	2.85	2.12	2.19	2.27	2.34	2.41	2.48	2.55	2.61	2.67	2.73	2.79
	0.8	2.32	2.47	2.61	2.74	2.85	2.98	3.08	3.18	3.28	3.37	3.45	2.27	2.41	2.54	2.66	2.78	2.89	2.99	3.09	3.18	3.27	3.35
	1.0	2.59	2.80	3.01	3.18	3.34	3.48	3.62	3.75	3.88	3.99	4.12	2.49	2.70	2.89	3.06	3.21	3.36	3.50	3.63	3.76	3.88	4.00
	1.2	2.92	3.21	3.44	3.65	3.83	4.01	4.18	4.35	4.51	4.66	4.81	2.78	3.05	3.29	3.50	3.69	3.88	4.05	4.21	4.37	4.52	4.66
1.0	0.2	2.04	2.05	2.06	2.07	2.07	2.08	2.09	2.10	2.11	2.12	2.13	2.04	2.05	2.06	2.06	2.07	2.08	2.09	2.10	2.11	2.12	2.13
	0.4	2.10	2.13	2.17	2.20	2.23	2.26	2.29	2.32	2.35	2.38	2.41	2.13	2.16	2.18	2.21	2.24	2.27	2.30	2.33	2.35	2.38	2.41
	0.6	2.22	2.29	2.37	2.44	2.51	2.58	2.64	2.71	2.77	2.83	2.89	2.16	2.24	2.30	2.37	2.45	2.51	2.58	2.64	2.70	2.76	2.82
	0.8	2.41	2.54	2.67	2.78	2.90	3.00	3.11	3.21	3.30	3.39	3.48	2.41	2.53	2.64	2.75	2.86	2.96	3.06	3.15	3.24	3.33	3.39
	1.0	2.62	2.87	3.04	3.24	3.39	3.53	3.66	3.79	3.92	4.04	4.15	2.64	2.80	2.98	3.14	3.29	3.43	3.56	3.69	3.81	3.93	4.02
	1.2	3.00	3.25	3.47	3.67	3.89	4.04	4.23	4.37	4.54	4.68	4.83	2.82	3.12	3.36	3.57	3.75	3.93	4.07	4.23	4.39	4.54	4.68
1.2	0.2	2.07	2.08	2.10	2.11	2.11	2.12	2.13	2.13	2.14	2.15	2.15	2.07	2.08	2.08	2.09	2.09	2.10	2.10	2.11	2.12	2.13	2.13
	0.4	2.13	2.17	2.19	2.24	2.27	2.30	2.33	2.36	2.39	2.41	2.44	2.13	2.16	2.18	2.21	2.24	2.27	2.30	2.33	2.35	2.38	2.41
	0.6	2.26	2.34	2.41	2.48	2.55	2.61	2.67	2.74	2.80	2.86	2.91	2.24	2.30	2.37	2.43	2.50	2.56	2.63	2.68	2.74	2.80	2.86
	0.8	2.48	2.60	2.71	2.82	2.93	3.03	3.13	3.23	3.32	3.41	3.50	2.53	2.62	2.72	2.80	2.96	3.06	3.15	3.24	3.33	3.42	3.46
	1.0	2.62	2.87	3.04	3.21	3.39	3.53	3.66	3.79	3.92	4.04	4.15	2.64	2.80	2.98	3.14	3.29	3.43	3.56	3.69	3.81	3.93	4.04
	1.2	3.00	3.25	3.47	3.67	3.89	4.04	4.23	4.39	4.55	4.70	4.84	2.92	3.16	3.37	3.57	3.76	3.93	4.10	4.26	4.41	4.56	4.70
1.4	0.2	2.13	2.18	2.19	2.19	2.19	2.19	2.20	2.20	2.20	2.20	2.20	2.13	2.17	2.17	2.17	2.18	2.18	2.19	2.19	2.19	2.20	2.20
	0.4	2.41	2.44	2.41	2.42	2.44	2.47	2.39	2.42	2.44	2.44	2.47	2.29	2.35	2.41	2.42	2.44	2.47	2.37	2.39	2.42	2.44	2.47
	0.6	2.67	2.60	2.71	2.82	2.61	2.63	2.67	2.74	2.80	2.85	2.91	2.48	2.62	2.72	2.82	2.57	2.63	2.68	2.74	2.80	2.85	2.91
	0.8	3.21	3.04	3.04	3.11	3.13	3.13	3.01	3.11	3.21	3.29	3.37	2.80	2.90	3.11	3.20	3.01	3.01	3.11	3.20	3.29	3.37	3.46
	1.0	3.62	3.29	3.50	3.70	3.39	3.47	3.53	3.72	3.84	3.96	4.07	3.29	3.37	3.50	3.70	3.34	3.47	3.60	3.72	3.84	3.96	4.07
	1.2	4.06	3.97	4.13	3.80	3.89	4.06	4.23	4.39	4.55	4.70	4.84	3.02	3.37	3.46	3.62	3.80	3.97	4.13	4.29	4.44	4.59	4.73

简 图：

$$K_1 = \frac{I_1}{I_3} \cdot \frac{H_3}{H_1}$$
$$K_2 = \frac{I_2}{I_3} \cdot \frac{H_3}{H_2}$$
$$\eta_1 = \frac{H_1}{H_3} \sqrt{\frac{N_1}{N_3} \cdot \frac{I_3}{I_1}}$$
$$\eta_2 = \frac{H_2}{H_3} \sqrt{\frac{N_2}{N_3} \cdot \frac{I_3}{I_2}}$$

N_1——上段柱的轴心力；
N_2——中段柱的轴心力；
N_3——下段柱的轴心力。

简图	η_1	η_2 / K_2	$K_1 = 0.20$											$K_1 = 0.30$										
			0.2	0.3	0.4	0.5	0.6	0.7	0.8	0.9	1.0	1.1	1.2	0.2	0.3	0.4	0.5	0.6	0.7	0.8	0.9	1.0	1.1	1.2
	0.2	0.2	1.94	1.93	1.93	1.93	1.93	1.93	1.94	1.94	1.95	1.95	1.96	1.92	1.91	1.90	1.89	1.89	1.89	1.90	1.90	1.90	1.90	1.91
		0.4	1.96	1.98	1.99	2.02	2.04	2.07	2.09	2.12	2.15	2.17	2.20	1.95	1.95	1.96	1.97	1.99	2.01	2.04	2.06	2.08	2.11	2.13
		0.6	2.02	2.07	2.13	2.19	2.26	2.32	2.38	2.44	2.50	2.56	2.62	1.99	2.03	2.08	2.13	2.18	2.24	2.29	2.35	2.41	2.46	2.52
		0.8	2.13	2.27	2.35	2.47	2.58	2.68	2.78	2.88	2.98	3.07	3.15	2.07	2.16	2.27	2.37	2.47	2.57	2.66	2.75	2.84	2.93	3.01
		1.0	2.29	2.49	2.65	2.82	2.97	3.12	3.26	3.39	3.51	3.63	3.75	2.20	2.37	2.53	2.69	2.83	2.97	3.10	3.23	3.35	3.46	3.57
		1.2	2.50	2.77	3.01	3.22	3.42	3.60	3.77	3.94	4.09	4.23	4.38	2.39	2.63	2.85	3.05	3.24	3.42	3.58	3.74	3.89	4.03	4.17
	0.4	0.2	1.93	1.93	1.93	1.93	1.94	1.94	1.95	1.95	1.96	1.96	1.97	1.92	1.91	1.91	1.90	1.90	1.91	1.91	1.91	1.92	1.92	1.92
		0.4	1.97	1.98	2.00	2.02	2.05	2.08	2.11	2.13	2.16	2.19	2.22	1.95	1.96	1.97	1.99	2.01	2.03	2.05	2.08	2.10	2.13	2.15
		0.6	2.03	2.08	2.14	2.21	2.27	2.33	2.40	2.46	2.52	2.58	2.63	2.00	2.04	2.09	2.14	2.20	2.26	2.31	2.37	2.42	2.48	2.53
		0.8	2.14	2.25	2.37	2.48	2.59	2.70	2.80	2.90	2.99	3.08	3.17	2.08	2.18	2.28	2.39	2.49	2.59	2.68	2.77	2.86	2.95	3.03
		1.0	2.32	2.49	2.67	2.83	2.99	3.13	3.27	3.40	3.53	3.64	3.76	2.22	2.39	2.55	2.71	2.85	2.99	3.12	3.24	3.36	3.48	3.59
		1.2	2.52	2.79	3.02	3.23	3.43	3.61	3.78	3.94	4.10	4.24	4.39	2.41	2.65	2.87	3.07	3.26	3.43	3.60	3.75	3.90	4.04	4.18
	0.6	0.2	1.95	1.95	1.93	1.93	1.94	1.94	1.95	1.95	1.96	1.95	1.95	1.93	1.93	1.92	1.92	1.93	1.93	1.93	1.94	1.94	1.95	1.95
		0.4	1.98	2.00	2.02	2.05	2.08	2.10	2.13	2.16	2.19	2.21	2.24	1.96	1.97	1.99	2.01	2.03	2.06	2.08	2.11	2.13	2.16	2.18
		0.6	2.04	2.10	2.17	2.23	2.30	2.36	2.42	2.48	2.54	2.60	2.66	2.02	2.06	2.12	2.17	2.23	2.29	2.35	2.40	2.46	2.51	2.57
		0.8	2.15	2.27	2.39	2.51	2.62	2.72	2.82	2.92	3.01	3.10	3.19	2.11	2.21	2.32	2.42	2.52	2.62	2.71	2.80	2.89	2.98	3.06
		1.0	2.32	2.52	2.70	2.87	3.01	3.16	3.29	3.42	3.55	3.66	3.78	2.25	2.42	2.59	2.74	2.88	3.02	3.15	3.27	3.39	3.50	3.61
		1.2	2.55	2.82	3.05	3.26	3.45	3.63	3.80	3.96	4.11	4.25	4.40	2.44	2.69	2.91	3.11	3.29	3.46	3.62	3.78	3.93	4.07	4.20
	0.8	0.2	2.01	1.97	1.98	1.98	1.99	1.99	2.00	2.00	2.01	2.02	2.03	1.95	1.95	1.96	1.96	1.97	1.97	1.98	1.98	1.99	1.99	2.00
		0.4	2.06	2.03	2.06	2.08	2.11	2.14	2.17	2.20	2.22	2.25	2.28	1.99	2.01	2.03	2.05	2.08	2.10	2.13	2.15	2.18	2.20	2.23
		0.6	2.14	2.21	2.27	2.34	2.40	2.46	2.52	2.58	2.63	2.69	2.74	2.05	2.10	2.16	2.22	2.28	2.34	2.40	2.45	2.51	2.56	2.61
		0.8	2.27	2.39	2.51	2.62	2.72	2.82	2.91	3.00	3.09	3.18	3.26	2.15	2.26	2.37	2.47	2.57	2.67	2.76	2.85	2.94	3.02	3.10
		1.0	2.46	2.64	2.81	2.96	3.10	3.24	3.37	3.50	3.61	3.73	3.84	2.30	2.48	2.64	2.79	2.93	3.07	3.19	3.31	3.43	3.54	3.65
		1.2	2.69	2.94	3.09	3.30	3.49	3.66	3.83	3.99	4.14	4.29	4.42	2.50	2.74	2.96	3.15	3.33	3.50	3.66	3.81	3.96	4.10	4.23
	1.0	0.2	2.13	2.12	2.11	2.08	2.04	2.05	2.05	2.06	2.07	2.07	2.08	2.01	2.01	2.02	2.03	2.04	2.04	2.05	2.06	2.06	2.07	2.07
		0.4	2.18	2.19	2.21	2.18	2.17	2.20	2.23	2.25	2.28	2.31	2.33	2.06	2.08	2.10	2.13	2.16	2.18	2.21	2.23	2.26	2.28	2.31
		0.6	2.27	2.32	2.37	2.43	2.40	2.46	2.52	2.58	2.63	2.69	2.74	2.13	2.19	2.25	2.30	2.36	2.42	2.47	2.53	2.58	2.63	2.68
		0.8	2.41	2.49	2.58	2.62	2.72	2.82	2.91	3.00	3.09	3.18	3.26	2.24	2.35	2.45	2.55	2.65	2.74	2.83	2.92	3.00	3.08	3.16
		1.0	2.59	2.74	2.89	2.96	3.10	3.24	3.37	3.50	3.61	3.73	3.84	2.40	2.57	2.72	2.86	3.00	3.13	3.25	3.37	3.48	3.59	3.70
		1.2	2.81	2.94	3.23	3.35	3.53	3.71	3.87	4.02	4.17	4.32	4.46	2.60	2.83	3.03	3.22	3.39	3.56	3.71	3.86	4.01	4.14	4.28
	1.2	0.2	2.13	2.12	2.12	2.13	2.13	2.14	2.14	2.15	2.15	2.16	2.16	2.16	2.16	2.16	2.16	2.16	2.16	2.17	2.17	2.18	2.18	2.19
		0.4	2.18	2.19	2.21	2.24	2.26	2.29	2.31	2.34	2.36	2.38	2.41	2.22	2.22	2.24	2.26	2.28	2.30	2.32	2.34	2.36	2.39	2.41
		0.6	2.27	2.32	2.37	2.43	2.49	2.54	2.60	2.65	2.70	2.76	2.81	2.29	2.33	2.38	2.43	2.48	2.53	2.58	2.62	2.67	2.72	2.77
		0.8	2.41	2.49	2.60	2.70	2.80	2.89	2.98	3.07	3.15	3.23	3.32	2.41	2.49	2.58	2.67	2.75	2.84	2.92	3.00	3.08	3.16	3.38
		1.0	2.59	2.74	2.89	3.04	3.17	3.30	3.43	3.55	3.66	3.78	3.89	2.49	2.68	2.84	2.96	3.09	3.21	3.33	3.44	3.55	3.66	3.76
		1.2	2.81	2.94	3.23	3.42	3.59	3.76	3.92	4.07	4.22	4.36	4.49	2.53	2.87	3.09	3.28	3.47	3.63	3.78	3.92	3.96	3.74	4.26
	1.4	0.2	2.35	2.31	2.29	2.28	2.27	2.27	2.27	2.27	2.27	2.28	2.28	2.34	2.31	2.29	2.28	2.27	2.27	2.27	2.34	2.34	2.34	2.34
		0.4	2.40	2.37	2.37	2.37	2.41	2.43	2.43	2.45	2.47	2.49	2.51	2.55	2.53	2.49	2.48	2.49	2.51	2.52	2.53	2.53	2.53	2.55
		0.6	2.48	2.50	2.52	2.56	2.61	2.65	2.70	2.75	2.80	2.85	2.89	2.88	2.84	2.56	2.60	2.63	2.67	2.71	2.75	2.80	2.84	2.88
		0.8	2.60	2.66	2.73	2.82	2.90	2.98	3.07	3.15	3.23	3.31	3.38	3.33	3.25	2.73	2.82	2.90	2.96	3.04	3.11	3.18	3.25	3.33
		1.0	2.77	2.88	3.01	3.14	3.26	3.38	3.50	3.62	3.73	3.84	3.94	3.84	3.74	3.01	3.14	3.20	3.32	3.43	3.53	3.64	3.74	3.84
		1.2	2.97	3.09	3.33	3.50	3.67	3.83	3.98	4.13	4.27	4.41	4.54	4.39	4.26	3.33	3.50	3.67	3.83	3.98	4.13	4.26	4.00	4.39

简图:

$K_1 = \dfrac{I_1}{I_3} \cdot \dfrac{H_3}{H_1}$

$K_2 = \dfrac{I_2}{I_3} \cdot \dfrac{H_3}{H_2}$

$\eta_1 = \dfrac{H_1}{H_3}\sqrt{\dfrac{N_1}{N_3}}$

$\eta_2 = \dfrac{H_2}{H_3}\sqrt{\dfrac{N_2}{N_3}}$

N_1——上段柱的轴心力;

N_2——中段柱的轴心力;

N_3——下段柱的轴心力。

注: 表中的计算长度系数 μ_3 值按下式算得:

$$\frac{\eta_1 K_1}{\eta_2 K_2} \cdot \cot\frac{\pi\eta_1}{\mu_3} + \frac{\pi\eta_2}{\mu_3} \cdot \cot\frac{\pi\eta_2}{\mu_3} \cdot \cot\frac{\pi}{\mu_3} + \frac{1}{\eta_2 K_2} \cdot \frac{\eta_1 K_1}{(\eta_2 K_2)^2}$$

$$\frac{\pi\eta_1}{\mu_3} \cdot \cot\frac{\pi\eta_1}{\mu_3} + \frac{\pi\eta_2}{\mu_3} \cdot \cot\frac{\pi\eta_2}{\mu_3} \cdot \cot\frac{\pi}{\mu_3} - 1 = 0$$

附录 10 疲劳计算的构件和连接分类

附 10.1 非焊接的构件和连接分类（附表 10-1）

非焊接的构件和连接分类　　　　　　　　　　　附表 10-1

项次	构造细节	说明	类别
1		• 无连接处的母材 轧制型钢	Z1
2		• 无连接处的母材 钢板 (1) 两边为轧制边或刨边 (2) 两侧为自动、半自动切割边（切割质量标准应符合现行国家标准《钢结构工程施工质量验收规范》GB 50205）	Z1 Z2
3		• 连系螺栓和虚孔处的母材 应力以净截面面积计算	Z4
4		• 螺栓连接处的母材 高强度螺栓摩擦型连接应力以毛截面面积计算；其他螺栓连接应力以净截面面积计算 • 铆钉连接处的母材 连接应力以净截面面积计算	Z2 Z4
5		• 受拉螺栓的螺纹处母材 连接板件应有足够的刚度，保证不产生撬力；否则受拉正应力应考虑撬力及其他因素产生的全部附加应力； 对于直径大于 30mm 螺栓，需要考虑尺寸效应对容许应力幅进行修正，修正系数 γ_t： $$\gamma_t = \left(\frac{30}{d}\right)^{0.25}$$ d—螺栓直径，单位为"mm"	Z11

注：箭头表示计算应力幅的位置和方向。

附 10.2 纵向传力焊缝的构件和连接分类（附表 10-2）

纵向传力焊缝的构件和连接分类　　　　　　　　　附表 10-2

项次	构造细节	说明	类别
6		• 无垫板的纵向对接焊缝附近的母材 焊缝符合二级焊缝标准	Z2
7		• 有连续垫板的纵向自动对接焊缝附近的母材 （1）无起弧、灭弧 （2）有起弧、灭弧	 Z4 Z5
8		• 翼缘连接焊缝附近的母材 翼缘板与腹板的连接焊缝 自动焊，二级 T 形对接与角接组合焊缝 自动焊，角焊缝，外观质量标准符合二级 手工焊，角焊缝，外观质量标准符合二级 双层翼缘板之间的连接焊缝 自动焊，角焊缝，外观质量标准符合二级 手工焊，角焊缝，外观质量标准符合二级	 Z2 Z4 Z5 Z4 Z5
9		• 仅单侧施焊的手工或自动对接焊缝附近的母材，焊缝符合二级焊缝标准，翼缘与腹板很好贴合	Z5
10		• 开工艺孔处焊缝符合二级焊缝标准的对接焊缝、焊缝外观质量符合二级焊缝标准的角焊缝等附近的母材	Z8
11		• 节点板搭接的两侧面角焊缝端部的母材 • 节点板搭接的三面围焊时两侧角焊缝端部的母材 • 三面围焊或两侧面角焊缝的节点板母材（节点板计算宽度按应力扩散角 θ 等于 30°考虑）	Z10 Z8 Z8

注：箭头表示计算应力幅的位置和方向。

附 10.3 横向传力焊缝的构件和连接分类（附表 10-3）

横向传力焊缝的构件和连接分类 附表 10-3

项次	构造细节	说明	类别
12		• 横向对接焊缝附近的母材，轧制梁对接焊缝附近的母材 符合现行国家标准《钢结构工程施工质量验收规范》GB 50205 的一级焊缝，且经加工、磨平	Z2
		符合现行国家标准《钢结构工程施工质量验收规范》GB 50205 的一级焊缝	Z4
13	坡度 ≤1/4 	• 不同厚度（或宽度）横向对接焊缝附近的母材 符合现行国家标准《钢结构工程施工质量验收规范》GB 50205 的一级焊缝，且经加工、磨平	Z2
		符合现行国家标准《钢结构工程施工质量验收规范》GB 50205 的一级焊缝	Z4
14	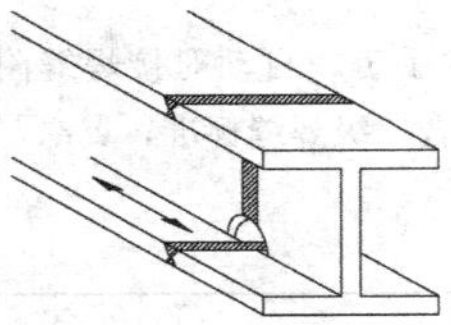	• 有工艺孔的轧制梁对接焊缝附近的母材，焊缝加工成平滑过渡并符合一级焊缝标准	Z6
15	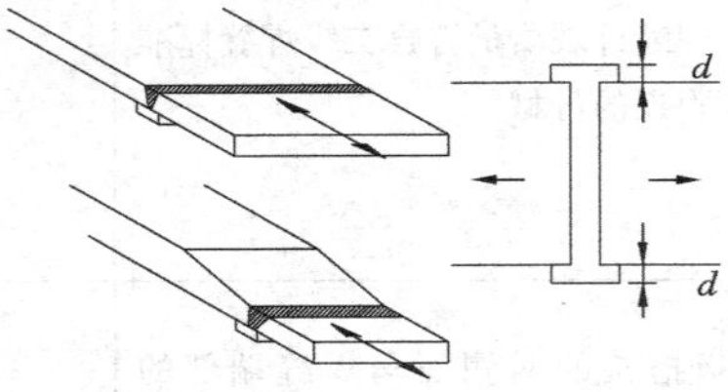	• 带垫板的横向对接焊缝附近的母材 垫板端部超出母板距离 d $d \geqslant 10\text{mm}$ $d < 10\text{mm}$	Z8 Z11
16	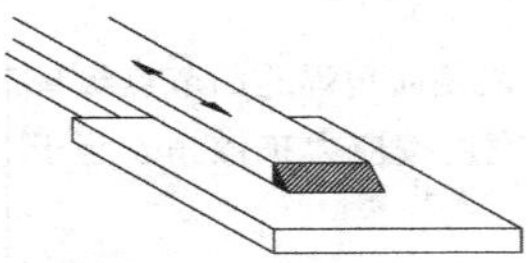	• 节点板搭接的端面角焊缝的母材	Z7

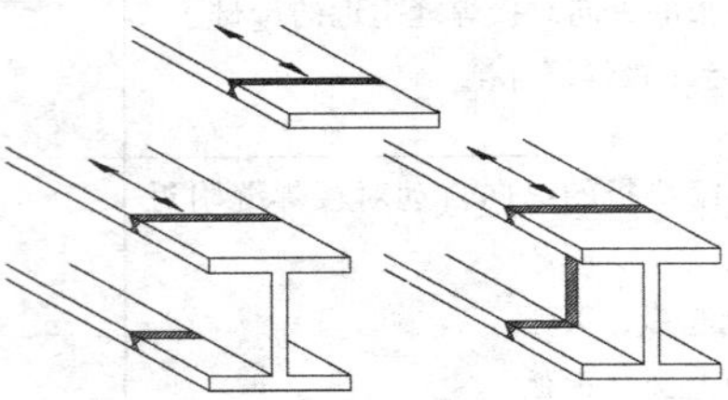

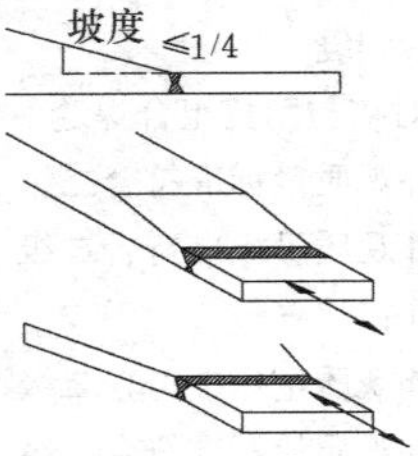

340

项次	构造细节	说明	类别
17		• 不同厚度直接横向对接焊缝附近的母材，焊缝等级为一级，无偏心	Z8
18		• 翼缘盖板中断处的母材（板端有横向端焊缝）	Z8
19		• 十字形连接、T形连接 （1）K形坡口、T形对接与角接组合焊缝处的母材，十字形连接两侧轴线偏离距离小于 $0.15t$，焊缝为二级，焊趾角 $\alpha \leqslant 45°$ （2）角焊缝处的母材，十字形连接两侧轴线偏离距离小于 $0.15t$	Z6 Z8
20		• 法兰焊缝连接附近的母材 （1）采用对接焊缝，焊缝为一级 （2）采用角焊缝	Z8 Z13

注：箭头表示计算应力幅的位置和方向。

附 10.4 非传力焊缝的构件和连接分类（附表 10-4）

非传力焊缝的构件和连接分类　　　　　　　　　附表 10-4

项次	构造细节	说明	类别
21		• 横向加劲肋端部附近的母材 肋端焊缝不断弧（采用回焊） 肋端焊缝断弧	Z5 Z6
22		• 横向焊接附件附近的母材 （1）$t \leqslant 50\text{mm}$ （2）$50\text{mm} < t \leqslant 80\text{mm}$ t 为焊接附件的板厚	Z7 Z8
23		• 矩形节点板焊接于构件翼缘或腹板处的母材 （节点板焊缝方向的长度 $L > 150\text{mm}$）	Z8
24		• 带圆弧的梯形节点板用对接焊缝焊于梁翼缘、腹板以及桁架构件处的母材，圆弧过渡处在焊后铲平、磨光、圆滑过渡，不得有焊接起弧、灭弧缺陷	Z6
25		• 焊接剪力栓钉附近的钢板母材	Z7

注：箭头表示计算应力幅的位置和方向。

附 10.5 钢管截面的构件和连接分类（附表 10-5）

钢管截面的构件和连接分类

附表 10-5

项次	构造细节	说明	类别
26		• 钢管纵向自动焊缝的母材 （1）无焊接起弧、灭弧点 （2）有焊接起弧、灭弧点	Z3 Z6
27		• 圆管端部对接焊缝附近的母材，焊缝平滑过渡并符合现行国家标准《钢结构工程施工质量验收规范》GB 50205 的一级焊缝标准，余高不大于焊缝宽度的 10% （1）圆管壁厚 8mm<t≤12.5mm （2）圆管壁厚 t≤8mm	Z6 Z8
28		• 矩形管端部对接焊缝附近的母材，焊缝平滑过渡并符合一级焊缝标准，余高不大于焊缝宽度的 10% （1）方管壁厚 8mm<t≤ 12.5mm （2）方管壁厚 t≤8mm	Z8 Z10
29		• 焊有矩形管或圆管的构件，连接角焊缝附近的母材，角焊缝为非承载焊缝，其外观质量标准符合二级，矩形管宽度或圆管直径不大于 100mm	Z8
30		• 通过端板采用对接焊缝拼接的圆管母材，焊缝符合一级质量标准 （1）圆管壁厚 8mm<t≤ 12.5mm （2）圆管壁厚 t≤8mm	Z10 Z11

项次	构造细节	说明	类别
31		• 通过端板采用对接焊缝拼接的矩形管母材，焊缝符合一级质量标准 （1）方管壁厚 8mm<t≤12.5mm （2）方管壁厚 t≤8mm	Z11 Z12
32		• 通过端板采用角焊缝拼接的圆管母材，焊缝外观质量标准符合二级，管壁厚度 t≤8mm	Z13
33		通过端板采用角焊缝拼接的矩形管母材，焊缝外观质量标准符合二级，管壁厚度 t≤8mm	Z14
34		• 钢管端部压扁与钢板对接焊缝连接（仅适用于直径小于 200mm 的钢管），计算时采用钢管的应力幅	Z8
35		• 钢管端部开设槽口与钢板角焊缝连接，槽口端部为圆弧，计算时采用钢管的应力幅 （1）倾斜角 α≤45° （2）倾斜角 α>45°	Z8 Z9

注：箭头表示计算应力幅的位置和方向。

附 10.6 剪应力作用下的构件和连接分类（附表 10-6）

剪应力作用下的构件和连接分类   附表 10-6

项次	构造细节	说明	类别
36		• 各类受剪角焊缝 剪应力按有效截面计算	J1
37		• 受剪力的普通螺栓 采用螺杆截面的剪应力	J2
38		• 焊接剪力栓钉 采用栓钉名义截面的剪应力	J3

注：箭头表示计算应力幅的位置和方向。

附录 11　型　钢　表

附 11.1　普通工字钢（附表 11-1）

普通工字钢　　　　　　　　　　　　　　　　　　　附表 11-1

符号：h——高度；
b——翼缘宽度；
t_w——腹板厚；
t——翼缘平均厚；
I——惯性矩；
W——截面模量；
R——圆角半径；

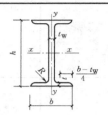

i——回转半径；
S——半截面的静力矩；
长度：型号 10～18，长 5～19m；
　　　型号 20～63，长 6～19m

型号	h	b	t_w	t	R	截面积 (cm²)	质量 (kg/m)	I_x cm⁴	W_x cm³	i_x cm	I_x/S_x cm	I_y cm⁴	W_y cm³	i_y cm
			mm											
10	100	68	4.5	7.6	6.5	14.3	11.2	245	49	4.14	8.69	33	9.6	1.51
12.6	126	74	5.0	8.4	7.0	18.1	14.2	488	77	5.19	11.0	47	12.7	1.61
14	140	80	5.5	9.1	7.5	21.5	16.9	712	102	5.75	12.2	64	16.1	1.73
16	160	88	6.0	9.9	8.0	26.1	20.5	1127	141	6.57	13.9	93	21.1	1.89
18	180	94	6.5	10.7	8.5	30.7	24.1	1699	185	7.37	15.4	123	26.2	2.00
20 a	200	100	7.0	11.4	9.0	35.5	27.9	2369	237	8.16	17.4	158	31.6	2.11
20 b	200	102	9.0	11.4	9.0	39.5	31.1	2502	250	7.95	17.1	169	33.1	2.07
22 a	220	110	7.5	12.3	9.5	42.1	33.0	3406	310	8.99	19.2	226	41.1	2.32
22 b	220	112	9.5	12.3	9.5	46.5	36.5	3583	326	8.78	18.9	240	42.9	2.27
25 a	250	116	8.0	13.0	10.0	48.5	38.1	5017	401	10.2	21.7	280	48.4	2.40
25 b	250	118	10.0	13.0	10.0	53.5	42.0	5278	422	9.93	21.4	297	50.4	2.36
28 a	280	122	8.5	13.7	10.5	55.4	43.5	7115	508	11.3	24.3	344	56.4	2.49
28 b	280	124	10.5	13.7	10.5	61.0	47.9	7481	534	11.1	24.0	364	58.7	2.44
32 a	320	130	9.5	15.0	11.5	67.1	52.7	11080	692	12.8	27.7	459	70.6	2.62
32 b	320	132	11.5	15.0	11.5	73.5	57.7	11626	727	12.6	27.3	484	73.3	2.57
32 c	320	134	13.5	15.0	11.5	79.9	62.7	12173	761	12.3	26.9	510	76.1	2.53
36 a	360	136	10.0	15.8	12.0	76.4	60.0	15796	878	14.4	31.0	555	81.6	2.69
36 b	360	138	12.0	15.8	12.0	83.6	65.6	16574	921	14.1	30.6	584	84.6	2.64
36 c	360	140	14.0	15.8	12.0	90.8	71.3	17351	964	13.8	30.2	614	87.7	2.60
40 a	400	142	10.5	16.5	12.5	86.1	67.6	21714	1086	15.9	34.4	660	92.9	2.77
40 b	400	144	12.5	16.5	12.5	94.1	73.8	22781	1139	15.6	33.9	693	96.2	2.71
40 c	400	146	14.5	16.5	12.5	102	80.1	23847	1192	15.3	33.5	727	99.7	2.67
45 a	450	150	11.5	18.0	13.5	102	80.4	32241	1433	17.7	38.5	855	114	2.89
45 b	450	152	13.5	18.0	13.5	111	87.4	33759	1500	17.4	38.1	895	118	2.84
45 c	450	154	15.5	18.0	13.5	120	94.5	35278	1568	17.1	37.6	938	122	2.79
50 a	500	158	12.0	20	14	119	93.6	46472	1859	19.7	42.9	1122	142	3.07
50 b	500	160	14.0	20	14	129	101	48556	1942	19.4	42.3	1171	146	3.01
50 c	500	162	16.0	20	14	139	109	50639	2026	19.1	41.9	1224	151	2.96
56 a	560	166	12.5	21	14.5	135	106	65576	2342	22.0	47.9	1366	165	3.18
56 b	560	168	14.5	21	14.5	147	115	68503	2447	21.6	47.3	1424	170	3.12
56 c	560	170	16.5	21	14.5	158	124	71430	2551	21.3	46.8	1485	175	3.07
63 a	630	176	13.0	22	15	155	122	94004	2984	24.7	53.8	1702	194	3.32
63 b	630	178	15.0	22	15	167	131	98171	3117	24.2	53.2	1771	199	3.25
63 c	630	180	17.0	22	15	180	141	102339	3249	23.9	52.6	1842	205	3.20

附 11.2 热轧 H 型钢（附表 11-2）

热轧 H 型钢   附表 11-2

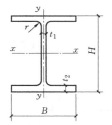

符号：H—截面高度；B—翼缘宽度；t_1—腹板厚度；

t_2—翼缘厚度；r—圆角半径；

HW—宽翼缘 H 型钢；HM—中翼缘 H 型钢；

HN—窄翼缘 H 型钢；HT—薄壁 H 型钢

类别	型号 （高度×宽度） （mm×mm）	截面尺寸（mm）					截面 面积 （cm²）	理论 质量 （kg/m）	惯性矩（cm⁴）		惯性半径（cm）		截面模量（cm³）	
		H	B	t_1	t_2	r			I_x	I_y	i_x	i_y	W_x	W_y
HW	100×100	100	100	6	8	8	21.59	16.9	386	134	4.23	2.49	77.1	26.7
	125×125	125	125	6.5	9	8	30.00	23.6	843	293	5.30	3.13	135	46.9
	150×150	150	150	7	10	8	39.65	31.1	1620	563	6.39	3.77	216	75.1
	175×175	175	175	7.5	11	13	51.43	40.4	2918	983	7.53	4.37	334	112
	200×200	200	200	8	12	13	63.53	49.9	4717	1601	8.62	5.02	472	160
		200	204	12	12	13	71.53	56.2	4984	1701	8.35	4.88	498	167
	250×250	244	252	11	11	13	81.31	63.8	8573	2937	10.27	6.01	703	233
		250	250	9	14	13	91.43	71.8	10689	3648	10.81	6.32	855	292
		250	255	14	14	13	103.93	81.6	11340	3875	10.45	6.11	907	304
	300×300	294	302	12	12	13	106.33	83.5	16384	5513	12.41	7.20	1115	365
		300	300	10	15	13	118.45	93.0	20010	6753	13.00	7.55	1334	450
		300	305	15	15	13	133.45	104.8	21135	7102	12.58	7.29	1409	466
	350×350	338	351	13	13	13	133.27	104.6	27352	9376	14.33	8.39	1618	534
		344	348	10	16	13	144.01	113.0	32545	11242	15.03	8.84	1892	646
		344	354	16	16	13	164.65	129.3	34581	11841	14.49	8.48	2011	669
		350	350	12	19	13	171.89	134.9	39637	13582	15.19	8.89	2265	776
		350	357	19	19	13	196.39	154.2	42138	14427	14.65	8.57	2408	808
	400×400	388	402	15	15	22	178.45	140.1	48040	16255	16.41	9.54	2476	809
		394	398	11	18	22	186.81	146.6	55597	18920	17.25	10.06	2822	951
		394	405	18	18	22	214.39	168.3	59165	19951	16.61	9.65	3003	985
		400	400	13	21	22	218.69	171.7	66455	22410	17.43	10.12	3323	1120
		400	408	21	21	22	250.69	196.8	70722	23804	16.80	9.74	3536	1167
		414	405	18	28	22	295.39	231.9	93518	31022	17.79	10.25	4518	1532
		428	407	20	35	22	360.65	283.1	120892	39357	18.31	10.45	5649	1934
		458	417	30	50	22	528.55	414.9	190939	60516	19.01	10.70	8338	2902
		＊498	432	45	70	22	770.05	604.5	304730	94346	19.89	11.07	12238	4368
	＊500×500	492	465	15	20	22	257.95	202.5	115559	33531	21.17	11.40	4698	1442
		502	465	15	25	22	304.45	239.0	145012	41910	21.82	11.73	5777	1803
		502	470	20	25	22	329.55	258.7	150283	43295	21.35	11.46	5987	1842

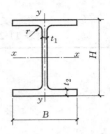

符号：H—截面高度；B—翼缘宽度；t_1—腹板厚度；
t_2—翼缘厚度；r—圆角半径；
HW—宽翼缘H型钢；HM—中翼缘H型钢；
HN—窄翼缘H型钢；HT—薄壁H型钢

类别	型号 （高度×宽度） （mm×mm）	截面尺寸（mm）					截面面积 （cm²）	理论质量 （kg/m）	惯性矩（cm⁴）		惯性半径（cm）		截面模量（cm³）	
		H	B	t_1	t_2	r			I_x	I_y	i_x	i_y	W_x	W_y
HM	150×100	148	100	6	9	8	26.35	20.7	995.3	150.3	6.15	2.39	134.5	30.1
	200×150	194	150	6	9	8	38.11	29.9	2586	506.6	8.24	3.65	266.6	67.6
	250×175	244	175	7	11	13	55.49	43.6	5908	983.5	10.32	4.21	484.3	112.4
	300×200	294	200	8	12	13	71.05	55.8	10858	1602	12.36	4.75	738.6	160.2
	350×250	340	250	9	14	13	99.53	78.1	20867	3648	14.48	6.05	1227	291.9
	400×300	390	300	10	16	13	133.25	104.6	37363	7203	16.75	7.35	1916	480.2
	450×300	440	300	11	18	13	153.89	120.8	54067	8105	18.74	7.26	2458	540.3
	500×300	482	300	11	15	13	141.17	110.8	57212	6756	20.13	6.92	2374	450.4
		488	300	11	18	13	159.17	124.9	67916	8106	20.66	7.14	2783	540.4
	550×300	544	300	11	15	13	147.99	116.2	74874	6756	22.49	6.76	2753	450.4
		550	300	11	18	13	165.99	130.3	88470	8106	23.09	6.99	3217	540.4
	600×300	582	300	12	17	13	169.21	132.8	97287	7659	23.98	6.73	3343	510.6
		588	300	12	20	13	187.21	147.0	112827	9009	24.55	6.94	3838	600.6
		594	302	14	23	13	217.09	170.4	132179	10572	24.68	6.98	4450	700.1
HN	100×50	100	50	5	7	8	11.85	9.3	191.0	14.7	4.02	1.11	38.2	5.9
	125×60	125	60	6	8	8	16.69	13.1	407.7	29.1	4.94	1.32	65.2	9.7
	150×75	150	75	5	7	8	17.85	14.0	645.7	49.4	6.01	1.66	86.1	13.2
	175×90	175	90	5	8	8	22.90	17.8	1174	97.4	7.16	2.06	134.2	21.6
	200×100	198	99	4.5	7	8	22.69	17.8	1484	113.4	8.09	2.24	149.9	22.9
		200	100	5.5	8	8	26.67	20.9	1753	133.7	8.11	2.24	175.3	26.7
	250×125	248	124	5	8	8	31.99	25.1	3346	254.5	10.23	2.82	269.8	41.1
		250	125	6	9	8	36.97	29.0	3868	293.5	10.23	2.82	309.4	47.0
	300×150	298	149	5.5	8	13	40.80	32.0	5911	441.7	12.04	3.29	396.7	59.3
		300	150	6.5	9	13	46.78	36.7	6829	507.2	12.08	3.29	455.3	67.6
	350×175	346	174	6	9	13	52.45	41.2	10456	791.1	14.12	3.88	604.4	90.9
		350	175	7	11	13	62.91	49.4	12980	983.8	14.36	3.95	741.7	112.4
	400×150	400	150	8	13	13	70.37	55.2	17906	733.2	15.95	3.23	895.3	97.8
	400×200	396	199	7	11	13	71.41	56.1	19023	1446	16.32	4.50	960.8	145.3
		400	200	8	13	13	83.37	65.4	22775	1735	16.53	4.56	1139	173.5
	450×200	446	199	8	12	13	82.97	65.1	27146	1578	18.09	4.36	1217	158.6
		450	200	9	14	13	95.43	74.9	31973	1870	18.30	4.43	1421	187.0
	500×200	496	199	9	14	13	99.29	77.9	39628	1842	19.98	4.31	1598	185.1
		500	200	10	16	13	112.25	88.1	45685	2138	20.17	4.36	1827	213.8
		506	201	11	19	13	129.31	101.5	54478	2577	20.53	4.46	2153	256.4
	550×200	546	199	9	14	13	103.79	81.5	49245	1842	21.78	4.21	1804	185.2
		550	200	10	16	13	117.25	92.0	56695	2138	21.99	4.27	2062	213.8
	600×200	596	199	10	15	13	117.75	92.4	64739	1975	23.45	4.10	2172	198.5
		600	200	11	17	13	131.71	103.4	73749	2273	23.66	4.15	2458	227.3
		606	201	12	20	13	149.77	117.6	86656	2716	24.05	4.26	2860	270.2
	650×300	646	299	10	15	13	152.75	119.9	107794	6688	26.56	6.62	3337	447.4
		650	300	11	17	13	171.21	134.4	122739	7657	26.77	6.69	3777	510.5
		656	301	12	20	13	195.77	153.7	144433	9100	27.16	6.82	4403	604.6
	700×300	692	300	13	20	18	207.54	162.9	164101	9014	28.12	6.59	4743	600.9
		700	300	13	24	18	231.54	181.8	193622	10814	28.92	6.83	5532	720.9
	750×300	734	299	12	16	18	182.70	143.4	155539	7140	29.18	6.25	4238	477.6
		742	300	13	20	18	214.04	168.0	191989	9015	29.95	6.45	5175	601.0
		750	300	13	24	18	238.04	186.9	225863	10815	30.80	6.74	6023	721.0
		758	303	16	28	18	284.78	223.6	271350	13008	30.87	6.76	7160	858.6

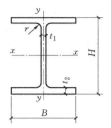

符号：H—截面高度；B—翼缘宽度；t_1—腹板厚度；

t_2—翼缘厚度；r—圆角半径；

HW—宽翼缘 H 型钢；HM—中翼缘 H 型钢；

HN—窄翼缘 H 型钢；HT—薄壁 H 型钢

类别	型号 （高度×宽度） （mm×mm）	截面尺寸(mm)					截面 面积 (cm²)	理论 质量 (kg/m)	惯性矩(cm⁴)		惯性半径(cm)		截面模量(cm³)	
		H	B	t_1	t_2	r			I_x	I_y	i_x	i_y	W_x	W_y
HN	800×300	792	300	14	22	18	239.50	188.0	242399	9919	31.81	6.44	6121	661.3
		800	300	14	26	18	263.50	206.8	280925	11719	32.65	6.67	7023	781.3
	850×300	834	298	14	19	18	227.46	178.6	243858	8400	32.74	6.08	5848	563.8
		842	299	15	23	18	259.72	203.9	291216	10271	33.49	6.29	6917	687.0
		850	300	16	27	18	292.14	229.3	339670	12179	34.10	6.46	7992	812.0
		858	301	17	31	18	324.72	254.9	389234	14125	34.62	6.60	9073	938.5
	900×300	890	299	15	23	18	266.92	209.5	330588	10273	35.19	6.20	7429	687.1
		900	300	16	28	18	305.82	240.1	397241	12631	36.04	6.43	8828	842.1
		912	302	18	34	18	360.06	282.6	484615	15652	36.69	6.59	10628	1037
	1000×300	970	297	16	21	18	276.00	216.7	382977	9203	37.25	5.77	7896	619.7
		980	298	17	26	18	315.50	247.7	462157	11508	38.27	6.04	9432	772.3
		990	298	17	31	18	345.30	271.1	535201	13713	39.37	6.30	10812	920.3
		1000	300	19	36	18	395.10	310.2	626396	16256	39.82	6.41	12528	1084
		1008	302	21	40	18	439.26	344.8	704572	18437	40.05	6.48	13980	1221
HT	100×50	95	48	3.2	4.5	8	7.62	6.0	109.7	8.4	3.79	1.05	23.1	3.5
		97	49	4	5.5	8	9.38	7.4	141.8	10.9	3.89	1.08	29.2	4.4
	100×100	96	99	4.5	6	8	16.21	12.7	272.7	97.1	4.10	2.45	56.8	19.6
	125×60	118	58	3.2	4.5	8	9.26	7.3	202.4	14.7	4.68	1.26	34.3	5.1
		120	59	4	5.5	8	11.40	8.9	259.7	18.9	4.77	1.29	43.3	6.4
	125×125	119	123	4.5	6	8	20.12	15.8	523.6	186.2	5.10	3.04	88.0	30.3
	150×75	145	73	3.2	4.5	8	11.47	9.0	383.2	29.3	5.78	1.60	52.9	8.0
		147	74	4	5.5	8	14.13	11.1	488.0	37.3	5.88	1.62	66.4	10.1
	150×100	139	97	3.2	4.5	8	13.44	10.5	447.3	68.5	5.77	2.26	64.4	14.1
		142	99	4.5	6	8	18.28	14.3	632.7	97.2	5.88	2.31	89.1	19.6
	150×150	144	148	5	7	8	27.77	21.8	1070	378.4	6.21	3.69	148.6	51.1
		147	149	6	8.5	8	33.68	26.4	1338	468.9	6.30	3.73	182.1	62.9
	175×90	168	88	3.2	4.5	8	13.56	10.6	619.6	51.2	6.76	1.94	73.8	11.6
		171	89	4	6	8	17.59	13.8	852.1	70.6	6.96	2.00	99.7	15.9
	175×175	167	173	5	7	13	33.32	26.2	1731	604.5	7.21	4.26	207.2	69.9
		172	175	6.5	9.5	13	44.65	35.0	2466	849.2	7.43	4.36	286.8	97.1
	200×100	193	98	3.2	4.5	8	15.26	12.0	921.0	70.7	7.77	2.15	95.4	14.4
		196	99	4	6	8	19.79	15.5	1260	97.2	7.98	2.22	128.6	19.6
	200×150	188	149	4.5	6	8	26.35	20.7	1669	331.0	7.96	3.54	177.6	44.4
	200×200	192	198	6	8	13	43.69	34.3	2984	1036	8.26	4.87	310.8	104.6
	250×125	244	124	4.5	6	8	25.87	20.3	2529	190.9	9.89	2.72	207.3	30.8
	250×175	238	173	4.5	6	13	39.12	30.7	4045	518.3	10.17	4.20	339.9	79.9
	300×150	294	148	4.5	6	13	31.90	25.0	4342	324.6	11.67	3.19	295.4	43.9
	300×200	286	198	6	8	13	49.33	38.7	7000	1036	11.91	4.58	489.5	104.6
	350×175	340	173	4.5	6	13	36.97	29.0	6823	518.3	13.58	3.74	401.3	59.9
	400×150	390	148	6	8	13	47.57	37.3	10900	433.2	15.14	3.02	559.0	58.5
	400×200	390	198	6	8	13	55.57	43.6	13819	1036	15.77	4.32	708.7	104.6

注：1. 同一型号的产品，其内侧尺寸高度一致。

2. 截面面积计算公式：$t_1(H-2t_2)+2Bt_2+0.858r^2$。

3. "＊"所示规格表示国内暂不能生产。

附 11.3 剖分 T 型钢(附表 11-3)

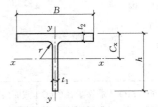

符号：h—截面高度；B—翼缘宽度；t_1—腹板厚度；
t_2—翼缘厚度；r—圆角半径；C_x—重心；
TW—宽翼缘划分 T 型钢；
TM—中翼缘剖分 T 型钢；
TN—窄翼缘剖分 T 型钢

类别	型号(高度×宽度)(mm×mm)	截面尺寸(mm) h	B	t_1	t_2	r	截面面积(cm^2)	质量(kg/m)	惯性矩(cm^4) I_x	I_y	惯性半径(cm) i_x	i_y	截面模量(cm^3) W_x	W_y	重心 C_x(cm)	对应 H 型钢系列型号
TW	50×100	50	100	6	8	8	10.79	8.47	16.7	67.7	1.23	2.49	4.2	13.5	1.00	100×100
	62.5×125	62.5	125	6.5	9	8	15.00	11.8	35.2	147.1	1.53	3.13	6.9	23.5	1.19	125×125
	75×150	75	150	7	10	8	19.82	15.6	66.6	281.9	1.83	3.77	10.9	37.6	1.37	150×150
	87.5×175	87.5	175	7.5	11	13	25.71	20.2	115.8	494.4	2.12	4.38	16.1	56.5	1.55	175×175
	100×200	100	200	8	12	13	31.77	24.9	185.6	803.3	2.42	5.03	22.4	80.3	1.73	200×200
		100	204	12	12	13	35.77	28.1	256.3	853.6	2.68	4.89	32.4	83.7	2.09	
	125×250	125	250	9	14	13	45.72	35.9	413.0	1827	3.01	6.32	39.6	146.1	2.08	250×250
		125	255	14	14	13	51.97	40.8	589.3	1941	3.37	6.11	59.4	152.2	2.58	
		147	302	12	12	13	53.17	41.7	855.8	2760	4.01	7.20	72.2	182.8	2.85	300×300
	150×300	150	300	10	15	13	59.23	46.5	798.7	3379	3.67	7.55	63.8	225.3	2.47	
		150	305	15	15	13	66.73	52.4	1107	3554	4.07	7.30	92.6	233.1	3.04	
	175×350	172	348	10	16	13	72.01	56.5	1231	5624	4.13	8.84	84.7	323.2	2.67	350×350
		175	350	12	19	13	85.95	67.5	1520	6794	4.21	8.89	103.9	388.2	2.87	
	200×400	194	402	15	15	22	89.23	70.0	2479	8150	5.27	9.56	157.9	405.5	3.70	400×400
		197	398	11	18	22	93.41	73.3	2052	9481	4.69	10.07	122.9	476.4	3.01	
		200	400	13	21	22	109.35	85.8	2483	11227	4.77	10.13	147.9	561.3	3.21	
		200	408	21	21	22	125.35	98.4	3654	11928	5.40	9.75	229.4	584.7	4.07	
		207	405	18	28	22	147.70	115.9	3634	15535	4.96	10.26	213.6	767.2	3.68	
		214	407	20	35	22	180.33	141.6	4393	19704	4.94	10.45	251.0	968.2	3.90	
TM	75×100	74	100	6	9	8	13.17	10.3	51.7	75.6	1.98	2.39	8.9	15.1	1.56	150×100
	100×150	97	150	6	9	8	19.05	15.0	124.4	253.7	2.56	3.65	15.8	33.8	1.80	200×150
	125×175	122	175	7	11	13	27.75	21.8	288.3	494.4	3.22	4.22	29.1	56.5	2.28	250×175
	150×200	147	200	8	12	13	35.53	27.9	570.0	803.5	4.01	4.76	48.1	80.3	2.85	300×200
	175×250	170	250	9	14	13	49.77	39.1	1016	1827	4.52	6.06	73.1	146.1	3.11	350×250
	200×300	195	300	10	16	13	66.63	52.3	1730	3605	5.10	7.36	107.7	240.3	3.43	400×300
	225×300	220	300	11	18	13	76.95	60.4	2680	4056	5.90	7.26	149.6	270.4	4.09	450×300
	250×300	241	300	11	15	13	70.59	55.4	3399	3381	6.94	6.92	178.0	225.4	5.00	500×300
		244	300	11	18	13	79.59	62.5	3615	4056	6.74	7.14	183.7	270.4	4.72	
	275×300	272	300	11	15	13	74.00	58.1	4789	3381	8.04	6.76	225.4	225.4	5.96	550×300
		275	300	11	18	13	83.00	65.2	5093	4056	7.83	6.99	232.5	270.4	5.59	
	300×300	291	300	12	17	13	84.61	66.4	6324	3832	8.65	6.73	280.0	255.5	6.51	600×300
		294	300	12	20	13	93.61	73.5	6691	4507	8.45	6.94	288.1	300.5	6.17	
		297	302	14	23	13	108.55	85.2	7917	5289	8.54	6.98	339.9	350.3	6.41	

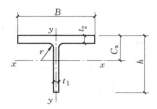

符号:h—截面高度;B—翼缘宽度;t_1—腹板厚度;
t_2—翼缘厚度;r—圆角半径;C_x—重心;
TW—宽翼缘划分 T 型钢;
TM—中翼缘剖分 T 型钢;
TN—窄翼缘剖分 T 型钢

类别	型号 (高度×宽度) (mm×mm)	截面尺寸(mm)					截面面积 (cm²)	质量 (kg/m)	惯性矩(cm⁴)		惯性半径(cm)		截面模量(cm³)		重心 C_x (cm)	对应 H 型钢系列型号
		h	B	t_1	t_2	r			I_x	I_y	i_x	i_y	W_x	W_y		
TN	50×50	50	50	5	7	8	5.92	4.7	11.9	7.8	1.42	1.14	3.2	3.1	1.28	100×50
	62.5×60	62.5	60	6	8	8	8.34	6.6	27.5	14.9	1.81	1.34	6.0	5.0	1.64	125×60
	75×75	75	75	5	7	8	8.92	7.0	42.4	25.1	2.18	1.68	7.4	6.7	1.79	150×75
	87.5×90	87.5	90	5	8	8	11.45	9.0	70.5	49.1	2.48	2.07	10.3	10.9	1.93	175×90
	100×100	99	99	4.5	7	8	11.34	8.9	93.1	57.1	2.87	2.24	12.0	11.5	2.17	200×100
		100	100	5.5	8	8	13.33	10.5	113.9	67.2	2.92	2.25	14.8	13.4	2.31	
	125×125	124	124	5	8	8	15.99	12.6	206.7	127.6	3.59	2.82	21.2	20.6	2.66	250×125
		125	125	6	9	8	18.48	14.5	247.5	147.1	3.66	2.82	25.5	23.5	2.81	
	150×150	149	149	5.5	8	13	20.40	16.0	390.4	223.3	4.37	3.31	33.5	30.0	3.26	300×150
		150	150	6.5	9	13	23.39	18.4	460.4	256.1	4.44	3.31	39.7	34.2	3.41	
	175×175	173	174	6	9	13	26.23	20.6	674.7	398.0	5.07	3.90	49.7	45.8	3.72	350×175
		175	175	7	11	13	31.46	24.7	811.1	494.5	5.08	3.96	59.0	56.5	3.76	
	200×200	198	199	7	11	13	35.71	28.0	1188	725.7	5.77	4.51	76.2	72.9	4.20	400×200
		200	200	8	13	13	41.69	32.7	1392	870.3	5.78	4.57	88.4	87.0	4.26	
	225×200	223	199	8	12	13	41.49	32.6	1863	791.8	6.70	4.37	108.7	79.6	5.15	450×200
		225	200	9	14	13	47.72	37.5	2148	937.6	6.71	4.43	124.1	93.8	5.19	
	250×200	248	199	9	14	13	49.65	39.0	2820	923.8	7.54	4.31	149.8	92.8	5.97	500×200
		250	200	10	16	13	56.13	44.1	3201	1072	7.55	4.37	168.7	107.2	6.03	
		253	201	11	19	13	64.66	50.8	3666	1292	7.53	4.47	189.9	128.5	6.00	
	275×200	273	199	9	14	13	51.90	40.7	3689	924.0	8.43	4.22	180.3	92.9	6.85	550×200
		275	200	10	16	13	58.63	46.0	4182	1072	8.45	4.28	202.9	107.2	6.89	
	300×200	298	199	10	15	13	58.88	46.2	5148	990.6	9.35	4.10	235.3	99.6	7.92	600×200
		300	200	11	17	13	65.86	51.7	5779	1140	9.37	4.16	262.1	114.0	7.95	
		303	201	12	20	13	74.89	58.8	6554	1361	9.36	4.26	292.4	135.4	7.88	
	325×300	323	299	10	15	12	76.27	59.9	7230	3346	9.74	6.62	289.0	223.8	7.28	650×300
		325	300	11	17	13	85.61	67.2	8095	3832	9.72	6.69	321.1	255.4	7.29	
		328	301	12	20	13	97.89	76.8	9139	4553	9.66	6.82	357.0	302.5	7.20	
	350×300	346	300	13	20	13	103.11	80.9	11263	4510	10.45	6.61	425.3	300.6	8.12	700×300
		350	300	13	24	13	115.11	90.4	12018	5410	10.22	6.86	439.5	360.6	7.65	
	400×300	396	300	14	22	18	119.75	94.0	17660	4970	12.14	6.44	592.1	331.3	9.77	800×300
		400	300	14	26	18	131.75	103.4	18771	5870	11.94	6.67	610.8	391.3	9.27	
	450×300	445	299	15	23	18	133.46	104.8	25897	5147	13.93	6.21	790.0	344.3	11.72	900×300
		450	300	16	28	18	152.91	120.0	29223	6327	13.82	6.43	868.5	421.8	11.35	
		456	302	18	34	18	180.03	141.3	34345	7838	13.81	6.60	1002	519.0	11.34	

附 11.4 普通槽钢（附表 11-4）

普通槽钢　　　　　　　　　　　　　　　　　　　　　　　　附表 11-4

符号：同普通工字型钢，
　　　但 W_y 为对应于翼缘肢尖的截面模量

长度：型号 5~8，长 5~12m；
　　　型号 10~18，长 5~19m；
　　　型号 20~40，长 6~19m

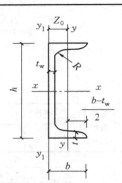

型号	尺 寸					截面积 (cm²)	质量 (kg/m)	x—x轴			y—y轴			y1—y1轴	Z0
	h	b	t_w	t	R			I_x	W_x	i_x	I_y	W_y	i_y	I_{y1}	
	mm							cm⁴	cm³	cm	cm⁴	cm³	cm	cm⁴	cm
5	50	37	4.5	7.0	7.0	6.92	5.44	26	10	1.94	8.3	3.5	1.10	20.9	1.35
6.3	63	40	4.8	7.5	7.5	8.45	6.63	51	16.3	2.46	11.9	4.6	1.19	28.3	1.39
8	80	43	5.0	8.0	8.0	10.24	8.04	101	25.3	3.14	16.6	5.8	1.27	37.4	1.42
10	100	48	5.3	8.5	8.5	12.74	10.00	198	39.7	3.94	25.6	7.8	1.42	54.9	1.52
12.6	126	53	5.5	9.0	9.0	15.69	12.31	389	61.7	4.98	38.0	10.3	1.56	77.8	1.59
14 a	140	58	6.0	9.5	9.5	18.51	14.53	564	80.5	5.52	53.2	13.0	1.70	107.2	1.71
14 b	140	60	8.0	9.5	9.5	21.31	16.73	609	87.1	5.35	61.2	14.1	1.69	120.6	1.67
16 a	160	63	6.5	10.0	10.0	21.95	17.23	866	108.3	6.28	73.4	16.3	1.83	144.1	1.79
16 b	160	65	8.5	10.0	10.0	25.15	19.75	935	116.8	6.10	83.4	17.6	1.82	160.8	1.75
18 a	180	68	7.0	10.5	10.5	25.69	20.17	1273	141.4	7.04	98.6	20.0	1.96	189.7	1.88
18 b	180	70	9.0	10.5	10.5	29.29	22.99	1370	152.2	6.84	111.0	21.5	1.95	210.1	1.84
20 a	200	73	7.0	11.0	11.0	28.83	22.63	1780	178.0	7.86	128.0	24.2	2.11	244.0	2.01
20 b	200	75	9.0	11.0	11.0	32.83	25.77	1914	191.4	7.64	143.6	25.9	2.09	268.4	1.95
22 a	220	77	7.0	11.5	11.5	31.84	24.99	2394	217.6	8.67	157.8	28.2	2.23	298.2	2.10
22 b	220	79	9.0	11.5	11.5	36.24	28.45	2571	233.8	8.42	176.5	31.1	2.21	326.3	2.03
25 a	250	78	7.0	12.0	12.0	34.91	27.40	3359	268.7	9.81	175.9	30.7	2.24	324.8	2.07
25 b	250	80	9.0	12.0	12.0	39.91	31.33	3619	289.6	9.52	196.4	32.7	2.22	355.1	1.99
25 c	250	82	11.0	12.0	12.0	44.91	35.25	3880	310.4	9.30	215.9	34.6	2.19	388.6	1.96
28 a	280	82	7.5	12.5	12.5	40.02	31.42	4753	339.5	10.90	217.9	35.7	2.33	393.3	2.09
28 b	280	84	9.5	12.5	12.5	45.62	35.81	5118	365.6	10.59	241.5	37.9	2.30	428.5	2.02
28 c	280	86	11.5	12.5	12.5	51.22	40.21	5484	391.7	10.35	264.1	40.0	2.27	467.3	1.99
32 a	320	88	8.0	14.0	14.0	48.50	38.07	7511	469.4	12.44	304.7	46.4	2.51	547.5	2.24
32 b	320	90	10.0	14.0	14.0	54.90	43.10	8057	503.5	12.11	335.6	49.1	2.47	592.9	2.16
32 c	320	92	12.0	14.0	14.0	61.90	48.12	8603	537.7	11.85	365.0	51.6	2.44	642.7	2.13
36 a	360	96	9.0	16.0	16.0	60.89	47.80	11874	659.7	13.96	455.0	63.6	2.73	818.5	2.44
36 b	360	98	11.0	16.0	16.0	68.09	53.45	12652	702.9	13.63	496.7	66.9	2.70	880.5	2.37
36 c	360	100	13.0	16.0	16.0	75.29	59.10	13429	746.1	13.96	536.6	70.0	2.67	948.0	2.34
40 a	400	100	10.5	18.0	18.0	75.04	58.9	17578	878.9	15.30	592.0	78.8	2.81	1057.9	2.49
40 b	400	102	12.5	18.0	18.0	83.04	65.19	18644	932.2	14.98	640.6	82.6	2.78	1135.8	2.44
40 c	400	104	14.5	18.0	18.0	91.04	71.47	19711	985.6	14.71	687.8	86.2	2.75	1220.3	2.42

附 11.5 等边角钢（附表 11-5）

等 边 角 钢　　　　　　　　　　　　附表 11-5

单角钢　　双角钢

角钢型号	圆角 R	重心矩 Z₀	截面积 A	质量	惯性矩 I_x	截面模量 W_x^{max}	W_x^{min}	回转半径 i_x	i_{x0}	i_{y0}	i_y，当 a 为下列数值 6mm	8mm	10mm	12mm	14mm
	mm	cm²	kg/m	cm⁴	cm³			cm			cm				
L20×3	3.5	6.0	1.13	0.89	0.40	0.66	0.29	0.59	0.75	0.39	1.08	1.17	1.25	1.34	1.43
L20×4		6.4	1.46	1.15	0.50	0.78	0.36	0.58	0.73	0.38	1.11	1.19	1.28	1.37	1.46
L25×3	3.5	7.3	1.43	1.12	0.82	1.12	0.46	0.76	0.95	0.49	1.27	1.36	1.44	1.53	1.61
L25×4		7.6	1.86	1.46	1.03	1.34	0.59	0.74	0.93	0.48	1.30	1.38	1.47	1.55	1.64
L30×3	4.5	8.5	1.75	1.37	1.46	1.72	0.68	0.91	1.15	0.59	1.47	1.55	1.63	1.71	1.80
L30×4		8.9	2.28	1.79	1.84	2.08	0.87	0.90	1.13	0.58	1.49	1.57	1.65	1.74	1.82
L36×4　3	4.5	10.0	2.11	1.66	2.58	2.59	0.99	1.11	1.39	0.71	1.70	1.78	1.86	1.94	2.03
4		10.4	2.76	2.16	3.29	3.18	1.28	1.09	1.38	0.70	1.73	1.80	1.89	1.97	2.05
5		10.7	3.38	2.65	3.95	3.68	1.56	1.08	1.36	0.70	1.75	1.83	1.91	1.99	2.08
L40×4　3	5	10.9	2.36	1.85	3.59	3.28	1.23	1.23	1.55	0.79	1.86	1.94	2.01	2.09	2.18
4		11.3	3.09	2.42	4.60	4.05	1.60	1.22	1.54	0.79	1.88	1.96	2.04	2.12	2.20
5		11.7	3.79	2.98	5.53	4.72	1.96	1.21	1.52	0.78	1.90	1.98	2.06	2.14	2.23
L45×4　3	5	12.2	2.66	2.09	5.17	4.25	1.58	1.39	1.76	0.90	2.06	2.14	2.21	2.29	2.37
4		12.6	3.49	2.74	6.65	5.29	2.05	1.38	1.74	0.89	2.08	2.16	2.24	2.32	2.40
5		13.0	4.29	3.37	8.04	6.20	2.51	1.37	1.72	0.88	2.10	2.18	2.26	2.34	2.42
6		13.3	5.08	3.99	9.33	6.99	2.95	1.36	1.71	0.88	2.12	2.20	2.28	2.36	2.44
L50×4　3	5.5	13.4	2.97	2.33	7.18	5.36	1.96	1.55	1.96	1.00	2.26	2.33	2.41	2.48	2.56
4		13.8	3.90	3.06	9.26	6.70	2.56	1.54	1.94	0.99	2.28	2.36	2.43	2.51	2.59
5		14.2	4.80	3.77	11.21	7.90	3.13	1.53	1.92	0.98	2.30	2.38	2.45	2.53	2.61
6		14.6	5.69	4.46	13.05	8.95	3.68	1.51	1.91	0.98	2.32	2.40	2.48	2.56	2.64
L56×4　3	6	14.8	3.34	2.62	10.19	6.86	2.48	1.75	2.20	1.13	2.50	2.57	2.64	2.72	2.80
4		15.3	4.39	3.45	13.18	8.63	3.24	1.73	2.18	1.11	2.52	2.59	2.67	2.74	2.82
5		15.7	5.42	4.25	16.02	10.22	3.97	1.72	2.17	1.10	2.54	2.61	2.69	2.77	2.85
8		16.8	8.37	6.57	23.63	14.06	6.03	1.68	2.11	1.09	2.60	2.67	2.75	2.83	2.91
L63×6　4	7	17.0	4.98	3.91	19.03	11.22	4.13	1.96	2.46	1.26	2.79	2.87	2.94	3.02	3.09
5		17.4	6.14	4.82	23.17	13.33	5.08	1.94	2.45	1.25	2.82	2.89	2.96	3.04	3.12
6		17.8	7.29	5.72	27.12	15.26	6.00	1.93	2.43	1.24	2.83	2.91	2.98	3.06	3.14
8		18.5	9.51	7.47	34.45	18.59	7.75	1.90	2.39	1.23	2.87	2.95	3.03	3.10	3.18
10		19.3	11.66	9.15	41.09	21.34	9.39	1.88	2.36	1.22	2.91	2.99	3.07	3.15	3.23
L70×6　4	8	18.6	5.57	4.37	26.39	14.16	5.14	2.18	2.74	1.40	3.07	3.14	3.21	3.29	3.36
5		19.1	6.88	5.40	32.21	16.89	6.32	2.16	2.73	1.39	3.09	3.16	3.24	3.31	3.39
6		19.5	8.16	6.41	37.77	19.39	7.48	2.15	2.71	1.38	3.11	3.18	3.26	3.33	3.41
7		19.9	9.42	7.40	43.09	21.68	8.59	2.14	2.69	1.38	3.13	3.20	3.28	3.36	3.43
8		20.3	10.67	8.37	48.17	23.79	9.68	2.13	2.68	1.37	3.15	3.22	3.30	3.38	3.46
L75×7　5	9	20.3	7.41	5.82	39.96	19.73	7.30	2.32	2.92	1.50	3.29	3.36	3.43	3.50	3.58
6		20.7	8.80	6.91	46.91	22.69	8.63	2.31	2.91	1.49	3.31	3.38	3.45	3.53	3.60
7		21.1	10.16	7.98	53.57	25.42	9.93	2.30	2.89	1.48	3.33	3.40	3.47	3.55	3.63
8		21.5	11.50	9.03	59.96	27.93	11.20	2.28	2.87	1.47	3.35	3.42	3.50	3.57	3.65
10		22.2	14.13	11.09	71.98	32.40	13.64	2.26	2.84	1.46	3.38	3.46	3.54	3.61	3.69

角钢型号	圆角 R	重心矩 Z_0	截面积 A	质量	惯性矩 I_x	W_x^{max}	W_x^{min}	i_x	i_{x0}	i_{y0}	i_y, 当 a 为下列数值 6mm	8mm	10mm	12mm	14mm
	mm	mm	cm²	kg/m	cm⁴	cm³	cm³	cm	cm	cm	cm	cm	cm	cm	cm
L80×7 R=9 5	9	21.5	7.91	6.21	48.79	22.70	8.34	2.48	3.13	1.60	3.49	3.56	3.63	3.71	3.78
6		21.9	9.40	7.38	57.35	26.16	9.87	2.47	3.11	1.59	3.51	3.58	3.65	3.73	3.80
7		22.3	10.86	8.53	65.58	29.38	11.37	2.46	3.10	1.58	3.53	3.60	3.67	3.75	3.83
8		22.7	12.30	9.66	73.50	32.36	12.83	2.44	3.08	1.57	3.55	3.62	3.70	3.77	3.85
10		23.5	15.13	11.87	88.43	37.68	15.64	2.42	3.04	1.56	3.58	3.66	3.74	3.81	3.89
L90×8 6	10	24.4	10.64	8.35	82.77	33.99	12.61	2.79	3.51	1.80	3.91	3.98	4.05	4.12	4.20
7		24.8	12.30	9.66	94.83	38.28	14.54	2.78	3.50	1.78	3.93	4.00	4.07	4.14	4.22
8		25.2	13.94	10.95	106.5	42.30	16.42	2.76	3.48	1.78	3.95	4.02	4.09	4.17	4.24
10		25.9	17.17	13.48	128.6	49.57	20.07	2.74	3.45	1.76	3.98	4.06	4.13	4.21	4.28
12		26.7	20.31	15.94	149.2	55.93	23.57	2.71	3.41	1.75	4.02	4.09	4.17	4.25	4.32
L100×10 6	12	26.7	11.93	9.37	115.0	43.04	15.68	3.10	3.91	2.00	4.30	4.37	4.44	4.51	4.58
7		27.1	13.80	10.83	131.9	48.57	18.10	3.09	3.89	1.99	4.32	4.39	4.46	4.53	4.61
8		27.6	15.64	12.28	148.2	53.78	20.47	3.08	3.88	1.98	4.34	4.41	4.48	4.55	4.63
10		28.4	19.26	15.12	179.5	63.29	25.06	3.05	3.84	1.96	4.38	4.45	4.52	4.60	4.67
12		29.1	22.80	17.90	208.9	71.72	29.47	3.03	3.81	1.95	4.41	4.49	4.56	4.64	4.71
14		29.9	26.26	20.61	236.5	79.19	33.73	3.00	3.77	1.94	4.45	4.53	4.60	4.68	4.75
16		30.6	29.63	23.26	262.5	85.81	37.82	2.98	3.74	1.93	4.49	4.56	4.64	4.72	4.80
L110×10 7	12	29.6	15.20	11.93	177.2	59.78	22.05	3.41	4.30	2.20	4.72	4.79	4.86	4.94	5.01
8		30.1	17.24	13.53	199.5	66.36	24.95	3.40	4.28	2.19	4.74	4.81	4.88	4.96	5.03
10		30.9	21.26	16.69	242.2	78.48	30.60	3.38	4.25	2.17	4.78	4.85	4.92	5.00	5.07
12		31.6	25.20	19.78	282.6	89.34	36.05	3.35	4.22	2.15	4.82	4.89	4.96	5.04	5.11
14		32.4	29.06	22.81	320.7	99.07	41.31	3.32	4.18	2.14	4.85	4.93	5.00	5.08	5.15
L125× 8	14	33.7	19.75	15.50	297.0	88.20	32.52	3.88	4.88	2.50	5.34	5.41	5.48	5.55	5.62
10		34.5	24.37	19.13	361.7	104.8	39.97	3.85	4.85	2.48	5.38	5.45	5.52	5.59	5.66
12		35.3	28.91	22.70	423.2	119.9	47.17	3.83	4.82	2.46	5.41	5.48	5.56	5.63	5.70
14		36.1	33.37	26.19	481.7	133.6	54.16	3.80	4.78	2.45	5.45	5.52	5.59	5.67	5.74
L140× 10	14	38.2	27.37	21.49	514.7	134.6	50.58	4.34	5.46	2.78	5.98	6.05	6.12	6.20	6.27
12		39.0	32.51	25.52	603.7	154.6	59.80	4.31	5.43	2.77	6.02	6.09	6.16	6.23	6.31
14		39.8	37.57	29.49	688.8	173.0	68.75	4.28	5.40	2.75	6.06	6.13	6.20	6.27	6.34
16		40.6	42.54	33.39	770.2	189.9	77.46	4.26	5.36	2.74	6.09	6.16	6.23	6.31	6.38
L160× 10	16	43.1	31.50	24.73	779.5	180.8	66.70	4.97	6.27	3.20	6.78	6.85	6.92	6.99	7.06
12		43.9	37.44	29.39	916.6	208.6	78.98	4.95	6.24	3.18	6.82	6.89	6.96	7.03	7.10
14		44.7	43.30	33.99	1048	234.4	90.95	4.92	6.20	3.16	6.86	6.93	7.00	7.07	7.14
16		45.5	49.07	38.52	1175	258.3	102.6	4.89	6.17	3.14	6.89	6.96	7.03	7.10	7.18
L180× 12	16	48.9	42.24	33.16	1321	270.0	100.8	5.59	7.05	3.58	7.63	7.70	7.77	7.84	7.91
14		49.7	48.90	38.38	1514	304.6	116.3	5.57	7.02	3.57	7.67	7.74	7.81	7.88	7.95
16		50.5	55.47	43.54	1701	336.9	131.4	5.54	6.98	3.55	7.70	7.77	7.84	7.91	7.98
18		51.3	61.95	48.63	1881	367.1	146.1	5.51	6.94	3.53	7.73	7.80	7.87	7.95	8.02
L200×18 14	18	54.6	54.64	42.89	2104	385.1	144.7	6.20	7.82	3.98	8.47	8.54	8.61	8.67	8.75
16		55.4	62.01	48.68	2366	427.0	163.7	6.18	7.79	3.96	8.50	8.57	8.64	8.71	8.78
18		56.2	69.30	54.40	2621	466.5	182.2	6.15	7.75	3.94	8.53	8.60	8.67	8.75	8.82
20		56.9	76.50	60.06	2867	503.6	200.4	6.12	7.72	3.93	8.57	8.64	8.71	8.78	8.85
24		58.4	90.66	71.17	3338	571.5	235.8	6.07	7.64	3.90	8.63	8.71	8.78	8.85	8.92

附 11.6 不等边角钢（附表 11-6）

単角钢　双角钢

角钢型号 $B\times b\times t$	圆角 R	重心矩 Z_x	重心矩 Z_y	截面积 A	质量	回转半径 i_x	回转半径 i_y	回转半径 i_{y0}	i_{y1}，当 a 为下列数 6mm	8mm	10mm	12mm	i_{y2}，当 a 为下列数 6mm	8mm	10mm	12mm
	mm	mm	mm	cm²	kg/m	cm	cm	cm	cm				cm			
L25×16×3	3.5	4.2	8.6	1.16	0.91	0.44	0.78	0.34	0.84	0.93	1.02	1.11	1.40	1.48	1.57	1.66
L25×16×4		4.6	9.0	1.50	1.18	0.43	0.77	0.34	0.87	0.96	1.05	1.14	1.42	1.51	1.60	1.68
L32×20×3	3.5	4.9	10.8	1.49	1.17	0.55	1.01	0.43	0.97	1.05	1.14	1.23	1.71	1.79	1.88	1.96
L32×20×4		5.3	11.2	1.94	1.52	0.54	1.00	0.43	0.99	1.08	1.16	1.25	1.74	1.82	1.90	1.99
L40×25×3	4	5.9	13.2	1.89	1.48	0.70	1.28	0.54	1.13	1.21	1.30	1.38	2.07	2.14	2.23	2.31
L40×25×4		6.3	13.7	2.47	1.94	0.69	1.26	0.54	1.16	1.24	1.32	1.41	2.09	2.17	2.25	2.34
L45×28×3	5	6.4	14.7	2.15	1.69	0.79	1.44	0.61	1.23	1.31	1.39	1.47	2.28	2.36	2.44	2.52
L45×28×4		6.8	15.1	2.81	2.20	0.78	1.43	0.60	1.25	1.33	1.41	1.50	2.31	2.39	2.47	2.55
L50×32×3	5.5	7.3	16.0	2.43	1.91	0.91	1.60	0.70	1.38	1.45	1.53	1.61	2.49	2.56	2.64	2.72
L50×32×4		7.7	16.5	3.18	2.49	0.90	1.59	0.69	1.40	1.47	1.55	1.64	2.51	2.59	2.67	2.75
L56×36×3	6	8.0	17.8	2.74	2.15	1.03	1.80	0.79	1.51	1.59	1.66	1.74	2.75	2.82	2.90	2.98
L56×36×4		8.5	18.2	3.59	2.82	1.02	1.79	0.78	1.53	1.61	1.69	1.77	2.77	2.85	2.93	3.01
L56×36×5		8.8	18.7	4.42	3.47	1.01	1.77	0.78	1.56	1.63	1.71	1.79	2.80	2.88	2.96	3.04
L63×40×4	7	9.2	20.4	4.06	3.19	1.14	2.02	0.88	1.66	1.74	1.81	1.89	3.09	3.16	3.24	3.32
L63×40×5		9.5	20.8	4.99	3.92	1.12	2.00	0.87	1.68	1.76	1.84	1.92	3.11	3.19	3.27	3.35
L63×40×6		9.9	21.2	5.91	4.64	1.11	1.99	0.86	1.71	1.78	1.86	1.94	3.13	3.21	3.29	3.37
L63×40×7		10.3	21.6	6.80	5.34	1.10	1.97	0.86	1.73	1.81	1.89	1.97	3.16	3.24	3.32	3.40
L70×45×4	7.5	10.2	22.3	4.55	3.57	1.29	2.25	0.99	1.84	1.91	1.99	2.07	3.39	3.46	3.54	3.62
L70×45×5		10.6	22.8	5.61	4.40	1.28	2.23	0.98	1.86	1.94	2.01	2.09	3.41	3.49	3.57	3.64
L70×45×6		11.0	23.2	6.64	5.22	1.26	2.22	0.97	1.88	1.96	2.04	2.11	3.44	3.51	3.59	3.67
L70×45×7		11.3	23.6	7.66	6.01	1.25	2.20	0.97	1.90	1.98	2.06	2.14	3.46	3.54	3.61	3.69
L75×50×5	8	11.7	24.0	6.13	4.81	1.43	2.39	1.09	2.06	2.13	2.20	2.28	3.60	3.68	3.76	3.83
L75×50×6		12.1	24.4	7.26	5.70	1.42	2.38	1.08	2.08	2.15	2.23	2.30	3.63	3.70	3.78	3.86
L75×50×8		12.9	25.2	9.47	7.43	1.40	2.35	1.07	2.12	2.19	2.27	2.35	3.67	3.75	3.83	3.91
L75×50×10		13.6	26.0	11.6	9.10	1.38	2.33	1.06	2.16	2.24	2.31	2.40	3.71	3.79	3.87	3.95
L80×50×5	8	11.4	26.0	6.38	5.00	1.42	2.57	1.10	2.02	2.09	2.17	2.24	3.88	3.95	4.03	4.10
L80×50×6		11.8	26.5	7.56	5.93	1.41	2.55	1.09	2.04	2.11	2.19	2.27	3.90	3.98	4.05	4.13
L80×50×7		12.1	26.9	8.72	6.85	1.39	2.54	1.08	2.06	2.13	2.21	2.29	3.92	4.00	4.08	4.16
L80×50×8		12.5	27.3	9.87	7.75	1.38	2.52	1.07	2.08	2.15	2.23	2.31	3.94	4.02	4.10	4.18

角钢型号 $B \times b \times t$

单角钢　　双角钢

$B\times b\times t$		圆角 R	重心矩 Z_x	重心矩 Z_y	截面积 A	质量	回转半径 i_x	i_y	i_{y0}	i_{y1} 当 a 为下列数 6mm	8mm	10mm	12mm	i_{y2} 当 a 为下列数 6mm	8mm	10mm	12mm
		mm	mm	mm	cm²	kg/m	cm	cm	cm	cm	cm	cm	cm	cm	cm	cm	cm
L90×56×	5	9	12.5	29.1	7.21	5.66	1.59	2.90	1.23	2.22	2.29	2.36	2.44	4.32	4.39	4.47	4.55
	6		12.9	29.5	8.56	6.72	1.58	2.88	1.22	2.24	2.31	2.39	2.46	4.34	4.42	4.50	4.57
	7		13.3	30.0	9.88	7.76	1.57	2.87	1.22	2.26	2.33	2.41	2.49	4.37	4.44	4.52	4.60
	8		13.6	30.4	11.2	8.78	1.56	2.85	1.21	2.28	2.35	2.43	2.51	4.39	4.47	4.54	4.62
L100×63×	6		14.3	32.4	9.62	7.55	1.79	3.21	1.38	2.49	2.56	2.63	2.71	4.77	4.85	4.92	5.00
	7		14.7	32.8	11.1	8.72	1.78	3.20	1.37	2.51	2.58	2.65	2.73	4.80	4.87	4.95	5.03
	8		15.0	33.2	12.6	9.88	1.77	3.18	1.37	2.53	2.60	2.67	2.75	4.82	4.90	4.97	5.05
	10		15.8	34.0	15.5	12.1	1.75	3.15	1.35	2.57	2.64	2.72	2.79	4.86	4.94	5.02	5.10
L100×80×	6	10	19.7	29.5	10.6	8.35	2.40	3.17	1.73	3.31	3.38	3.45	3.52	4.54	4.62	4.69	4.76
	7		20.1	30.0	12.3	9.66	2.39	3.16	1.71	3.32	3.39	3.47	3.54	4.57	4.64	4.71	4.79
	8		20.5	30.4	13.9	10.9	2.37	3.15	1.71	3.34	3.41	3.49	3.56	4.59	4.66	4.73	4.81
	10		21.3	31.2	17.2	13.5	2.35	3.12	1.69	3.38	3.45	3.53	3.60	4.63	4.70	4.78	4.85
L110×70×	6		15.7	35.3	10.6	8.35	2.01	3.54	1.54	2.74	2.81	2.88	2.96	5.21	5.29	5.36	5.44
	7		16.1	35.7	12.3	9.66	2.00	3.53	1.53	2.76	2.83	2.90	2.98	5.24	5.31	5.39	5.46
	8		16.5	36.2	13.9	10.9	1.98	3.51	1.53	2.78	2.85	2.92	3.00	5.26	5.34	5.41	5.49
	10		17.2	37.0	17.2	13.5	1.96	3.48	1.51	2.82	2.89	2.96	3.04	5.30	5.38	5.46	5.53
L125×80×	7	11	18.0	40.1	14.1	11.1	2.30	4.02	1.76	3.13	3.18	3.25	3.33	5.90	5.97	6.04	6.12
	8		18.4	40.6	16.0	12.6	2.29	4.01	1.75	3.13	3.20	3.27	3.35	5.92	5.99	6.07	6.14
	10		19.2	41.4	19.7	15.5	2.26	3.98	1.74	3.17	3.24	3.31	3.39	5.96	6.04	6.11	6.19
	12		20.0	42.2	23.4	18.3	2.24	3.95	1.72	3.20	3.28	3.35	3.43	6.00	6.08	6.16	6.23
L140×90×	8	12	20.4	45.0	18.0	14.2	2.59	4.50	1.98	3.49	3.56	3.63	3.70	6.58	6.65	6.73	6.80
	10		21.2	45.8	22.3	17.5	2.56	4.47	1.96	3.52	3.59	3.66	3.73	6.62	6.70	6.77	6.85
	12		21.9	46.6	26.4	20.7	2.54	4.44	1.95	3.56	3.63	3.70	3.77	6.66	6.74	6.81	6.89
	14		22.7	47.4	30.5	23.9	2.51	4.42	1.94	3.59	3.66	3.74	3.81	6.70	6.78	6.86	6.93
L160×100×	10	13	22.8	52.4	25.3	19.9	2.85	5.14	2.19	3.84	3.91	3.98	4.05	7.55	7.63	7.70	7.78
	12		23.6	53.2	30.1	23.6	2.82	5.11	2.18	3.87	3.94	4.01	4.09	7.60	7.67	7.75	7.82
	14		24.3	54.0	34.7	27.2	2.80	5.08	2.16	3.91	3.98	4.05	4.12	7.64	7.71	7.79	7.86
	16		25.1	54.8	39.3	30.8	2.77	5.05	2.15	3.94	4.02	4.09	4.16	7.68	7.75	7.83	7.90
L180×110×	10		24.4	58.9	28.4	22.3	3.13	5.81	2.42	4.16	4.23	4.30	4.36	8.49	8.56	8.63	8.71
	12		25.2	59.8	33.7	26.5	3.10	5.78	2.40	4.19	4.26	4.33	4.40	8.53	8.60	8.68	8.75
	14		25.9	60.6	39.0	30.6	3.08	5.75	2.39	4.23	4.30	4.37	4.44	8.57	8.64	8.72	8.79
	16	14	26.7	61.4	44.1	34.6	3.05	5.72	2.37	4.26	4.33	4.40	4.47	8.61	8.68	8.76	8.84
L200×125×	12		28.3	65.4	37.9	29.8	3.57	6.44	2.75	4.75	4.82	4.88	4.95	9.39	9.47	9.54	9.62
	14		29.1	66.2	43.9	34.4	3.54	6.41	2.73	4.78	4.85	4.92	4.99	9.43	9.51	9.58	9.66
	16		29.9	67.0	49.7	39.0	3.52	6.38	2.71	4.81	4.88	4.95	5.02	9.47	9.55	9.62	9.70
	18		30.6	67.8	55.5	43.6	3.49	6.35	2.70	4.85	4.92	4.99	5.06	9.51	9.59	9.66	9.74

注：一个角钢的惯性矩 $I_x = A i_x^2$，$I_y = A i_y^2$；一个角钢的截面模量 $W_x^{max} = I_x / Z_x$，$W_x^{min} = I_x /(b - Z_x)$；$W_y^{max} = I_y / Z_y$，$W_y^{min} = I_y /(B - Z_y)$。

附 11.7 热轧无缝钢管（附表 11-7）

热轧无缝钢管 　　　　　　　　　　　　　　　　　　　　　　　　

I——截面惯性矩；

W——截面模量；

i——截面回转半径

尺寸(mm)		截面面积 A	每米质量	截面特性			尺寸(mm)		截面面积 A	每米质量	截面特性		
d	t			I	W	i	d	t			I	W	i
		cm²	kg/m	cm⁴	cm³	cm			cm²	kg/m	cm⁴	cm³	cm
32	2.5	2.32	1.82	2.54	1.59	1.05	60	4.5	7.85	6.16	30.41	10.14	1.97
	3.0	2.73	2.15	2.90	1.82	1.03		5.0	8.64	6.78	32.94	10.98	1.95
	3.5	3.13	2.46	3.23	2.02	1.02		5.5	9.42	7.39	35.32	11.77	1.94
	4.0	3.52	2.76	3.52	2.20	1.00		6.0	10.18	7.99	37.56	12.52	1.92
38	2.5	2.79	2.19	4.41	2.32	1.26	63.5	3.0	5.70	4.48	26.15	8.24	2.14
	3.0	3.30	2.59	5.09	2.68	1.24		3.5	6.60	5.18	29.79	9.38	2.12
	3.5	3.79	2.98	5.70	3.00	1.23		4.0	7.48	5.87	33.24	10.47	2.11
	4.0	4.27	3.35	6.26	3.29	1.21		4.5	8.34	6.55	36.50	11.50	2.09
42	2.5	3.10	2.44	6.07	2.89	1.40		5.0	9.19	7.21	39.60	12.47	2.08
	3.0	3.68	2.89	7.03	3.35	1.38		5.5	10.02	7.87	42.52	13.39	2.06
	3.5	4.23	3.32	7.91	3.77	1.37		6.0	10.84	8.51	45.28	14.26	2.04
	4.0	4.78	3.75	8.71	4.15	1.35	68	3.0	6.13	4.81	32.42	9.54	2.30
45	2.5	3.34	2.62	7.56	3.36	1.51		3.5	7.09	5.57	36.99	10.88	2.28
	3.0	3.96	3.11	8.77	3.90	1.49		4.0	8.04	6.31	41.34	12.16	2.27
	3.5	4.56	3.58	9.89	4.40	1.47		4.5	8.98	7.05	45.47	13.37	2.25
	4.0	5.15	4.04	10.93	4.86	1.46		5.0	9.90	7.77	49.41	14.53	2.23
50	2.5	3.73	2.93	10.55	4.22	1.68		5.5	10.80	8.48	53.14	15.63	2.22
	3.0	4.43	3.48	12.28	4.91	1.67		6.0	11.69	9.17	56.68	16.67	2.20
	3.5	5.11	4.01	13.90	5.56	1.65	70	3.0	6.31	4.96	35.50	10.14	2.37
	4.0	5.78	4.54	15.41	6.16	1.63		3.5	7.31	5.74	40.53	11.58	2.35
	4.5	6.43	5.05	16.81	6.72	1.62		4.0	8.29	6.51	45.33	12.95	2.34
	5.0	7.07	5.55	18.11	7.25	1.60		4.5	9.26	7.27	49.89	14.26	2.32
54	3.0	4.81	3.77	15.68	5.81	1.81		5.0	10.21	8.01	54.24	15.50	2.33
	3.5	5.55	4.36	17.79	6.59	1.79		5.5	11.14	8.75	58.38	16.68	2.29
	4.0	6.28	4.93	19.76	7.32	1.77		6.0	12.06	9.47	62.31	17.80	2.27
	4.5	7.00	5.49	21.61	8.00	1.76	73	3.0	6.60	5.18	40.48	11.09	2.48
	5.0	7.70	6.04	23.34	8.64	1.74		3.5	7.64	6.00	46.26	12.67	2.46
	5.5	8.38	6.58	24.96	9.24	1.73		4.0	8.67	6.81	51.78	14.19	2.44
	6.0	9.05	7.10	26.46	9.80	1.71		4.5	9.68	7.60	57.04	15.63	2.43
57	3.0	5.09	4.00	18.61	6.53	1.91		5.0	10.68	8.38	62.07	17.01	2.41
	3.5	5.88	4.62	21.14	7.42	1.90		5.5	11.66	9.16	66.87	18.32	2.39
	4.0	6.66	5.23	23.52	8.25	1.88		6.0	12.63	9.91	71.43	19.57	2.38
	4.5	7.42	5.83	25.76	9.04	1.86	76	3.0	6.88	5.40	45.91	12.08	2.58
	5.0	8.17	6.41	27.86	9.78	1.85		3.5	7.97	6.26	52.50	13.82	2.57
	5.5	8.90	6.99	29.84	10.47	1.83		4.0	9.05	7.10	58.81	15.48	2.55
	6.0	9.61	7.55	31.69	11.12	1.82		4.5	10.11	7.93	64.85	17.07	2.53
60	3.0	5.37	4.22	21.88	7.29	2.02		5.0	11.15	8.75	70.62	18.59	2.52
	3.5	6.21	4.88	24.88	8.29	2.00		5.5	12.18	9.56	76.14	20.04	2.50
	4.0	7.04	5.52	27.73	9.24	1.98		6.0	13.19	10.36	81.41	21.42	2.48

I——截面惯性矩；
W——截面模量；
i——截面回转半径

尺寸(mm)		截面面积A	每米质量	截面特性			尺寸(mm)		截面面积A	每米质量	截面特性		
d	t	A		I	W	i	d	t	A		I	W	i
		cm²	kg/m	cm⁴	cm³	cm			cm²	kg/m	cm⁴	cm³	cm
83	3.5	8.74	6.86	69.19	16.67	2.81	114	7.5	25.09	19.70	357.58	62.73	3.77
	4.0	9.93	7.79	77.64	18.71	2.80		8.0	26.64	20.91	376.30	66.02	3.76
	4.5	11.10	8.71	85.76	20.67	2.78	121	4.0	14.70	11.54	251.87	41.63	4.14
	5.0	12.25	9.62	93.56	22.54	2.76		4.5	16.47	12.93	279.83	46.25	4.12
	5.5	13.39	10.51	101.04	24.35	2.75		5.0	18.22	14.30	307.05	50.75	4.11
	6.0	14.51	11.39	108.22	26.08	2.73		5.5	19.96	15.67	333.54	55.13	4.09
	6.5	15.62	12.26	115.10	27.74	2.71		6.0	21.68	17.02	359.32	59.39	4.07
	7.0	16.71	13.12	121.69	29.32	2.70		6.5	23.38	18.35	384.40	63.54	4.05
89	3.5	9.40	7.38	86.05	19.34	3.03		7.0	25.07	19.68	408.80	67.57	4.04
	4.0	10.68	8.38	96.68	21.73	3.01		7.5	26.74	20.99	432.51	71.49	4.02
	4.5	11.95	9.38	106.92	24.03	2.99		8.0	28.40	22.29	455.57	75.30	4.01
	5.0	13.19	10.36	116.79	26.24	2.98	127	4.0	15.46	12.13	292.61	46.08	4.35
	5.5	14.43	11.33	126.29	28.38	2.96		4.5	17.32	13.59	325.29	51.23	4.33
	6.0	15.65	12.28	135.43	30.43	2.94		5.0	19.16	15.04	357.14	56.24	4.32
	6.5	16.85	13.22	144.22	32.41	2.93		5.5	20.99	16.48	388.19	61.13	4.30
	7.0	18.03	14.16	152.67	34.31	2.91		6.0	22.81	17.90	418.44	65.90	4.28
95	3.5	10.06	7.90	105.45	22.20	3.24		6.5	24.61	19.32	447.92	70.54	4.27
	4.0	11.44	8.98	118.60	24.97	3.22		7.0	26.39	20.72	476.63	75.06	4.25
	4.5	12.79	10.04	131.31	27.64	3.20		7.5	28.16	22.10	504.58	79.46	4.23
	5.0	14.14	11.10	143.58	30.23	3.19		8.0	29.91	23.48	531.80	83.75	4.22
	5.5	15.46	12.14	155.43	32.72	3.17	133	4.0	16.21	12.73	337.53	50.76	4.56
	6.0	16.78	13.17	166.86	35.13	3.15		4.5	18.17	14.26	375.42	56.45	4.55
	6.5	18.07	14.19	177.89	37.45	3.14		5.0	20.11	15.78	412.40	62.02	4.53
	7.0	19.35	15.19	188.51	39.69	3.12		5.5	22.03	17.29	448.50	67.44	4.51
102	3.5	10.83	8.50	131.52	25.79	3.48		6.0	23.94	18.79	483.72	72.74	4.50
	4.0	12.32	9.67	148.09	29.04	3.47		6.5	25.83	20.28	518.07	77.91	4.48
	4.5	13.78	10.82	164.14	32.18	3.45		7.0	27.71	21.75	551.58	82.94	4.46
	5.0	15.24	11.96	179.68	35.23	3.43		7.5	29.57	23.21	584.25	87.86	4.45
	5.5	16.67	13.09	194.72	38.18	3.42		8.0	31.42	24.66	616.11	92.65	4.43
	6.0	18.10	14.21	209.28	41.03	3.40	140	4.5	19.16	15.04	440.12	62.87	4.79
	6.5	19.50	15.31	223.35	43.79	3.38		5.0	21.21	16.65	483.76	69.11	4.78
	7.0	20.89	16.40	236.96	46.46	3.37		5.5	23.24	18.24	526.40	75.20	4.76
114	4.0	13.82	10.85	209.35	36.73	3.89		6.0	25.26	19.83	568.06	81.15	4.74
	4.5	15.48	12.15	232.41	40.77	3.87		6.5	27.26	21.40	608.76	86.97	4.73
	5.0	17.12	13.44	254.81	44.70	3.86		7.0	29.25	22.96	648.51	92.64	4.71
	5.5	18.75	14.72	276.58	48.52	3.84		7.5	31.22	24.51	687.32	98.19	4.69
	6.0	20.36	15.98	297.73	52.23	3.82		8.0	33.18	26.04	725.21	103.60	4.68
	6.5	21.95	17.23	318.26	55.84	3.81		9.0	37.04	29.08	798.29	114.04	4.64
	7.0	23.53	18.47	338.19	59.33	3.79		10	40.84	32.06	867.86	123.98	4.61

I——截面惯性矩；
W——截面模量；
i——截面回转半径

尺寸（mm）		截面面积 A	每米质量	截面特性		
d	t			I	W	i
		cm²	kg/m	cm⁴	cm³	cm
146	4.5	20.00	15.70	501.16	68.65	5.01
	5.0	22.15	17.39	551.10	75.49	4.99
	5.5	24.28	19.06	599.95	82.19	4.97
	6.0	26.39	20.72	647.73	88.73	4.95
	6.5	28.49	22.36	694.44	95.13	4.94
	7.0	30.57	24.00	740.12	101.39	4.92
	7.5	32.63	25.62	784.77	107.50	4.90
	8.0	34.68	27.23	828.41	113.48	4.89
	9.0	38.74	30.41	912.71	125.03	4.85
	10	42.73	33.54	993.16	136.05	4.82
152	4.5	20.85	16.37	567.61	74.69	5.22
	5.0	23.09	18.13	624.43	82.16	5.20
	5.5	25.31	19.87	680.06	89.48	5.18
	6.0	27.52	21.60	734.52	96.65	5.17
	6.5	29.71	23.32	787.82	103.66	5.15
	7.0	31.89	25.03	839.99	110.52	5.13
	7.5	34.05	26.73	891.03	117.24	5.12
	8.0	36.19	28.41	940.97	123.81	5.10
	9.0	40.43	31.74	1037.59	136.53	5.07
	10	44.61	35.02	1129.99	148.68	5.03
159	4.5	21.84	17.15	652.27	82.05	5.46
	5.0	24.19	18.99	717.88	90.30	5.45
	5.5	26.52	20.82	782.18	98.39	5.43
	6.0	28.84	22.64	845.19	106.31	5.41
	6.5	31.14	24.45	906.92	114.08	5.40
	7.0	33.43	26.24	967.41	121.69	5.38
	7.5	35.70	28.02	1026.65	129.14	5.36
	8.0	37.95	29.79	1084.67	136.44	5.35
	9.0	42.41	33.29	1197.12	150.58	5.31
	10	46.81	36.75	1304.88	164.14	5.28
168	4.5	23.11	18.14	772.96	92.02	5.78
	5.0	25.60	20.10	851.14	101.33	5.77
	5.5	28.08	22.04	927.85	110.46	5.75
	6.0	30.54	23.97	1003.12	119.42	5.73
	6.5	32.98	25.89	1076.95	128.21	5.71
	7.0	35.41	27.79	1149.36	136.83	5.70
	7.5	37.82	29.69	1220.38	145.28	5.68
	8.0	40.21	31.57	1290.01	153.57	5.66
	9.0	44.96	35.29	1425.22	169.67	5.63
	10	49.64	38.97	1555.13	185.13	5.60

尺寸（mm）		截面面积 A	每米质量	截面特性		
d	t			I	W	i
		cm²	kg/m	cm⁴	cm³	cm
180	5.0	27.49	21.58	1053.17	117.02	6.19
	5.5	30.15	23.67	1148.79	127.64	6.17
	6.0	32.80	25.75	1242.72	138.08	6.16
	6.5	35.43	27.81	1335.00	148.33	6.14
	7.0	38.04	29.87	1425.63	158.40	6.12
	7.5	40.64	31.91	1514.64	168.29	6.10
	8.0	43.23	33.93	1602.04	178.00	6.09
	9.0	48.35	37.95	1772.12	196.90	6.05
	10	53.41	41.92	1936.01	215.11	6.02
	12	63.33	49.72	2245.84	249.54	5.95
194	5.0	29.69	23.31	1326.54	136.76	6.68
	5.5	32.57	25.57	1447.86	149.26	6.67
	6.0	35.44	27.82	1567.21	161.57	6.65
	6.5	38.29	30.06	1684.61	173.67	6.63
	7.0	41.12	32.28	1800.08	185.57	6.62
	7.5	43.94	34.50	1913.64	197.28	6.60
	8.0	46.75	36.70	2025.31	208.79	6.58
	9.0	52.31	41.06	2243.08	231.25	6.55
	10	57.81	45.38	2453.55	252.94	6.51
	12	68.61	53.86	2853.25	294.15	6.45
203	6.0	37.13	29.15	1803.07	177.64	6.97
	6.5	40.13	31.50	1938.81	191.02	6.95
	7.0	43.10	33.84	2072.43	204.18	6.93
	7.5	46.06	36.16	2203.94	217.14	6.92
	8.0	49.01	38.47	2333.37	229.89	6.90
	9.0	54.85	43.06	2586.08	254.79	6.87
	10	60.63	47.60	2830.72	278.89	6.83
	12	72.01	56.52	3296.49	324.78	6.77
	14	83.13	65.25	3732.07	367.69	6.70
	16	94.00	73.79	4138.78	407.76	6.64
219	6.0	40.15	31.52	2278.74	208.10	7.53
	6.5	43.39	34.06	2451.64	223.89	7.52
	7.0	46.62	36.60	2622.04	239.46	7.50
	7.5	49.83	39.12	2789.96	254.79	7.48
	8.0	53.03	41.63	2955.43	269.90	7.47
	9.0	59.38	46.61	3279.12	299.46	7.43
	10	65.66	51.54	3593.29	328.15	7.40
	12	78.04	61.26	4193.81	383.00	7.33
	14	90.16	70.78	4758.50	434.57	7.26
	16	102.04	80.10	5288.81	483.00	7.20

I——截面惯性矩；
W——截面模量；
i——截面回转半径

尺寸 (mm) d	t	截面面积 A cm²	每米质量 kg/m	I cm⁴	W cm³	i cm	尺寸 (mm) d	t	截面面积 A cm²	每米质量 kg/m	I cm⁴	W cm³	i cm
245	6.5	48.70	38.23	3465.46	282.89	8.44	299	7.5	68.68	53.92	7300.02	488.30	10.31
	7.0	52.34	41.08	3709.06	302.78	8.42		8.0	73.14	57.41	7747.42	518.22	10.29
	7.5	55.96	43.93	3949.52	322.41	8.40		9.0	82.00	64.37	8628.09	577.13	10.26
	8.0	59.56	46.76	4186.87	341.79	8.38		10	90.79	71.27	9490.15	634.79	10.22
	9.0	66.73	52.38	4652.32	379.78	8.35		12	108.20	84.93	11159.52	746.46	10.16
	10	73.83	57.95	5105.63	416.79	8.32		14	125.35	98.40	12757.61	853.35	10.09
	12	87.84	68.95	5976.67	487.89	8.25		16	142.25	111.67	14286.48	955.62	10.02
	14	101.60	79.76	6801.68	555.24	8.18	325	7.5	74.81	58.73	9431.80	580.42	11.23
	16	115.11	90.36	7582.30	618.96	8.12		8.0	79.67	62.54	10013.92	616.24	11.21
273	6.5	54.42	42.72	4834.18	354.15	9.42		9.0	89.35	70.14	11161.33	686.85	11.18
	7.0	58.50	45.92	5177.30	379.29	9.41		10	98.96	77.68	12286.52	756.09	11.14
	7.5	62.56	49.11	5516.47	404.14	9.39		12	118.00	92.63	14471.45	890.55	11.07
	8.0	66.60	52.28	5851.71	428.70	9.37		14	136.78	107.38	16570.98	1019.75	11.01
	9.0	74.64	58.60	6510.56	476.96	9.34		16	155.32	121.93	18587.38	1143.84	10.94
	10	82.62	64.86	7154.09	524.11	9.31	351	8.0	86.21	67.67	12684.36	722.76	12.13
	12	98.39	77.24	8396.14	615.10	9.24		9.0	96.70	75.91	14147.55	806.13	12.10
	14	113.91	89.42	9579.75	701.81	9.17		10	107.13	84.10	15584.62	888.01	12.06
	16	129.18	101.41	10706.79	784.38	9.10		12	127.80	100.32	18381.63	1047.39	11.99
								14	148.22	116.35	21077.86	1201.02	11.93
								16	168.39	132.19	23675.75	1349.05	11.86

附 11.8 电焊钢管 （附表 11-8）

电焊钢管　　　　　　　　　　　　　　　　　附表 11-8

I——截面惯性矩；
W——截面模量；
i——截面回转半径

尺寸 (mm) d	t	截面面积 A (cm²)	每米质量 (kg/m)	I cm⁴	W cm³	i cm	尺寸 (mm) d	t	截面面积 A (cm²)	每米质量 (kg/m)	I cm⁴	W cm³	i cm
32	2.0	1.88	1.48	2.13	1.33	1.06	51	2.0	3.08	2.42	9.26	3.63	1.73
	2.5	2.32	1.82	2.54	1.59	1.05		2.5	3.81	2.99	11.23	4.40	1.72
38	2.0	2.26	1.78	3.68	1.93	1.27		3.0	4.52	3.55	13.08	5.13	1.70
	2.5	2.79	2.19	4.41	2.32	1.26		3.5	5.22	4.10	14.81	5.81	1.68
40	2.0	2.39	1.87	4.32	2.16	1.35	53	2.0	3.20	2.52	10.43	3.94	1.80
	2.5	2.95	2.31	5.20	2.60	1.33		2.5	3.97	3.11	12.67	4.78	1.79
42	2.0	2.51	1.97	5.04	2.40	1.42		3.0	4.71	3.70	14.78	5.58	1.77
	2.5	3.10	2.44	6.07	2.89	1.40		3.5	5.44	4.27	16.75	6.32	1.75
45	2.0	2.70	2.12	6.26	2.78	1.52	57	2.0	3.46	2.71	13.08	4.59	1.95
	2.5	3.34	2.62	7.56	3.36	1.51		2.5	4.29	3.36	15.93	5.59	1.93
	3.0	3.96	3.11	8.77	3.90	1.49		3.0	5.09	4.00	18.61	6.53	1.91
								3.5	5.88	4.62	21.14	7.42	1.90

I——截面惯性矩；

W——截面模量；

i——截面回转半径

尺寸 (mm)		截面面积 A (cm²)	每米质量 (kg/m)	截面特性			尺寸 (mm)		截面面积 A (cm²)	每米质量 (kg/m)	截面特性		
				I	W	i					I	W	i
d	t			cm⁴	cm³	cm	d	t			cm⁴	cm³	cm
60	2.0	3.64	2.86	15.34	5.11	2.05	102	2.0	6.28	4.93	78.57	15.41	3.54
	2.5	4.52	3.55	18.70	6.23	2.03		2.5	7.81	6.13	96.77	18.97	3.52
	3.0	5.37	4.22	21.88	7.29	2.02		3.0	9.33	7.32	114.42	22.43	3.50
	3.5	6.21	4.88	24.88	8.29	2.00		3.5	10.83	8.50	131.52	25.79	3.48
63.5	2.0	3.86	3.03	18.29	5.76	2.18		4.0	12.32	9.67	148.09	29.04	3.47
	2.5	4.79	3.76	22.32	7.03	2.16		4.5	13.78	10.82	164.14	32.18	3.45
	3.0	5.70	4.48	26.15	8.24	2.14		5.0	15.24	11.96	179.68	35.23	3.43
	3.5	6.60	5.18	29.79	9.38	2.12	108	3.0	9.90	7.77	136.49	25.28	3.71
70	2.0	4.27	3.35	24.72	7.06	2.41		3.5	11.49	9.02	157.02	29.08	3.70
	2.5	5.30	4.16	30.23	8.64	2.39		4.0	13.07	10.26	176.95	32.77	3.68
	3.0	6.31	4.96	35.50	10.14	2.37	114	3.0	10.46	8.21	161.24	28.29	3.93
	3.5	7.31	5.74	40.53	11.58	2.35		3.5	12.15	9.54	185.63	32.57	3.91
	4.5	9.26	7.27	49.89	14.26	2.32		4.0	13.82	10.85	209.35	36.73	3.89
76	2.0	4.65	3.65	31.85	8.38	2.62		4.5	15.48	12.15	232.41	40.77	3.87
	2.5	5.77	4.53	39.03	10.27	2.60		5.0	17.12	13.44	254.81	44.70	3.86
	3.0	6.88	5.40	45.91	12.08	2.58	121	3.0	11.12	8.73	193.69	32.01	4.17
	3.5	7.97	6.26	52.50	13.82	2.57		3.5	12.92	10.14	223.17	36.89	4.16
	4.0	9.05	7.10	58.81	15.48	2.55		4.0	14.70	11.54	251.87	41.63	4.14
	4.5	10.11	7.93	64.85	17.07	2.53	127	3.0	11.69	9.17	224.75	35.39	4.39
83	2.0	5.09	4.00	41.76	10.06	2.86		3.5	13.58	10.66	259.11	40.80	4.37
	2.5	6.32	4.96	51.26	12.35	2.85		4.0	15.46	12.13	292.61	46.08	4.35
	3.0	7.54	5.92	60.40	14.56	2.83		4.5	17.32	13.59	325.29	51.23	4.33
	3.5	8.74	6.86	69.19	16.67	2.81		5.0	19.16	15.04	357.14	56.24	4.32
	4.0	9.93	7.79	77.64	18.71	2.80	133	3.5	14.24	11.18	298.71	44.92	4.58
	4.5	11.10	8.71	85.76	20.67	2.78		4.0	16.21	12.73	337.53	50.76	4.56
89	2.0	5.47	4.29	51.75	11.63	3.08		4.5	18.17	14.26	375.42	56.45	4.55
	2.5	6.79	5.33	63.59	14.29	3.06		5.0	20.11	15.78	412.40	62.02	4.53
	3.0	8.11	6.36	75.02	16.86	3.04	140	3.5	15.01	11.78	349.79	49.97	4.83
	3.5	9.40	7.38	86.05	19.34	3.03		4.0	17.09	13.42	395.47	56.50	4.81
	4.0	10.68	8.38	96.68	21.73	3.01		4.5	19.16	15.04	440.12	62.87	4.79
	4.5	11.95	9.38	106.92	24.03	2.99		5.0	21.21	16.65	483.76	69.11	4.78
95	2.0	5.84	4.59	63.20	13.31	3.29		5.5	23.24	18.24	526.40	75.20	4.76
	2.5	7.26	5.70	77.76	16.37	3.27	152	3.5	16.33	12.82	450.35	59.26	5.25
	3.0	8.67	6.81	91.83	19.33	3.25		4.0	18.60	14.60	509.59	67.05	5.23
	3.5	10.06	7.90	105.45	22.20	3.24		4.5	20.85	16.37	567.61	74.69	5.22
								5.0	23.09	18.13	624.43	82.16	5.20
								5.5	25.31	19.87	680.06	89.48	5.18

附录 12 冷弯薄壁型钢表

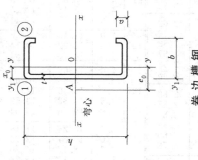

卷边槽钢

尺寸 (mm)				截面面积 (cm²)	每米长质量 (kg/m)	x_0 (cm)	$x-x$			$y-y$				y_1-y_1	e_0 (cm)	I_t (cm⁴)	I_ω (cm⁶)	k (cm⁻¹)	$W_{\omega 1}$ (cm⁴)	$W_{\omega 2}$ (cm⁴)
h	b	a	t				I_x (cm⁴)	i_x (cm)	W_x (cm³)	I_y (cm⁴)	i_y (cm)	$W_{y max}$ (cm³)	$W_{y min}$ (cm³)	I_{y1} (cm⁴)						
80	40	15	2.0	3.47	2.72	1.452	34.16	3.14	8.54	7.79	1.50	5.36	3.06	15.10	3.36	0.0462	112.9	0.0126	16.03	15.74
100	50	15	2.5	5.23	4.11	1.706	81.34	3.94	16.27	17.19	1.81	10.08	5.22	32.41	3.94	0.1090	352.8	0.0109	34.47	29.41
120	50	20	2.5	5.98	4.70	1.706	129.40	4.65	21.57	20.96	1.87	12.28	6.36	38.36	4.03	0.1246	660.9	0.0085	51.04	48.36
120	60	20	3.0	7.65	6.01	2.106	170.68	4.72	28.45	37.36	2.21	17.74	9.59	71.31	4.87	0.2296	1153.2	0.0087	75.68	68.84
140	50	20	2.0	5.27	4.14	1.590	154.03	5.41	22.00	18.56	1.88	11.68	5.44	31.86	3.87	0.0703	794.79	0.0058	51.44	52.22
140	50	20	2.2	5.76	4.52	1.590	167.40	5.39	23.91	20.03	1.87	12.62	5.87	34.53	3.84	0.0929	852.46	0.0065	55.98	56.84
140	50	20	2.5	6.48	5.09	1.580	186.78	5.39	26.68	22.11	1.85	13.96	6.47	38.38	3.80	0.1351	931.89	0.0075	62.56	63.56
140	60	20	3.0	8.25	6.48	1.964	245.42	5.45	35.06	39.49	2.19	20.11	9.79	71.33	4.61	0.2476	1589.8	0.0078	92.69	79.00
160	60	20	2.0	6.07	4.76	1.850	236.59	6.24	29.57	29.99	2.22	16.19	7.23	50.83	4.52	0.0809	1596.28	0.0044	76.92	71.30

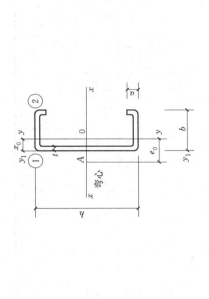

| 尺寸(mm) | | | | 截面面积 (cm²) | 每米长质量 (kg/m) | x_0 (cm) | $x-x$ | | | $y-y$ | | | | y_1-y_1 | | I_t (cm⁴) | I_ω (cm⁶) | k (cm⁻¹) | $W_{\omega 1}$ (cm⁴) | $W_{\omega 2}$ (cm⁴) |
h	b	a	t				I_x (cm⁴)	i_x (cm⁴)	W_x (cm³)	I_y (cm⁴)	i_y (cm)	W_{ymax} (cm³)	W_{ymin} (cm³)	I_{y1} (cm⁴)	e_0 (cm)					
160	60	20	2.2	6.64	5.21	1.850	257.57	6.23	32.20	32.45	2.21	17.53	7.82	55.19	4.50	0.1071	1717.82	0.0049	83.82	77.55
160	60	20	2.5	7.48	5.87	1.850	288.13	6.21	36.02	35.96	2.19	19.47	8.66	61.49	4.45	0.1559	1887.71	0.0056	93.87	86.63
160	70	20	3.0	9.45	7.42	2.224	373.64	6.29	46.71	60.42	2.53	27.17	12.65	107.20	5.25	0.2836	3070.5	0.0060	135.49	109.92
180	70	20	2.0	6.87	5.39	2.110	343.93	7.08	38.21	45.18	2.57	21.37	9.25	75.87	5.17	0.0916	2934.34	0.0035	109.50	95.22
180	70	20	2.2	7.52	5.90	2.110	374.90	7.06	41.66	48.97	2.55	23.19	10.02	82.49	5.14	0.1213	3165.62	0.0038	119.44	103.58
180	70	20	2.5	8.48	6.66	2.110	420.20	7.04	46.69	54.42	2.53	25.82	11.12	92.08	5.10	0.1767	3492.15	0.0044	133.99	115.73
200	70	20	2.0	7.27	5.71	2.000	440.04	7.78	44.00	46.71	2.54	23.32	9.35	75.88	4.96	0.0969	3672.33	0.0032	126.74	106.15
200	70	20	2.2	7.96	6.25	2.000	479.87	7.77	47.99	50.64	2.52	25.31	10.13	82.49	4.93	0.1284	3963.82	0.0035	138.26	115.74
200	70	20	2.5	8.98	7.05	2.000	538.21	7.74	53.82	56.27	2.50	28.18	11.25	92.09	4.89	0.1871	4376.18	0.0041	155.14	129.75
200	75	20	2.0	7.87	6.18	2.080	574.45	8.54	52.22	56.88	2.69	27.35	10.50	90.93	5.18	0.1049	5313.52	0.0028	158.43	127.32
220	75	20	2.2	8.62	6.77	2.080	626.85	8.53	56.99	61.71	2.68	29.70	11.38	98.91	5.15	0.1391	5742.07	0.0031	172.92	138.93
220	75	20	2.5	9.73	7.64	2.070	703.76	8.50	63.98	68.66	2.66	33.11	12.65	110.51	5.11	0.2028	6351.05	0.0035	194.18	155.94

卷边 Z 型钢

尺寸(mm)				截面面积 (cm²)	每米长质量 (kg/m)	θ	x_1-x_1			y_1-y_1			$x-x$				$y-y$				I_{x1y1} (cm⁴)	I_t (cm⁴)	I_ω (cm⁶)	k (cm⁻¹)	$W_{\omega1}$ (cm⁴)	$W_{\omega2}$ (cm⁴)
h	b	a	t				I_x (cm⁴)	i_x (cm)	W_{x1} (cm³)	I_{y1} (cm⁴)	i_{y1} (cm)	W_{y1} (cm³)	I_x (cm⁴)	i_x (cm)	W_{x1} (cm³)	W_{x2} (cm³)	I_y (cm⁴)	i_y (cm)	W_{y1} (cm³)	W_{y2} (cm³)						
100	40	20	2.0	4.07	3.19	24°1′	60.04	3.84	12.01	17.02	2.05	4.36	70.70	4.17	15.93	11.94	6.36	1.25	3.36	4.42	13.93	0.0542	325.0	0.0081	49.97	29.16
100	40	20	2.5	4.98	3.91	23°46′	72.10	3.80	14.42	20.02	2.00	5.17	84.63	4.12	19.18	14.47	7.49	1.23	4.07	5.28	28.45	0.1038	381.9	0.0102	62.25	35.03
120	50	20	2.0	4.87	3.82	24°3′	106.97	4.69	17.83	30.23	2.49	6.17	126.06	5.09	23.55	17.40	11.14	1.51	4.83	5.74	42.77	0.0649	785.2	0.0057	84.05	43.96
120	50	20	2.5	5.98	4.70	23°50′	129.39	4.65	21.57	35.91	2.45	7.37	152.05	5.04	28.55	21.21	13.25	1.49	5.89	6.89	51.30	0.1246	930.9	0.0072	104.68	52.94
120	50	20	3.0	7.05	5.54	23°36′	150.14	4.61	25.02	40.88	2.41	8.43	175.92	4.99	33.18	24.80	15.11	1.46	6.89	7.92	58.99	0.2116	1058.9	0.0087	125.37	61.22
140	50	20	2.5	6.48	5.09	19°25′	186.77	5.37	26.68	35.91	2.35	7.37	209.19	5.67	32.55	26.34	14.48	1.49	6.69	6.78	60.75	0.1350	1289.0	0.0064	137.04	60.03
140	50	20	3.0	7.65	6.01	19°12′	217.26	5.33	31.04	40.83	2.31	8.43	241.62	5.62	37.76	30.70	16.52	1.47	7.84	7.81	69.93	0.2296	1468.2	0.0077	164.94	69.51
160	60	20	2.5	7.48	5.87	19°59′	288.12	6.21	36.01	58.15	2.79	9.90	323.13	6.57	44.00	34.95	23.14	1.76	9.00	8.71	96.32	0.1559	2634.3	0.0048	205.98	86.28
160	60	20	3.0	8.85	6.95	19°47′	336.66	6.17	42.08	66.66	2.74	11.39	376.76	6.52	51.48	41.08	26.56	1.73	10.58	10.07	111.51	0.2656	3019.4	0.0058	247.41	100.15
160	70	20	2.5	7.98	6.27	23°46′	319.13	6.32	39.89	87.74	3.32	12.76	374.76	6.85	52.35	38.23	32.11	2.01	10.53	10.86	126.37	0.1663	3793.3	0.0041	238.87	106.91
160	70	20	3.0	9.45	7.42	23°34′	373.64	6.29	46.71	101.10	3.27	14.76	437.72	6.80	61.33	45.01	37.03	1.98	12.39	12.58	146.86	0.2836	4365.0	0.0050	285.78	124.26
180	70	20	2.5	8.48	6.66	20°22′	420.18	7.04	46.69	87.74	3.22	12.76	473.34	7.47	57.27	44.88	34.58	2.02	11.66	10.86	143.18	0.1767	4907.9	0.0037	294.53	119.41
180	70	20	3.0	10.05	7.89	20°11′	492.61	7.00	54.73	101.11	3.17	14.76	553.83	7.42	67.22	52.89	39.89	1.99	13.72	12.59	166.47	0.3016	9652.2	0.0045	353.32	138.92

斜卷边 Z 型钢

尺寸(mm) h	b	a	t	截面面积 (cm²)	每米长质量 (kg/m)	θ (°)	x_1—x_1 I_x (cm⁴)	i_x (cm)	W_{x1} (cm³)	y_1—y_1 I_{y1} (cm⁴)	i_{y1} (cm)	W_{y1} (cm³)	x—x I_x (cm⁴)	i_x (cm)	W_{x1} (cm³)	W_{x2} (cm³)	y—y I_y (cm⁴)	i_y (cm)	W_{y1} (cm³)	W_{y2} (cm³)	I_{x1y1} (cm⁴)	I_t (cm⁴)	I_ω (cm⁶)	k (cm⁻¹)	$W_{\omega1}$ (cm⁴)	$W_{\omega2}$ (cm⁴)
100	40	20	2.0	4.174	3.276	27.821	63.926	3.914	12.785	23.862	2.391	4.490	79.388	4.361	18.507	13.191	8.399	1.149	3.916	9.272	29.302	0.0556	294.293	0.0085	25.085	46.620
100	40	20	2.5	5.176	4.063	27.762	78.348	3.891	15.670	29.115	2.372	5.505	97.219	4.334	22.764	16.273	10.244	1.407	4.781	11.598	35.849	0.1078	354.576	0.0108	30.743	57.136
120	50	20	2.0	4.974	3.904	26.961	112.350	4.753	18.725	39.318	2.812	6.227	137.843	5.264	26.433	18.757	13.826	1.667	5.457	9.641	50.116	0.0663	683.901	0.0061	41.217	61.828
120	50	20	2.5	6.176	4.848	26.908	138.164	4.730	23.027	48.151	2.792	7.656	169.389	5.237	32.591	23.190	16.926	1.656	6.686	11.992	61.528	0.1287	828.987	0.0077	50.680	75.878
120	50	20	3.0	7.361	5.779	26.853	163.104	4.707	27.184	56.604	2.773	9.036	199.815	5.210	38.559	27.522	19.892	1.644	7.865	14.322	72.509	0.2208	964.410	0.0094	59.817	89.380
140	50	20	2.5	6.676	5.240	22.018	198.446	5.452	28.349	48.154	2.686	7.657	227.828	5.842	36.041	28.180	18.771	1.677	7.649	11.349	72.659	0.1391	1167.216	0.0068	65.679	82.597
140	50	20	3.0	7.961	6.250	21.954	234.636	5.429	33.519	56.608	2.667	9.037	269.173	5.815	42.681	33.468	22.071	1.665	9.004	13.540	85.682	0.2388	1360.113	0.0082	77.637	97.356
160	60	20	2.5	7.676	6.025	22.128	303.090	6.284	37.886	73.935	3.104	10.143	348.487	6.738	48.114	37.109	28.537	1.928	10.038	13.042	111.642	0.1599	2301.855	0.0052	101.157	110.91
160	60	20	3.0	9.161	7.192	22.072	359.069	6.261	44.884	87.151	3.084	11.997	412.577	6.711	57.079	44.133	33.643	1.916	11.846	15.544	131.958	0.2748	2692.859	0.0063	115.068	130.95
160	70	20	2.5	8.176	6.418	25.844	334.100	6.393	41.763	107.457	3.625	12.964	403.575	7.026	57.298	40.565	37.983	2.155	11.487	15.347	143.432	0.1703	3207.454	0.0045	112.489	134.46

尺寸(mm)				截面面积	每米长质量	θ	x_1—x_1			y_1—y_1			x—x				y—y				$I_{x_1y_1}$	I_t	I_ω	k	$W_{\omega 1}$	$W_{\omega 2}$
h	b	a	t	(cm^2)	(kg/m)	$(°)$	I_x (cm^4)	i_x (cm)	W_{x1} (cm^3)	I_{y1} (cm^4)	i_{y1} (cm)	W_{y1} (cm^3)	I_x (cm^4)	i_x (cm)	W_{x1} (cm^3)	W_{x2} (cm^3)	I_y (cm^4)	i_y (cm)	W_{y1} (cm^3)	W_{y2} (cm^3)	(cm^4)	(cm^4)	(cm^6)	(cm^{-1})	(cm^4)	(cm^4)
160	70	20	3.0	9.761	7.663	25.800	396.047	6.370	49.505	126.928	3.606	15.359	478.117	6.999	60.027	68.272	44.856	2.144	13.577	18.292	169.771	0.2928	3760.018	0.0055	133.314	158.91
180	70	20	2.5	8.676	6.810	22.205	438.835	7.112	48.759	107.460	3.519	12.964	505.087	7.630	61.860	47.215	41.208	2.179	12.756	15.130	162.307	0.1807	4179.821	0.0041	137.301	146.42
180	70	20	3.0	10.361	8.134	22.155	520.664	7.089	57.852	126.931	3.500	15.359	598.916	7.603	73.484	56.211	48.679	2.168	15.082	18.030	192.181	0.3108	4904.493	0.0049	162.856	173.14
200	70	20	2.5	9.176	7.203	19.314	560.921	7.819	56.092	107.462	3.422	12.964	624.421	8.249	67.423	54.343	43.962	2.189	13.976	15.011	181.182	0.1912	5293.329	0.0037	163.954	158.85
200	70	20	3.0	10.961	8.605	19.263	666.004	7.795	66.600	126.933	3.403	15.360	740.996	8.222	80.136	64.721	51.944	2.177	16.531	17.886	214.591	0.3288	6215.596	0.0045	194.606	187.90
230	75	25	2.5	10.426	8.184	18.355	825.235	8.951	72.629	147.151	3.757	16.095	920.347	9.396	85.723	70.683	62.039	2.439	17.918	19.866	256.531	0.2172	9882.968	0.0029	242.449	244.09
230	75	25	3.0	12.461	9.782	18.008	992.977	8.927	86.346	174.090	3.738	19.093	1093.65	9.368	102.00	84.255	73.421	2.427	21.227	23.699	304.255	0.3738	11634.034	0.0035	288.169	289.31
250	75	25	2.5	10.926	8.577	16.393	1016.17	9.644	1.294	147.153	3.670	16.095	1098.51	10.027	93.032	79.225	64.819	2.436	19.205	19.734	279.874	0.2276	11882.791	0.0027	278.269	260.19
250	75	25	3.0	13.061	10.253	16.346	1208.67	9.620	95.693	174.094	3.651	19.094	1306.04	10.000	110.74	94.462	76.719	2.424	22.757	23.540	332.000	0.3918	13994.480	0.0033	330.893	308.46

附录 13　各种截面回转半径的近似值

各种截面回转半径的近似值　　　　　附表 13-1

截面		截面		截面		截面	
	$i_x = 0.30h$ $i_y = 0.90b$ $i_z = 0.195h$		$i_x = 0.40h$ $i_y = 0.21b$		$i_x = 0.38h$ $i_y = 0.60b$		$i_x = 0.41h$ $i_y = 0.22b$
	$i_x = 0.32h$ $i_y = 0.28b$ $i_z = 0.18\dfrac{h+b}{2}$		$i_x = 0.45h$ $i_y = 0.235b$		$i_x = 0.38h$ $i_y = 0.44b$		$i_x = 0.23h$ $i_y = 0.49b$
	$i_x = 0.30h$ $i_y = 0.215b$		$i_x = 0.44h$ $i_y = 0.28b$		$i_x = 0.32b$ $i_y = 0.58b$		$i_x = 0.29h$ $i_y = 0.50b$
	$i_x = 0.32h$ $i_y = 0.20b$		$i_x = 0.43h$ $i_y = 0.43b$		$i_x = 0.32b$ $i_y = 0.40b$		$i_x = 0.29h$ $i_y = 0.45b$
	$i_x = 0.28h$ $i_y = 0.24b$		$i_x = 0.39h$ $i_y = 0.20b$		$i_x = 0.38h$ $i_y = 0.21b$		$i_x = 0.29h$ $i_y = 0.29b$
	$i_x = 0.30h$ $i_y = 0.17b$		$i_x = 0.42h$ $i_y = 0.22b$		$i_x = 0.44h$ $i_y = 0.32b$		$i_x = 0.24h$ 平均值 $i_y = 0.41b$ 平均值
	$i_x = 0.28h$ $i_y = 0.21b$		$i_x = 0.43h$ $i_y = 0.24b$		$i_x = 0.44h$ $i_y = 0.38b$		$i = 0.25d$
	$i_x = 0.21h$ $i_y = 0.21b$ $i_z = 0.185h$		$i_x = 0.365h$ $i_y = 0.275b$		$i_x = 0.37h$ $i_y = 0.54b$		$i = 0.35d$ 平均值
	$i_x = 0.21h$ $i_y = 0.21b$		$i_x = 0.35h$ $i_y = 0.56b$		$i_x = 0.37h$ $i_y = 0.45b$		$i_x = 0.39h$ $i_y = 0.53b$
	$i_x = 0.45h$ $i_y = 0.24b$		$i_x = 0.39h$ $i_y = 0.29b$		$i_x = 0.40h$ $i_y = 0.24b$		

附录 14　螺栓和锚栓规格

螺栓螺纹处的有效截面面积　　　　　　　　　　　　　附表 14-1

公称直径	12	14	16	18	20	22	24	27	30
螺栓有效截面积 A_e（cm²）	0.84	1.15	1.57	1.92	2.45	3.03	3.53	4.59	5.61
公称直径	33	36	39	42	45	48	52	56	60
螺栓有效截面积 A_e（cm²）	6.94	8.17	9.76	11.2	13.1	14.7	17.6	20.3	23.6
公称直径	64	68	72	76	80	85	90	95	100
螺栓有效截面积 A_e（cm²）	26.8	30.6	34.6	38.9	43.4	49.5	55.9	62.7	70.0

锚　栓　规　格　　　　　　　　　　　　　　　附表 14-2

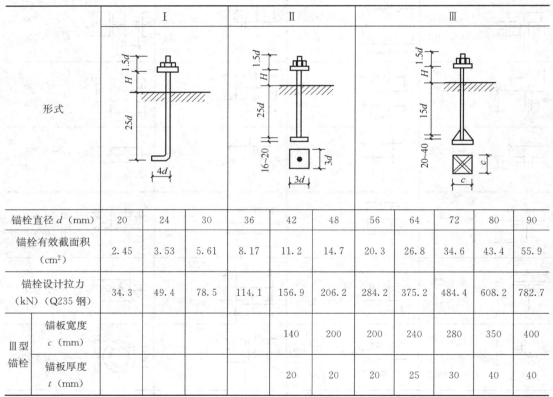

形式	Ⅰ			Ⅱ			Ⅲ				
锚栓直径 d（mm）	20	24	30	36	42	48	56	64	72	80	90
锚栓有效截面积 （cm²）	2.45	3.53	5.61	8.17	11.2	14.7	20.3	26.8	34.6	43.4	55.9
锚栓设计拉力 （kN）（Q235 钢）	34.3	49.4	78.5	114.1	156.9	206.2	284.2	375.2	484.4	608.2	782.7
Ⅲ型 锚栓　锚板宽度 c（mm）					140	200	200	240	280	350	400
锚板厚度 t（mm）					20	20	20	25	30	40	40

附录 15   门式刚架变截面梁对刚架柱的转动约束

楔形变截面梁对刚架柱的转动约束，应按刚架梁变截面情况分别按下列公式计算：

1. 刚架梁为一段变截面（附图 15-1）：

$$K_z = 3i_1 \left(\frac{I_0}{I_1}\right)^{0.2}$$

附 (15-1)

$$i_1 = \frac{EI_1}{s}$$

附 (15-2)

式中　I_0——变截面梁跨中小端截面的惯性矩；

　　　I_1——变截面梁檐口大端截面的惯性矩；

　　　s——变截面梁的斜长。

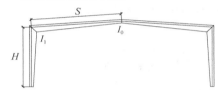 

附图 15-1　刚架梁为一段变截面及其转动刚度计算模型

2. 刚架梁为二段变截面（附图 15-2）：

$$\frac{1}{K_z} = \frac{1}{K_{11,1}} + \frac{2s_2}{s}\frac{1}{K_{12,1}} + \left(\frac{s_2}{s}\right)^2\frac{1}{K_{22,1}} + \left(\frac{s_2}{s}\right)^2\frac{1}{K_{22,2}}$$

附 (15-3)

$$K_{11,1} = 3i_{11}R_1^{0.2}$$

附 (15-4)

$$K_{12,1} = 6i_{11}R_1^{0.44}$$

附 (15-5)

$$K_{22,1} = 3i_{11}R_1^{0.712}$$

附 (15-6)

$$K_{22,2} = 3i_{21}R_2^{0.712}$$

附 (15-7)

$$R_1 = \frac{I_{10}}{I_{11}}$$

附 (15-8)

$$R_2 = \frac{I_{20}}{I_{21}}$$

附 (15-9)

$$i_{11} = \frac{EI_{11}}{s_1}$$

附 (15-10)

$$i_{21} = \frac{EI_{21}}{s_2}$$

附 (15-11)

$$s = s_1 + s_2$$

附 (15-12)

式中　R_1——与立柱相连的第 1 变截面梁段，远端截面惯性矩与近端截面惯性矩
　　　　　之比；

　　　R_2——第 2 变截面梁段，近端截面惯性矩与远端截面惯性矩之比；

s_1 ——与立柱相连的第 1 段变截面梁的斜长；

s_2 ——第 2 段变截面梁的斜长；

s ——变截面梁的斜长；

i_{11} ——以大端截面惯性矩计算的线刚度；

i_{21} ——以第 2 段远端截面惯性矩计算的线刚度；

I_{10}、I_{11}、I_{20}、I_{21} ——变截面梁惯性矩（附图 15-2）。

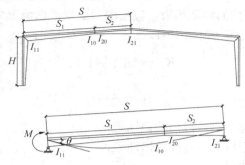

附图 15-2　刚架梁为二段变截面及其转动刚度计算模型

3. 刚架梁为三段变截面（附图 15-3）：

$$\frac{1}{K_z} = \frac{1}{K_{11,1}} + 2\left(1 - \frac{s_1}{s}\right)\frac{1}{K_{12,1}} + \left(1 - \frac{s_1}{s}\right)^2\left(\frac{1}{K_{22,1}} + \frac{1}{3i_2}\right)$$

$$+ \frac{2s_3(s_2 + s_3)}{s^2}\frac{1}{6i_2} + \left(\frac{s_3}{s}\right)^2\left(\frac{1}{3i_2} + \frac{1}{K_{22,3}}\right) \qquad 附(15\text{-}13)$$

$$K_{11,1} = 3i_{11}R_1^{0.2} \qquad 附(15\text{-}14)$$

$$K_{12,1} = 6i_{11}R_1^{0.44} \qquad 附(15\text{-}15)$$

$$K_{22,1} = 3i_{11}R_1^{0.712} \qquad 附(15\text{-}16)$$

$$K_{22,3} = 3i_{31}R_3^{0.712} \qquad 附(15\text{-}17)$$

$$R_1 = \frac{I_{10}}{I_{11}}, R_3 = \frac{I_{30}}{I_{31}} \qquad 附(15\text{-}18)$$

$$i_{11} = \frac{EI_{11}}{s_1}, i_2 = \frac{EI_2}{s_2}, i_{31} = \frac{EI_{31}}{s_3} \qquad 附(15\text{-}19)$$

式中　I_{10}、I_{11}、I_2、I_{30}、I_{31} ——变截面梁惯性矩（附图 15-3）。

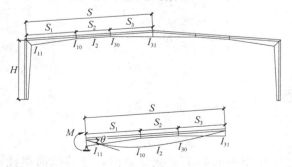

附图 15-3　刚架梁为三段变截面及其转动刚度计算模型

参 考 文 献

[1] 中华人民共和国国家标准．钢结构设计标准 GB 50017—2017[S]．北京：中国建筑工业出版社，2017.

[2] 中华人民共和国国家标准．建筑结构荷载规范 GB 50009—2012[S]．北京：中国建筑工业出版社，2012.

[3] 中华人民共和国国家标准．建筑抗震设计规范(2016 年版)GB 50011—2010[S]．北京：中国建筑工业出版社，2016.

[4] 中华人民共和国国家标准．高层民用建筑钢结构技术规程 JGJ 99—2015[S]．北京：中国建筑工业出版社，2015.

[5] 中华人民共和国国家标准．门式刚架轻型房屋钢结构技术规范 GB 51022—2015[S]．中国建筑工业出版社，2016.

[6] 中华人民共和国国家标准．冷弯薄壁型钢结构技术规范 GB 50018—2002[S]．北京：中国计划出版社，2003.

[7] 中华人民共和国行业标准．空间网格结构技术规程 JGJ 7—2010[S]．北京：中国建筑工业出版社，2010.

[8] 中国工程建设协会标准．组合楼板设计与施工规范 CECS 273：2010[S]．北京：中国计划出版社，2010.

[9] 崔佳，熊刚．钢结构基本原理(第二版)[M]．北京：中国建筑工业出版社，2019.

[10] 但泽义，柴昶，李国强，童根树．钢结构设计手册．第四版[M]．北京：中国建筑工业出版社，2019.

[11] 《钢多高层结构设计手册》编委会．钢多高层结构设计手册．北京：中国计划出版社，2018.

[12] 施岚青，陈嵘．高层钢结构设计要点[M]．北京：中国建筑工业出版社，2018.

[13] 陈绍蕃，郭成喜．钢结构(下册)——房屋建筑钢结构设计．第四版[M]．北京：中国建筑工业出版社，2018.

[14] 沈祖炎，陈以一，陈扬骥．房屋钢结构设计．第二版[M]．北京：中国建筑工业出版社，2020.

[15] 张刚毅，薛素铎，杨庆山，范峰．大跨空间结构[M]．北京：机械工业出版社，2005.

[16] 钟善桐，沈士钊．大跨房屋钢结构[M]．北京：中国建筑工业出版社，1993.

[17] 孙建芳．大跨度空间结构设计[M]．北京：科学出版社，2009.

[18] 王秀丽．大跨度空间钢结构分析与概念设计[M]．北京：机械工业出版社，2008.

[19] 刘锡良，韩庆华．网格结构设计与施工[M]．天津：天津大学出版社，2004.

[20] 陈务军．膜结构工程设计[M]．北京：中国建筑工业出版社，2004.

[21] 钱若军，杨联萍．张力结构的分析设计施工[M]．南京：东南大学出版社，2003.

参 考 文 献